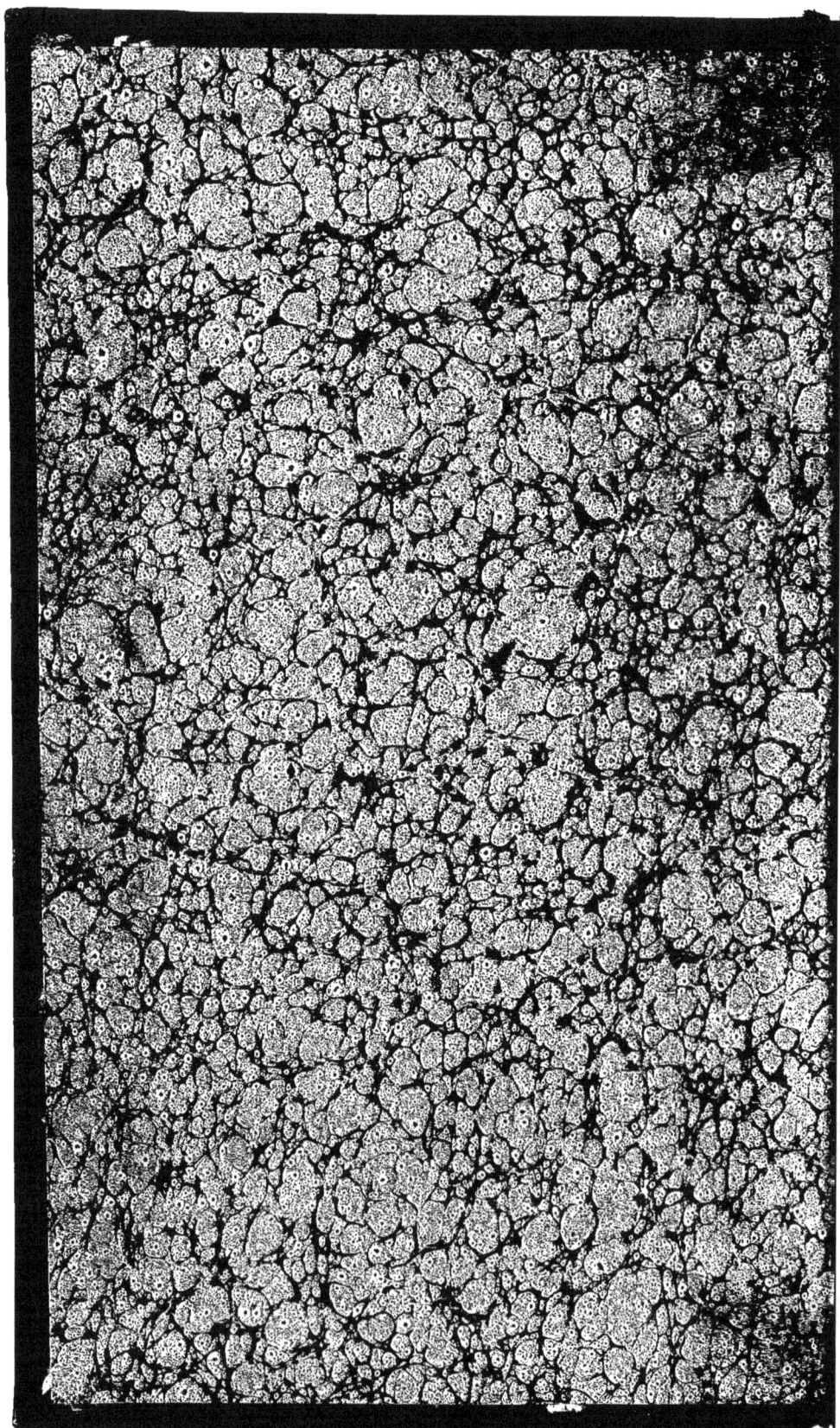

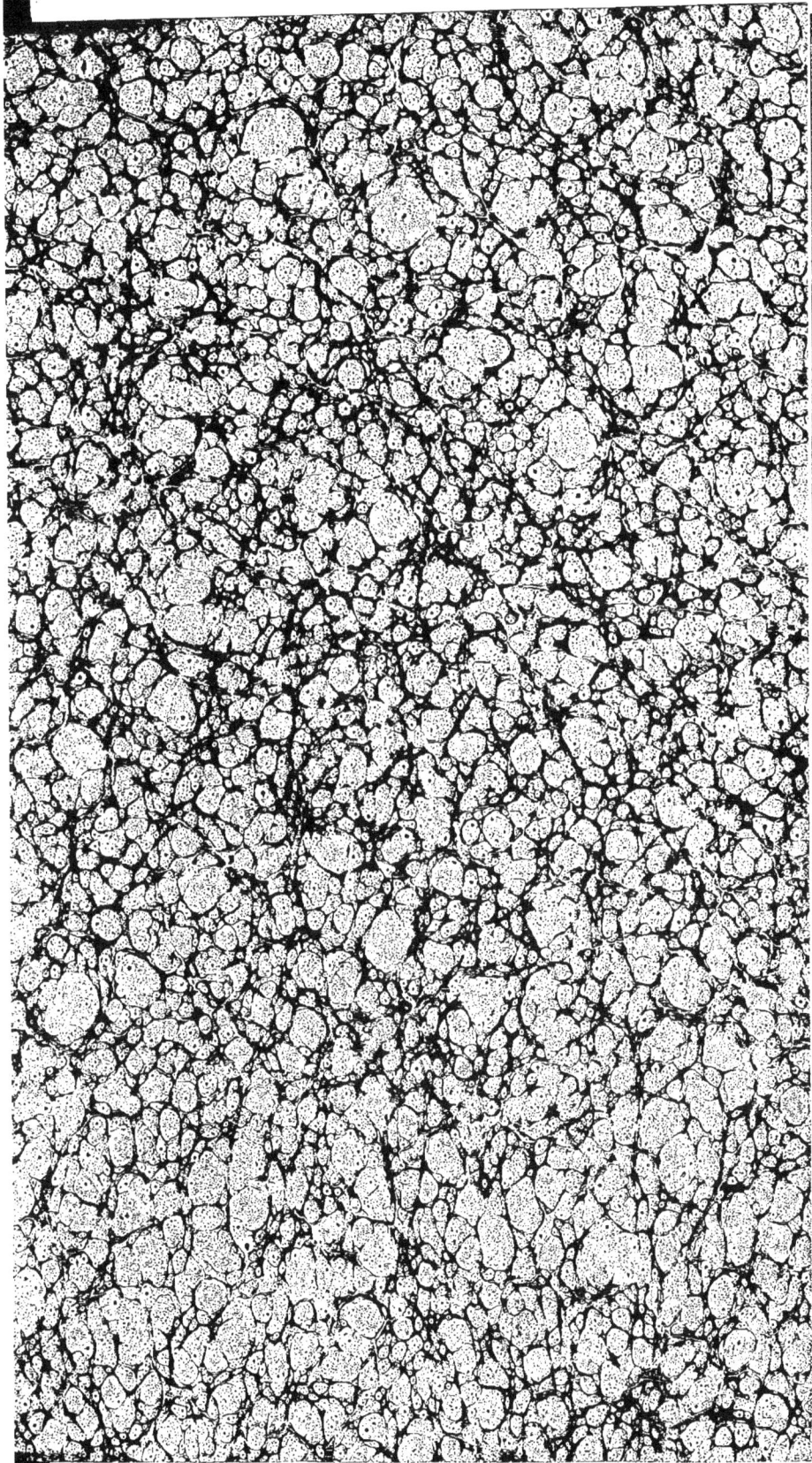

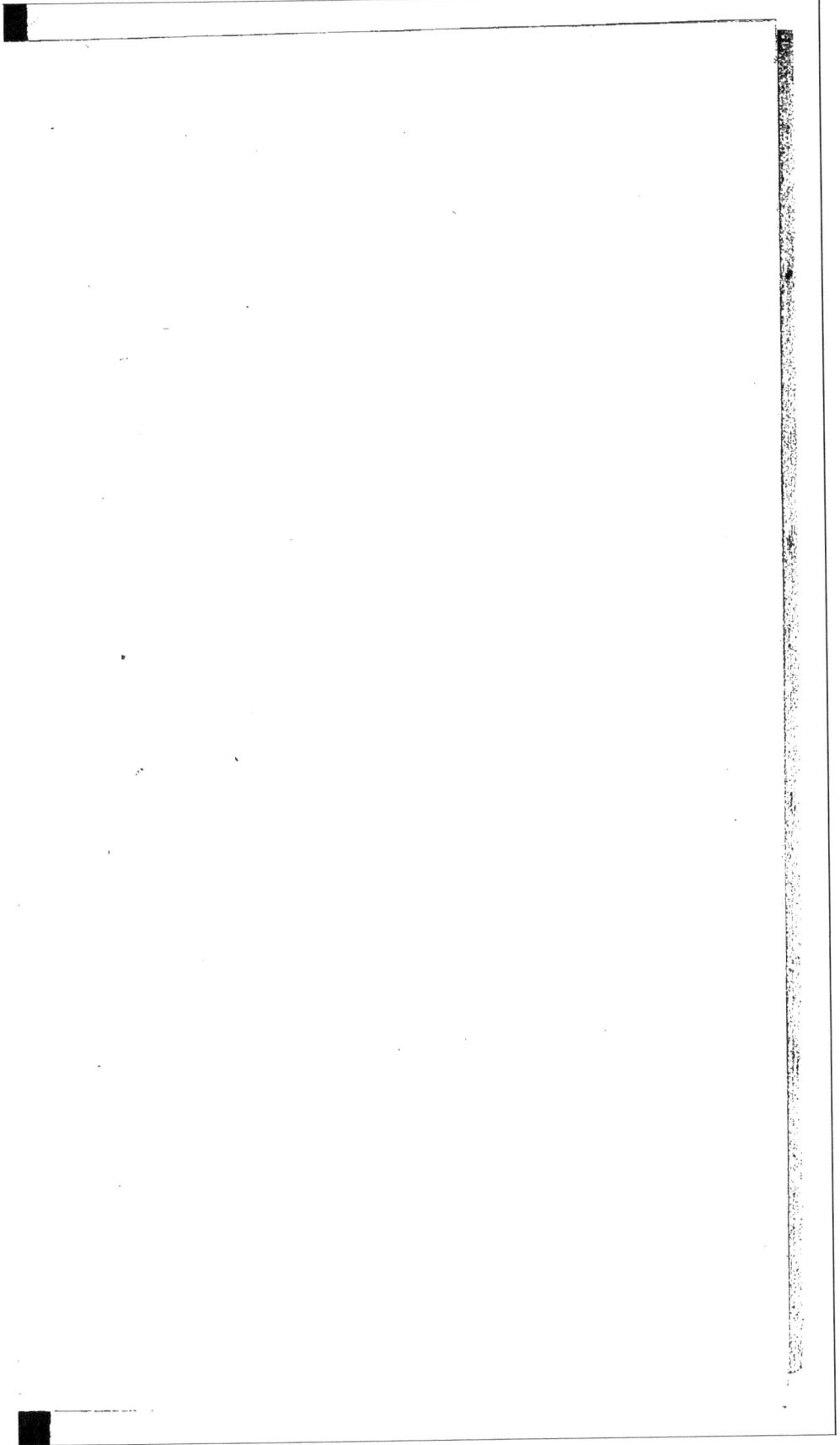

LEÇONS DE CHIMIE

APPLIQUÉES

A L'AGRICULTURE.

IMP. DE JULIEN, LANER ET Cᵉ, AU MANS

LEÇONS DE CHIMIE

APPLIQUÉES

A L'AGRICULTURE

PAR

M. ÉDOUARD GUÉRANGER

MEMBRE DE PLUSIEURS ACADÉMIES.

PARIS

JULIEN, LANIER ET Cᵉ, ÉDITEURS

RUE DE BUSSY, 4

AU MANS

IMPRIMEURS-LIBRAIRES, PLACE DES HALLES

1850

PRÉFACE.

Notre intention en publiant ce travail est de livrer au public le contenu de notes assez nombreuses que nous avons recueillies, soit d'après nos propres observations, soit en étudiant les traités ou recueils périodiques qui s'occupent de chimie et d'agriculture. Nous avons pensé qu'en réunissant dans un volume tant de faits dispersés, nous pourrions rendre quelques services aux agriculteurs, auxquels les travaux si multipliés de la pratique ne laissent pas assez de loisir pour puiser par eux-mêmes à toutes les sources. Nous avions eu d'abord le projet de comprendre dans notre travail tout l'ensemble de l'agriculture ; mais l'abondance des matériaux qui se sont rencontrés dans nos recherches, nous ont bientôt obligé à nous restreindre et à abandonner provisoirement ce qui concerne l'arboriculture, les animaux de la ferme et leurs produits.

Ce livre, que nous avons intitulé : *Leçons de Chimie appliquées à l'Agriculture,* se divise en trois parties. La première comprend l'étude des corps chimiques avec lesquels l'agriculteur doit être familiarisé s'il veut enrichir son art de celles des découvertes de la science moderne qui lui sont applicables. — La Première Leçon renferme des définitions, et l'énumération des corps que nous nous proposons d'étudier. — La Seconde traite des gaz en général et des différents appareils nécessaires pour leur étude. — La Troisième commence l'étude des corps, par l'oxigène que l'on envisage sous le rapport de sa découverte, de son état naturel, de sa préparation, de ses propriétés physiques, chimiques et physiologiques. — La

Quatrième explique la nomenclature chimique basée sur la connaissance de l'oxigène. — La Cinquième traite de l'hydrogène, en suivant la même marche que pour l'étude de l'oxigène. — La Sixième examine l'eau, qui est un composé d'oxigène et d'hydrogène, envisagée sous ses différents états; cette leçon contient sous forme de tableau l'analyse chimique d'un grand nombre de rivières. — La Septième comprend l'étude de l'azote; de l'acide nitrique, qui est le résultat de la combinaison de l'azote et de l'oxigène; de l'ammoniaque qui est le résultat de la combinaison de l'azote et de l'hydrogène; à cette occasion on cite quelques expériences concernant l'action des nitrates sur la végétation. La Huitième traite du soufre; de l'acide sulfurique, qui est la combinaison du soufre avec l'oxigène; des sulfates, qui résultent de la combinaison de l'acide sulfurique avec les bases. — La Huitième bis s'occupe du plâtre et de son emploi en agriculture. — La Neuvième traite de la combinaison du soufre avec l'hydrogène; du phosphore; et du chlore. — La Dixième, de l'acide chlorhydrique ou combinaison du chlore avec l'hydrogène; du charbon. — La Onzième, de l'acide carbonique, ou combinaison du charbon avec l'oxigène; de l'hydrogène carboné; de l'air atmosphérique, mélange d'azote, d'oxigène et de quelques millièmes d'acide carbonique avec des atômes d'ammoniaque; de la silice. — La Douzième commence l'étude des métaux par le potassium, le sodium, le baryum et le calcium, radicaux de la potasse, de la soude, de la baryte et de la chaux. — La Treizième termine la première partie par l'étude de la magnésie, de l'alumine, du fer, du zinc, du plomb, du cuivre, de l'argent et de l'arsénic.

Nous nous sommes appliqué dans cette première partie à rendre nos leçons intelligibles à ceux même qui ne sont pas initiés aux secrets de la chimie; nous avons indiqué des expériences faciles pour obtenir les corps dont nous avons parlé et nous avons joint des figures dans le texte toutes les fois que nous les avons jugées nécessaires.

La seconde partie, consacrée à l'étude des terrains, des amendements et des engrais, s'ouvre par la QUATORZIÈME LEÇON qui contient des considérations générales sur l'analyse des terrains et l'exposé de la méthode d'analyse mécanique du docteur Rham. — La QUINZIÈME comprend quelques définitions sur les opérations analytiques et les détails de la méthode chimique de H. Davy. — La SEIZIÈME commence par l'eau l'étude des propriétés agronomiques de chacun des matériaux qui constituent le sol. — La DIX-SEPTIÈME continue le même sujet, et contient en outre l'examen des pierres et graviers répandus dans le sol et l'étude de la silice. — La DIX-HUITIÈME a rapport à la chaux carbonatée qui comprend les différentes sortes de marnes. — La DIX-NEUVIÈME traite de la chaux et de la magnésie. — La VINGTIÈME, de l'alumine et des sels naturellement contenus dans le sol; à leur occasion, on examine l'action du sel marin sur la végétation. — La VINGT-UNIÈME continue le même sujet. — La VINGT-DEUXIÈME traite des nitrates, des sulfates et des phosphates; et à l'occasion des sels phosphatés, elle entre dans quelques considérations géologiques relativement aux jachères et aux assolements. — La VINGT-TROISIÈME traite des phosphates calcaires renfermés dans les cendres, les os, le noir animal employés comme amendement; ainsi que de la soude et de la potasse employées au même usage. — La VINGT-QUATRIÈME continue ce dernier sujet, et comprend l'humus, ainsi que plusieurs considérations préliminaires sur les engrais. La VINGT-CINQUIÈME LEÇON comprend des détails sur les différents fumiers de ferme. — La VINGT-SIXIÈME a rapport aux engrais humains employés sous diverses formes; au guano, etc. — La VINGT-SEPTIÈME à l'engrais Jauffret et aux engrais minéraux ou chimiques.

La troisième partie embrasse les cultures particulières

les plus répandues, envisagées au point de vue de leur composition chimique et des matériaux qu'elles retirent du sol.
La connaissance de ces faits, que nous avons empruntés
en très grande partie à M. Boussingault, nous paraît d'une
très grande importance, par la raison que la composition
chimique d'une plante indiquant ses besoins, explique
pourquoi deux cultures, dont les produits retirent du sol
avec avidité les mêmes principes, ne sauraient se succéder immédiatement avec avantage. La composition chimique des plantes indique encore quels sont les amendements les plus capables de refaire le sol après une culture
épuisante, et si la récolte a été épuisante sous le rapport
de l'engrais ou sous celui des matières minérales alimentaires. Le but de cette troisième partie, une fois exposé de
la sorte, nous ne croyons pas nécessaire de donner le
sommaire des sept leçons qui terminent ce volume; nous
dirons néanmoins à l'occasion du froment que nous avons
examiné assez longuement les différents moyens de chaulage indiqués pour préserver le grain de la carie; que
nous avons traité des différents procédés capables de reconnaître la falsification des farines; et qu'enfin nous avons
cru devoir citer les essais malheureux faits par M. Ternaux de 1822 à 1826 pour la conservation des grains.

Nous terminons par un appendice dans lequel nous
donnons quelques détails sur la fabrication du vin et du
cidre; et par deux notes additionnelles concernant, l'une
de nouveaux essais entrepris pour constater l'efficacité du
sel sur la végétation, l'autre un nouveau moyen d'analyse simplifié pour reconnaître la valeur calcaire des
marnes employées à l'amendement des terres.

Tels sont les différents matériaux qui composent ce livre;
si j'ai pu, en les réunissant, rendre quelque service à l'a-
griculture, je serai assez payé des peines que leur recherche et leur mise en œuvre m'ont occasionnées.

PREMIÈRE PARTIE.

AVERTISSEMENT

POUR CETTE PREMIÈRE PARTIE.

Les notions élémentaires de chimie qui forment la première partie de cet ouvrage, suffiront pour donner aux personnes étrangères à cette science les connaissances qui leur seront indispensables lorsque nous ferons, plus tard, nos applications à l'agriculture.

Comme il est de la plus grande importance que ces premières leçons soient bien comprises, j'ai eu le soin d'indiquer des expériences faciles et souvent agréables pour aider dans cette étude. J'invite le lecteur à les répéter, s'il n'est pas déjà familiarisé avec la chimie. Les difficultés qu'il rencontrera dans le commencement seront bientôt levées, et bien souvent il sera dédommagé de ses travaux par le plaisir que lui feront éprouver des résultats curieux dont il ne se faisait peut-être qu'une idée très imparfaite. Il retiendra bien mieux les propriétés des corps, quand il les aura fait agir chimiquement les uns sur les autres, et qu'il aura examiné à loisir les phénomènes qui se seront manifestés. Dans toutes les sciences qui ont pour objet la matière, il faut voir et toucher pour apprendre.

Quoique les opérations de la chimie soient ordinairement agréables, peu de personnes néanmoins s'y livrent; en voici, je crois, les principaux motifs : on est effrayé par le prix des instruments et des matières premières, par la difficulté de réussir et quelquefois par le danger des expériences. Ces raisons, estimées à leur juste valeur, ne sauraient pourtant arrêter qu'un petit nombre de personnes. Il ne s'agit pas de créer un laboratoire de produits chimiques, mais seulement de faire, en petit, avec des fioles, des tubes et d'autres vases en verre, dont le plus cher ne coûtera pas un franc, les expériences destinées à mettre en évidence les principales propriétés des corps dont la connaissance est nécessaire à l'agriculteur. La faible quantité de matières premières qui seront employées ne peut être l'objet d'une dépense sérieuse. Pour ce qui est des difficultés, il ne faut qu'un peu de persévérance pour les aplanir. La raison la plus grave est celle qui concerne les expériences dangereuses; mais ces sortes d'opérations sont rares, et je me garderai bien d'engager qui que ce soit à les répéter, d'autant mieux qu'elles ne sont pas utiles pour le but que nous nous proposons.

Après ce conseil donné aux personnes qui ont véritablement le désir d'appliquer la chimie à l'agriculture, je veux rendre compte au lecteur de la première partie de ces leçons. Peut-être sera-t-il étonné de ne rencontrer dans nos premières pages que de la chimie générale, sans aucune des applications qui sont notre véritable but. Je n'ai pu agir autrement. Faisant un livre élémentaire destiné particulièrement aux personnes qui n'ont pas étudié la chimie, j'ai cru qu'il était utile de leur faire connaître d'abord les propriétés des corps dont nous leur indiquerons plus tard l'usage en agriculture. Si j'eusse commencé par expliquer le rôle que jouent l'oxigène, l'hydrogène, l'azote, etc., dans l'accroissement des végétaux, un grand nombre de mes lecteurs m'aurait peut-être demandé qu'est-ce que l'oxigène, l'hydrogène, l'azote, etc.?.. Je serais tombé dans le défaut ordinaire des ouvrages de chimie agricole, celui de ne pas être à la portée des agriculteurs. Ma tâche est plus modeste que celle des savants auteurs de ces traités; j'ai voulu faire passer la science qu'ils ont si péniblement élaborée dans la classe qui doit la mettre en pratique. Leurs livres les ont fait connaître du monde savant, le mien est destiné à les faire connaître du monde laborieux. J'ai eu l'intention de faire de ces leçons un manuel pratique qui puisse dispenser l'agriculteur de recourir aux autres ouvrages de chimie, quand il aura besoin de quelque définition scientifique. Mon but, en les publiant, a été de faire servir mes études suivant mon faible pouvoir à l'amélioration de l'industrie la plus noble, la plus utile et la plus négligée de mon pays : l'agriculture.

ERRATA.

Les figures 4 et 5, page 21, ont été transposées. Le lecteur est prié de remarquer que la description de la fig. 4 appartient à la fig. 5, et que celle de la fig. 5 appartient à la fig. 4.

Dans le reste de l'ouvrage, quand nous aurons à citer ces figures, nous les indiquerons par les numéros qui les désignent.

LEÇONS

DE CHIMIE

APPLIQUÉES

A L'AGRICULTURE.

PREMIÈRE PARTIE.

ÉTUDE DES CORPS DONT LA CONNAISSANCE CHIMIQUE EST UTILE
A L'AGRICULTEUR.

PREMIÈRE LEÇON.

Définitions. — Affinité. — L'affinité est modifiée par la température, — par la cohésion. — De l'analyse chimique. — Classement et énumération des corps qui seront étudiés dans cette première partie.

La science de la chimie a pour objet d'étudier l'action que les corps exercent les uns sur les autres, soit pour se combiner entr'eux lorsqu'ils sont isolés, soit pour se substituer les uns aux autres quand ils sont déjà engagés dans des combinaisons, afin de constituer des compositions nouvelles. Ces attractions et ces échanges ne se produisent point au hasard, ils sont soumis à une loi qu'on appelle affinité; et c'est cette loi, distribuée avec

1

une admirable mesure dans tous les corps de la création,
qui y maintient l'équilibre.

L'affinité diffère de l'attraction en ce que cette dernière s'exerce à distance, tandis que l'affinité ne se
manifeste que par le contact; l'attraction ne modifie
pas les corps, tandis que l'affinité en change la nature.
Lorsque deux corps, mis en contact l'un avec l'autre,
s'unissent ensemble d'une manière intime, on dit que
ces corps ont de l'affinité l'un pour l'autre. Par exemple,
si vous versez de l'eau sur de la chaux vive, il se produit une grande chaleur, l'eau disparaît si elle n'a pas
été mise avec excès; la chaux se réduit en poudre, elle
s'éteint, pour se servir de l'expression consacrée, et
chaque particule de cette chaux contient une particule
d'eau. Si encore vous versez du sel dans un verre d'eau,
le sel se dissout et disparaît aussi, à moins qu'il n'ait
été mis en quantité trop forte, et pendant cette action il
se produit du froid. Chaque particule de cette eau contient une particule de sel. Dans le premier cas, vous
avez constaté l'affinité de la chaux pour l'eau; dans le
second, celle de l'eau pour le sel.

Il est facile de concevoir que si cette force, qu'on désigne sous le nom d'affinité, était répartie uniformément
sur tous les corps de la nature, il en résulterait un véritable cahos; car, si toutes les substances avec lesquelles
l'eau se trouve en contact avaient la propriété de l'absorber, comme la chaux, ou de s'y dissoudre, comme le sel,
la terre ne serait, dans le premier cas, qu'une masse
solide, dans le second, au contraire, qu'un lac immense.
Mais il en est bien autrement : ainsi, quand on répand de l'eau sur du grès ou sur du sable, ces corps se
mouillent ou s'imbibent, mais il n'y a point d'action
chimique; l'eau ne disparaît point, ni le sable non plus;
c'est qu'il n'y a point d'affinité entre ces deux corps.

Non seulement chaque corps a ainsi une affinité positive ou négative envers les autres corps avec lesquels il se trouve en relation, mais encore ces affinités, quand elles existent, ont des degrés différents d'intensité. Ainsi, prenant toujours l'eau pour exemple ; nous savons que parmi les corps qui l'absorbent il y en a qui le font avec une grande énergie, d'autres avec faiblesse, et entre ces deux extrêmes il y a tous les degrés intermédiaires ; de même pour les substances solubles dans l'eau, les unes s'y dissolvent en toutes proportions, les autres en moindre quantité, d'autres enfin d'une manière à peu près nulle. Celui qui étudie la chimie générale doit connaître avec précison tous ces degrés d'affinité ; mais pour nous, qui nous bornons à appliquer la chimie à l'agriculture, nous n'aurons l'occasion d'étudier cette loi qu'autant qu'elle s'exercera sur les éléments qui sont à l'usage de cette industrie.

L'affinité chimique peut s'exercer soit entre deux corps élémentaires, soit entre un corps élémentaire et un corps composé, soit entre deux ou plusieurs corps composés.

L'affinité est modifiée par d'autres lois qui viennent entraver ou augmenter sa puissance : les principales sont la température et la cohésion.

La température. — Une basse température est généralement défavorable à l'affinité. Ainsi, les substances qui seraient difficilement attaquées par l'eau froide, le seront aisément par l'eau bouillante. : par exemple, le sucre fondra plus promptement dans l'eau chaude que dans l'eau froide. Si vous voulez préparer une infusion végétale, par exemple du thé, du café, vous avez le soin de verser sur ces substances l'eau à la température de l'ébullition ; car à la température ordinaire elle ne se chargerait de leur principe extractif ou aromatique que d'une manière très imparfaite. Dans ces circonstances, l'affinité de l'eau pour les principes sur lesquels elle réagit s'accroît par la chaleur.

La cohésion. — C'est la force qui s'oppose à la division mécanique d'un corps et qui en constitue la dureté. Les corps, envisagés sous le point de vue de la cohésion, sont gazeux, liquides ou solides. Moins un corps solide se laisse facilement réduire en poudre par la percussion ou attaquer à la lime, plus sa force de cohésion est grande.

Quand un corps est gazeux ou aériforme, sa cohésion est nulle; il est léger, élastique, et se prête difficilement en cet état à satisfaire son affinité. Ainsi, l'air atmosphérique que nous respirons est composé de deux gaz, dont l'un, qu'on nomme oxigène, et que nous étudierons tout à l'heure, a une grande puissance d'affinité pour le fer et le plus grand nombre des autres métaux; mais tant qu'il est à l'état gazeux, il ne l'exerce que d'une manière lente, à la température ordinaire; tandis qu'engagé dans des combinaisons qui le rendent liquide, il se combine avec ces corps en développant des phénomènes qui dénotent une grande énergie.

Les corps liquides sont dans l'état de cohésion le plus favorable pour que l'affinité s'exerce. Sous cette forme, ils ne sont plus divisés à l'extrême comme dans l'état gazeux, et cependant ils le sont assez pour que leurs molécules n'aient entre elles aucune adhérence qui s'oppose à un contact immédiat, condition essentielle pour toute combinaison. Par exemple, si vous mêlez ensemble deux liquides qui aient de l'affinité l'un pour l'autre, la combinaison sera instantanée.

Les solides sont dans un état plus ou moins grand de cohésion, qu'il est souvent nécessaire de détruire, quand on veut leur faire contracter des combinaisons. Il y a plusieurs manières de détruire cette cohésion : la chaleur et les moyens mécaniques. La chaleur en écarte les molé-

cules et finit par en opérer la fusion. Par exemple, le
plomb et l'étain ont de l'affinité l'un pour l'autre, mais
leur cohésion les empêche de s'unir; en les exposant à
la chaleur, cette force est réduite, les deux métaux se
fondent, ils s'unissent, et forment une combinaison que
l'on désigne en chimie sous le nom d'alliage. Les moyens
mécaniques s'opèrent par la percussion ou par le frottement; ils ont pour but de diviser les corps qui s'y trouvent soumis et de les rendre plus propres à entrer en
combinaison. Par exemple, si vous mettez dans l'eau du
sel en poudre fine, il y sera bien plus tôt fondu que si
vous le mettez sous forme de grains volumineux.

Nous ne nous étendrons pas davantage, en ce moment,
sur l'affinité chimique et les causes qui la modifient;
nous avons seulement voulu faire comprendre, par des
exemples familiers, qu'elle était cette force que nous
verrons en jeu dans les autres chapitres de ce livre. Nous
terminerons cet avant-propos par quelques mots sur l'a-
nalyse chimique envisagée en général; nous reviendrons
dans le corps de l'ouvrage sur ses applications, en dé-
taillant les opérations délicates et intéressantes qui y ont
rapport.

Analyse chimique.

L'analyse chimique a pour but d'isoler les parties
constituantes d'un corps composé. Pour opérer cette séparation on emploie des corps chimiques dont les affinités sont très développées et que l'on désigne sous le
nom de réactifs, parce que, quand on les introduit dans
un mélange, ils y réagissent en effet de manière à s'emparer du corps que l'on veut isoler, et à le séparer de la
masse. Ainsi, pour ne point sortir des exemples familiers
dont nous sommes déjà en possession, nous choisirons la
chaux comme réactif. Nous avons établi que ce corps

avait une grande affinité pour l'eau. Supposons qu'un
corps gazeux contienne de l'eau en vapeur, et que nous
désirions la séparer : il faudra introduire ce gaz dans un
flacon bien sec, peser bien exactement un morceau de
chaux, et le placer dans le même flacon qu'on aura
soin de bien fermer. Au bout de quelques heures l'air
du flacon sera devenu sec, et en pesant de nouveau la
chaux, vous saurez par l'augmentation du poids la quantité d'eau qui y était contenue. Si vous voulez isoler l'eau
et vous assurer que c'est bien elle qui a produit cette
augmentation de poids, placez cette même chaux dans
un appareil distillatoire, et vous pourrez, par le moyen
de la chaleur, chasser l'eau, la recueillir à l'état de liberté, et son poids devra coïncider avec celui que la
chaux avait pris dans le flacon.

Nous avons vu encore l'affinité de l'eau pour le sel de
cuisine, ou, ce qui est la même chose, la propriété que
possède l'eau de dissoudre le sel; nous avons dit aussi
que ce liquide n'avait aucune affinité pour le sable.
Supposons alors un mélange de sel et de sable : il sera
facile d'en faire l'analyse au moyen de l'eau, puisqu'en
lavant ce sable à plusieurs reprises, on pourra enlever
tout le sel et que le sable restera inattaqué. Pour isoler le
sel que l'eau aura dissout il suffira de faire évaporer cette
eau à une douce chaleur, et le sel se trouvera au fond du
vase évaporatoire.

En parlant des terrains, nous reviendrons sur ces
opérations, et nous verrons que les analyses dont nous
aurons besoin, quoiqu'elles n'aient pas toutes la même
simplicité, ne demandent néanmoins, pour être faites
avec exactitude, qu'un peu d'habitude et une grande
attention; d'un autre côté, ces expériences sont toujours
agréables, en ce qu'elles procurent l'occasion d'employer
les forces qui constituent la vie de la matière, et qu'elles

satisfont la curiosité en fournissant des résultats certains.

Après avoir donné la définition de la chimie, et expliqué brièvement ce qu'on entend par affinité et analyse chimiques, nous commencerons l'étude des corps qu'il nous importe de connaître.

On donne le nom de corps à toutes les substances matérielles qui ont des propriétés définies : ainsi, le fer, le cuivre, l'argent sont des corps, comme l'eau, l'air, l'argile.

Les corps, envisagés sous le rapport de leur origine, se divisent en trois séries : ceux qui proviennent du règne animal, ceux du règne végétal et ceux du règne minéral. L'étude de ceux qui appartiennent aux deux premières séries constitue la chimie organique, et l'étude de ceux qui appartiennent à la troisième forme la chimie minérale.

Envisagés d'une manière générale, les corps sont simples ou composés. Les corps simples connus jusqu'à ce jour sont au nombre de cinquante-neuf, en y comprenant l'ammonium. On les divise en deux classes : les corps simples métalliques ou les métaux, et les corps simples non métalliques ou les métalloïdes.

Sur ce nombre, nous n'aurons à étudier que les vingt suivants, dont la connaissance nous sera indispensable pour nos applications à l'agriculture :

MÉTALLOÏDES.	MÉTAUX.	
Oxigène.	Potassium.	Fer.
Hydrogène.	Sodium.	Zinc.
Azote ou nitrogène.	Barium.	Plomb.
Soufre.	Calcium.	Cuivre.
Phosphore.	Magnesium.	Argent.
Chlore.	Aluminium.	Arsenic.
Carbone.		
Silicium.		

Plusieurs de ces corps ont une grande importance en agriculture, soit à l'état simple, soit à l'état de combinaison; plusieurs autres n'ont qu'une application très restreinte; d'autres enfin ne nous serviront que comme réactifs dans les analyses que nous aurons à faire. L'espace que nous donnerons à chacun sera reglé suivant son degré d'intérêt au point de vue où nous nous plaçons.

Les trois premiers corps qui commencent la liste étant gazeux, nous expliquerons, auparavant d'en commencer l'examen, ce qu'on entend par un gaz, et nous indiquerons les différents appareils dont on se sert pour les étudier.

DEUXIÈME LEÇON.

Des gaz. — Moyen de les transvaser. — De la cuve pneumatochimique. — Description des appareils. — Moyens de les simplifier. — De la lampe à esprit-de-vin, — employée pour courber les tubes de verre. — De la cuve au mercure. — Des métalloïdes.

On désigne sous le nom de gaz les corps qui ne sont ni solides, ni liquides, mais dont les molécules sont tellement divisées qu'ils ont la forme de l'air; aussi les a-t-on d'abord désignés sous le nom de fluides aériformes, ou encore fluides élastiques, parce qu'ils sont élastiques au plus haut degré. Quoique les gaz forment des espèces assez nombreuses, on les a pris long-temps pour des modifications de l'air de notre atmosphère, que l'on considérait alors comme un élément, par la raison que presque tous les corps composés fournissent, en dernière analyse, une matière gazeuse. Les moyens plus parfaits dont la chimie a pu disposer depuis un demi-siècle, et les procédés d'une exactitude plus minutieuse qui se sont introduits dans cette science, ont eu pour résultat de nous faire mieux connaître ces corps si légers, qui semblaient vouloir se soustraire à nos investigations; les uns en échappant à nos sens, comme l'oxigène, l'hydrogène, l'azote, les autres en n'affectant que quelques-uns d'entre eux, comme le chlore, l'acide carbonique et quelques autres gaz composés.

Aussitôt que la chimie eut fait cette conquête, aussitôt qu'elle eut constaté le rôle immense que jouaient ces corps si long-temps inconnus, tout changea dans cette science, ou plutôt cette science commença à prendre un rang distingué parmi les connaissances humaines. Jusque-là, il n'y avait eu que des faits isolés; on venait de trouver le lien qui les unissait. Les travaux qui avaient précédé étaient immenses, et par le nombre des résultats qui avaient été obtenus, et par l'infatigable persévérance de ceux qui s'y étaient livrés, sans autre guide que leur ardeur à rechercher, les uns des remèdes ou panacées pour soulager les maux de l'humanité, les autres à poursuivre le fameux problème de l'âge qui nous a précédé : la pierre philosophale.

La nouvelle chimie s'empara de tous les produits qui avaient été obtenus, les classa, simplifia et éclaira les procédés de préparation, renversa les théories qui n'étaient point appuyées sur des expériences positives, sapa les bases de l'enseignement suivi jusque-là, en démontrant que parmi les quatre éléments, trois étaient composés : l'air d'oxigène et d'azote, l'eau d'oxigène et d'hydrogène, et la terre d'un grand nombre d'espèces distinctes qui, quoique déjà connues pour la plupart par leurs caractères les plus saillants, restaient néanmoins confondues, fautes de recherches plus approfondies.

Cette étude des gaz nous fit connaître qu'il y a des corps qui possèdent toujours la forme gazeuse à la pres-

sion ordinaire de notre atmosphère, et à la température
naturelle la plus basse. Elle nous apprit encore que plusieurs des corps liquides et même solides dans l'état
naturel, peuvent aussi se gazéifier quand ils sont soumis
à une moindre pression ou à une température plus élevée. Alors on désigna les premiers sous le nom de gaz
permanents, et les seconds sous le nom de vapeur; ces
derniers, d'ailleurs, reprenant leur état liquide ou solide aussitôt que la cause qui les avait vaporisés disparaît.

Nous devons ajouter, pour ne rien omettre d'important dans cet aperçu général, que Faraday, chimiste
anglais, est parvenu à liquéfier, et même à solidifier,
plusieurs des gaz dits permanents, en les soumettant en
même temps à une pression de plusieurs atmosphères et
à une température très basse; mais, outre que ces belles
et curieuses expériences ne sont pas sans danger, la nature de notre travail ne nous permet pas de nous étendre
plus longuement sur ce sujet.

J'ai voulu faire voir, par ce peu de mots, l'importance
des gaz dans la chimie générale. Dans peu de temps,
nous aurons occasion d'apprécier la mesure de leur influence, en étudiant chacun de ces corps isolément. Je
terminerai cet article par la description des appareils les
plus simples et les plus indispensables pour leur manipulation.

De la cuve pneumatochimique.

Quand on verse un liquide d'un vase dans un autre
vase, il suffit de pencher le premier au-dessus du second pour que le liquide s'écoule, en raison de la loi de
gravité. Dans ce cas, à mesure que le liquide arrive dans
le second vase, il en chasse l'air qui y était contenu, et se
loge à sa place ; de même, à mesure que le liquide s'é-

chappe du premier vase, l'air s'y introduit pour s'emparer de l'espace que le liquide y occupait.

Pour transvaser les gaz, on doit donc s'y prendre d'une autre manière que pour transvaser les liquides; les uns s'écoulent de haut en bas, les autres de bas en haut. Rendons cela plus clair par un exemple :

Prenez un verre à boire, remplissez-le d'eau et le tenez renversé dans une cuvette aussi pleine d'eau, introduisez sous ce verre l'extrémité d'un tube posé obliquement dans la cuvette, et soufflez par l'autre bout; à mesure que vous soufflez, l'eau du verre baisse, parce que l'air que vous y introduisez étant plus léger que l'eau, se place à la partie supérieure et chasse le liquide. Si, au lieu d'introduire l'air dans le verre au moyen d'un tube, vous voulez y faire passer celui qui est renfermé dans une fiole vide, soulevez d'une main le verre plein et toujours renversé, de manière à ce que son bord inférieur plonge encore dans l'eau de la cuvette; de l'autre main, prenez la fiole dont vous voulez recueillir l'air, enfoncez-la dans la cuvette, l'ouverture tournée en bas, engagez-en le goulot sous le verre, et penchez-la peu à peu; à mesure que l'eau s'y introduira, l'air qu'elle contenait montera dans le verre. C'est d'après ces phénomènes si simples, que l'on a construit un appareil destiné à recueillir les gaz, et que l'on a nommé cuve pneumatochimique, dont nous allons donner la figure et la description avec les vases et instruments qui en sont les accessoires.

C'est Priestley qui est le principal inventeur de cet appareil, tel que les chimistes l'emploient aujourd'hui. Chacun pourra en varier les formes suivant son besoin, et aussi suivant les vases qui seront sous sa main; car un chimiste, pour ne pas être arrêté à chaque instant, doit savoir créer, avec les matériaux dont il peut dis-

poser, les instruments qui lui sont nécessaires. A la fin
de cet article, nous donnerons quelques avis à ce sujet,
pour aider les manipulateurs peu exercés.

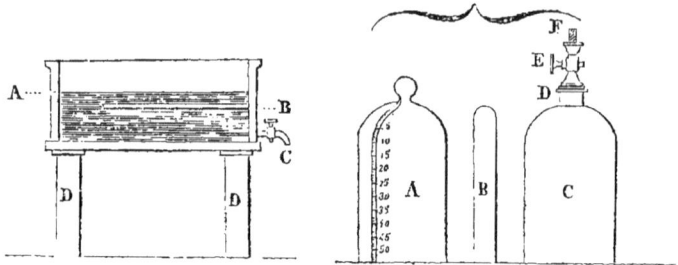

Fig. 1.   Fig. 2.

Figure 1re. Cuve pneumatochimique, ainsi nommée
d'un mot grec qui veut dire *air,* parce qu'elle sert à recueillir les gaz pour l'usage de la chimie. Elle se compose
d'une caisse en bois, que l'on remplit d'eau jusqu'en A;
d'une tablette B, échrancrée sur le devant et percée de
plusieurs trous. Cette tablette est assujettie dans l'intérieur de la caisse au moyen de coulisses; d'un robinet C,
qui sert à écouler l'eau; de deux supports DD.

La figure 2 représente une cloche en verre A, graduée,
qui se met sur la tablette pour recevoir les gaz. Les
degrés qui sont marqués sur cette cloche ont pour but
d'indiquer, soit la quantité de gaz obtenue dans une
expérience, soit celle sur laquelle on a l'intention d'o-
pérer.

Un tube de verre B, fermé par une de ses extrémités,
destiné également à recevoir les gaz, quand on n'opère
que sur de petites proportions de matières. Ce tube peut
également être gradué.

Une autre cloche en verre C, munie à sa partie supérieure d'une virole en cuivre D, surmontée d'un ro-

binet de même métal E, terminé par des pas de vis F,
sur lesquels on peut ajuster un autre robinet adapté soit
à une vessie, si l'on veut y faire parvenir le gaz déjà reçu
dans la cloche, soit à un tube flexible, si l'on désire le
faire écouler par ce moyen dans d'autres appareils.

La figure 3 donne la forme d'une cornue en verre, A.
Cet instrument, qui est souvent employé dans la fabrication des gaz, sert aussi aux distillations, et nous aurons
souvent l'occasion d'en parler. B, est un cercle en paille
tressée, sur lequel on dépose les cornues, ainsi que tous
les autres vases chimiques dont le fond est arrondi.

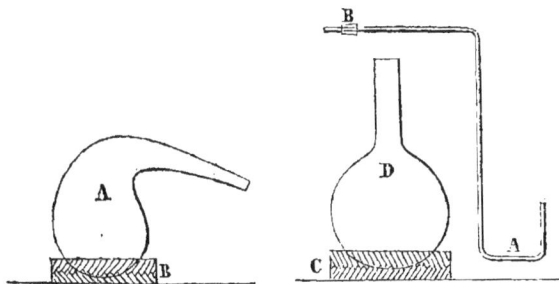

Fig. 3.   *Fig.* 4.   *Fig.* 5.

Figure 4. — Tube de verre à trois courbures. L'extrémité B, est munie d'un bouchon destiné à entrer
dans le goulot de la cornue, fig. 3, et ajusté convenablement pour en fermer l'orifice d'une manière exacte.
La partie recourbée A, s'engage sous la tablette B, de la
cuve pneumatochimique, fig. 1re, et pénètre dans un des
trous qui ont été pratiqués à cette tablette.

Figure 5.—Matras ou ballon en verre D, qui remplace
souvent la cornue pour la préparation des gaz. Dans ce
cas, le tube de la fig. 4 doit avoir une nouvelle courbure dans la branche B, de manière à pouvoir arriver
à l'embouchure du goulot. C, support en paille dont nous
avons déjà indiqué l'usage.

Les personnes qui n'ont point de laboratoire peuvent
aisément improviser tous les appareils que nous venons d'indiquer. La cuve pneumatochimique, fig. 1re,
sera remplacée par une terrine au fond de laquelle on dis-
posera latéralement deux briques placées sur le côté, une
à droite, l'autre à gauche; on les recouvrira d'une ardoise qui ne prendra que les deux tiers du diamètre de
la terrine, et qui remplacera la tablette B, de la cuve.
Cette ardoise sera percée d'un trou, pour livrer passage
au tube de la fig. 4. Un flacon quelconque pourra tenir
lieu de la cloche fig. 2; une fiole à médecine remplacera
la cornue ou le matras. Quant au tube, on prendra un
tube droit, et avec un peu d'habitude, on pourra lui
donner aisément les courbures convenables au moyen
d'une lampe à esprit de vin, dont nous donnons ci-dessous la figure et la description. Les tubes de verre se tra-
vaillent ordinairement avec la lampe d'émailleur, et se
prêtent alors à toutes les formes possibles sous une main
exercée. Mais, quand il s'agit seulement de les fermer
ou de les courber, on peut se servir avantageusement
d'une simple lampe à esprit de vin, pourvu qu'on ait le
soin de choisir des verres d'une épaisseur et d'un diamètre peu considérables, ce qui suffit toujours pour les
expériences d'étude.

La lampe à esprit de vin se compose d'un vase sphé-
rique, fig. 6 A, porté sur un pied; d'une mèche de
coton B, plus ou moins grosse, suivant le degré de chaleur qu'on veut obtenir; d'un porte-mèche C, en cuivre
ou en fer-blanc. Le porte-mèche est composé d'un cylindre intérieur allongé, enveloppé d'un autre cylindre
plus court, réuni au premier à la partie supérieure D,
par un rebord qui est destiné à s'appuyer sur l'ouverture
de la lampe. Ce rebord est percé d'un petit trou en D,
pour permettre à l'air de s'introduire dans la lampe, à

mesure que l'esprit de vin se consume. E, est un fil en
laiton qui sert à manier ce porte-mèche. Une fiole ordinaire peut remplacer la lampe et recevoir le porte-mèche.
On met dans la lampe la quantité d'esprit de vin qu'on
désire; ce liquide monte dans la mèche par la capillarité
et peut brûler ainsi jusqu'à ce que le tout soit consumé.
L'esprit de vin qui convient le mieux est celui qui
marque depuis 31 degrés de l'aréomètre de Baumé,
jusqu'à 34. Plus faible, il ne chauffe pas assez; plus fort,
il dépose du charbon sur les objets qu'on expose à sa
flamme.

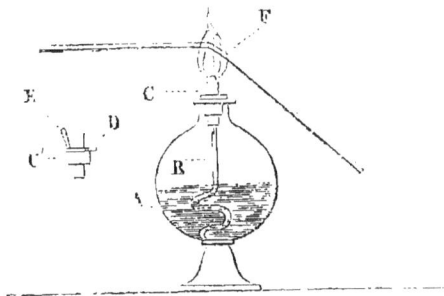

Fig. 6.

Si l'on veut courber un tube avec cet instrument, il
faut le placer dans la flamme, en le faisant tourner
sur lui-même entre les doigts, afin qu'il s'échauffe bien
également partout; il est nécessaire aussi de lui donner
un petit mouvement de va-et-vient, pour éviter que la
chaleur ne se concentre sur un seul point, ce qui occasionnerait une courbure trop brusque. Quand on s'a-
perçoit qu'il cède un peu, on lui imprime doucement
une flexion comme en F, en ayant soin de le tourner et
retourner toujours dans la flamme; enfin on l'amène peu
à peu à la forme qu'on désire lui donner.

Avec un peu d'habitude, cette opération devient très
facile.

Pour que la lampe se conserve en bon état, et que l'esprit de vin dont la mèche est imprégnée ne s'affaiblisse pas, il est nécessaire, quand on ne se sert pas de cet instrument, qu'il soit recouvert d'une virole, soit en verre, soit en cuivre, soit en fer-blanc.

Si l'on se sert d'une fiole, on peut enlever la mèche et le porte-mèche, et la boucher simplement avec un bouchon de liége.

Il y a des gaz qui ont la propriété de se dissoudre dans l'eau, et qui, par conséquent, ne pourraient pas être recueillis au moyen de la cuve pneumatochimique que nous venons de décrire. Ces gaz se reçoivent sur une cuve à mercure établie sur les mêmes bases théoriques que la cuve à eau; mais différente et pour la matière dont elle est construite et pour la forme qu'on lui donne. La cuve à mercure est ou en porcelaine très épaisse ou en pierre creusée. La capacité intérieure est ménagée de manière à ce qu'on puisse s'en servir en employant le moins possible de mercure.

Il y a encore des gaz qui ne peuvent être reçus ni sur l'eau, parce qu'ils s'y dissolvent, ni sur le mercure, parce qu'ils l'attaquent. Quand nous en serons à l'étude de ces gaz, nous indiquerons les moyens en usage pour les recueillir.

Des corps qui appartiennent aux métalloïdes.

Pour décrire tous les caractères qui séparent les métalloïdes des métaux, il faudrait anticiper sur les leçons suivantes; nous aimons mieux nous borner aujourd'hui, afin de marcher graduellement du connu à l'inconnu. Disons seulement que les caractères généraux qui distinguent les métalloïdes sont d'être de mauvais conducteurs de la chaleur et de l'électricité, d'avoir une pésanteur spécifique peu considérable qui ne dépasse pas trois fois celle de l'eau pour les plus pesants; plusieurs mêmes sont beaucoup plus légers, puisqu'ils sont constamment à l'état gazeux.

Les métalloïdes se divisent en deux groupes : d'un côté, l'oxigène corps comburant, et de l'autre, tous les autres métalloïdes sous la désignation générale de corps combustibles. En effet, la plupart d'entre eux, en se combinant avec l'oxigène, dégagent abondamment de la chaleur et de la lumière; phénomènes qui constituent ce qu'on entend généralement par combustion. Parmi les corps métalloïdes, plusieurs chimistes distinguent encore d'autres corps comburants comme le chlore, l'iode, le soufre. Nous n'examinerons point la valeur de cette opinion, dont le développement nous entraînerait trop loin.

TROISIÈME LEÇON.

De l'oxigène. — Sa découverte. — Son état naturel. — Préparation. — Premier procédé. — Deuxième procédé. — Troisième procédé, avec figures. — Propriétés physiques. — Propriétés chimiques. — Combustion du charbon dans l'oxigène. — Du fer. — Influence de l'oxigène sur la végétation, — sur la vie animale.

Découverte. — La découverte de l'oxigène date de 1774; elle est due à Priestley et à Schéele, qui, tous les deux, l'obtinrent chacun de leur côté. Cette découverte, qui fut d'abord le sujet de discussions passionnées, demeura infructueuse pour la science jusqu'à ce que Lavoisier eût entrepris, quelques années plus tard, les belles expériences qui nous firent connaître toutes les propriétés de ce corps remarquable, et nous firent voir en même temps le rôle important qu'il joue dans le système de la nature et dans les opérations des arts qui ont quelques relations avec la chimie.

Priestley avait remarqué qu'en faisant chauffer pendant plusieurs jours du mercure, dans un ballon de verre dont le goulot laissait accès à l'air extérieur, le métal finissait par se transformer en une matière rouge friable, et que, dans cette opération, il y avait augmentation de poids. Il se douta que ce surcroît était dû à une portion de l'air qui s'était fixée sur le mercure; et ce qui le confirma dans cette idée, c'est que quand le mercure était chauffé dans un vase fermé, ou sans communication avec l'air extérieur, il ne se transformait pas et n'augmentait pas de poids. Mais ce qui mit hors de doute la vérité de son opinion, c'est que la matière rouge provenant de la calcination du mercure, étant chauffée dans une cornue munie d'un tube engagé dans la cuve pneumatochimique, lui fournit assez abondamment un gaz qui était propre à la respiration des animaux, et qui, non seulement entretenait la combustion, mais développait cette propriété dans une proportion beaucoup plus considérable que l'air ordinaire. A mesure que le gaz se dégageait, le mercure se revivifiait en reprenant son poids primitif.

Malgré la clarté de ces expériences, Priestley ne fut pas assez bien inspiré pour en tirer les conséquences; il ne s'aperçut pas tout d'abord qu'il avait découvert un corps nouveau, il pensa seulement que le gaz qu'il avait obtenu par le moyen du mercure n'était autre que l'air ordinaire, mais purifié, et il le désigna sous le nom d'*air déphlogistiqué*. Schéele le nomma *air vital, air pur,* etc. Ce fut Lavoisier, qui, après l'avoir soumis aux investigations de son génie, et l'avoir étudié dans ses rapports avec les autres corps, démontra que c'était un gaz particulier, et le nomma *oxigène*, qui veut dire engendre acide; parce que tous les acides dont la composition était connue à cette époque avaient ce gaz pour principe acidifiant.

État naturel. — L'oxigène ne se rencontre pas dans la nature à l'état de liberté, quoique dans beaucoup de circonstances il soit dégagé par la respiration des plantes; mais la forme gazeuze qui lui est propre ne lui permet pas de rester long-temps isolé, il se mêle aussitôt avec l'air atmosphérique. A l'état de mélange ou de combinaison, il existe partout. L'air atmosphérique en contient environ 21 centièmes, l'eau 89 centièmes, la terre étant un composé de matériaux très nombreux, en contient des proportions différentes; les plantes en renferment dans leurs racines, dans leurs tiges, dans leurs feuilles, dans leurs fruits, en un mot, dans toutes les parties de leur organisation; il en est de même des animaux. Nous verrons, en étudiant l'air atmosphérique, l'opinion des physiologistes sur la manière dont les êtres vivants se l'assimilent.

On se figure aisément les ténèbres qui devaient envelopper les opérations chimiques, auparavant la découverte de ce corps que l'on trouve partout, qui fait la base de tout. Cette ignorance explique suffisamment le mystère qui environnait la science à cette époque; car l'homme n'est jamais plus mystérieux, dans les sciences qui sont son ouvrage, que quand il ne sait pas.

Préparation. — Quoique l'oxigène soit très répandu, ainsi que nous venons de le voir, il ne s'ensuit pas qu'on puisse aisément l'isoler de toutes les substances qui le contiennent; son affinité puissante s'y oppose dans le plus grand nombre de cas. Il faut donc, pour l'obtenir, choisir une de ses combinaisons avec un corps pour lequel son affinité ne soit pas très grande, ou encore un

composé dans lequel il existe avec excès, quelle que soit son
affinité pour le corps avec lequel il se trouve uni. Dans
le premier cas, il se dégage en entier ; dans le second, il ne
laisse échapper que la portion qui était en excès.

Premier procédé. — Mettez dans une très petite cornue
en verre, de la capacité d'environ 60 grammes, 15 à 20
grammes d'oxide rouge de mercure, adaptez à la cornue
le tube indiqué à la figure 5, page 21, et engagez-le sous
la tablette de la cuve pneumatochimique, recouvrez l'ouverture du tube par une petite cloche pleine d'eau placée
sur la tablette de la cuve. Ayez bien soin que le bouchon
qui unit le tube à la cornue soit parfaitement ajusté ; recouvrez le joint avec une pâte tenace quelconque : on se
sert ordinairement d'un lut composé de son d'amandes
en poudre pétri avec de la colle de farine. L'appareil étant
ainsi disposé, chauffez la cornue graduellement, avec
une lampe à esprit de vin, en tenant d'abord la flamme
éloignée, et la rapprochant peu à peu de la cornue, jusqu'à ce qu'elle finisse par en envelopper la base. Si l'appareil a été bien luté, à la première impression du feu,
le gaz commencera à se dégager par bulles qui arriveront dans la cloche et en déplaceront l'eau. Mais ce gaz
n'est pas encore de l'oxigène, ce n'est encore que l'air
contenu dans les appareils, qui, prenant plus de volume
par la chaleur, s'écoule par le tube. Ce phénomène devra mettre en garde contre un petit accident qui pourrait
arriver, et faire manquer l'expérience si la lampe, une
fois placée sous l'appareil, venait à être enlevée. En
effet, si l'air de la cornue se refroidissait, il reprendrait
son premier volume, et le vide qui en serait la conséquence aspirerait l'eau de la cuve par le moyen du tube
qui y est plongé. Cette eau froide saisirait le fond de la
cornue, qui se briserait. Je dois dire, pour tranquilliser
les personnes timides, qu'il n'y a dans cette circons-

tance aucun danger pour l'opérateur. Le verre chaud sur lequel on verse de l'eau froide se brise, mais les fragments ne sont jamais jetés au loin; — reprenons notre opération.

Quand la cloche a reçu à peu près autant de gaz que vous supposez que la cornue pouvait en contenir, rejetez ce gaz et remplacez la cloche par une autre toujours pleine d'eau : le gaz qui arrivera maintenant sera l'oxigène. Continuez de chauffer jusqu'à ce que le dégagement se ralentisse, et que l'oxide rouge de mercure que vous avez employé soit réduit à l'état de mercure métallique, dont une partie tapissera les parois et le col de la cornue sous forme de petits globules. Alors l'opération est terminée. Séparez le tube de la cornue avant de cesser le feu, de peur que l'eau de la cuve ne soit aspirée, ainsi que nous l'avons expliqué tout-à-l'heure. L'appareil une fois démonté, vous pourrez vous servir de l'oxigène contenu dans la cloche, pour répéter les expériences curieuses que nous indiquerons en décrivant les propriétés de ce gaz.

Deuxième procédé. — On prend environ 100 grammes de peroxide de manganèse ou manganèse contenant un excès d'oxigène, on le réduit en poudre, et on l'introduit dans une cornue de fonte à laquelle on adapte un tube recourbé qui plonge sous la tablette de la cuve pneumatochimique surmontée d'une cloche pleine d'eau, ayant soin, comme dans l'opération précédente, de bien luter la jointure. L'appareil ainsi disposé, on chauffe peu à peu la cornue au moyen d'un fourneau, en prenant toutes les précautions indiquées dans le premier procédé; on rejette de même les premières portions de gaz, enfin on pousse le feu de manière à faire rougir la cornue, et on l'entretient en cet état aussi long-temps qu'elle fournit du gaz. Quant le dégagement cesse, il faut déluter promptement la cornue pour éviter l'absorption de l'eau, qui la ferait casser.

Comme le peroxide de manganèse est beaucoup moins cher que l'oxide de mercure, et que ce procédé fournit beaucoup d'oxigène, il serait préférable au premier si, d'une part, l'opération n'était pas plus difficile à conduire, en raison de la haute élévation de température qu'elle exige; et si, d'autre part, la cornue de fonte n'était pas d'un prix si élevé.

Dans cette expérience, le perodixe de manganèse passe à l'état d'oxide simple, et ne laisse échapper d'oxigène que la portion qu'il contenait en excès; néanmoins cette quantité est considérable. Les 100 grammes employés dans cette expérience doivent donner environ trois litres de gaz, si l'on a employé du peroxide de manganèse de bonne qualité.

Troisième procédé.—Ce procédé est plus facile à suivre que le précédent, parce qu'il demande moins de chaleur; il est très économique, tant sous le rapport des matières premières que sous celui des instruments dont il exige l'emploi. Il fournit aussi une grande quantité d'oxigène.

La figure 7 représente l'appareil monté.

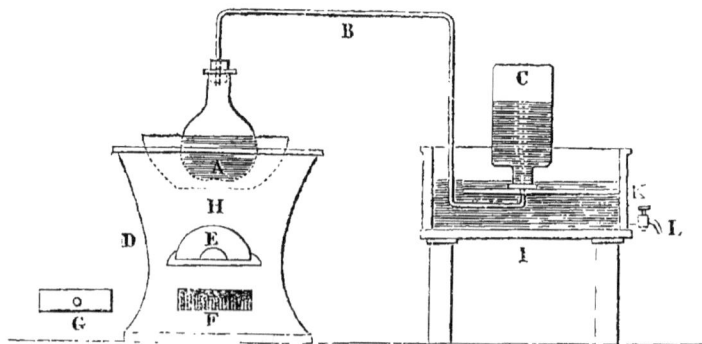

Fig. 7.

A, fiole à médecine en verre vert; B, tube recourbé, dont une des branches est adaptée au goulot de la fiole au moyen d'un bouchon parfaitement ajusté, et dont l'autre plonge dans la cuve pneumatochimique; C, flacon placé sur la tablette de la cuve, et qui reçoit le gaz. Ce flacon est destiné à remplacer les cloches dont nous avons parlé précédemment; D, fourneau pour chauffer l'appareil; E, porte du foyer fermée par un obturateur; F, porte ouverte du cendrier; G, obturateur qui sert à la fermer, quand on veut modérer le feu; H, vase en métal rempli de sable, dans lequel plonge la fiole A, c'est ce qu'on appelle bain de sable, — le plus mauvais poêlon peut tenir lieu de cette pièce; — I, cuve pneumatochimique; K, tablette sur laquelle on dépose les cloches ou les flacons, dans lesquels le gaz se dégagent; L, robinet pour écouler l'eau au besoin.

Pour mettre en œuvre cet appareil, il faut prendre environ 200 grammes d'oxide de manganèse en poudre, le délayer avec de l'acide sulfurique concentré, de manière à en faire une bouillie claire, introduire cette bouillie dans la fiole A, y ajuster le tube et luter la jointure. Le sable du bain de sable devra être sec et recouvrir la fiole jusqu'à la naissance du col. Tout étant disposé de la sorte, on commence à chauffer, et quand on a recueilli environ un demi litre de gaz, on le rejette et l'on met sur la tablette de la cuve un nouveau flacon, ou une nouvelle cloche remplie d'eau; à mesure que ces vases se remplissent de gaz, on les pousse un peu plus loin sur la tablette, en ayant soin que leur orifice baigne toujours dans l'eau; sans cette précaution, l'oxigène s'échapperait, ou au moins se mêlerait d'air ordinaire, ce qu'il faut éviter. On remplace ces récipients par de nouveaux vases toujours pleins d'eau. Quand le dégagement se ralentit, on démonte l'appareil pour éviter l'absorption de l'eau ; c'est une précaution qu'il ne faut jamais oublier si l'on veut ménager ses instruments.

Cette absorption, qui menace si souvent les apppareils à la fin des opérations chimiques, peut être évitée au moyen de tubes de sûreté dont nous aurons occasion de parler plus tard. Mais, outre que ces tubes ont le désavantage d'être très fragiles, ils ont encore celui d'être assez difficiles à manier. On doit donc se dispenser d'en faire usage toutes les fois qu'ils ne sont pas d'une nécessité absolue.

On retire encore l'oxigène du chlorate, du nitrate de potasse et d'autres composés.

Propriétés physiques. — L'oxigène est gazeux à toutes les températures et à toutes les pressions, il est plus pesant que l'air, insipide, inodore, incolore. On a cru, pendant long-temps, qu'il devenait lumineux par la compression. M. Thénard a fait voir que cette lumière était produite par l'huile dont les pistons des machines de compression étaient imprégnés.

Propriétés chimiques. — L'oxigène a de l'affinité pour tous les corps connus, mais à un degré bien différent ; car, avec quelques-uns, cette force est si considérable, qu'au moment où elle se satisfait, il se manifeste un grand dégagement de chaleur et de lumière, et c'est la seule source où l'homme peut puiser la lumière et la chaleur artificielles dont il a besoin, et même une grande partie de sa chaleur naturelle. Nous développerons ces deux vérités en étudiant l'hydrogène et le carbone. Avec quelques autres corps, son affinité est si faible qu'elle peut être détruite par une chaleur modérée ou par la simple exposition à la lumière du soleil.

L'oxigène se dissout dans l'eau en petite quantité, en lui communiquant des propriétés avantageuses pour l'usage alimentaire.

Quant aux autres propriétés chimiques de ce corps remarquable, nous profiterons de l'oxigène que nous avons obtenu par le troisième procédé, pour nous livrer à quelques expériences qui nous les feront mieux connaître qu'une simple lecture. En parlant des gaz en général, nous avons indiqué la manière de transvaser ces fluides; il faudra se servir de ce moyen pour séparer en plusieurs flacons la quantité d'oxigène que nous possédons, afin de pouvoir l'employer à faire plusieurs expériences. Tous ces flacons seront rangés à mesure sur la tablette de la cuve pneumatochimique dans une position renversée de manière à ce que le goulot soit toujours recouvert d'une légère couche d'eau.

1° Prenez un de ces flacons que vous aurez soin de boucher sous l'eau avant de tourner son ouverture en haut ; placez-le sur une table dans sa position naturelle ; débouchez-le doucement , allumez une allumette, soufflez-en la flamme de manière à ce que le charbon qui est au bout soit encore rouge, et introduisez-la aussitôt dans le flacon, vous verrez alors la flamme reparaître avec une grande intensité. Retirez l'allumette, soufflez-la et la plongez de nouveau dans le flacon, le même phénomène se manifestera ; on peut répéter cette curieuse expérience un assez grand nombre de fois avant que l'oxigène soit entièrement épuisé. On peut aussi remplacer l'allumette par une bougie.

2° Mettez dans une assiette une couche d'eau d'environ un centimètre d'épaisseur ; placez au milieu un morceau de brique assez petit pour pouvoir entrer aisément dans l'ouverture de vos flacons, et épais d'environ deux centimètres, afin que l'eau n'en mouille pas la surface supérieure ; déposez sur ce petit support un morceau de charbon allumé ; ensuite , prenez un des flacons que vous boucherez légèrement dans la cuve ; débouchez-le doucement, le tenant toujours dans la position renversée, recouvrez-en promptement le petit support en faisant plonger le goulot du flacon dans l'eau de l'assiette. Aussitôt que le charbon allumé sera plongé dans l'oxigène, il deviendra si lumineux qu'on aura de la peine à le fixer.

On peut répéter cette expérience en employant du soufre ou du phosphore en place de charbon ; mais il faut toujours que ces corps soient déjà en ignition au moins sur un point, avant leur introduction dans l'oxigène. La lumière que donne le phosphore dans cette circonstance ne peut être comparée qu'à celle du soleil. Dans ces deux dernières expériences, il est nécessaire que le petit support offre une cavité en dessus; car le phosphore et le soufre entrent en fusion et se répandraient dans l'eau où ils s'éteindraient. On se sert avec avantage pour cette opération de petits godets en fayence.

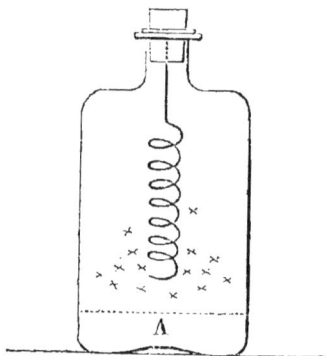

Fig. 8.

3° Mais la plus belle expérience est la combustion du fer. Il faudra, pour qu'elle réussisse bien, opérer au moins sur un litre d'oxigène. Placez le flacon bouché qui contient le gaz sur une table, dans sa position naturelle, en employant les précautions indiquées ci-dessus.

D'autre part, prenez un fil de fer du diamètre d'une épingle de moyenne grosseur, courbez-le en spirale d'une douzaine de tours environ, aiguisez-le en pointe à chaque extrémité, enfilez à un des bouts un petit morceau d'amadou et fixez l'autre à un bouchon qui puisse s'ajuster aisément au flacon. Tout étant ainsi disposé, allumez l'amadou, débouchez le flacon qui contient l'oxigène et introduisez le fil de fer de manière à ce que ce flacon se trouve fermé par le bouchon. Aussitôt l'amadou allume le fer qui brûle en suivant les contours de la spirale et en lançant des étincelles d'une grande beauté. (La fig. 8 représente l'appareil fonctionnant.) A mesure que le fer brûle, il se fond en globules qui se détachent et dont la chaleur est si élevée qu'ils pénètrent dans l'épaisseur du verre et quelquefois le traversent de part en part. Quelques expérimentateurs ajoutent un peu d'eau dans le fond du flacon, mais cette précaution n'empêche pas toujours les globules de pénétrer dans le verre ; le meilleur moyen de parer à cet inconvénient, c'est de remplacer l'eau par une légère couche de sable, A. Dans tous les cas, comme cette partie de l'expérience prouve l'intensité de la chaleur produite, il vaut mieux, à mon avis, perdre un flacon et être témoin de ce phénomène.

Les ouvrages de chimie conseillent ordinairement de faire usage d'un ressort de montre au lieu de fil de fer. L'expérience réussit également; mais, dans ce cas, il se produit du carbonate de fer qui se dépose en poudre rouge sur le flacon, en altère la transparence, et ne permet pas de voir aussi clairement ce qui s'y passe.

Influence de l'oxigène sur la végétation. — Nous avons dit que l'oxigène faisait partie de la terre qui porte la plante, de l'air qui l'environne, de l'eau qui l'arrose; il se présente donc ainsi à tous les organes de la plante qui en a besoin pour son assimilation. Sous forme gazeuse, il doit être inspiré par les organes respiratoires, tandis que les fibres radicales l'absorbent sous forme liquide dans l'eau et dans les parties solubles de la terre que cet agent a dissous. L'influence de l'oxigène sur la végétation doit être considérable; mais comme il ne se rencontre pas dans la nature à l'état de liberté, ce n'est pas encore ici le lieu d'étudier cette question, qui reviendra naturellement dans la leçon où nous traiterons de l'air atmosphérique.

Influence sur la vie animale. — Les animaux plongés dans le gaz oxigène peuvent y vivre un certain temps; ils y respirent plus à l'aise, c'est-à-dire que leur respiration est quatre fois moins fréquente que dans l'air ordinaire; c'est ce qui avait fait nommer ce gaz *air vital.* Néanmoins, ce bien-être ne se prolonge pas long-temps, et l'animal finit par succomber à un état inflammatoire des poumons. Ce gaz agit sur l'homme de la même manière que sur les animaux. Voici à ce sujet une observation recueillie par M. Thenard: «Trois hommes, en pénétrant » dans une fosse d'aisances qui venait d'être vidée, » furent asphyxiés par le gaz sulfhydrique qui s'y trou- » vait. Retirés de la fosse, ils furent portés du marché des » Innocents, où l'accident avait eu lieu, à l'Hôtel-Dieu » de Paris; deux moururent en route, et le troisième y » arriva si faible qu'il n'avait plus la force de soulever ses » membres. L'on ne savait que lui administrer. Il y avait » par hasard une vessie pleine de gaz oxigène; on lui » fit respirer ce gaz; il se mit à l'instant sur son séant, » mais pour retomber bientôt et expirer. *(Traité de Chimie élémentaire,* sixième édition, tom. 1, pag. 43.)

QUATRIÈME LEÇON.

De la nomenclature chimique.'—Nomenclature des acides; —Des oxides; — Des combinaisons indifférentes; — Des sels.

Quand les belles expériences de Lavoisier eurent démontré que l'oxigène est un corps particulier, qu'il se trouve répandu partout, que son affinité pour tous les autres corps est si développée qu'il fait partie de presque toutes les combinaisons chimiques; on songea à créer une nomenclature qui pût comprendre et désigner clairement tous les faits nouveaux qui venaient d'être découverts, en même temps que les faits anciens dont on venait de trouver la théorie positive. C'est à Guyton-de-Morveau que l'on doit l'invention de cette entreprise, quoique ce soit Lavoisier qui en ait fourni les matériaux et corrigé les premières idées.

Comme la nomenclature chimique est principalement basée sur la combinaison de l'oxigène avec les autres corps, sur les propriétés que possède le produit de cette combinaison et sur la quantité relative d'oxigène absorbé, c'est ici naturellement la place qu'elle doit occuper dans nos leçons.

Quand l'oxigène se combine avec un autre corps, si le produit qui en résulte rougit la couleur de la violette ou les autres couleurs bleues végétales, c'est un acide; s'il ne la rougit pas ou même s'il la verdit, c'est un oxide.

Acides.—Les acides se désignent par le nom du corps acidifié que l'on termine en *ique* ou en *eux,* suivant les quantités d'oxigène qui le constituent. Quand il y a plus de deux degrés d'oxigénation, on ajoute la particule *hypo,* qui précède le nom de l'acide terminé en *eux* pour dési-

gner l'acide le moins oxigéné, et le nom terminé en *ique,*
s'il y a un degré entre celui-ci et celui en *eux.* Les proportions dans lesquelles les corps se combinent sont représentées par des nombres simples, très rarement par
des nombres fractionnaires. Voici, par exemple, dans
quelles proportions le soufre se combine à l'oxigène : *Deux*
proportions de soufre, deux proportions d'oxigène ; deux
proportions de soufre, quatre proportions d'oxigène ;
deux proportions de soufre, cinq proportions d'oxi-
gène ; deux proportions de soufre, six proportions
d'oxigène.

Ces quatre combinaisons ont un caractère commun,
celui de rougir la teinture du tournesol, et par conséquent elles sont acides; mais elles diffèrent essentiellement par tous les autres caractères, et ont besoin d'être
distinguées dans la nomenclature. Dans le cas où un
corps simple est susceptible de former plusieurs acides
avec l'oxigène, c'est le plus oxigéné qui prend la terminaison en *ique.* Exemple :

2 proportions de soufre + 6 oxigène = acide sulfurique.
2   —   de soufre + 5 oxigène = acide hyposulfurique.
2   —   de soufre + 4 oxigène = acide sulfureux.
2   —   de soufre + 2 oxigène = acide hyposulfureux.

De même, en passant en revue les autres corps aci-
difiables, nous aurons :

POUR L'AZOTE OU NITROGÈNE.

Les acides. . . . azotique   ou nitrique.
   »   »   hypoazotique ou hyponitrique.
   »   »   azoteux   ou nitreux.
   »   »   hypoazoteux ou hyponitreux.

POUR LE PHOSPHORE.

Les acides. . . . phosphorique.
   »   »   hypophosphorique.
   »   »   phosphoreux.
   »   »   hypophosphoreux.

POUR LE CHLORE.

Les acides. . . . chlorique.
   »   »   hypochlorique, etc.

POUR LE CARBONE.

Les acides. . . . carbonique.
   »   »   carboneux.

POUR LE SILICIUM.

L'acide silicique, qu'on nomme aussi simplement silice.

Il y a des acides qui n'ont pas l'oxigène pour base. Ainsi, parmi les corps que nous nous proposons d'étudier, le soufre et le chlore ont la propriété d'acidifier l'hydrogène. Dans le cas où l'oxigène n'est pas le principe acidifiant, on nomme les deux corps qui constituent la combinaison; alors il ne peut y avoir de méprise. Par exemple, les acides que le soufre et le chlore forment avec l'hydrogène se nomment acide *sulfhydrique,* acide *chlorhydrique.* Autrefois on disait acide hydrosulfurique, acide hydrochlorique; mais on est convenu depuis de nommer le corps négatif le premier. Jusqu'à présent on ne connaît qu'un seul degré aux acides qui n'ont pas l'oxigène pour principe acidifiant.

Les acides du règne organique prennent un nom dérivé de celui de la substance qui les fournit. Exemple : On nomme acide acétique, oxalique, citrique, lactique, etc., les acides qu'on retire du vinaigre, de l'oseille, du citron, du lait, etc.

Oxides. — Ainsi que nous l'avons dit plus haut, les combinaisons oxigénées qui ne rougissent point les couleurs bleues végétales, sont des oxides. De même que les acides, ces combinaisons ont plusieurs degrés, et ces degrés se désignent de la même manière et par la même terminaison, tant qu'ils ne sont qu'au nombre de deux. Ainsi, pour les combinaisons du fer avec l'oxigène, on dira oxide ferrique pour l'oxide le plus oxigéné, et oxide ferreux pour celui qui l'est moins. Il existe cependant pour le fer et pour plusieurs autres métaux des combinaisons plus oxigénées que l'oxide en *ique*. Ces composés ne pouvant pas se combiner aux acides sans perdre une portion de leur oxigène, ont été regardés non comme de simples oxides, mais comme des oxides avec excès d'oxigène: on les a nommés *sur-oxides*. Nous en avons eu un exemple dans le peroxide ou sur-oxide de manganèse qui nous a servi à préparer l'oxigène. Il y a aussi des oxides moins oxigénés que les oxides en *eux*, qui ne se combinent avec les acides qu'après avoir acquis une plus forte proportion de ce gaz. Ces combinaisons se nomment *sous-oxides*. Par exemple, les combinaisons du fer avec l'oxigène se désigneront ainsi en commençant par les plus oxigénées : *Sur-oxide ferrique. — Oxide ferrique. — Oxide ferreux. — Sous-oxide ferreux.*

Cette nomenclature des oxides, qui n'est pas celle de Lavoisier, a été introduite en France par Berzélius, et commence à être adoptée presque généralement; en effet, elle est plus commode. Lavoisier désignait les différents degrés d'oxidation par les particules *proto, deuto, trito, per*. Ainsi, on disait *protoxide de fer, deutoxide de fer, tritoxide de fer, peroxide de fer*. Parmi les métaux, il y en a plusieurs dont les oxides sont connus depuis un temps presque immémorial sous un nom simple, et qui n'ont été reconnus comme oxides métalliques que long-temps après les travaux de Lavoisier. Ces oxides ont conservé les noms qu'ils avaient parce que ces noms étaient devenus populaires. Ce sont les oxides de potassium, de sodium, de barium, de calcium, de magnésium, d'aluminium, que l'on continue à appeler potasse, soude, baryte, chaux, magnésie, alumine. Les deux premiers se désignent sous le nom générique d'alcalis ; ils sont très solubles dans l'eau, verdissent les fleurs violettes ; les trois suivants sous celui de terres alcalines, l'eau n'en dissout que de très faibles proportions, ils verdissent aussi les couleurs bleues végétales ; enfin, le dernier sous celui de terre argileuse, d'argile, il ne se dissout point dans l'eau et n'a pas d'action sur les couleurs bleues végétales.

Combinaisons indifférentes. — Lorsqu'un métalloïde autre que l'oxigène se combine, soit avec un autre métalloïde, soit avec un métal, et que la combinaison n'est pas acide, elle prend la terminaison en *ure* : *Sulfure, chlorure, carbure.*

Quand deux métaux autres que le mercure s'unissent entre eux, on appelle ce mélange alliage, en nommant les métaux qui le composent : *alliage d'argent et de cuivre, d'étain et de plomb.* Quand le mercure se combine avec un autre métal, la combinaison s'appelle amalgame ; alors on ne nomme que l'autre métal. Exemple : *Amalgame d'or, amalgame d'étain.*

Sels. — Jusqu'à présent nous n'avons vu les corps se combiner que deux à deux pour former les acides, les oxides et les combinaisons que j'ai nommées indifférentes. Nous allons passer à un ordre de faits plus compliqués en abordant les combinaisons salines.

Quand un acide se trouve en contact avec un oxide métallique parfait, ces deux corps se neutralisent, c'est-à-dire que l'acide perd la propriété de rougir les couleurs bleues végétales, et que l'oxide perd celle de les verdir, s'il l'avait auparavant. En outre, l'aspect, la couleur, le goût, l'odeur, tout a changé ; on n'aperçoit plus aucune des propriétés physiques qui distinguaient les deux substances qui se sont unies. Il s'est formé un nouveau corps, et ce corps est un sel. Cette nombreuse et importante série de combinaisons se distingue dans la nomenclature chimique par des noms composés de celui de l'acide et de celui de l'oxide. Les noms des acides en *ique* se terminent en *ate;* ceux des acides en *eux* se terminent en *ite.* Ainsi les sels des *acides sulfurique, nitrique ou azotique, phosphorique,* etc., seront des *sulfates, nitrates ou azotates, phosphates,* etc., et ceux des acides *sulfureux, nitreux* ou *azoteux, phosphoreux,* etc., seront des *sulfites, nitrites ou azotites, phosphites,* etc. Quant à l'oxide, il conserve sa terminaison. Dans la nomenclature de Lavoisier, on ajoute les particules *proto, deuto, trito, per,* pour désigner les proportions d'oxigène de l'oxide, et on les fait précéder le nom de l'acide. Exemple :

	NOUVELLE NOMENCLATURE.	NOMENCLATURE DE LAVOISIER.
Acide sulfurique et oxide ferrique. =	Sulfate ferrique. =	Deutosulfate de fer.
Acide nitrique et oxide plombeux. =	Nitrate plombeux. =	Protonitrate de plomb.
Acide hyposulfurique et oxide cuivreux. =	Hyposulfate cuivreux. =	Protohyposulfate de cuivre.
Acide hyposulfureux et oxide sodique. =	Hyposulfite sodique. =	Hyposulfite de soude.
Acide carbonique et oxide potassique. =	Carbonate potassique. =	Carbonate de potasse.

Dans les sels, la proportion d'acide est quelquefois trop considérable pour pouvoir être neutralisée complètement par l'oxide. Dans ce cas, on obtient un sur-sel ou un sel acide que la nomenclature désigne ainsi : *Sulfate acide de soude, sur-tartrate de potasse, etc.* D'autres fois c'est l'oxide qui est en excès, et dans ce cas, la combinaison n'est qu'un sous-sel, comme dans le *sous-carbonate de chaux, le sous-acétate de plomb,* etc.

Quelquefois le même acide s'unit à deux bases à la fois; on dit alors que le sel est double, et dans ce cas, il prend le nom des deux bases. Exemple : L'alun, qui est la combinaison de l'acide sulfurique avec l'alumine et la potasse, se désigne sous le nom de *sulfate d'alumine et de potasse* ou *sulfate aluminico-potassique*. Les acides hydrogénés : chlorhydrique et sulfhydrique, forment des chlorhydrates et des sulfhydrates. Exemple : Chlorhydrate de chaux ou calcique, sulfhydrate de soude ou sodique.

Il existe parmi les métalloïdes plusieurs corps simples qui ont la propriété de former des sels sans que l'oxigène intervienne, soit pour les acidifier, soit pour oxider le métal avec lequel ils se combinent, comme le *chlore*, le *brôme*, l'*iode*. Ces corps, désignés par Berzélius sous le nom de corps *halogènes*, qui veut dire *engendre-sel*, prennent la terminaison en *ure*, et le métal celle en *ique* ou en *eux*, suivant la proportion de ce dernier. Ainsi, *chlorure cuivreux* pour une moindre proportion de cuivre, *chlorure cuivrique* pour une proportion plus considérable.

J'ai cherché à rendre le plus clairement qu'il m'a été possible l'exposition de cette nomenclature, en passant sous silence tout ce qui, étant trop scientifique, eût pu en rendre l'intelligence difficile, et en entrant dans des détails multipliés, que les personnes déjà initiées aux sciences chimiques pourront trouver trop simples. Je n'ai eu qu'un but, celui de bien expliquer aux commençants ce mécanisme si important, sans la connaissance duquel il sera difficile de comprendre ce que nous aurons à dire dans les leçons suivantes. Je reviendrai sur les principes ci-dessus énoncés, en décomposant de temps en temps, à l'intention des élèves, quelques-uns des mots chimiques dont nous nous servirons.

CINQUIÈME LEÇON.

De l'hydrogène. — Sa découverte. — Son état naturel. — Premier procédé
pour sa préparation, avec figure. — Tube de Welter. — Second procédé,
avec figure. — Propriétés physiques. — Des aérostats. — Propriétés
chimiques. — Combustion de l'hydrogène avec détonation, — Sans
détonation. — La lampe philosophique. — Harmonica chimique, avec
figure. — Inflammation de l'hydrogène par le platine. — Influence de
l'hydrogène sur la végétation, — Sur la vie animale.

Découverte. — L'hydrogène fut remarqué dès le commencement du dix-septième siècle ; mais il ne fut étudié
sérieusement qu'à la fin du dix-huitième siècle, d'abord
par Cavendish et Priestley, et ensuite par Lavoisier, qui
démontra le premier que c'était une des parties constituantes de l'eau, d'où il prit son nom d'hydrogène :
auparavant on le désignait sous le nom d'air ou gaz inflammable.

État naturel. — L'hydrogène n'est pas aussi répandu
dans la nature que l'oxigène, et pourtant il est un des
corps élémentaires les plus abondants ; on le trouve combiné dans les substances minérales d'origine organique
qu'on désigne sous le nom de houille ; quelquefois même
il s'en dégage spontanément, au grand danger des mi-
neurs qui le connaissent sous le nom de *grisou* : c'est de
l'hydrogène carboné. Les anthracites et les lignites en
renferment aussi ; mais c'est surtout dans les petroles, les
bitumes et les résines fossiles qu'il existe en plus grande
quantité : l'eau en contient environ onze pour cent de
son poids. Il fait aussi partie constituante de toutes les
substances végétales et animales ; mais celles qui sont le
plus hydrogénées sont les matières grasses, les matières
huileuses et les matières résineuses.

Quoiqu'il n'existe pas naturellement à l'état de liberté absolue, il se produit néanmoins dans les eaux stagnantes par la décomposition des parties végétales et animales qui y pourrissent. Il s'accumule sous la vase qui le retient jusqu'à ce que, sa quantité devenant plus considérable, il puisse rompre l'obstacle qui l'emprisonnait; alors il arrive à la surface de l'eau en produisant un bouillonnement en rapport avec son abondance. Dans cet état, il n'est point pur; il contient toujours du carbone, et on le désigne sous le nom de gaz des marais. Nous l'étudierons à l'article carbone en même temps que celui qui se dégage des houillières. Quelquefois il renferme du phosphore; alors il s'enflamme spontanément, à mesure qu'il arrive à la surface de l'eau, et produit ces phénomènes qui portent l'effroi dans les campagnes, et qu'on désigne sous le nom de feu follet, esprit follet, *farfadet*.

Préparation. —L'hydrogène que l'on prépare dans les laboratoires de chimie s'obtient toujours de l'eau, qui est un composé d'oxigène et d'hydrogène; mais il y a plusieurs moyens de l'en dégager.

La classification chimique dès métaux est basée en partie sur la propriété que ces corps possèdent de décomposer l'eau en s'emparant de son oxigène pour produire des oxides. Les uns exercent cette affinité à la température ordinaire; les autres ont besoin d'être chauffés jusqu'au rouge, à moins qu'ils ne soient en contact avec un acide capable de dissoudre l'oxide à mesure qu'il se forme; car, dans ce dernier cas, ils agissent à la température ordinaire. Les premiers, comme le potassium, le sodium, etc., sont d'un prix très élevé et ne s'emploient que dans les expériences délicates; les autres, au contraire, comme le fer, le zinc, etc., sont très répandus, et leur prix ne peut occasionner qu'une dépense assez minime.

On se sert du fer quand on veut agir à une haute température, parce que ce métal supporte mieux la chaleur sans se fondre, et l'on emploie indistinctement le fer ou le zinc, si la décomposition de l'eau doit s'opérer à la température ordinaire par l'intermédiaire d'un acide.

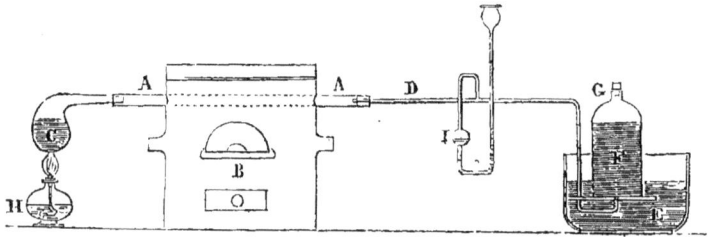

Fig. 9.

Premier procédé. —Décomposition de l'eau par le fer, sans autre intermédiaire que la chaleur. — Mettez dans la partie moyenne d'un canon de fusil ouvert des deux bouts environ 100 grammes de fer, dont vous avez détruit la cohésion, soit au moyen de la lime, soit sur le tour au moyen du ciseau; placez ce canon de fusil dans une position horizontale, A A, fig. 9, de manière à ce qu'il traverse le fourneau B; à l'une des extrémités, ajustez, au moyen d'un bouchon bien luté, une petite cornue C aux trois quarts pleine d'eau; à l'autre extrémité, lutez avec le même soin un tube de sûreté D, dont nous donnerons l'explication tout à l'heure, et qui est destiné à conduire le gaz dans la cuve pneumatochimique E, sous la cloche F. Cette cloche, au lieu d'être terminée par un bouton, est munie à sa partie supérieure d'une douille, qui se ferme d'un bouchon G. L'appareil ainsi disposé, placez sous la cornue C une lampe à esprit de vin H, destinée à réduire l'eau en vapeur; allumez en même temps le fourneau B, jusqu'à faire rougir le canon du fusil. La flamme de l'esprit de vin fait bouillir l'eau, la vapeur qui se produit passe dans le canon de fusil, où elle rencontre la limaille de fer rouge; c'est alors que le métal décompose l'eau, en s'emparant de son oxigène pour former de l'oxide de fer; l'hydrogène, mis en liberté, s'échappe sous la forme gazeuse qui lui est propre, et arrive par le tube sous la cloche F.

Il est nécessaire, dans cette expérience, comme dans celles qui ont pour objet l'oxigène, de rejeter les premières portions de gaz rendues impures par leur mélange avec l'air qui est contenu dans les appareils. Cette précaution est indispensable pour la préparation de tous les gaz, et il ne faudra jamais l'omettre, quand même nous ne l'indiquerions pas.

Quand il ne se produit plus de gaz, on laisse l'appareil se refroidir sans craindre que l'eau de la cuve soit absorbée; car le tube de sûreté empêche cet accident de se produire, et voici comment :

Tube de sûreté. — A la partie supérieure du tube ordinaire D, est soudé un autre tube à double courbure, dont la branche descendante est soufflée en boule I dans sa partie moyenne, et dont l'autre ascendante est plus allongée et terminée par un entonnoir. En mettant de l'eau dans la partie inférieure du tube, jusqu'à ce que la boule de la petite branche soit pleine à moitié, on a une soupape liquide qui est suffisante pour intercepter la communication de l'air extérieur avec l'intérieur de l'appareil. Si l'air ou les vapeurs de l'appareil viennent à se condenser par un abaissement de température, la colonne de liquide qui existe dans le tube de sûreté étant beaucoup moins élevée que la longueur du tube qui plonge dans la cuve pneumatochimique, il est clair que l'absorption aura lieu par le premier, et alors l'eau du tube de sûreté se logeant dans la petite boule qui est soufflée à sa branche la plus courte, l'air extérieur sera aspiré et entrera seul dans l'appareil, jusqu'à ce que l'équilibre soit rétabli. Dans ce cas comme dans tous ceux qui ont pour objet la préparation des gaz, le tube de sûreté ne sert que pour garantir les instruments; car il rend impurs les produits obtenus, par leur mélange avec l'air extérieur; aussi vaut-il mieux pour ces opérations apporter un peu plus de soin et ne se servir que de tubes simples. J'ai ajouté ce tube de sûreté à la fig. 9, afin d'avoir occasion d'en donner l'explication. Cet instrument, qui rend de très grands services dans plusieurs opérations de chimie, se nomme tube de Welter, du nom du chimiste qui l'a inventé.

Quand on démonte l'appareil dont nous venons de nous servir pour préparer l'hydrogène, on trouve dans le canon de fusil la limaille de fer qui, au lieu d'avoir le brillant métallique qu'elle avait auparavant, est devenue noire et terne. Sa ténacité est détruite; elle se réduit en poudre avec la plus grande facilité; son poids est augmenté de la quantité d'oxigène qu'elle a pris à l'eau qu'elle a décomposée : en un mot, c'est de l'oxide de fer. Voici une formule qui vous donnera la théorie de l'opération.

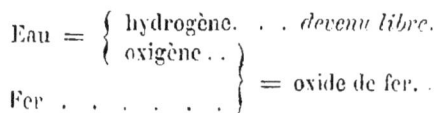

$$\text{Eau} = \begin{cases} \text{hydrogène.} \ldots \textit{devenu libre.} \\ \text{oxigène} \ldots \end{cases}$$
$$\text{Fer} \ldots \ldots \end{cases} = \text{oxide de fer.}$$

La première colonne renferme les corps qui ont été mis en rapport; la seconde, la composition de ces corps; la troisième, les produits obtenus par les changements d'affinités.

Deuxième procédé. — On met dans un flacon à large ouverture, fig. 10, des rognures de zinc ou de la limaille de fer B, que l'on recouvre de quelques centimètres d'eau;

on ajuste au goulot un bouchon percé de deux trous : le premier est traversé par un tube en S terminé par un entonnoir A, et dont l'extrémité inférieure plonge dans l'eau du flacon C ; au second est adapté un tube recourbé qui se rend dans la cuve pneumatochimique. On recouvre de lut, avec beaucoup de soin, tous les joints du bouchon. L'appareil ainsi monté, on verse par le tube en S de l'acide sulfurique étendu de quatre fois son poids d'eau ; il reste dans la courbure du tube assez de liquide pour empêcher les bulles de gaz qui s'y engageraient de se perdre à l'extérieur, et l'on a la facilité d'introduire de l'acide dans l'appareil autant de fois qu'on le désire. De cette manière, on peut modérer le dégagement du gaz en ne versant l'acide qu'en petite proportion à la fois.

Fig. 10.

Aussitôt que le métal, zinc ou fer, se trouve en contact avec l'eau acidulée, il se produit une effervescence en rapport avec la quantité de cette dernière. Ce bouillonnement est dû au gaz hydrogène qui se forme et qui se

rend à mesure dans la cloche de la cuve pneumatochimique. Il faut toujours avoir la précaution de rejeter les
premières portions obtenues. À mesure que le dégagement se ralentit, on ajoute de nouvelle eau acidulée.
Cet appareil fonctionne ainsi jusqu'à ce que tout le zinc
ou tout le fer soit dissout par l'acide, et il fournit avec
peu de dépense des quantités considérables de gaz. Le
tableau suivant explique la théorie de cette expérience,
et nous fournit l'occasion de faire l'application des principes de la nomenclature.

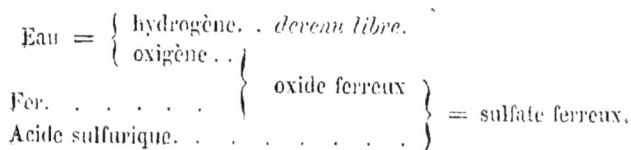

$$\text{Eau} = \begin{cases} \text{hydrogène. . } \textit{devenu libre.} \\ \text{oxigène . .} \end{cases}$$

$$\left. \begin{array}{l} \\ \text{Fer. . . . . .} \\ \text{Acide sulfurique. .} \end{array} \right\} \begin{array}{l} \text{oxide ferreux} \\ \end{array} \Big\} = \text{sulfate ferreux.}$$

Propriétés physiques. — L'hydrogène est gazeux à
toutes les pressions et à toutes les températures, il est
incolore, insipide, inodore. A l'occasion de ces deux derniers caractères qui n'appartiennent à l'hydrogène que
quand il est pur, nous devons prévenir le lecteur, que
toutes les fois que nous donnerons les propriétés d'un
corps, nous le supposerons toujours à l'état de pureté
parfaite. Tel qu'on l'obtient par les procédés indiqués ci-
dessus, et surtout par le dernier, l'hydrogène possède
une saveur et une odeur désagréables : ces caractères sont
dus à des matières étrangères contenues dans le fer ou
dans le zinc dont on s'est servi pour sa préparation. Ce
gaz, le plus léger des corps pondérables connus, pèse environ quatorze fois moins que l'air, ce dernier étant pris
pour unité. D'après les pesées faites par MM. Dulong
et Berzélius, sa pesanteur spécifique est représentée
par 0,0688 jusqu'à 0,0689 ; celle de l'air étant prise
pour 1,000.

C'est sur cette légèreté comparative qu'est basée la

construction des aérostats. On en comprendra facilement la théorie par un exemple bien simple : si vous mettez dans une fiole de l'eau et de l'huile, dans quelque position que vous placiez ce mélange l'eau occupera toujours la partie inférieure, et l'huile la partie supérieure. Si, au lieu de verser l'huile à la surface de l'eau, vous la renfermez dans une vessie de poisson dont vous lierez bien ensuite l'orifice, vous aurez un petit ballon liquide qui, plongé au fond de l'eau, reviendra toujours à la surface, et qui déjà même pourra porter un petit fardeau, si la vessie de poisson est d'une grosseur assez considérable. L'hydrogène se comporte dans l'air exactement de la même manière que l'huile dans l'eau ; si vous l'emprisonnez dans un tissu assez léger, non seulement il s'élèvera dans les régions supérieures, mais encore il entraînera avec lui des fardeaux plus ou moins considérables, selon la capacité des ballons qui en seront remplis.

Il ne faut pas confondre les aérostats, dont l'hydrogène est le moteur ascensionnel, avec les ballons qui sont lancés de temps en temps dans les villes, pour amuser la curiosité du public. Ces derniers ne s'élèvent que par l'air ordinaire, rendu plus léger au moyen de la chaleur ; aussi tombent-ils d'eux-mêmes à mesure que leur température intérieure se met en équilibre avec la température du dehors. Avec les premiers, au contraire, on peut descendre à volonté en lâchant de l'hydrogène par le moyen d'une soupape, jusqu'à ce que l'équilibre de pesanteur soit rétabli.

On trouve chez les fabricants d'instruments de physiques de petits ballons en baudruche avec lesquels on pourra répéter en petit l'expérience des aéronautes. Dans ce cas, l'appareil de la figure n° 10, page 49, peut servir pour la préparation de l'hydrogène ; seulement, au

lieu d'engager le tube recourbé sous la cuve pneumatochimique, on l'introduit dans l'orifice du ballon qu'on y
attache fortement. Le ballon se gonfle à mesure que l'hydrogène se dégage; quand il est plein, on le lie soigneusement un peu au-dessus du tube avec un cordon léger
et assez long pour lui permettre de monter; on le sépare
ensuite d'avec le tube, et alors on peut le laisser s'élever
en tenant à la main l'extrémité du cordon. Ces petits
aérostats peuvent porter de 30 à 40 grammes, et leur
ascension fournit une expérience très agréable.

Propriétés chimiques. — Afin de mettre de l'ordre dans
nos leçons, et de marcher toujours du connu à l'inconnu,
nous n'étudierons les propriétés chimiques des corps
que dans leurs rapports avec ceux que nous aurons déjà
décrits. Ainsi, dans cet article, nous n'examinerons
les propriétés chimiques de l'hydrogène que dans ses
affinités avec l'oxigène.

L'hydrogène se combine avec l'oxigène de plusieurs
manières : 1° Si l'on fait passer ces deux gaz dans un
même flacon ou dans une même cloche, ils produisent
un mélange détonant qui s'enflamme avec bruit à l'approche d'une bougie allumée, ou sous l'influence d'une
étincelle électrique. Dans cette circonstance, la combinaison des deux gaz est instantanée, et si les proportions
dans lesquelles ils se combinent ont été observées, ils disparaissent l'un et l'autre; si, au contraire, l'un des deux
était en excès, cet excès reste sous forme gazeuse. Dans
l'un et l'autre cas il se produit de l'eau, qui est un composé d'oxigène et d'hydrogène, ainsi que nous l'avons
déjà dit, et que nous le verrons bientôt d'une manière
plus détaillée.

Cette combinaison brusque de l'oxigène et de l'hydrogène produit une détonation assez forte pour qu'il
ne soit pas prudent d'agir sur des proportions un peu

considérables; on peut néanmoins produire ce phénomène, sans s'exposer à aucun danger, en suivant le
procédé que je vais indiquer. Procurez-vous un flacon
en verre fort, à large ouverture, de forme cylindrique
et étroit. — Ceux dits à baume opodeldoch conviennent
très bien pour cette expérience. — Exposez, pendant
quelques instants, l'ouverture renversée de ce flacon au-
dessus d'un appareil qui dégage de l'hydrogène, présen-
tez-le ensuite au-dessus de la flamme d'une bougie, en le
tenant toujours renversé; aussitôt il se produit une
explosion dont le bruit peut être comparé à un coup de
pistolet. Dans cette circonstance, l'oxigène de l'air atmosphérique que contient le flacon se mélange avec
l'hydrogène qu'on y introduit, pour produire le gaz détonant. Si vous avez laissé le flacon trop long-temps au-
dessus du tube qui dégage l'hydrogène, tout l'air atmosphérique sera remplacé par ce dernier gaz, et alors il
n'y aura plus de détonation, puisque ce phénomène
n'est produit que par la combinaison de l'oxigène avec
l'hydrogène. Cette expérience, faite de la sorte, est sans
danger; cependant, par excès de prudence, on peut
envelopper d'un mouchoir le flacon qui renferme le
mélange explosif, et, en supposant qu'il se brisât, les
éclats deviendraient tout-à-fait inoffensifs.

2° Si l'on enflamme l'hydrogène à mesure qu'il arrive
dans le gaz oxigène ou dans l'air atmosphérique qui contient ce principe, le gaz brûle, il se forme de l'eau; mais
il n'y a pas de détonation apparente, parce que la combinaison s'opère lentement, au lieu de s'accomplir d'une
manière instantanée. Il est probable néanmoins que,
dans cette circonstance, il se produit une série de petites
détonations trop faibles pour être distinguées; c'est du
moins ce que semblerait prouver l'expérience suivante,
qui est très curieuse.

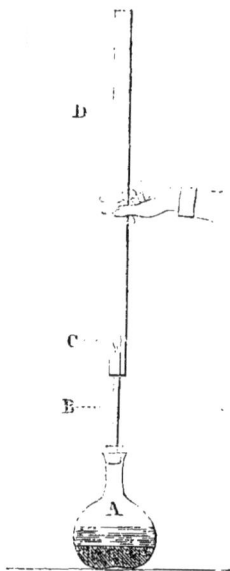

Fig. 11.

Mettez, dans une fiole à médecine A, fig. 11, des rognures de zinc et de l'acide sulfurique étendu d'eau; bou-
chez la fiole avec un bouchon bien ajusté, traversé par un
tube dont l'extrémité inférieure affleure le dessous du bouchon, et dont l'autre bout B, se prolonge d'environ dix centimètres au dehors; à cette extrémité, le tube devra être
tiré à la lampe, de manière à en réduire le diamètre intérieur et le rendre assez étroit pour qu'une aiguille fine
n'y puisse passer que difficilement. Comme cette ouver-
verture laisse échapper peu de gaz à la fois, il faut avoir
la précaution de proportionner la quantité d'acide qu'on
verse dans la fiole à la quantité de gaz qui doit se produire. L'appareil étant monté, laissez écouler du gaz
pendant environ cinq minutes, et portez ensuite une
bougie allumée à l'orifice du tube; aussitôt le jet d'hydrogène s'enflamme, et continue à brûler comme une
chandelle; c'est ce que les anciens chimistes désignaient

sous le nom de lampe philosophique. Il faut remarquer
que si on allumait le gaz aussitôt qu'il commence à se
produire, l'air de la fiole n'étant pas encore expulsé, son
mélange avec l'hydrogène formerait du gaz détonant,
qui ferait explosion en chassant au loin le bouchon et le
tube, souvent même en brisant la fiole, avec danger pour
l'opérateur d'être blessé par les éclats de verre et arrosé
par l'acide. Les cinq minutes indiquées sont suffisantes
pour que tout l'air de l'appareil soit échappé ; néanmoins, par surcroît de précaution, on peut envelopper
la fiole d'un mouchoir comme dans l'opération précédente.

Une fois la lampe philosophique bien allumée, coif-
fez-en la flamme C, avec un tube de verre D, d'un centimètre de diamètre, et d'environ cinquante centimètres de longueur, comme vous mettriez un verre sur la
flamme d'un quinquet ; entourez de quelques doubles de
papier la partie que vous touchez avec les doigts, pour
éviter de vous brûler ; descendez peu à peu le tube de
verre jusqu'à ce qu'il commence à rendre un son ;
arrêtez-vous alors, et le son se continuera aussi long-
temps que vous voudrez, il deviendra plus ou moins fort,
suivant que vous hausserez ou que vous baisserez le
tube. On explique ce phénomène par une suite de détonations tellement rapprochées, que l'oreille la plus
exercée ne peut en saisir l'intervalle, à moins que ce ne
soit au moment où l'expérience commence. C'est ce qu'on
appelle *Harmonica chimique*.

Nous avons vu le gaz hydrogène brûler d'une manière
instantanée, nous l'avons vu brûler lentement ; voici
une expérience assez jolie qui réunit ces deux phénomènes : Nous nous servirons d'une cloche semblable
à celles qui font partie des appareils que nous venons
de figurer pag. 46-49. Ces cloches, comme on le voit,

au lieu d'être surmontées d'un bouton, sont terminées par une douille bouchée d'un liége. Nous emplirons bien exactement d'hydrogène une de ces cloches, nous la déboucherons le plus doucement possible, afin d'éviter une secousse qui ferait faire perdre du gaz ou introduire de l'air; puis nous mettrons le feu au goulot. L'hydrogène une fois enflammé, nous soulèverons la cloche au-dessus de l'eau, alors le gaz, par sa légèreté, s'échappera de la douille en produisant une belle gerbe de feu. La flamme étant arrivée à la couche inférieure, qui a eu le temps de se mélanger d'un peu d'air, il se fait une explosion qui termine cette expérience d'une manière très agréable. On peut agir sur un demi-litre de gaz sans aucune espèce de danger.

Dans les expériences précédentes, pour allumer le gaz hydrogène, il a suffi de le présenter à la flamme d'une bougie; mais voici un fait bien plus curieux : Il existe un métal qu'on nomme platine, lequel étant très difficile à fondre, s'obtient ordinairement en décomposant par la chaleur les sels qu'il forme avec les acides. Dans cet état, il est extrêmement celluleux, et on le désigne sous le nom de mousse de platine par analogie avec la mousse qui recouvre l'eau de savon; cette mousse de platine a la propriété d'enflammer l'hydrogène. Quand on dirige ce gaz au moyen d'un tube très fin sur un petit morceau de platine réduit sous cette forme, le métal s'échauffe jusqu'à rougir, et sa température augmente peu à peu au point d'enflammer le jet d'hydrogène. Il y a quelques années, on avait imaginé un briquet dont la construction était basée sur cette propriété remarquable. Cet instrument était très commode et très ingénieux; mais malheureusement le platine ne conserve pas cette faculté long-temps après qu'il a été réduit à l'état de mousse, et alors le briquet devient sans usage.

Le gaz hydrogène pur, en brûlant dans l'air ordinaire, produit une flamme dont la lumière est si faible qu'on a de la peine à l'apercevoir pendant le jour. Il n'en est pas de même quand il est combiné au carbone ; il donne alors cette brillante lumière que nous connaissons tous sous le nom d'éclairage au gaz.

Si l'hydrogène, en se combinant à l'oxigène, sert à nous éclairer pendant la nuit, il est aussi pour nous un moyen de chauffage des plus puissants. En effet, le bois que nous consumons contient beaucoup d'hydrogène qui se dégage dans le foyer, et produit, en brûlant sous forme de flamme, une grande quantité de chaleur ; mais dans cette circonstance, c'est encore de l'hydrogène carboné. Quand nous nous occuperons du carbone et de ses combinaisons avec l'hydrogène, nous dirons un mot de l'éclairage au gaz et nous nous étendrons davantage sur l'utilité qu'on peut retirer de la flamme dans un chauffage bien entendu.

La flamme de l'hydrogène obtenu dans les opérations de la chimie, est assez chaude pour qu'on puisse utiliser le petit appareil que nous avons décrit sous le nom de lampe philosophique, soit pour étirer des tubes de verre, soit pour les fermer, soit pour les courber.

L'hydrogène qui, d'après ce que nous avons vu, est un corps combustible, ne peut entretenir la combustion par lui-même. Voici une expérience qui le démontre : faites passer de l'hydrogène sous une cloche, en évitant qu'il s'y introduise de l'air atmosphérique. Quand la cloche est pleine, soulevez-la, et tenez-la toujours dans la position renversée qu'elle occupait sur la tablette de la cuve. Introduisez par dessous une allumette enflammée, celle-ci s'éteindra aussitôt ; retirez-la, et elle se rallumera en sortant : vous pouvez réitérer cette expérience un grand nombre de fois et toujours avec le même suc-

4

cès. Voici l'explication de ce phénomène curieux. Que l'allumette s'éteigne en entrant dans un milieu qui n'est pas propre à la combustion, c'est une chose claire qui n'a besoin d'aucune explication ; mais qu'elle se rallume d'elle-même en sortant de ce milieu, voilà ce qui paraît merveilleux, et pourtant rien n'est plus simple : en passant l'allumette sous la cloche, vous avez enflammé la couche inférieure d'hydrogène qui se trouve en contact avec l'atmosphère; en la retirant, elle traverse le foyer et s'y rallume. Or, comme la flamme de l'hydrogène n'est pas visible en plein jour, ce dernier phénomène étonne les personnes qui ne sont pas au courant de la théorie de cette expérience.

Le gaz hydrogène ne se dissout pas dans l'eau.

Influence de l'hydrogène sur la végétation. — L'hydrogène, à l'état de liberté, ne peut convenir ni à la respiration, ni à l'alimentation des végétaux; aussi voyons-nous que l'auteur de la création, au lieu de le laisser à la surface du sol, comme les autres gaz utiles, lui a donné une légèreté si grande, qu'à mesure qu'il se produit par la décomposition des matières végétales, il se trouve entraîné dans les régions supérieures de notre atmosphère, d'où il retombe à l'état d'eau aussitôt que le gaz détonant qui résulte de son mélange avec l'oxigène de l'air se trouve à la portée d'une décharge électrique. Au contraire, à l'état de combinaison, l'hydrogène est un des corps les plus utiles à l'agriculture : il fait une partie importante de l'eau, de l'ammoniaque et de tous les engrais organiques sans lesquels aucun genre de culture ne serait possible.

Influence sur la vie des animaux. — Les animaux peuvent respirer l'hydrogène pendant un certain temps ; mais ce gaz n'entretient pas la vie. Les sujets exposés à ces expériences ne tardent pas à succomber, non par un empoisonnement, mais par la privation de l'oxigène, gaz qui ne saurait être remplacé dans cette fonction.

SIXIÈME LEÇON.

De l'eau. — De sa composition chimique. — Découverte de sa composition. — Sa préparation. — Première expérience. — Deuxième expérience. — Etat naturel. — Propriétés physiques. — Propriétés chimiques. — Distillation. — Son influence sur l'agriculture, — Sous forme liquide, — Sous forme solide, glace, neige, grêle. — Influence de l'eau sur la vie animale.

Composition de l'eau. — C'est en 1783 que Lavoisier présenta, à l'Académie des Sciences de Paris, le résultat de ses expériences sur la composition de l'eau. Dans le principe, on avait cru trouver que l'eau était composée en poids de 85 parties d'oxigène et 15 d'hydrogène; depuis, on a adopté les proportions de 88,904 parties d'oxigène et 11,096 d'hydrogène; enfin, les dernières expériences de M. Dumas établissent que l'eau est formée de :

Oxigène. 88,89
Hydrogène. 11,11

En volume, sa composition est de 1 vol. de gaz oxigène, et 2 vol. de gaz hydrogène.

Découverte de sa composition. — L'eau, *oxide d'hydrogène*, était encore considérée à la fin du dernier siècle comme un des quatre éléments dont on croyait la nature composée. Cette opinion, qui est rigoureusement une erreur, puisque l'eau n'est pas un corps élémentaire, a cependant un côté respectable ; car cette substance fait partie essentielle de toutes les espèces du règne animal et du règne végétal , et du plus grand nombre de celles du règne minéral. Après cet hommage rendu aux

savants observateurs qui ont précédé notre époque, entrons dans le détail de cette importante découverte.

Les chimistes ne s'accordent pas entre eux sur la
question de savoir à qui appartient l'honneur d'avoir
découvert que l'eau est un composé d'oxigène et d'hydrogène : les uns sont pour Cavendish, les autres pour
Watt, les autres enfin pour Lavoisier. Voici comment
Berzélius résume très clairement son opinion à cet égard
après l'examen des titres de chacun : « On a avancé que
« la différence des opinions entre Watt ou Cavendish et
« Lavoisier ne consistait que dans la langue chimique,
« qu'on n'avait qu'à traduire la première en termes de
« la seconde pour avoir la même idée : il n'en est cepen-
« dant pas ainsi. Ils envisageaient (Watt et Cavendish)
« l'oxigène, l'hydrogène et l'eau comme des états diffé-
« rents d'un seul et même corps pondérable; Lavoisier
« prouva que l'eau est composée de deux corps pondé-
« rables particuliers, et c'est précisément en cela que con-
« siste la découverte. (1) »

Quoi qu'il en soit, ce fait, qui renversait des doctrines
généralement admises, qui changeait le cours des idées
reçues, rencontra bien des oppositions; mais il fallut
céder à l'évidence.

On fit passer de l'eau en vapeur sur du fer divisé,
contenu dans un tube de porcelaine placé dans un
fourneau et chauffé au rouge, on recueillit d'une part
dans un flacon intermédiaire l'eau qui n'avait point
éprouvé d'altération, et d'autre part sous une cloche
l'hydrogène provenant de celle qui avait été décomposée.
Après l'expérience, on pesa tous les produits. Le poids
de l'hydrogène joint à celui dont le fer s'était augmenté

(1) Berzelius. Rapport annuel sur le progrès des sciences physiques et
chimiques, présenté le 31 mars 1840, p. 28.

en s'oxidant représentèrent ce qui manquait à la quantité d'eau qui avait servi à faire l'expérience. On alla plus loin encore : on venait de décomposer l'eau en oxigène et en hydrogène, on voulut reconstituer ce corps en combinant les deux gaz dans les proportions que l'opération précédente venait d'indiquer, et l'on réussit à fabriquer 384 grammes 82 centigrammes d'eau que l'on conserve encore au cabinet d'histoire naturelle de Paris. Il était bien difficile de ne pas se rendre à des expériences aussi positives. D'un côté, on décomposait l'eau en oxigène et en hydrogène, et d'un autre côté, avec de l'oxigène et de l'hydrogène, on refaisait de l'eau. Il y eut pourtant quelques chimistes qui refusèrent de croire ; ils n'eurent pas le courage d'abandonner le système qu'ils avaient professé si long-temps.

Depuis, ces expériences curieuses ont été variées de plusieurs manières, et nous en indiquerons quelques-unes que le lecteur pourra facilement répéter. Nous avons déjà précédemment, en préparant l'hydrogène, opéré la décomposition de l'eau par deux procédés différents. Le cadre de notre travail nous obligeant de nous resserrer, nous ne reviendrons plus sur cette première partie de la question. Arrêtons-nous seulement sur la recomposition de ce liquide.

Première expérience. — Disposez un petit appareil à dégagement de gaz hydrogène semblable à celui de la fig. 11, page 54, moins le tube D ; allumez cette petite lampe philosophique quand tout l'air atmosphérique de la fiole en sera chassé ; alors au lieu d'introduire la flamme dans un tube étroit comme le tube D, introduisez-la dans un plus large, ayant trois centimètres de diamètre au moins et environ soixante centimètres de longueur. Vous verrez de suite la partie intérieure se couvrir de gouttes d'eau que vous pourrez recueillir en enlevant le tube et la faisant ruisseler sur une soucoupe. Si on laissait trop long-temps le tube au-dessus de la flamme d'hydrogène, il ne se déposerait plus d'eau, parce que le verre s'échauffant ne condenserait plus ce liquide; ainsi, plus cette partie de l'appareil sera froide, et plus les gouttes d'eau seront nombreuses. Il n'est pas nécessaire de dire que dans cette circonstance l'air atmosphérique fournit l'oxigène.

Deuxième expérience. — Voici un procédé pour la recomposition de l'eau qui est la contre-partie de celui par lequel nous avons opéré sa décomposition dans l'expérience première, page 46. Dans cette opération, nous faisions agir sur l'eau à la température de l'incandescence un métal qui, dans cette circonstance, a plus d'affinité pour l'oxigène que l'oxigène n'en a pour l'hydrogène. Ce métal, qui est le fer, s'emparait donc de l'oxigène pour former de l'oxide de fer, et l'hydrogène, mis en liberté, reprenait sa forme gazeuse. Si l'on eût employé un autre métal dont l'affinité pour l'oxigène eût été moindre que celle de l'oxigène pour l'hydrogène, il est évident qu'il n'y aurait pas eu de décomposition; mais en faisant passer de l'hydrogène, toujours à l'aide d'une haute température, sur l'oxide de ce métal à affinité inférieure, se serait-il reformé de l'eau? Telle était la question que l'expérience suivante a résolue d'une manière affirmative. Le cuivre est le métal qui convient le mieux dans cette circonstance.

Prenez environ huit grammes d'oxide noir de cuivre, placez-le dans la partie moyenne d'un tube de verre d'environ un centimètre de diamètre que vous coucherez horizontalement, et dont une des extrémités, coudée à angle droit et effilée à la lampe, s'engagera dans un flacon et y descendra librement à peu près jusqu'au fond. A l'autre extrémité de ce tube, ajustez un appareil à gaz hydrogène. Le tout étant disposé de la sorte, faites dégager le gaz, et, pendant qu'il traverse le tube qui contient l'oxide de cuivre, chauffez ce dernier au moyen d'une lampe à esprit de vin. Il ne tardera pas à se former de l'eau que vous verrez se déposer dans le tube un peu au-delà du point chauffé, et qui se rendra dans le flacon. Vous pouvez continuer cette expérience assez long-temps pour recueillir quelques grammes d'eau. L'oxide de cuivre qui a servi à cette opération a diminué de poids en proportion de la quantité d'eau formée; sa couleur noire et terne a disparu pour faire place à la couleur naturelle du cuivre; sa forme est restée pulvérulente, mais en le frottant avec l'ongle sur un papier, il prend de suite le brillant qui appartient à ce métal. Or, voici ce qui se passe dans cette opération :

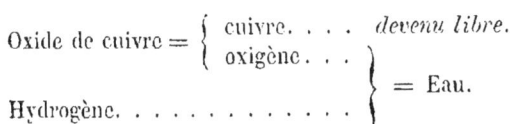

$$\text{Oxide de cuivre} = \begin{cases} \text{cuivre. . . . } \textit{devenu libre.} \\ \text{oxigène. . . } \end{cases}$$
$$\text{Hydrogène. . . . .} \left.\begin{matrix} \\ \\ \end{matrix}\right\} = \text{Eau.}$$

On voit que c'est exactement la contre-partie de l'expérience par laquelle nous avons obtenu l'hydrogène au moyen du fer, et c'est pour cela que nous ne donnons pas de figure, persuadé que nous aurons été parfaitement compris.

État naturel. — L'eau, dans la nature, se rencontre, comme chacun sait, à l'état solide sous forme de glace, de neige et quelquefois de grêle; à l'état liquide, elle constitue les mers, les lacs, les fleuves, les rivières ainsi que les pluies; à l'état gazeux ou vaporeux, on la retrouve dans l'atmosphère, dans les nuages, dans les brouillards. Elle fait aussi une partie essentielle de tous les organes des végétaux et des animaux. Dans aucun de ces états, l'eau n'est parfaitement pure; son pouvoir dissolvant ne lui permettant pas de rester en présence de tant de corps sans s'en approprier quelques-uns. C'est pour cela qu'on est obligé de la distiller quand on a besoin de s'en servir pour des opérations délicates. Nous aurons occasion un peu plus loin de décrire cette opération.

Propriétés physiques. — L'eau est ordinairement liquide, sans odeur, sans couleur, sans saveur; elle bout à 100 degrés centigrades sous la pression ordinaire de notre atmosphère; alors, elle se réduit à l'état de vapeur; à zéro, elle devient solide. Mais, un caractère essentiel qui n'appartient qu'à l'eau, et dont nous étudierons l'importance, c'est la manière dont elle se dilate quand elle arrive aux degrés inférieurs de l'échelle thermométrique. Tous les corps de la nature augmentent de volume à mesure qu'ils s'échauffent, et se resserrent à mesure qu'ils se refroidissent; c'est même sur cette propriété qu'est basée la construction des thermomètres. L'eau suit cette loi jusqu'à ce qu'elle soit arrivée à 4,1 degrés au-dessus de zéro; alors si la température diminue, l'eau, au lieu de se resserrer, se dilate et augmente de volume jusqu'au point de sa congélation, si bien que si l'on avait un thermomètre dont l'eau fût le liquide indicateur, cet instrument aurait une marche descendante régulière depuis 100° centigrades jusqu'à 4,1 au-dessus de zéro; mais au-dessous de ce point, au lieu de continuer à descendre, il monterait, et à zéro de température il marquerait entre 8 et 9 degrés au-dessus. C'est cette dilatation de l'eau au moment où elle approche de son point de congélation, qui brise les vases dans lesquels elle se solidifie, qui rend les pierres gélives et produit plusieurs autres phénomènes de ce genre.

L'eau est un mauvais conducteur du calorique.

Propriétés chimiques. — L'eau agit diversement sur les corps avec lesquels elle se trouve en contact : elle dissout les uns et n'attaque pas les autres, et parmi ceux pour lesquels elle manifeste de l'affinité, elle exerce cette force à des degrés différents. A la même température, l'eau dissoudra toujours les mêmes proportions du même corps : on dit alors qu'elle est saturée. Si la température augmente ou diminue, ces proportions deviennent variables : ainsi les gaz seront plus solubles à une basse température, les solides, au contraire, à une température plus élevée.

Nous avons dit que cette propriété dissolvante de l'eau était la cause pour laquelle on ne la rencontre jamais à l'état de pureté dans la nature. Voici les principaux corps qui l'altèrent : Dans la mer, elle renferme une assez forte proportion de sel marin ; dans certains lacs elle contient différents sels, comme du *carbonate de soude,* du *borate de soude,* etc. Dans les eaux minérales, elle tient en solution des matières gazeuses et salines de natures diverses et nombreuses, et quelquefois même de l'arsenic (1). C'est la présence de tous ces corps qui communique à ces dernières espèces d'eaux les propriétés énergiques que nous leur connaissons. Dans les fleuves, les rivières, les sources, les puits, elle est toujours plus ou moins imprégnée de matières étrangères.

Le choix que fait l'eau parmi les corps qu'elle veut dissoudre est mis à profit pour les analyses chimiques ; mais dans ce cas il est nécessaire qu'elle soit parfaitement pure, afin de ne point introduire de parties étrangères qui deviendraient des sources d'erreur dans ces opérations. Pour avoir de l'eau pure, il faut la soumettre

---

(1) Un chimiste allemand, M. Valchner, vient d'annoncer qu'il a trouvé de l'arsenic dans les dépôts ocreux provenant des eaux minérales acidulées ferrugineuses de Wiesbade. Cette découverte a été confirmée par M. Figuier, et consignée dans une note présentée par ce chimiste à l'Académie des Sciences, dans la séance du 26 octobre 1846. L'on a déjà trouvé le même principe dans des dépôts provenant d'eaux minérales de France.

à la distillation, opération qui se fait de la manière suivante : On met de l'eau dans une chaudière que l'on
nomme cucurbite; on place dessus un couvercle bombé
portant latéralement un tuyau, cette pièce se désigne sous
le nom de chapiteau; le tuyau s'ajuste à un serpentin
qui est un autre tuyau contourné en spirale enveloppé soit
d'un tonneau, soit d'une cuve en métal qu'il traverse à
la partie inférieure pour sortir au dehors. Quand on
chauffe l'eau de la cucurbite, elle se réduit en vapeurs qui
passent dans le chapiteau, de là dans le serpentin par le
moyen du tuyau; on remplit d'eau froide le vase qui enveloppe le serpentin; par ce moyen, la chaleur qui avait
fait passer l'eau à l'état de vapeur se trouvant absorbée,
l'eau reprend la forme liquide et s'écoule par l'extrémité
du serpentin qui traverse le bas de la cuve ou du tonneau. Les matières salines ne se réduisant pas en vapeur par la chaleur, restent dans la cucurbite. Rien n'est
plus simple que cette opération.

Application à l'agriculture. —L'eau, dans ses applications à l'agriculture, peut être envisagée sous ses trois
formes : gazeuse, liquide et solide. Sous la première,
nous en dirons quelques mots dans le chapitre de l'air
atmosphérique; sous la seconde et la troisième, nous
allons l'examiner présentement.

Eau liquide. —L'eau, à l'état liquide, est un des corps
les plus indispensables à la végétation ; c'est elle qui entretient les organes des plantes dans cet état de souplesse
sans lequel la vie végétale disparaît. Mais ce n'est là
qu'un rôle passif dont elle ne se contente pas, car il lui
en a été donné un beaucoup plus important : c'est celui
de recueillir et de distribuer la nourriture dont le règne
végétal a besoin. Cette nourriture consiste en détritus
de matières organiques, et en substances minérales qui
sont essentielles l'une et l'autre au développement de la

plante. Sans eau, ces matières sont solides et la plante ne saurait se les assimiler, avec l'eau qui les dissout lentement elles peuvent être aspirées par les radicules et transmises, par les vaisseaux, aux différents organes qui se les approprient chacun suivant son besoin. L'eau, ainsi dépouillée des matières nutritives qu'elle contenait, est rejetée par la transpiration pour faire place à une nouvelle quantité chargée, comme la première fois, des principes alimentaires qu'elle a puisés dans le sol.

La transpiration des plantes doit donc être en rapport avec le besoin qu'elles ont de nourriture suivant les différentes époques de leur vie annuelle, et c'est en effet ce qui a lieu. Une plante, au moment de la floraison, transpire davantage parce qu'elle a besoin dans ce moment d'une plus grande quantité de nourriture, et qu'il faut pour se la procurer qu'elle aspire davantage. Or, si le sol ne lui fournit pas la quantité d'eau nécessaire à ses besoins, au moment si important où s'effectue le travail de sa reproduction, la fécondation est imparfaite. D'après cela, il ne serait pas impossible que la mauvaise récolte de 1846 n'eût d'autre cause que le manque d'eau qui s'est fait sentir généralement au moment de la floraison des céréales.

Les horticulteurs savent très bien que les plantes en fleurs exigent des arrosements plus fréquents qu'à toute autre époque de leur végétation.

Dans les exploitations agricoles, les plantes reçoivent l'eau dont elles ont besoin, soit naturellement par les eaux pluviales et par la composition chimique de certains terrains qui ont la propriété de la conserver; soit par les irrigations pratiquées artificiellement. Dans le premier cas, cette distribution n'est pas à notre disposition, nous ne pouvons que pratiquer des tranchées ou fossés destinés soit à la répartir d'une manière uniforme, soit à la concentrer dans des lieux qui en ont le plus besoin, soit enfin à la faire écouler si elle est en excès. Dans le second cas, ne pouvant pas nous étendre sur la question des irrigations, nous nous bornerons à faire quelques remarques sur cette pratique importante.

L'irrigation a pour but de donner aux plantes l'eau dont elles ont besoin pour vivre et les matières nutritives qu'elle transporte avec elle, soit à l'état de simple interposition, soit à l'état de solution parfaite.

Ce principe étant posé, on doit examiner deux choses : la nature du terrain que l'on veut baigner et la qualité de l'eau qu'on se propose d'employer. Il est clair que si le terrain est déjà mouillé par sa nature, le système d'irrigation ne peut lui être que nuisible ; s'il est argileux, il faut modérer la quantité d'eau ; s'il est riche en humus et en sels à base de potasse ou de soude, il faut la distribuer de manière à ce qu'elle ne se répande pas au dehors; car elle entraînerait avec elle les matières les plus précieuses pour la fertilisation: il faut arroser la terre, il ne faut pas la laver. Si le sol, riche en humus et en matières salines, est de peu d'épaisseur et recouvre un sous-sol sablonneux, il ne doit être baigné qu'avec le plus grand ménagement; car, dans ce cas, bien que l'eau ne se répande pas au dehors, elle pénètre promptement la couche perméable où elle s'infiltre, entraînant avec elle ce qu'elle a pu dissoudre de matières utiles à la végétation, et met ainsi ces substances utiles hors de la portée des végétaux qu'elles devaient alimenter.

Quant à la qualité de l'eau, nous n'en parlons que dans le cas où il y aurait possibilité de choix; car, en principe, toute eau est bonne pour une irrigation bien entendue, quoiqu'il y en ait de meilleures les unes que les autres. Ce qui doit guider pour la préférence à accorder, c'est la présence ou la quantité relative des sels à base de soude ou de potasse. Il serait à souhaiter que le cultivateur pût s'appuyer à ce sujet sur des analyses exactes des principales rivières qui arrosent notre sol. Malheureusement, les recueils scientifiques ne sont pas riches en ce genre de travail si nécessaire au point de vue agricole. Il est probable cependant qu'un grand nombre de nos rivières ont été analysées ; mais les résultats en sont restés ignorés.

Nous donnons ci-joint le tableau des analyses qui sont parvenues à notre connaissance.

L'eau, à l'état de liquide, a pour mission, non seulement de pourvoir à l'alimentation des plantes en recueillant et distribuant les parties solubles de l'humus et les corps salins qu'elle rencontre sur son passage ; mais encore sa présence est indispensable pour réduire à l'état d'engrais les matières organiques qui ont perdu la vie. Sans elle, point de décomposition, point de fermentation, point de putréfaction possibles. Elle a besoin du produit de ces grandes opérations de la nature, et elle travaille incessamment à les obtenir.

C'est pour cela que lorsqu'on veut conserver des matières organiques, il faut avant tout en séparer l'eau, soit en la chassant, soit en l'enchaînant par un corps qui neutralise son affinité. C'est ce qu'on fait journellement dans les ménages, à la campagne, en desséchant au four des fruits pulpeux, comme des cerises, des poires, des prunes, ou en employant les substances conservatrices suivantes : 1° le sucre, qui sert à faire les confitures, les compotes, les gelées, les conserves ; 2° le sel, que l'on emploie pour conserver le beurre et la viande de porc ; 3° l'alcool sucré, dans lequel on met des cerises, des prunes et autres fruits qu'on destine à l'usage de la table. Par la dessiccation, vous avez chassé l'eau qui aurait excité la putréfaction dans les fruits que vous avez préparés, c'est pour cela qu'ils sont devenus inaltérables ;

par le sucre, l'alcool et le sel, vous avez saturé l'affinité de l'eau, et par conséquent vous l'avez empêchée d'exercer son influence désorganisatrice. Il est bien important de comprendre parfaitement le rôle que jouent ces préservatifs.

Quand on saura bien que le sucre ne conserve les matières organiques qu'en saturant l'eau dont elles sont imprégnées, on aura le soin d'en mettre une quantité suffisante pour arriver à ce résultat; car s'il restait de l'eau libre, non seulement la matière organique se décomposerait, mais encore le sucre lui-même entrerait en fermentation.

De même, les viandes se conserveraient mal si la quantité de sel employée n'était pas suffisante pour saturer toute leur eau.

On me pardonnera cette petite digression, en faveur de l'utilité de ces avis, et encore parce qu'ils se rattachent à notre sujet en contribuant à nous faire connaître les propriétés de l'eau. On s'apercevra du reste que j'ai abrégé.

Eau solide. — L'eau solide se présente sous forme de glace, sous forme de neige, et sous forme de grêle.

1. *Sous forme de glace.*— L'eau augmente de volume au moment de sa congélation, ainsi que nous le disions en commençant cet article. Cette propriété est précieuse pour l'agriculture, et voici comment : la terre en hiver est ordinairement imprégnée d'eau qui, se gonflant pour prendre la forme solide, divise le sol dans tous les sens, à une profondeur plus ou moins grande suivant l'intensité et la durée du froid. Après le dégel, la terre est dans un état de division bien plus parfait que n'aurait pu la mettre le travail le mieux entendu; l'air peut la pénétrer aisément, et les racines des plantes peuvent s'y étaler sans obstacle. Les marnes dures qui, auparavant, n'étaient

dans les champs qu'à l'état de pierres, sont broyées par la même cause, et peuvent alors se mélanger au sol et lui communiquer leur vertu fertilisante.

La glace préserve aussi du froid les terrains que l'eau couvre l'hiver, et cela se conçoit; car si, à 4 degrés au-dessus de 0, l'eau devient plus légère à mesure qu'elle se refroidit, celle qui demeure au fond doit être plus chaude : c'est ce que prouve l'expérience de Davy, qui, par un froid de 2,5 au-dessous de zéro, trouva que l'herbe d'une prairie inondée et couverte de glace, avait conservé assez de chaleur pour faire monter le thermomètre à 6 degrés au-dessus du point de congélation.

2. *Sous forme de neige.* — L'opinion générale chez les cultivateurs, c'est que la neige *engraisse la terre.* Ce qu'il y a de prouvé en chimie, c'est qu'elle contient des traces d'acide nitrique, lequel, en se combinant avec les bases calcaires ou alcalines, doit former des nitrates; or, ces sels qui sont azotés et très solubles dans l'eau sont favorables au développement des plantes. Dans cette circonstance, comme en beaucoup d'autres, la science confirme l'observation.

La neige préserve aussi les jeunes plantes des gelées en empêchant le sol de répandre sa chaleur au-dehors.

3. *Sous forme de grêle.* — La grêle est un des fléaux les plus à redouter pour l'agriculteur; il dévaste dans un moment les moissons les plus florissantes. On ne sait rien encore de positif sur la formation de la grêle, si ce n'est qu'elle est toujours le résultat d'un orage; mais la source du froid instantané qui a dû la produire reste à peu près inconnue. Il ne serait pas impossible, à notre avis, que les grandes forces électriques qui existent dans les régions supérieures de notre atmosphère n'eussent dans certaines circonstances la propriété de décomposer instantanément une partie de l'eau des nuages, et que, dans

ce cas, il se produisît assez de froid pour en congeler une autre partie. L'oxigène et l'hydrogène produits par cette décomposition s'uniraient de nouveau sous l'influence d'une décharge électrique, et produiraient les coups de tonnerre qui accompagnent toujours la chute de ce météore.

Il y quelques années, on a proposé d'établir dans les champs, pour préserver les moissons, des paragrêles, à l'imitation des paratonnerres qui défendent nos édifices de la foudre. Mais il n'y a point de parité entre ces deux causes de sinistres, quoiqu'il y ait unité d'origine. La foudre ne tombe que sur un point à la fois, et le paratonnerre ne l'empêche pas de choisir le bâtiment qui en est armé, au contraire, elle s'y précipitera de préférence; mais dans ce cas, le fluide, suivant le conducteur, sera dirigé vers le sol sans produire aucune espèce de désastre. La grêle, au contraire, tombe toujours sur une large surface, qu'aucun moyen ne peut circonscrire, et sa chute ne peut être dirigée d'un point vers un autre. Si le paragrêle avait seulement pour objet d'empêcher sa formation, en déchargeant le nuage où elle se produit, il faudrait, dans ce cas, que le sol fût hérissé de ces instruments; car, si Jacques a planté dans son champ un ou plusieurs de ces appareils, et que son voisin Siméon s'en soit abstenu, la grêle qui se formera au-dessus de celui-ci tombera tout aussi bien sur le champ de Jacques que sur le sien.

Influences de l'eau sur la vie animale.—L'eau est aussi utile à l'homme et aux animaux qu'aux plantes pour entretenir leurs organes dans un état de souplesse qui est une des conditions essentielles de la vie organique. Au point de vue de la nutrition, elle fait nécessairement partie de tous leurs aliments solides et liquides. Comme toutes les eaux ne sont pas pures au même degré, on

désigne sous le nom d'eau potable celle qui est reconnue propre aux usages de la vie. Voici les caractères qu'elle doit avoir : Elle doit être limpide, sans odeur, sans couleur, d'une saveur agréable que les buveurs d'eau savent bien distinguer; elle doit être aérée, ce que l'on reconnaît en la mettant sur le feu. Il se sépare alors de petites bulles qui s'attachent au fond du vase et qui finissent par venir crever à la surface long-temps avant que l'ébullition se déclare; il faut encore qu'elle cuise les légumes sans les rendre coriaces. Si elle possède tous ces caractères, il n'est pas essentiel qu'elle dissolve parfaitement le savon, car les sels calcaires qui s'opposent à cette solution parfaite sont utiles dans l'eau pour les besoins de la nutrition; ce sont eux qui suppléent à ce qui manque de matière minérale aux aliments solides pour la formation des os. Les expériences récentes de M. Boussingault semblent mettre hors de doute cette proposition. Un dernier caractère essentiel à la bonne qualité de l'eau destinée aux usages alimentaires, c'est l'absence des matières organiques. Ces substances, quand elles sont contenues dans l'eau, se putréfient incessamment en lui communiquant des propriétés malfaisantes dont il est difficile d'apprécier toute la valeur; sous ce rapport, les eaux de sources seront toujours préférables aux eaux de rivières.

Deutoxide d'hydrogène. — L'hydrogène forme encore avec l'oxigène une combinaison plus oxigénée qu'on désigne sous le nom d'*eau oxigénée, deutoxide d'hydrogène*. Ce produit chimique n'est en usage que dans les laboratoires.

SEPTIÈME LEÇON.

De l'azote ou nitrogène : — Sa découverte; — Son état naturel ; — Sa préparation. — Propriétés physiques. — Propriétés chimiques. — Influence sur la végétation; — Sur la vie animale. — Des combinaisons de l'azote avec l'oxigène : — De l'acide nitrique; action des nitrates sur la végétation. — Des combinaisons de l'azote avec l'hydrogène : — De l'ammoniaque; — Son influence sur la végétation; — Sur la vie animale.

Découverte. — L'azote fut reconnu, en 1775, par Lavoisier. C'était une conséquence naturelle de la découverte de l'oxigène. Ce savant chimiste avait prouvé que l'air atmosphérique renfermait 21 centièmes d'un gaz particulier qu'on pouvait séparer au moyen du mercure et de la chaleur, ainsi que nous l'avons vu plus haut; il étudia les 79 parties qui restaient, et trouva dans le gaz qui les constituait des caractères spécifiques qui n'appartenaient à aucun autre. Il le nomma *azote*, qui veut dire *priver de vie*, parce qu'en effet il tue les animaux qui le respirent, par opposition avec l'autre partie de l'air atmosphérique, qui développe chez eux les facultés vitales d'une manière exagérée, au moins pendant un certain temps. Ce nom n'était pas heureusement choisi, car les gaz qui privent de la vie les animaux soumis à leur influence sont assez nombreux; aussi tend-il à disparaître pour être remplacé par celui de *nitrogène*, beaucoup plus rationnel, puisque c'est la base de l'acide *nitrique* et de tous les combinés qui en dérivent.

Etat naturel. — L'azote ou nitrogène forme donc les 79 centièmes de la masse atmosphérique qui enveloppe la terre; il y existe à l'état de simple mélange. Combiné,

on le rencontre souvent dans le règne végétal; mais c'est
dans le règne animal qu'il existe plus généralement et
en proportions plus considérables. Les matières organiques qui le renferment sont désignées sous le nom de
matières azotées ou nitrogénées. Le règne minéral le
contient aussi à l'état de nitrate.

Préparation. — Nous possédons dans l'air atmosphérique l'azote ou nitrogène tout préparé; il suffit pour
l'obtenir pur de le séparer de l'oxigène avec lequel il s'y
trouve mélangé. L'affinité si développée de l'oxigène
pour les autres corps rend cette séparation facile. C'est
ordinairement le phosphore qu'on emploie dans cette
circonstance, d'abord parce que l'opération est plus
prompte et aussi parce qu'elle n'exige que des appareils
très simples.

On place sur l'eau d'une cuve pneumatochimique un
morceau de liége capable de supporter un très petit vase
de fayence, ou même un verre de montre. On dépose
dans ce vase un petit morceau de phosphore de la grosseur d'un pois haricot; on l'allume en le touchant avec un
charbon incandescent; on le couvre aussitôt avec une
cloche en verre sur laquelle on appuie légèrement de
manière à faire pénétrer son bord inférieur d'environ un
centimètre dans l'eau de la cuve. Le phosphore continue
à brûler sous la cloche en répandant des vapeurs blanches épaisses qui ne sont autre chose que l'acide phosphorique produit par la combinaison du phosphore avec
l'oxigène de l'air. Tout l'oxigène étant absorbé, le phosphore s'éteint, et les vapeurs qui s'étaient formées disparaissent peu à peu en arrivant à la surface de l'eau, qui a
la propriété de dissoudre l'acide phosphorique. Quand la
cloche est devenue transparente, elle ne contient plus
que de l'azote, plus des traces d'acide carbonique et de vapeurs de phosphore qu'il est facile de séparer. La formule

suivante indique clairement ce qui se passe dans cette opération :

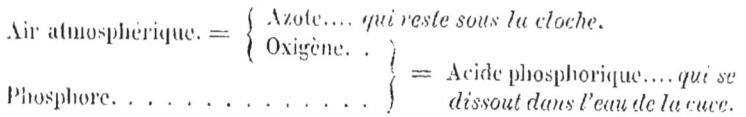

$$\text{Air atmosphérique.} = \begin{cases} \text{Azote....} \textit{qui reste sous la cloche.} \\ \text{Oxigène. .} \end{cases}$$

$$\text{Phosphore. . . . .} \Big\} = \text{Acide phosphorique....} \textit{qui se dissout dans l'eau de la cuve.}$$

Si vous avez employé pour cette expérience une cloche graduée de 100 degrés, de la forme de celle indiquée page 20, fig. 2, A, vous verrez que l'eau de la cuve y sera montée de 21, pour remplacer l'oxigène absorbé, et par conséquent l'azote restant marquera 79 centièmes sur l'échelle de cette cloche.

Propriétés physiques. — L'azote ou nitrogène est sans couleur, sans odeur, sans saveur; à l'œil, on ne saurait le distinguer des deux autres gaz que nous avons étudiés précédemment. Il est un peu plus léger que l'air atmosphérique.

Propriétés chimiques. — Les affinités chimiques de l'azote sont très peu développées. Il se combine avec l'oxigène en plusieurs proportions pour former des acides et des oxides. Ces combinaisons ne s'opèrent artificiellement qu'avec les plus grandes difficultés et encore n'arrive-t-on à en produire que des quantités à peu près insignifiantes. C'est la nature qui s'est réservé le soin et presque le secret de fournir ces composés. Si les combinaisons d'azote s'effectuent avec tant de peine, il n'en est pas de même de la décomposition des produits qui en résultent : un grand nombre se détruit avec violence les uns sous l'influence d'une simple étincelle, les autres par le choc ou même par un léger frottement. Presque toutes nos matières explosibles sont dans ce cas : la poudre à canon, le mercure, l'argent, l'or fulminants; cette nouvelle matière si curieuse désignée sous le nom de *fulmi-coton, coton-poudre*, etc., tous ces composés ont

l'azote pour élément et reçoivent la plus grande partie de
leur force de la tendance dé ce corps à reprendre la forme
gazeuse. Il est vraiment remarquable que l'azote, ce corps
si évidemment créé pour le développement et la nutrition
de la nature vivante, soit devenu dans les mains de
l'homme un instrument de mort et de dévastation.

L'azote se combine encore avec l'hydrogène pour former un alcali qu'on nomme ammoniaque, et qui engen
dre des sels avec les acides tout aussi bien que la soude
et la potasse. C'est le seul corps connu qui produise des
acides avec l'oxigène et une base saline avec l'hydrogène.

Influence sur la végétation. — On a commencé à étu
dier depuis quelques années l'influence de l'azote ou ni
trogène sur la végétation, et déjà l'on a recueilli une
somme de faits assez importants sur cette question. Je
me propose de l'aborder au chapitre qui traitera de l'air
atmosphérique, mais plus particulièrement et d'une
manière plus étendue lorsque nous nous occuperons des
fumiers.

Influence sur la vie animale. — L'azote ou nitrogène
seul ne saurait entretenir la vie; il faut, pour être respi-
rable, qu'il soit mélangé d'oxigène : nous renvoyons
également ce que nous avons à dire à ce sujet au chapitre de l'air atmosphérique.

COMBINAISONS DE L'AZOTE OU NITROGÈNE AVEC L'OXIGÈNE.

L'azote forme avec l'oxigène trois acides et deux oxides;
nous ne nous occuperons pas de ces derniers, et parmi
les acides, nous n'étudierons que celui qui renferme le
plus d'oxigène : l'acide nitrique; les autres combinaisons
étant étrangères à notre sujet.

De l'acide nitrique. — Le chimistes ne furent pas
long-temps sans s'apercevoir que l'acide nitrique était

dans la nomenclature chimique une exception d'autant plus fâcheuse, que ce composé joue un rôle très important dans la science. En effet : le *soufre*, le *phosphore*, le *charbon*, le *chlore*, donnent avec l'oxigène des acides dont le nom dérive de celui de la base, ce sont les acides *sulfurique, phosphorique, carbonique, chlorique;* l'azote seul était en dehors de la règle. Cet état de choses ne pouvait pas se prolonger long-temps; mais malheureusement il n'y eut pas d'unité dans cette réforme. Les uns, tenant à conserver le nom d'acide nitrique qui avait pour lui l'ancienneté, changèrent celui d'azote en nitrogène, et alors tout rentrait dans les règles de la nomenclature. Les autres voulurent conserver le nom d'azote parce que c'était celui sous lequel Lavoisier avait désigné ce gaz quand il eut découvert son existence et constaté ses propriétés, et celui sous lequel il était indiqué dans les nombreux mémoires qui avaient été publiés depuis; ils aimèrent mieux sacrifier l'acide nitrique qu'ils nommèrent acide azotique.

L'irrégularité de la nomenclature disparut aussi par ce moyen, mais il en est résulté l'inconvénient d'avoir un corps élémentaire qui porte deux noms : *azote, nitrogène,* et dont tous les dérivés portent également deux noms : *acide nitrique, acide azotique,* etc... Cette abondance de synonymes produit la confusion plutôt qu'elle n'éclaire; c'est pour cela que j'ai cru devoir entrer dans tous ces détails, afin de prévenir le lecteur que *nitrogène* et *azote* ne sont qu'une seule et même chose, de même que *acide nitrique* et *azotique,* — *azotate* et *nitrate.*

Composition. — D'après les recherches de Davy et Gay-Lussac, l'acide nitrique est composé, en poids, de :

Azote ou nitrogène. 35,40
Oxigène 100

Cet acide ne peut exister sans eau; car ses éléments se désunissent aussitôt qu'on vient à le priver de ce liquide. On reconnaît la quantité d'eau qui y est contenue, au moyen d'un instrument inventé par Baumé, qu'on nomme aréomètre, et dont nous donnerons la description dans la seconde partie de cet ouvrage.

Découverte. — L'acide nitrique ou azotique a été découvert en 1225, par Raimond-Lulle, qui l'obtint en distillant un mélange de salpêtre et d'argile. Les anciens croyaient qu'il n'existait qu'un acide primitif qui était l'acide *vitriolique*, et que l'acide nitrique, qu'ils nommaient acide nitreux, ne devait être que ce même acide vitriolique en partie métamorphosé par quelque principe avec lequel il se serait uni (1). En 1784, Cavendish décomposa l'acide nitrique, et fit connaître qu'il était un corps particulier composé d'azote et d'oxigène. Depuis, cet acide a été étudié avec beaucoup de soin par un grand nombre de chimistes.

État naturel. — L'acide nitrique n'existe dans la nature qu'à l'état de combinaison. Les pluies d'orage en contiennent des traces. On le trouve abondamment, surtout combiné à la chaux ou à la magnésie, quelquefois à la potasse, à la soude, ou à l'ammoniaque, dans les lieux imprégnés de matières animales où l'air ne se renouvelle que difficilement. Le sol des caves, les murs des appartements humides en renferment des quantités notables; on dit alors de ces derniers qu'ils sont salpêtrés.

Préparation. — On retire cet acide du salpêtre, ou sel de *nitre*, d'où il a pris son nom d'acide *nitrique*. Le sel de nitre est un nitrate de potasse, c'est-à-dire, d'après la nomenclature chimique, la combinaison de l'acide ni-

(1) *Dict. de Chimie* de Macquer. Tom. 1. pag. 16.

trique avec la potasse. Cet acide existe donc tout formé
dans le nitrate de potasse, mais engagé avec une base.
Pour l'isoler, il faut mettre en jeu les affinités chimiques
par le moyen d'un autre acide qui aura, pour s'unir à
cette base, une puissance plus considérable. Cet acide
est l'acide sulfurique.

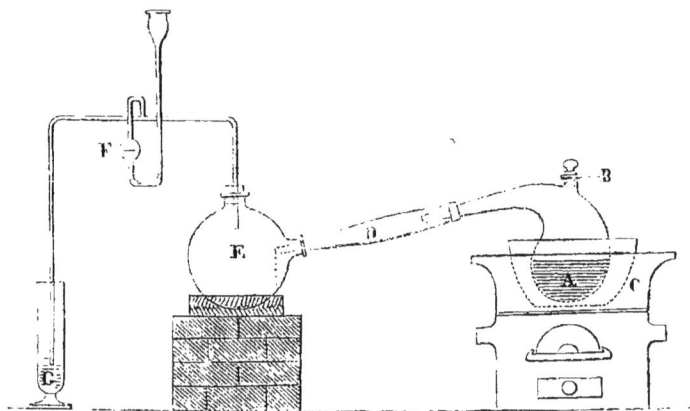

Fig. 12.

Mettez dans une cornue tubulée A, de la capacité d'un
litre, par la tubulure B, 200 grammes de nitrate de potasse réduit en poudre fine, versez par dessus le même
poids d'acide sulfurique concentré, agitez pour opérer
le mélange et prenez garde que le col n'en soit sali.
Placez cette cornue dans un bain de sable C, ajoutez-y
une pièce en verre qu'on désigne sous le nom d'a-
longe D, laquelle se rendra dans un ballon à deux tubulures E, dont l'une sera munie d'un tube de Welter F
plongeant dans l'eau d'une éprouvette G. Ce tube a
pour usage de fermer l'appareil et de conduire dans
l'eau les vapeurs qui seraient capables d'incommoder
l'opérateur.

L'appareil étant monté, et les jointures lutées avec soin, mettez quelques charbons dans le fourneau : d'abord, la cornue se remplit de vapeurs rouges qui disparaissent bientôt; alors, l'acide nitrique commence à se condenser dans le col de la cornue et dans l'allonge, et distille goutte à goutte jusques dans le ballon. L'opération sera terminée lorsque vous verrez la matière renfermée dans la cornue se boursoufler et menacer de passer dans les autres parties de l'appareil. Hâtez-vous alors d'enlever le feu, et l'ébullition s'affaissera promptement. Vous laisserez ensuite refroidir l'appareil et vous trouverez dans le ballon environ 100 grammes d'acide nitrique que vous renfermerez dans un flacon à l'émeri ; car si vous le bouchiez avec un liége, l'acide nitrique aurait bientôt détruit le bouchon. Quoique cet acide ainsi obtenu ne soit pas d'une pureté parfaite, il pourra néanmoins servir pour toutes les expériences que nous aurons à faire dans la suite.

En agissant sur les quantités que j'ai indiquées, l'opération marche avec une grande facilité; il faudrait de plus grandes précautions pour diriger le feu et se mettre à l'abri des vapeurs nitreuses si l'on employait des proportions plus considérables. La formule suivante indique ce qui s'est passé dans cette expérience.

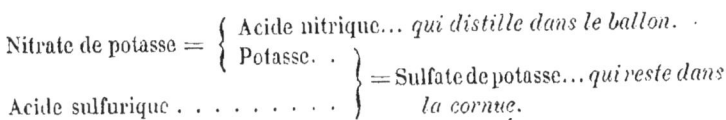

$$
\begin{array}{l}
\text{Nitrate de potasse} = \left\{ \begin{array}{l} \text{Acide nitrique...} \textit{qui distille dans le ballon.} \\ \text{Potasse. .} \end{array} \right. \\
\text{Acide sulfurique . . . .}
\end{array} \left. \begin{array}{l} \\ \end{array} \right\} = \text{Sulfate de potasse...} \textit{qui reste dans} \\ \textit{la cornue.}
$$

Propriétés physiques. — L'acide nitrique est incolore et limpide comme l'eau la plus pure, son odeur est suffocante, sa saveur est corrosive, à moins qu'il ne soit étendu d'une grande masse d'eau, car alors elle est simplement aigre. Sa pesanteur est environ un tiers plus grande que celle de l'eau. A l'état de concentration parfaite, il marque 50 degrés à l'aréomètre de Baumé; débouché à l'air, il répand une fumée blanche. Celui qu'on vend dans le commerce sous le nom d'*eau forte,* est coloré en jaune, répand à l'air des vapeurs rouges, et ne marque que 34 degrés.

Propriétés chimiques. — L'acide nitrique est un des agents les plus puissants que le chimiste ait à sa disposition. La faible adhérence de l'azote pour l'oxigène fait de cet acide un moyen précieux pour acidifier ou oxigéner les autres corps; c'est pour ainsi dire de l'oxigène liquide présenté sous la forme la plus favorable à ses combinaisons. L'acide *nitrique* ou *azotique* se combine aux oxides métalliques et forme des sels qu'on désigne sous le nom de *nitrates* ou *azotates.*

Réactifs. — Les acides étant en chimie des corps très importants, on a cherché des réactifs propres à les distinguer immédiatement quand ils sont engagés dans des combinaisons qui les rendent méconnaissables; on n'en a pas encore pour l'acide nitrique. Sa présence est néanmoins facile à constater, mais par des procédés plus compliqués.

Influence sur la végétation. — L'acide nitrique ou azotique, à l'état de simple solution dans l'eau, ne peut être que nuisible à la végétation, en raison de sa propriété corrosive; à moins cependant qu'il n'y soit contenu en proportion extrêmement faible, comme il se trouve dans les pluies d'orage. A l'état de combinaison avec les *alcalis* ou les *terres alcalines* (1), il produit des effets diversement appréciés par les praticiens, qui ont expérimenté sur ces matières salines. Nous lisons

_____

(1) Voyez, pour l'explication de ces deux mots, la Nomenclature chimique, pag. 41.

dans Davy : « J'ai fait un grand nombre d'expériences
« en mai et juin 1807, sur les effets des différentes subs-
« tances salines sur de l'orge et des graminées croissant
« dans le même jardin......., les plantes sur lesquelles
« agissait la solution de nitre......, croissaient plutôt
« mieux que plus mal (1). »

M. Boussingault cite l'expérience suivante faite par
M. Barclay sur l'emploi du nitrate de soude :

RÉCOLTE SUR UN HECTARE.

Sans nitrate.	Avec nitrate.	Différence en faveur du nitrate.
Froment 27 *hectol.*, 50.	31 *hectol.*, 25.	4 *hectol.*, 75.
Paille 2465 kil.	2900 kil.	435 kil.

La récolte venue sur le sol qui avait reçu le nitrate
de soude ne s'est pas vendue aussi bien que celle provenant du terrain qui ne contenait que du fumier, et,
tout compte fait, l'usage du nitrate n'a procuré aucun
avantage commercial (2).

J'extrais du tableau contenu dans le second mémoire
de M. Kuhlmann, la partie qui concerne les nitrates.
Les essais ont eu lieu sur un pré dans des conditions
égales de fertilité et d'exposition. Ce champ d'expérimentation a été divisé en compartiments, d'une contenance
de trois ares chacun et séparés par des rigoles; des
compartiments sans engrais ont été intercalés de distance en distance, afin de servir de point de comparaison.

(1) *Leçons pratiques de chimie agricole* de Davy, publiées par Roret,
sous le titre de : *Nouveau Manuel de Chimie agricole, traduit sur la
cinquième édition anglaise des éléments de chimie agricole de sir Humphry Davy.* Pag. 219-220.

(2) *Economie rurale considérée dans ses rapports avec la chimie, la
physique et la météorologie.* par M. Boussingault.

NATURE DE L'ENGRAIS.	QUAN-TITÉ par hectare.	RÉCOLTE OBTENUE			EXCÉDANTS DUS AUX NITRATES.		
		en foin.	en regain	TOTAL.	en foin.	en regain	TOTAL.
	kil.	kil.	kil.	kil.	kil.	kil.	kil.
Ancien engrais. .	»	2427	1393	3820	»	»	»
Nitrate de soude.	250	3867	1823	5690	1440	430	1870
Nitrate de chaux.	250	3367	2030	5397	940	637	1577

M. Kuhlmann termine ainsi l'exposé de ses expériences relativement aux nitrates : « Quoi qu'il en soit, « nous pouvons conclure de tous les essais qui ont eu « lieu, que les bases des nitrates contribuent à la ferti- « lisation des terres pour une part beaucoup moindre « que l'*acide nitrique,* alors surtout qu'il agit d'une « façon immédiate et facilement constatable (1). »

Dans la seconde partie de nos leçons, en traitant des engrais minéraux, nous reviendrons sur cette question intéressante de l'action des nitrates sur la végétation. Nous n'avons voulu aujourd'hui que l'indiquer à nos lecteurs, et seulement pour leur montrer la voie nouvelle vers laquelle l'agriculture de notre époque semble vouloir se diriger. Plusieurs comprendront mieux après cela combien la chimie peut venir en aide au cultivateur, soit pour lui faire accepter, soit pour lui faire rejeter les procédés nouveaux que, du reste, nous n'avons fait que signaler aujourd'hui, sans porter à leur égard aucune espèce de jugement. Dans tous les cas, c'est à l'azote

---

(1) *Expériences concernant la théorie des engrais,* par M. Fréd. Kuhlmann. 2me Mémoire, contenu dans les *Mémoires de la Société royale des Sciences de l'Agriculture et des Arts de Lille,* année 1844.

qu'on attribue le rôle que joue l'acide nitrique dans cette circonstance.

Influence sur la vie animale. — L'acide nitrique ou azotique, à l'état de liberté, est un poison violent pour l'homme et pour les animaux. Appliqué sur la peau, il la colore profondément en jaune, et cette couleur persiste jusqu'au renouvellement de l'épiderme. C'est un caractère qui sert en toxicologie pour reconnaître les empoisonnements occasionnés par ce moyen. Dans le monde, on s'en sert quelquefois pour faire disparaître les verrues; mais ce procédé a des inconvénients, parce que la liquidité de l'acide empêche que son action puisse être circonscrite, et qu'il pénètre souvent plus profondément qu'on ne le désire, surtout s'il est concentré. Il est employé dans la médecine vétérinaire pour cautériser; on s'en sert aussi pour guérir le piétain des moutons.

Combiné avec la potasse, il forme le nitrate ou azotate de potasse, très souvent employé dans la médecine humaine et vétérinaire sous le nom de sel de nitre.

COMBINAISON DE L'AZOTE AVEC L'HYDROGÈNE.

De l'ammoniaque. — L'azote, en se combinant avec l'hydrogène, produit un corps qu'on désigne sous le nom d'ammoniaque ou alcali *volatil,* par opposition avec les alcalis minéraux qui sont fixes.

Composition. — Priestley était parvenu, à l'aide de ses expériences, à regarder l'ammoniaque comme formée d'azote et d'hydrogène; mais ce fut Berthollet qui, en 1785, démontra la vérité de cette opinion. Voici les proportions, en poids, dans lesquelles ces deux gaz se trouvent combinés :

Azote.	82,353.
Hydrogène	17,647.

Découverte. — Il serait difficile d'assigner l'époque de la découverte de l'ammoniaque; nous trouvons ce corps mentionné dans les ouvrages de chimie les plus anciens.

État naturel. — L'Ammoniaque se produit constamment par la décomposition des matières organiques qui renferment de l'azote et de l'hydrogène. Ces deux corps se séparent par la putréfaction des composés où l'action vitale les avait fait entrer, ils reprennent la forme gazeuse, et se rencontrant à l'état naissant ils contractent entre eux cette nouvelle combinaison. Aussi voyons-nous l'ammoniaque se dégager abondamment dans le voisinage des dépôts d'immondices, et se répandre dans l'atmosphère où il se mélange de proche en proche, et finit par pénétrer toute la masse de l'air que nous respirons. M. Græger a trouvé par des expériences positives que 36 pieds cubes d'air en contiennent 0,4575 milligrammes (1). Il est aussi prouvé aujourd'hui que l'eau de pluie en renferme des quantités appréciables : des expériences exécutées avec beaucoup de soin et de précision au laboratoire de Giessen, ont mis hors de doute l'existence de l'ammoniaque dans ce liquide; ce corps avait échappé aux observateurs, parce que personne n'avait songé à s'enquérir de sa présence (2).

Les fumiers et tous les engrais d'origine organique contiennent des proportions assez fortes d'ammoniaque combinée à différents acides. L'eau qui a servi de lavage dans les usines à gaz en renferme assez pour pouvoir être employée en arrosement, quand l'utilité de l'ammoniaque en agriculture sera généralement admise.

(1) *Rapport annuel sur les progrès de la Chimie.* par J. Berzélius. Septième année de la traduction française, pag. 39.

(2) *Traité de Chimie organique.* par M. Justus Liebig; Introduction. pag. CII.

Préparation. — Si l'ammoniaque se produit naturellement par la décomposition spontanée des matières
organiques, l'homme peut, en accélérant cette décomposition par le moyen du feu, en obtenir immédiatement
des quantités considérables. Comme le détail de ces
procédés industriels nous entraînerait trop loin, nous
nous bornerons à décrire celui qui est employé dans les
laboratoires pour se procurer ce produit. On retire
l'ammoniaque du sel ammoniaque ou *chlorhydrate d'am-*
moniaque, qui, ainsi que l'indique la nomenclature, est
la combinaison de l'acide *chlorhydrique* avec l'*ammo-*
niaque. Pour détruire cette combinaison et isoler l'ammoniaque, il suffit de présenter à l'acide chlorhydrique
une base pour laquelle il ait une affinité plus grande;
cette base est la chaux.

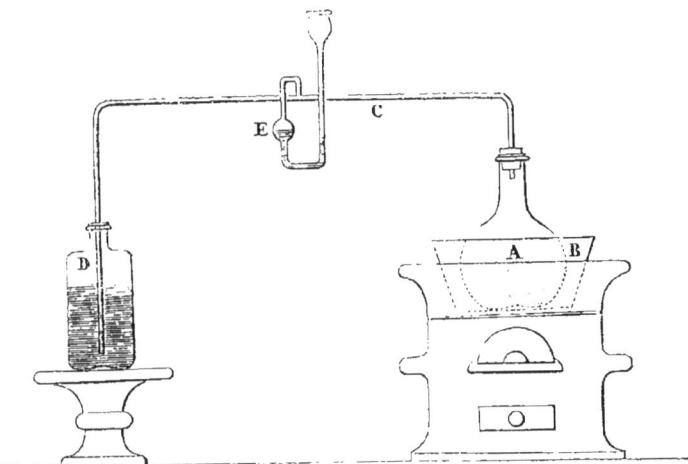

Fig. 13.

Pulvérisez séparément 100 grammes de chaux vive et
autant de chlorhydrate d'ammoniaque, introduisez le
mélange dans un petit matras A, placé dans un bain
de sable B, adaptez au goulot du matras le tube de

Welter C, dont une extrémité se rendra dans le flacon D contenant 100 grammes d'eau, et plongera jusqu'au fond de cette eau; disposez le sable du bain de manière à ce qu'il recouvre le ballon jusqu'à la naissance du col; lutez bien la jointure en laissant libre l'ouverture du flacon D. Quand le tout sera convenablement disposé, commencez à chauffer. L'ammoniaque se dégagera peu à peu sous forme gazeuse, et viendra se rendre dans l'eau du flacon D, où elle se dissoudra. Quand le gaz cesse d'arriver dans le flacon, l'opération est terminée; il faut démonter l'appareil et transvaser l'ammoniaque dans un flacon à l'émeri, où elle pourra se conserver pour l'usage.

Le tube de Welter, qui contient de l'eau jusqu'à moitié de la boule E, empêchera le gaz ammoniaque de s'échapper au dehors, et le liquide du flacon d'être aspiré dans le ballon, dont il occasionnerait la rupture. Dans cette opération, le tube de Welter est indispensable, à moins de compliquer l'appareil d'une série de flacons, ce qui n'est pas nécessaire quand on n'opère que sur de faibles quantités, et ce que j'ai voulu éviter afin de simplifier l'expérience. L'eau dans laquelle se rend le gaz ammoniaque devient plus légère et augmente de volume à mesure qu'elle se sature. Les proportions de chaux et de chlorhydrate d'ammoniaque indiquées ci-dessus suffisent pour saturer les 100 grammes d'eau contenues dans le flacon D. La formule suivante indique la théorie de cette opération :

$$
\text{Chlorhydrate d'ammoniaque} = \begin{cases} \text{ammoniaque} \ldots \ldots \quad \textit{qui se dégage.} \\ \text{acide chlorhydrique.} \end{cases}
$$

$$
\text{Chaux.} \ldots \ldots \ldots \ldots \ldots \ldots \Bigg\} = \begin{array}{l} \text{chlorhydrate de} \\ \text{chaux} \ldots \textit{qui} \\ \textit{reste dans le} \\ \textit{ballon} \text{ A.} \end{array}
$$

Propriétés physiques. — L'ammoniaque est naturellement gazeuse, incolore, d'une odeur excessivement piquante qui provoque les larmes, d'une saveur âcre très
développée. Ce gaz n'est point permanent comme ceux
que nous avons vus jusqu'à présent. Guyton de Morveau
est parvenu à le liquéfier par un froid de — 43°. On ne
l'emploie jamais à l'état gazeux ; mais toujours dissous
dans l'eau de la manière que nous venons d'indiquer ;
alors il porte le nom d'ammoniaque liquide, alcali volatil.
L'Ammoniaque liquide est plus légère que l'eau, et cette
différence de pesanteur varie en raison de la quantité
de gaz qui s'y trouve dissous. On reconnaît le degré de
force de l'ammoniaque, en se servant d'un aréomètre
semblable à celui au moyen duquel on apprécie la valeur
d'un acide, seulement, comme dans l'un de ces cas on
recherche la légèreté, et dans l'autre la pesanteur, il
faut que les échelles soient graduées en sens inverse. Dans
la seconde partie de cet ouvrage, nous donnerons la
figure et la description de ces instruments.

Propriétés chimiques. — L'ammoniaque gazeuse a une
si grande tendance à s'unir à l'eau froide, que ce liquide
en dissout jusqu'à 670 fois son volume, à la température
ordinaire. A + 35° elle n'absorbe plus de gaz, et même
l'ammoniaque liquide qu'on porte à cette température
laisse échapper si complètement l'ammoniaque qu'elle
renferme, que l'eau qui reste devient sans odeur.

L'ammoniaque est, relativement aux acides, une base
puissante ; elle s'unit avec eux pour former une série de
sels qu'on désigne sous le nom de sels ammoniacaux.

Réactif qui la fait connaître. — Quand on veut constater la présence de l'ammoniaque dans un mélange, il
faut introduire une portion de cette matière dans une
petite fiole de verre, et l'humecter avec une solution de
potasse caustique ; s'il y a de l'ammoniaque en quantité

notable, l'odeur s'en fera sentir aussitôt. Dans le cas où l'expérience serait négative, il convient de chauffer la fiole et d'en recevoir les vapeurs sur un papier coloré en bleu avec la teinture de violettes ou celle des autres fleurs de même couleur ; si la matière contient de l'ammoniaque, le papier bleu passera au vert. Dans cette expérience, il est nécessaire que le papier ne touche pas la fiole.

Influence sur la végétation. — Ce que nous avons dit de l'influence de l'acide nitrique sur la végétation peut s'appliquer à l'ammoniaque ; avec la différence, que cette dernière semble augmenter le produit des récoltes dans une proportion encore plus avantageuse. Les nombreuses expériences qui sont faites de nos jours tendent aussi à prouver que c'est la forme sous laquelle l'azote contribue avec le plus d'énergie à l'accroissement et à la nutrition des végétaux. Nous anticiperions sur notre seconde partie, si nous développions maintenant les preuves sur lesquelles s'appuie cette opinion.

Influence sur la vie animale. — L'ammoniaque liquide concentrée désorganise promptement les tissus animaux sur lesquels elle est appliquée. Dans la médecine humaine, cette propriété a été utilisée pour détruire l'épiderme, et pratiquer des vésicatoires dans un temps très court. On met encore sa causticité à profit, pour cautériser les morsures de vipères, depuis que Bernard de Jussieu en fit une application heureuse sur un élève en médecine qui était à sa suite dans une herborisation. En faisant respirer aux personnes qui se trouvent mal l'odeur vive et piquante qui se dégage de l'ammoniaque liquide, on fait souvent disparaître la syncope; mais dans ce cas il ne faut pas abuser, car il y aurait danger à laisser trop long-temps le malade sous l'influence de cette émanation.

Dans la médecine vétérinaire, on fait prendre de l'ammoniaque liquide étendu de beaucoup d'eau dans les cas de météorisme. Cette maladie étant occasionnée par un dégagement anormal d'acide carbonique, l'ammoniaque s'empare de ce gaz pour former du carbonate d'ammoniaque liquide, ce qui en réduit considérablement le volume; et le plus souvent la maladie disparaît.

HUITIÈME LEÇON.

Du soufre : — Son état naturel; — Ses propriétés physiques; — Ses propriétés chimiques; — Son influence sur la végétation ; — Sur la vie animale. — Ses combinaisons avec l'oxigène. — De l'acide sulfurique; réactif qui le fait reconnaître. — Action des sulfates sur la végétation.

État naturel. —Le soufre est un corps simple connu de toute antiquité; on le trouve à l'état de liberté, particulièrement dans le voisinage des volcans. Combiné au fer, à l'état de sulfure, il est répandu dans tous les terrains; on désigne cette combinaison sous le nom de pyrite ferrugineuse. On le rencontre aussi dans les mines uni au cuivre, au plomb, à l'étain. Le soufre forme la base des sulfates; celui de chaux ou plâtre constitue dans certaines localités, des masses de terrains d'une épaisseur considérable; dans quelques autres, il se trouve mélangé au sol sous forme pulvérulente ou même cristalline. Les sulfates de soude et de magnésie se rencontrent dans les eaux de certaines fontaines, d'où l'on extrait ces sels pour les verser dans le commerce sous le nom de sel de sœdlitz, sel d'epsum. Uni à l'hydrogène, le soufre constitue l'acide sulfhydrique, qui est la base des eaux minérales dites sulfureuses.

Propriétés physiques. — Le soufre est solide à la température ordinaire, jaune citron, sans saveur et d'une

odeur à peu près nulle, mais qui se développe par le
frottement. Il pèse environ deux fois autant que le même
volume d'eau.

Propriétés chimiques. — Nous regrettons beaucoup
de ne pouvoir nous occuper plus en détail de ce corps
si intéressant au point de vue chimique, mais son étude
nous écarterait trop du but de notre travail; nous nous
bornons donc à décrire ses propriétés les plus saillantes.
Le soufre, exposé à la chaleur, commence à se liquéfier
à 108 degrés centigrades. Si l'on élève davantage la
température et qu'il soit privé du contact de l'air, il se
volatilise; dans cet état s'il rencontre un corps froid, il
s'y dépose sous forme pulvérulente, c'est cette poussière
qu'on appelle fleurs de soufre. Chauffé au contact de l'air,
à 150 degrés, il brûle avec une flamme bleue, en produisant une odeur suffocante que tout le monde connaît.
Dans cette circonstance, le soufre s'unit à l'oxigène de
l'air pour former de l'acide sulfureux qui, étant gazeux
par sa nature, se répand dans l'air, et c'est lui qui produit cette odeur.

Influence sur la végétation. — Parmi les familles naturelles des plantes, celle des légumineuses et surtout
celle des crucifères renferment du soufre au nombre
de leurs éléments. Il est donc nécessaire, pour qu'elles
prospèrent dans un terrain, qu'on y ajoute du soufre si
le sol n'en contient pas naturellement; car la vie végétale,
si puissante pour produire des combinaisons nombreuses, est inhabile à créer des matières premières (1).
C'est ordinairement le sulfate de chaux ou plâtre qui
sert à répandre le soufre qu'on destine à la nutrition des

(1) M. Vogel a semé du cresson dans du verre pilé qui ne contenait
pas de traces de soufre. Cette plante, qui s'est assez bien développée pour
produire des graines mûres, a été arrosée avec de l'eau exempte de soufre,
et néanmoins elle a fourni à l'analyse une quantité de soufre plus grande

plantes, ainsi que nous le verrons à la fin de cette leçon. Il est à regretter que les agronomes n'aient pas essayé plus souvent l'emploi du soufre à l'état de liberté : des expériences multipliées à ce sujet tendraient à éclairer l'opinion si vraisemblable que, dans le plâtre, c'est particulièrement le soufre qui agit comme engrais. Nous ne connaissons à ce sujet qu'un seul fait que nous nous empressons de consigner ici.

Voici ce qu'on lit à la page 50 du *Cours complet d'agriculture pratique* de MM. Burger, Pfeil, Rohlwes et Rufiny, traduit de l'allemand par M. Louis Noirot :

«Les premières observations sur l'effet du soufre et du gypse (plâtre) ont été, si je ne me trompe, faites par Bérard (*cause de la fertilité contenue dans le plâtre; Annales des Arts et Métiers, 1809, T. LIII.*) J'ai fait moi-même, le 17 avril 1813, une expérience comparative à cet égard. Je divisai un champ de trèfle en cinq carrés d'égale grandeur. J'y répandis :

N° 1. — 1000 livres de gypse (plâtre).
N° 2. — 500 *id.* *id.*
N° 3. — 300 *id.* soufre.
N° 4. — 200 *id.* *id.*
N° 5. — 100 *id.* *id.*

«Le 25 mai, le trèfle était en fleurs : le n° 1, qui avait

que n'en contenaient les graines qui l'avaient produite. *L'Institut, n° 602,* pag. 247.

Cette expérience semblerait contredire l'opinion que nous venons d'émettre; mais la quantité de soufre est si faible, qu'en supposant l'analyse faite avec le plus grand soin, les causes qui ont pu amener des matières sulfureuses à la portée de la plante sont trop nombreuses pour que ce travail puisse être d'une grande valeur. La quantité d'eau qui a servi à arroser la plante pendant *plusieurs mois* a dû être considérable, et bien qu'elle n'accusât pas de soufre par les réactifs, elle pouvait néanmoins en contenir assez pour expliquer l'excédant trouvé dans l'analyse de la plante. Les réactifs ont une limite passé laquelle ils n'agissent plus d'une manière sensible.

reçu 1,000 livres de plâtre, se distinguait des autres par sa beauté; venait après lui le n° 4, sur lequel j'avais répandu 200 livres de soufre. Les trois autres étaient à la vue aussi beaux les uns que les autres; tous plus beaux que le trèfle voisin qui n'avait été ni plâtré ni soufré. »

Influence sur la vie animale. — Le soufre, même à l'état de liberté, est très employé dans la médecine humaine et dans la médecine vétérinaire.

COMBINAISON DU SOUFRE AVEC L'OXIGÈNE.

Le soufre a une grande affinité pour l'oxigène, avec lequel il forme quatre acides différents, que nous avons donnés comme exemples au chapitre de la nomenclature page 38. Nous n'aurons à nous occuper ici que de l'acide sulfureux et de l'acide sulfurique; les deux autres n'ayant aucune application à l'agriculture.

Acide sulfureux. — Nous ne dirons que quelques mots de cet acide, dont les usages ne sont pas très multipliés; il est composé suivant Berzélius de :

Soufre.	100
Oxigène	99,44

A la température ordinaire il est gazeux, mais au-dessous de — 10° il devient liquide. Il est sans couleur; sa saveur est forte et désagréable; son odeur est suffocante, c'est celle bien connue que répand une allumette qui brûle. L'eau dissout ce gaz avec facilité, et peut en absorber trente-sept fois son volume. Il rougit d'abord les couleurs bleues végétales et finit par les détruire; et comme il exerce la même action destructive sur la plus grande partie des matières colorées d'origine organique, cette propriété est quelquefois mise à profit pour faire

disparaître des taches, ou blanchir des tissus qui ne sup-
porteraient pas le lavage.

On le prépare de plusieurs manières; mais, pour abréger, nous ne ferons mention que de celle qui est employée
pour les besoins de l'agriculture, et qui consiste tout simplement à faire brûler le soufre en contact avec l'air, et
à en appliquer les vapeurs à l'usage qu'on se propose.

On emploie cet acide pour arrêter la fermentation dans
les boissons alcooliques; c'est par son moyen qu'on mèche
le vin ou le cidre. L'opération consiste à faire brûler,
dans un tonneau qui doit recevoir ces boissons, une
mèche imprégnée de soufre. Ce corps, en brûlant, produit de l'acide sulfureux qui pénètre les pores du tonneau
et se mêle ensuite au liquide qu'on y introduit. Quand
nous nous occuperons de la préparation des boissons,
nous reviendrons sur l'opération du *soufrage*.

L'acide sulfureux sert encore à faire des fumigations
dans les étables, afin de les purifier des miasmes épi-
zootiques. Voici comment on opère : on met dans le lieu
qu'on veut désinfecter une assiette contenant environ
deux cents grammes de soufre; on place dessus quelques
charbons allumés, le soufre ne tarde pas à prendre feu;
alors on ferme bien exactement toutes les ouvertures, et
on laisse agir pendant cinq à six heures l'acide sulfureux qui s'est formé. Avant de pénétrer dans l'étable, il
convient de la laisser quelque temps ouverte, pour éviter
l'incommodité que pourraient occasionner les vapeurs
non encore condensées.

Acide sulfurique. — D'après Berzélius, l'acide sulfurique est composé, en poids, de :

Soufre.   100
Oxigène . . . .   149,128 (1).

(1) *Traité de Chimie*, par J.-J. Berzélius. Tom. II. pag. 21.

Découverte. — Cet acide, le plus important de tous, puisqu'il sert à obtenir les autres, était connu des anciens. Thénard, dans son traité élémentaire de chimie, en fait remonter la découverte à la fin du quinzième siècle, et l'attribue à Bazile Valentin, qui l'obtenait par la distillation du sulfate de fer. Ce sel, ainsi que l'indique la nomenclature, est un composé d'oxide de fer et d'acide sulfurique. A une haute température, l'affinité qui unit ces deux corps se trouve suffisamment modifiée pour qu'ils puissent se désunir; l'acide se réduit en vapeurs qu'on recueille dans les vases distillatoires où elles se condensent, et l'oxide de fer reste fixe au fond de l'appareil. Nous supprimons ici, pour l'intelligence du lecteur, les complications théoriques de cette expérience.

Etat naturel. — On rencontre en abondance l'acide sulfurique à l'état de sulfate, ainsi que nous l'avons dit en parlant du soufre. Nous ne ferons pas mention des exceptions plus ou moins constatées où l'on prétend l'avoir trouvé à l'état de liberté.

Préparation. — La quantité d'acide sulfurique que l'on obtient en distillant le sulfate de fer ne pouvait suffire aux besoins des arts nombreux qui emploient actuellement ce produit; d'un autre côté, le prix en serait demeuré trop élevé; c'est pour cela qu'on a imaginé de combiner le soufre directement avec l'oxigène de l'air. La difficulté qui s'est présentée d'abord, c'est que le soufre, en brûlant dans l'air, ne produit que de l'acide sulfureux, et que pour obtenir un acide plus oxigéné, il faut recourir à un corps qui possède ce principe en quantité notable, et qui puisse le céder facilement : ce corps c'est l'acide nitrique ou les sels qui en sont formés. Ainsi, aujourd'hui l'acide sulfurique s'obtient en brûlant un mélange de soufre et de nitrate de potasse dans un milieu rempli d'air atmosphérique. Nous ne faisons qu'indiquer rapidement cette opération, qui est entrée dans le domaine de l'industrie manufacturière; nous avons seulement voulu noter en passant que le soufre, en brûlant seul dans l'air, produit de l'acide sulfureux, et qu'en société avec un nitrate, celui-ci lui fournit l'oxigène nécessaire pour le faire passer à l'état d'acide sulfurique.

L'acide sulfurique produit par ce dernier procédé n'est pas absolument identique à celui qui a été obtenu du sulfate de fer. Celui-ci contient moins d'eau à l'état de combinaison; il renferme une certaine proportion d'acide sulfurique *anhydre*. On le désigne sous le nom d'acide sulfurique de Saxe, acide sulfurique de Nordhausen, du lieu où l'on continue à le fabriquer. Il y a certaines opérations dans les arts où il ne peut être remplacé par l'autre.

Propriétés physiques. — L'acide sulfurique de Nordhausen a une couleur foncée. Exposé à l'air, il y répand des vapeurs blanches; il pèse 70 à 72 degrés à l'aréomètre de Baumé. L'acide sulfurique ordinaire est incolore à l'état de pureté, inodore, d'une saveur excessivement caustique à l'état de concentration, devenant par son mélange avec une grande masse d'eau d'une acidité assez franche pour qu'on puisse en faire, en le sucrant, une limonade agréable. Sa pesanteur est considérable; il marque 66 degrés à l'aréomètre de Beaumé. Quand on le verse, il file comme de l'huile, et c'est pour cela que les anciens l'appelaient *huile de vitriol* : *huile* en raison de la nature de sa fluidité : *de vitriol* parce qu'ils l'obtenaient du sulfate de fer qu'ils nommaient *vitriol de fer, vitriol vert.*

Propriétés chimiques. — L'acide sulfurique rougit fortement les couleurs bleues végétales; il possède une grande affinité pour s'unir à l'eau; quand il est exposé à l'air, il absorbe celle qui existe dans l'atmosphère; si

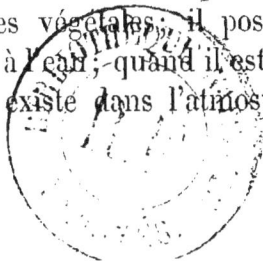

on le mêle avec ce liquide, il se produit beaucoup de chaleur ; au contraire, étendu d'eau dans une certaine proportion et mélangé avec du sulfate de soude, il dissout ce sel en abaissant la température si bas, que l'on peut, par ce moyen, produire de la glace, en quantité, dans les saisons les plus chaudes de l'année.

Sa puissance d'affinité est si considérable qu'il décompose le plus grand nombre des combinaisons salines pour s'en approprier la base ; on emploie souvent ce moyen pour isoler les acides et les obtenir à l'état de liberté. L'acide sulfurique, en se combinant avec les oxides, produit des sels qu'on désigne sous le nom de sulfates.

Réactif. — L'acide sulfurique possède un réactif précieux dans la *baryte*, avec laquelle il forme un sulfate absolument insoluble. Quand on veut reconnaître dans un liquide la présence de cet acide, il suffit d'y ajouter quelques gouttes de solution de chlorhydrate de baryte ; la liqueur reste limpide si elle ne contient pas d'acide sulfurique ; dans le cas contraire, elle se trouble, et il s'y dépose un précipité d'autant plus abondant, que l'acide sulfurique qui y était contenu s'y trouvait en quantité plus considérable. Ce réactif agit sur l'acide libre de la même manière que sur l'acide combiné à l'état de sulfate. Pour être certain que le précipité appartient bien à l'acide sulfurique, il est nécessaire d'y ajouter quelques gouttes d'acide nitrique qui le feraient disparaître s'il était produit par une autre cause.

Influence sur la végétation. — L'acide sulfurique, à l'état de liberté et de concentration, agit fortement sur les matières organiques ; il les détruit, les noircit, et, en les dissolvant, s'en colore lui-même ; c'est la raison pour laquelle l'acide sulfurique du commerce a toujours une nuance plus ou moins foncée. Les vases qui le ren-

ferment n'étant jamais soigneusement fermés, la paille
des emballages et les corpuscules organiques qui vol-
tigent dans l'air, y pénètrent et s'y trouvent décomposés
et dissous. Cet état de causticité si grande semblerait
exclure l'acide sulfurique de tout usage en agriculture;
il n'en est cependant pas ainsi; en l'affaiblissant d'une
grande quantité d'eau, quelques agriculteurs l'ont employé avec avantage dans les terrains calcaires, en arrosement sur les trèfles et les sainfoins.

Il a été conseillé par M. Schattenmann pour arroser
les fumiers, afin de fixer l'ammoniaque qui s'y produit
en s'unissant avec elle; il paraît même que cette méthode
s'est introduite en Alsace. il serait à désirer que l'on
possédât, en France, des essais suivis capables de fixer
la valeur de ce perfectionnement.

Depuis quelques années, il contribue à désinfecter
les fosses d'aisances avant de les vidanger; c'est une
nouvelle industrie, qui s'efforce d'augmenter la quantité
des engrais qui proviennent de ces matières. Il importe
pour l'agriculture que ces essais soient partout et toujours couronnés de succès; nous nous proposons d'examiner cette question à l'article des engrais.

A l'état de sulfate, l'acide sulfurique joue un rôle bien
plus considérable et bien mieux connu quant à ses effets,
pour l'amélioration de certaines récoltes.

Influence sur la vie animale. — L'acide sulfurique
concentré est un poison violent pour l'homme et pour
les animaux. Il noircit les organes qu'il touche, et ce
caractère aide à reconnaître les empoisonnements occasionnés par ce moyen. En médecine vétérinaire, il sert
quelquefois à cautériser; on l'emploie pour guérir le piétain des moutons. Combiné à l'état de sulfate, il produit
un grand nombre de sels très employés dans la médecine humaine et dans la médecine vétérinaire, tels que

les sulfates de soude, de potasse, de magnésie, d'alumine et de potasse, de fer, de cuivre, de mercure, etc.

APPLICATION DES SULFATES A L'AGRICULTURE.

Le sulfate de soude a été proposé par M. Mathieu de Domballe pour préserver les céréales de la carie.

Le sulfate de cuivre est conseillé depuis long-temps pour le même objet. Nous conservons pour l'article *semences* ce que nous avons à dire sur les moyens employés pour arriver à ce résultat.

Le sulfate de fer est recommandé conjointement avec l'acide sulfurique, soit pour arroser les fumiers d'écurie et empêcher l'ammoniaque de se répandre au dehors, soit pour désinfecter les fosses d'aisance avant la vidange. Voici, à ce dernier sujet, l'extrait d'une lettre de M. Schattenmann à M. Dumas, insérée dans les *Comptes-rendus hebdomadaires des séances de l'Académie des sciences*. T. XIX, année 1844, p. 114 : « En expérimen-
« tant les moyens pratiques les plus simples et les plus
« économiques pour saturer le carbonate d'ammoniaque
« des matières fécales, j'ai reconnu que le sulfate de fer
« mérite la préférence. Le sel en petits cristaux de qua-
« lité inférieure ne vaut que 8 à 10 francs le quintal
« métrique, et il est plus facile à transporter et à manier
« que les acides, qui peuvent donner lieu à des accidents
« entre des mains inexpérimentées. Mais le sulfate de fer
« offre un autre avantage remarquable qui doit déter-
« miner la préférence de son emploi.

« Les exhalaisons nuisibles et incommodes que ré-
« pandent les matières fécales proviennent principale-
« ment de la volatilisation du carbonate d'ammoniaque
« et du gaz hydrogène sulfuré, qui fait même souvent
« des victimes en asphyxiant des vidangeurs de fosses

« d'aisance. En versant une dissolution de sulfate de fer
« dans les matières fécales, il y a immédiatement une
« double décomposition : l'acide sulfurique du sulfate
« de fer se combine avec l'ammoniaque et le convertit
« en sel fixe (sulfate d'ammoniaque); le fer se combine
« avec le soufre et forme du sulfure de fer inodore. »

L'académie des sciences a décerné dans son concours
de 1843 (1) un prix de 1,500 francs à M. Siret, pour la
découverte de ce procédé doublement avantageux, d'a-
bord en ce qu'il permet d'enlever les matières fécales
sans danger pour les travailleurs, et sans répandre dans
le voisinage des vapeurs incommodes; en second lieu,
on peut livrer ces matières à l'agriculture presque
immédiatement, et avant qu'elles aient perdu, par la
décomposition spontanée, une grande partie de leurs
principes fertilisants, ainsi que cela se pratiquait antérieurement.

Il s'est formé une société pour exploiter cette découverte; et comme nous avons été témoin, dans la
ville du Mans, de quelques essais de cette compagnie,
nous pouvons dire que les résultats obtenus sont à
l'avantage du procédé. Cependant, il reste une question
importante à résoudre : celle de la dépense. Sera-t-elle
compensée par la quantité d'engrais obtenue en plus?
Dans le cas contraire, par qui sera-t-elle supportée? Il
est à craindre qu'il ne reste au fond de cette question un
obstacle difficile à lever, et qui empêche peut-être
long-temps les habitants des villes de jouir des avantages
de cette nouvelle industrie.

Le sulfate de fer a été récemment proposé par M. Gris
pour redonner de la vigueur aux plantes, cultivées en

(1) *Comptes-rendus hebdomadaires des séances de l'Académie des
Sciences, année* 1845. T. XX, p. 611.

pot, qui commencent à jaunir et dépérissent malgré les soins qu'elles reçoivent. Voici comment il administre ce médicament : il fait dissoudre, dans un litre d'eau, 8 grammes de sulfate ferreux, et outre l'arrosement ordinaire, il arrose tous les cinq à six jours le pot qui contient la plante malade, avec 10 à 15 grammes de cette dissolution; trois à cinq arrosements de cette nature suffisent ordinairement pour rétablir la plante complètement. Il n'est pas nécessaire d'ajouter qu'il faut placer la malade à l'ombre ou à une demi-ombre, suivant son état; les horticulteurs savent tous que c'est une précaution indispensable pour les plantes souffrantes (1).

SUITE DE LA HUITIÈME LEÇON.

Du sulfate de chaux ou plâtre; — Sa composition chimique; — Son gisement. — Historique de son introduction en agriculture. — Terrains propres à le recevoir. — A quelle récolte il est avantageux. — A quelle époque il faut l'épandre. — Sous quelle forme il convient de l'employer. — De la quantité et de la durée. — Surcroît de récolte obtenu par le moyen du plâtre. — Théorie chimique de l'action du plâtre sur la végétation.

Nous aurions dû peut-être renvoyer cet article au chapitre des engrais, bien que la matière dont il traite ne soit pas précisément un engrais, puisque son emploi se trouve borné à certaines cultures. Ce qui nous a surtout engagé à le placer dans cette leçon, c'est le besoin que nous éprouvons de parler un moment d'agriculture, afin de reposer l'agronome qui veut bien nous lire des études chimiques qu'il a eu le courage d'entreprendre,

(1) *Revue scientifique et industrielle.* T. XI, p. 268.

et de l'engager à continuer avec persévérance celles qui nous restent encore à faire.

Composition. —Le plâtre ou gypse pur *cristalisé* contient, d'après Bucholz (1) :

Acide sulfurique.	46
Chaux	33
Eau	21

Celui qui est en masse renferme en outre du carbonate de chaux, dont la proportion varie de 7 à 12. Les minéralogistes désignent sous le nom de karstenite, chaux sulfatée anhydre, etc., une autre variété de plâtre dont nous n'avons pas à nous occuper ici.

Gisement. — Le plâtre, qu'on nomme aussi gypse, sélénite, commence à se trouver dans la formation géologique qu'on désigne sous le nom de terrain de transition. Sa présence se continue dans les différents étages du terrain secondaire; mais c'est particulièrement le terrain tertiaire qui fournit à l'agriculture celui dont elle fait usage. Le gypse de Montmartre et de Ménilmontant, aux environs de Paris, appartient à cette formation.

Le plâtre n'est pas toujours à l'état de roche, souvent il est disséminé dans les terrains à l'état de mélange; certaines marnes argileuses en renferment même quelquefois des quantités assez fortes pour qu'il s'y présente sous la forme de cristaux de plusieurs centimètres de surface. C'est particulièrement dans les marnes dites d'Oxfort que nous avons été à même de l'observer à cet état.

Historique. — Il paraît que le plâtre ou gypse est employé en agriculture dans certaines contrées depuis un temps très long, et qu'on ne saurait préciser. Il n'en

(2) *Traité élémentaire de minéralogie,* par Beudant. T. II, p. 469.

est pas de même de l'époque à laquelle cet usage a commencé à se répandre généralement; Thaër la place vers le milieu du siècle dernier, et attribue les honneurs de cette propagation à un pasteur nommé Mayer, qui en étudia les effets d'après les renseignements qu'il reçut de la Hanovre, où déjà on se servait de cet amendement (1). L'accueil qu'obtint la méthode du plâtrage sous l'influence de Mayer, lui suscita des contradicteurs, au premier rang desquels se trouvèrent les inspecteurs des salines. Ces messieurs fournissaient à l'agriculture, sous le nom de schlot, un résidu très abondant de leur fabrication, qui, répandu sur les prairies, en augmentait la fertilité; ils prétendirent que le plâtre, loin de produire des effets analogues, serait au contraire nuisible à la végétation. Le temps et l'expérience ont fait justice de ces oppositions. Mais une circonstance singulière, c'est que l'analyse chimique a démontré depuis que le schlot était, en grande partie, composé de sulfate de chaux ou plâtre.

Franklin employa un procédé ingénieux pour introduire l'usage du plâtre dans l'agriculture américaine. A son retour de Paris, ce célèbre physicien choisit un champ de luzerne placé sur le bord d'une grande route aux environs de Washington; il y traça en gros caractères, avec de la poussière de plâtre, ces mots : *Ceci a été plâtré.* La végétation vigoureuse qui se développa sur les parties qui avaient reçu la poussière fécondante, mit en relief cette écriture animée, et porta la conviction dans les esprits les moins disposés. Depuis cette époque, l'Amérique a tiré de Paris des quantités de plâtre considérables, jusqu'au moment où cette matière fut découverte sur le terrain de ce vaste pays.

(1) Thaër, *Principes raisonnés d'agriculture.* T. II, p. 425.

Terrains propres à recevoir le plâtre. — Tous les terrains ne sont pas également propres à recevoir du plâtre; c'est précisément la raison pour laquelle l'emploi de cet amendement a eu quelquefois des détracteurs. Il est clair, par exemple, qu'il ne produira que peu ou point d'effet sur un sol qui le renferme déjà en quantité suffisante. Les deux remarques suivantes ne sont pas moins certaines, puisqu'elles sont appuyées sur des expériences faites et répétées par des hommes compétents dans la matière.

1. Tous les agriculteurs s'accordent sur ce fait : que le plâtre est plus avantageux aux terrains secs qu'aux terrains humides, plusieurs même le regardent comme tout-à-fait inutile à ces derniers quand ils sont *extrêmement* humides : c'est ce qui résulte de la réponse des agriculteurs français à une enquête ouverte par le ministère sur plusieurs questions relatives à l'usage du plâtre.

2. Autant on retire d'avantages du plâtre lorsqu'on l'applique à des récoltes semées sur des terrains riches, autant on perd ses frais lorsqu'on y recourt pour des fonds maigres ou épuisés (1). C'est l'opinion unanime des agriculteurs qui ont répondu à l'enquête dont nous parlions tout-à-l'heure. Voici une observation de Thaër qu'il n'est pas inutile de rapporter ici pour balancer ces remarques. « Si le trèfle est très épais et si le sol a assez de fécondité pour que le trèfle pousse vigoureusement de lui-même, le gypse ou plâtre ne produirait qu'un excès de végétation qui donnerait au trèfle de la disposition à pourrir; dans ce cas on doit s'abstenir (2). »

(1) Crud : *Économie théorique et pratique de l'agriculture*, édition de 1839. T. Ier, pag. 318.

(2) *Principes raisonnés d'agriculture* de Thaër, T. II, p. 431.

7

Résumé. — Le plâtre est avantageux dans les terrains qui n'en contiennent pas, pourvu qu'ils ne soient
ni *extrêmement* humides, ni maigres, ni épuisés. Il est
inutile dans ceux qui sont dans les conditions contraires.

A quelle récolte est-il avantageux? — Plusieurs causes
ont nui pendant long-temps à l'adoption du plâtrage.
D'abord, cette opération a été présentée par quelques-
uns comme devant remplacer le fumier; les essais qui
ont été dirigés d'après ce principe ont tous été malheureux. Les réponses à l'enquête dont nous avons parlé plus
haut sont encore unanimes sur ce dernier point. D'autres
agriculteurs, entraînés par le penchant que l'homme a
de généraliser les applications utiles, ont cru que le
plâtre pouvait s'appliquer à l'amélioration de toutes les
récoltes; l'expérience a fait connaître que, pour les prairies artificielles composées de plantes légumineuses, —
trèfle, luzerne, sainfoin, — l'augmentation des produits
était constante et des plus avantageuses; mais qu'elle
était nulle pour les céréales. L'enquête a confirmé ces
deux opinions, la première par quarante suffrages sur
quarante-trois réponses, et la seconde par trente sur
trente-deux. Dans le premier cas, l'avis contraire de la
minorité peut s'expliquer par la présence du plâtre dans
le sol qui portait les prairies; dans le second, par la
remarque suivante qui se trouve dans l'excellent ouvrage
de Thaër : « Toutes les expériences faites jusqu'à pré-
« sent semblent prouver que le gypse opère peu d'effet
« sur les graminées céréales, lorsqu'il a été répandu
« immédiatement sur elles; mais on est unanime sur
« ce point, qu'un chaume de trèfle enterré produit de
« beaucoup plus belles céréales, du froment surtout,
« lorsqu'il a été gypsé que lorsqu'il ne l'a pas été (1). »

(1) Thaër. *Principes raisonnés d'agriculture.* T. II, pag. 131.

Cette différence s'explique par les racines et le chaume du trèfle, qui (1), étant plus vigoureux, ont dû donner au sol une masse d'engrais plus considérable; alors il n'y a pas contradiction.

D'après les *Annales de Roville* (5° livraison, p. 501), le plâtre aurait été essayé sans succès sur la culture des fèves de marais. La *Maison rustique du XIX° siècle* professe l'opinion contraire; mais elle ne cite aucune expérience à l'appui.

Nous n'avons rien trouvé de précis sur la valeur du plâtre dans l'amélioration des récoltes de plantes de la famille des crucifères. Il est probable néanmoins que cet amendement leur serait avantageux.

Résumé. — En exceptant les sols qui renferment du sulfate de chaux, circonstance assez rare, le plâtre agit généralement sur les luzernes, les trèfles et les sainfoins de manière à en augmenter le produit. Cette proposition sera établie dans un moment par des chiffres. Il n'agit pas directement sur les céréales; mais les blés qui succèdent à un trèfle plâtré sont plus beaux que ceux qui succèdent à un trèfle qui n'a pas reçu cet amendement; dans ce cas, la récolte qui suit ce blé exige une plus grande quantité de fumier.

A quelle époque faut-il épandre le plâtre? — L'avis général est de l'épandre sur le trèfle quand il commence à être assez fort pour couvrir le sol. Il faut choisir un jour calme et sans pluie : le vent, qui empêche de répandre cette poussière d'une manière uniforme, est nuisible, ainsi que la pluie qui l'entraîne immédiatement. La rosée au contraire est favorable, parce qu'elle le retient

1. M. Soquet a établi, par expérience, que les racines de trèfle plâtré pèsent un tiers de plus que celles du trèfle non plâtré. (*Maison rustique du XIX° siècle*. T. 1er, p. 72.)

sur les feuilles à mesure qu'il s'y dépose; le matin et le
soir sont donc les moments de la journée les plus convenables
à cette opération. D'après Thaër, que nous avons
souvent l'occasion de citer, le gypse ou plâtre agit
directement sur les plantes elles-mêmes et par conséquent
avec plus de force, lorsque sa poussière s'attache
aux feuilles et y séjourne long-temps. « J'ai remarqué
cela, ajoute ce savant agronome, d'une manière
très convaincante, sur une haie d'aubépine dont un
côté légèrement couvert de plâtre manifesta une végétation
active, tandis que l'autre côté resta de beaucoup
en arrière. Le gypse n'opère cependant pas uniquement
de cette manière... (1) »

Quelques cultivateurs répandent le plâtre sur le sol au
moment de semer le trèfle ou même quelques mois auparavant.
Voici une expérience du même auteur qui
permet d'apprécier cette méthode : « Dans l'automne de
1808, nous épandîmes du plâtre sur une perche de terrain
soigneusement marquée et ensemencée en seigle ;
au printemps de 1809, on sema sur ce champ, qui était
appauvri, du trèfle blanc destiné à former du pâturage.
Ce trèfle manqua presque partout, excepté sur la perche
plâtrée, où il était vigoureux et épais, de sorte que cette
plante se distinguait d'une manière tranchante de tout
ce qui l'environnait (2). »

En voici une autre de M. de Dombasle qui confirme
les résultats de la première; nous laisserons parler notre
célèbre agriculteur : « J'attribue en partie au plâtrage
pratiqué au moment de la semaille, la parfaite réussite de
tous les trèfles que j'ai semés cette année (1825) tant dans
les céréales de printemps que dans les céréales d'hiver.

---

(1) Thaër. *Ouvrage cité*, tom. II, pag. 427.
(2) Thaër. *Id.*   *id.*

Je dois la connaissance des avantages de cette pratique à M. le vicomte Emmanuel d'Harcourt. Je considère cette méthode comme un des moyens les plus certains d'assurer la réussite d'une récolte de trèfle, de luzerne ou de sainfoin. Je répands par hectare, un hectolitre de plâtre en même temps qu'on sème la prairie artificielle, c'est-à-dire la moitié seulement de ce qu'on met sur un trèfle à sa seconde année; et au printemps suivant, j'en répands une même quantité, si la récolte me paraît en avoir besoin. Le plâtre employé de cette manière produit des effets tellement énergiques, qu'il est bon de prendre quelques précautions pour empêcher que le trèfle ne nuise trop par la vigueur de sa végétation à la céréale à laquelle il est associé.

« Cette année, j'estime que mes récoltes d'orge et de froment de printemps ont été diminuées de plus d'un tiers parce que le trèfle avait pris, même dans des terrains pauvres, un tel accroissement, qu'au moment de la moisson il était presque aussi élevé que les céréales et déjà fleuri en partie. Il est prudent de chercher à éviter ou à diminuer ce déficit sur les produits de l'année; le meilleur moyen d'y parvenir est de ne semer le trèfle qu'alors que la céréale est levée et déjà un peu forte; on peut alors couvrir la semence par un léger hersage ou par l'action du rouleau..... L'inconvénient dont il vient d'être parlé est moins à craindre lorsque le trèfle est semé sur du froment d'hiver ou sur du seigle, parce que la céréale ayant déjà bien pris possession du sol lorsque le trèfle se sème, ne se laisse plus facilement dominer et conserve sa supériorité (1). »

Malgré ces avantages du plâtre épandu sur le sol avant la semence, M. de Dombasle n'en conseille pas moins,

(1) *Annales de Roville.* 2me livraison, pag. 128-129,

ainsi que la majorité des cultivateurs, de plâtrer quand les plantes commencent à couvrir le sol, en observant néanmoins d'attendre que les gelées de printemps ne soient plus à craindre (1). Cette remarque est basée sur ce fait, que le plâtre excitant la végétation, le froid saisirait les jeunes tiges, qui seraient trop tendres pour lui résister.

D'après la *Maison rustique du XIXe siècle*, le plâtre, employé dans les composts de terre ou de fumier, augmente de beaucoup leur effet.

Résumé. — La meilleure époque pour répandre le plâtre est celle où la plante a acquis assez de développement pour couvrir le sol; néanmoins il paraît certain qu'en répandant une partie du plâtre au moment de la semaille ou un peu auparavant, on assure par ce moyen la réussite de cette semaille. Il faut éviter de plâtrer par un temps venteux ou pluvieux; et retarder cette opération jusqu'au moment où les gelées ne sont plus à craindre.

Sous quelle forme doit-on employer le plâtre? — On se demande quelquefois si le plâtre cuit est préférable au plâtre cru; nous allons tâcher de répondre à cette question en expliquant ce qui différencie le plâtre dans ces deux états.

Le plâtre cru, ou à l'état naturel, contient 20 p. 100 d'eau, ainsi que nous le disions au commencement de cet article. A cet état, il est dur et par conséquent difficile à réduire en poudre. Son effet sur l'agriculture est en proportion directe avec son état de division. L'eau l'attaque facilement; mais il ne fait jamais pâte avec elle.

Le plâtre cuit diffère du premier par la perte de son

(1) *Annales de Roville.* 4me livraison, pag. 523.

eau; mais il offre deux variétés qu'il est important de distinguer, et qui résultent de la température à laquelle il a été exposé. Le plâtre cuit à une chaleur trop considérable se laisse pulvériser facilement; il se comporte avec l'eau à la manière du sable, sans prendre avec elle aucune consistance; c'est le plâtre *brûlé* des ouvriers, dénomination que nous adopterons pour le distinguer du suivant; l'eau le dissout dans les mêmes proportions que le précédent. Le plâtre cuit à une température modérée (environ 100 dégrés) se laisse aussi réduire en poudre très fine avec la plus grande facilité; mais il diffère du plâtre brûlé par un caractère essentiel, celui de s'approprier, quand il la rencontre, l'eau qu'il a perdue dans la cuisson, et de prendre avec elle une dureté égale à celle de la pierre. Cette propriété est mise à profit dans l'art de la bâtisse, qui emploie journellement le plâtre comme un ciment d'autant plus précieux que sa prise est très prompte. Les arts libéraux l'emploient pour mouler des formes et des ornements de toute espèce. L'eau mise en excès le dissout dans les mêmes proportions que les deux précédents.

Le point essentiel pour obtenir les plus grands effets du plâtre en agriculture, c'est son état de division. Sous ce rapport, le plâtre brûlé et le plâtre cuit auront toujours l'avantage sur le plâtre cru; mais le plâtre cuit demande pour sa mise en œuvre des précautions qui découlent de ses propriétés plastiques. En effet, si vous répandez ce plâtre sur la rosée, il l'absorbe, se durcit avec elle et perd l'avantage que lui donnait son état de grande division. C'est probablement pour cette cause que Thaër dit, dans ses *Principes raisonnés d'agriculture*, qu'une température aqueuse paraît supprimer tout-à-fait les effets du plâtre lorsqu'il a été calciné (**T. II, p. 426**). Il semblerait résulter de là que le plâtre brûlé serait dans l'état

le plus convenable; ce n'est pourtant pas absolument
notre avis. Le plâtre cuit perd facilement et promptement cette propriété de durcir avec l'eau. Il suffit de
l'étendre dans une chambre, à l'air, dont il absorbe l'humidité sans changer de forme; et quand au bout de quelques jours, en l'essayant avec de l'eau il ne fait plus
prise, état sous lequel les ouvriers l'appellent *éventé*, il
est, suivant nous, dans des conditions plus favorables que
le plâtre brûlé; car ce dernier peut dans certaines parties
avoir reçu du feu une action assez forte pour lui faire
subir un commencement de fusion, ce qui nuirait à sa
division ultérieure.

Les vieux plâtres qui proviennent de démolition,
comme débris de plafonds et autres, peuvent être employés avec autant d'avantage que le plâtre *neuf*, pourvu
qu'ils soient dans un état de division convenable, et
répandus sur le sol en quantité proportionnellement
plus forte, suivant l'abondance des matières étrangères
qui s'y trouvent mêlées.

Résumé. — Le plâtre est un excellent amendement
sous quelque forme qu'il soit employé. Il produit ses
effets en raison de son état de division. Le plâtre *cru*
offre le plus de difficultés pour être reduit en poussière;
le plâtre *brûlé*, quand il ne contient pas de parties fon-
dues, se pulvérise avec la plus grande facilité, ainsi que
le plâtre simplement *cuit*. Ce dernier ne doit être répandu que quand il est *éventé*. Dans tous les cas, la différence d'action du plâtre sous ces trois formes (1) est
assez minime pour que le cultivateur puisse choisir libre-

---

(1) Chaptal. *Chimie appliquée à l'agriculture*. T. 1er, p. 217, rapporte
qu'il a observé, en faisant des essais comparatifs, que le plâtre cuit avait
produit sensiblement un peu plus d'effet la première année; mais que
pendant les trois années qui ont suivi, la différence a été nulle.

ment celle qui lui plaira davantage, en ne perdant pas de vue les principes que nous avons énoncés.

De la quantité et de la durée. — Les auteurs n'évaluent pas de la même manière la quantité de plâtre à employer; les uns le pèsent, les autres le mesurent. La proportion varie aussi suivant les terrains et suivant les agriculteurs. Ainsi, en France, la dose employée est entre 200 et 2,000 kilog. par hectare (1); en Amérique, aux environs de Philadelphie, entre 75 et 500 kil. (2). Voici pour l'évaluation au poids; quant à la mesure, elle varie de deux à cinq hectolitres et demi par hectare, suivant MM. Crud, de Dombasle, Smith.

Ces chiffres si dissemblables, sont à notre avis, un indice que l'opération du plâtrage, bien connue pour ce qui a rapport aux terrains qui peuvent en recevoir une influence avantageuse, aux bonifications qui en résultent et à la manière dont elle doit être faite, laisse quelque chose à désirer quand il s'agit des quantités.

Plusieurs auteurs prétendent que les bénéfices du plâtrage se prolongent pendant trois ou quatre années sur les sainfoins et les luzernes.

Surcroît dans les récoltes obtenues par le moyen du plâtrage. — Les agriculteurs de nos jours, qui ont reconnu la valeur du plâtrage, se sont contentés de l'estimer d'une manière approximative. Il est vraiment remarquable, pour une époque où les sciences exactes sont si libéralement répandues, qu'on soit obligé de reculer d'un demi siècle pour trouver des expérimentateurs établissant, la balance à la main, la proportion des avantages de cette méthode. C'est M. de Villèle, dans le midi de la France,

_____

(1) Boussingault, *Economie rurale considérée dans ses rapports avec la physique, la chimie,* etc. T. II, p. 205.

(2) *Maison rustique du XIXe siècle.* T. I, p. 84.

et en Angleterre M. Smith, qui se sont chargés de nous transmettre ces renseignements. Leurs travaux ont été consignés, les uns dans la *Feuille du Cultivateur de l'an* VII, les autres dans les *Annales de l'Agriculture Française*, T. IV. N'ayant pu nous procurer les numéros des recueils où les travaux de ces agronomes sont conservés, nous sommes obligés de les emprunter à l'excellent livre de M. Boussingault, qui les a recueillis. Nous commencerons par les expériences de M. Smith, comme étant antérieures de quelques années.

CULTURES COMPARÉES DU SAINFOIN, SUR UN SOL PLATRÉ ET NON PLATRÉ,
FAITES EN 1792, 1793 ET 1794.

NUMÉROS des EXPÉRIENCES.	REMARQUES.	FANES sèches par hectare.	GRAINES par hectare.	POIDS de la récolte totale.	RAPPORT des fanes au grain.
		kil.	kil.	kil.	
1	Récolte sur une terre végétale non plâtrée ; 1 mètre de profondeur; sous-sol de craie.	3662	457	4119	100 : 12,5
	Récolte sur le sol contigu ayant reçu 5 h. 38 de plâtre en avril 1794.	5959	635	6594	100 : 10,7
	Différence en faveur de la récolte plâtrée...	2297	178	2475	
2	Récolte sur la même terre végétale non plâtrée moins profonde.	3018	268	3286	100 : 8,9
	Récolte sur le sol contigu, ayant reçu 5 h. 38 de plâtre en avril 1792.	4780	414	5194	100 : 8,7
	Différence en faveur de la récolte plâtrée...	1762	146	1908	
3	Récolte sur la même terre végétale non plâtrée; 8 centimètres de profondeur......	2256	72	2328	100 : 3,2
	Récolte sur le sol contigu, ayant reçu 5 h. 38 de plâtre le 17 mai 1794.........	5323	230	5553	100 : 4,3
	Différence en faveur de la récolte contiguë..	3067	158	3225	
4	Récolte sur le sol contigu à l'expérience n° 3, plâtré à la même dose en mai 1792...	4702	224	4926	100 : 4,8
	Différence en faveur de la récolte plâtrée depuis deux ans.....	2426	152	2598	

En étudiant ce tableau, on voit que dans les deux pre--
mières expériences, l'augmentation de la fane et de
la graine a été environ d'un tiers en faveur des récoltes plâtrées, et que dans les deux autres elle s'est élevée au-
delà du double.

La dernière colonne de ce tableau, celle qui représente le rapport entre la fane et la graine, n'a pour la
question présente qu'une faible importance. Ce qui est
essentiel à connaître, c'est le supplément de récolte obtenu à la faveur du plâtre, lequel se trouve estimé ici de
la manière la plus précise.

Le tableau suivant, contient sur la culture du trèfle
blanc, des résultats encore plus avantageux en faveur du
plâtre. Le gypse fut employé par M. Smith, le 22 mai,
toujours à raison de 5 hectolitres 38 par hectare. A cette
époque, le trèfle se trouvait très pâle, et semblait manquer
de sève. Quinze jours après, les effets de cet amendement
étaient évidents, bien qu'il n'eût pas tombé de pluie, le
trèfle en s'entrelaçant forma bientôt un tissu assez épais
pour se défendre de l'action du soleil, qui brûla presque
toutes les parties qui n'avaient pas été plâtrées. Cette
dernière observation, qui vient appuyer l'opinion que
nous avons citée : que le plâtre convient surtout dans les
terrains secs, semblerait nous permettre d'ajouter qu'il
est aussi très avantageux dans les années sèches, abstraction
faite de la nature du terrain.

L'inspection de ce tableau nous fournit encore une
nouvelle preuve de cette vérité : que dans la culture du
trèfle l'usage du plâtre produit toujours un surcroît de
récolte considérable. Néanmoins, ce surcroît se manifeste dans des limites assez écartées pour faire désirer
des expériences exactes plus nombreuses, sur des terrains variés et dans des circonstances météorologiques
bien observées. Ce n'est qu'après avoir recueilli un

grand nombre de ces faits que l'on pourra prendre une moyenne qui représentera la valeur réelle de cet amendement.

CULTURES COMPARÉES DU TRÈFLE BLANC PLÂTRÉ ET NON PLÂTRÉ, PAR M. SMITH.

NUMÉROS des expériences.	EXPÉRIENCES.	FANES par hectare.	GRAINES par hectare.	POIDS total de la récolte.	RAPPORT de la fane à la graine.
		kil.	kil.	kil.	
	Plâtré	2429	347	2776	100 : 14,3
1	Non plâtré	915	61	976	100 : 6,7
	Différence en faveur du plâtre	1514	286	1800	
	Plâtré	2476	190	2686	100 : 7,6
2	Non plâtré	545	67	1612	100 : 7,0
	Différence en faveur du plâtre	951	123	1074	

Les observations de M. de Villèle ont été faites près de Caraman (Haute-Garonne). Le trèfle et le sainfoin qui en ont été l'objet furent récoltés avant la maturité des graines, ainsi que cela se pratique le plus souvent. Le sol sur lequel croissait le sainfoin était différent de celui qui portait le trèfle. La quantité de plâtre a varié entre 800 et 300.

Nous nous sommes permis de changer la forme du tableau dont les colonnes nous ont paru trop multipliées; il nous a semblé que, présenté de la sorte, il serait plus facile à consulter.

CULTURES COMPARÉES DU SAINFOIN ET DU TRÈFLE PLÂTRÉ OU NON PLÂTRÉ,
FAITES PAR M. DE VILLÈLE.

SAINFOIN / TRÈFLE	NUMÉROS des expériences	EXPÉRIENCES.	FANES par hectare.	PRIX du plâtre employé.	VALEUR de l'excédent de récolte.	BÉNÉFICE NET.
				f. c.	f. c.	f. c.
SAINFOIN. Terre légère, sèche, exposée au midi, 2 à 3 décim. de profondeur, sur craie.	1	Récolte sèche sur prairie non plâtrée....	2200			
		Récolte sèche sur prairie plâtrée avec 800 k. par hectare..,....	3500			
		Différence à l'avantage du plâtre......	1300	20 »	52 »	52 »
	2	Récolte sèche sur prairie non plâtrée....	2000			
		Récolte sèche sur prairie plâtrée avec 500 k. par hectare.....	4000			
		Différence à l'avantage du plâtre......	2000	7 50	80 »	72 50
	3	Récolte sèche sur prairie non plâtrée....	2100			
		Récolte sèche sur prairie plâtrée avec 600 k. par hect......	3300			
		Différence à l'avantage du plâtre......	1200	15 »	48 »	33 »
TRÈFLE. Terre forte, argileuse, humide, 13 décimètres de profondeur, sur glaise.	4	Récolte sèche sur prairie non plâtrée....	2500			
		Récolte sèche sur prairie plâtrée avec 500 k. par hectare.....	5000			
		Différence en faveur du plâtre........	2500	12 50	100 »	87 50
	5	Récolte sèche sur prairie non plâtrée....	2400			
		Récolte sèche sur prairie plâtrée avec 700 k. par hectare.....	4000			
		Différence en faveur du plâtre......	1600	17 50	64 »	46 50

Il résulte des faits consignés dans ce tableau, que l'excédant dû au plâtre dans les récoltes de trèfle et de sainfoin obtenues par M. de Villèle, a varié du tiers au double.

La nature de la terre sur laquelle le trèfle a été récolté, dans les expériences 4 et 5, semblerait contredire l'opinion des agronomes qui ont répondu à l'enquête de M. le Ministre : à savoir que l'action du plâtre est nulle sur les terrains extrêmement humides; mais le sol sur lequel M. de Villèle a opéré n'était pas absolument dans ce cas. Un sol qui a 5 décimètres de profondeur peut bien être humide, mais n'est pas d'ordinaire *extrêmement* humide; c'est ce que le cultivateur appelle une terre *mouillante*.

Nous n'ajoutons pas de résumé à ce paragraphe; la précision des faits consignés dans les tableaux ci-dessus nous en dispense. Seulement, nous formons des vœux pour que ces sortes de travaux se multiplient avec exactitude, dans des conditions différentes et bien appréciées, de position géographique, de nature de terrain et d'influence météorologique.

Théorie chimique de l'action du plâtre. — Nous allons quitter un moment la voie sûre que nous avons parcourue éclairés par les expériences des maîtres, pour pénétrer dans les sentiers encore obscurs de la théorie. Pourquoi, dira-t-on peut-être, s'inquiéter de la manière dont le plâtre se comporte avec le trèfle au point de vue chimique et physiologique, ne suffit-il pas de savoir que son action fertilisante est incontestable dans les conditions que nous venons d'apprécier? A cela, j'ai deux réponses à faire : la première, et peut-être la plus forte, c'est que l'homme a un penchant irrésistible à chercher la raison des phénomènes dont il est le témoin; la seconde, et peut-être la plus utile, c'est que dans toutes les expériences dont on connaît bien la théorie, on est plus sûr d'obtenir le résultat qu'on se propose. La recherche de cette théorie est donc une chose utile.

Depuis que le plâtre est employé en agriculture, son action sur la végétation a été expliquée de bien des manières; nous ne discuterons que celles qui nous ont paru d'un intérêt véritable.

Nous ne dirons rien, par exemple, de cette explication qui consiste à voir dans le plâtre une matière qui absorbe l'eau pour la livrer aux besoins de la végétation. Si les choses se passaient aussi simplement, d'une part le plâtre agirait indéfiniment, puisqu'il ne serait jamais absorbé ; d'autre part, son action serait générale sur toute espèce de récolte, car toutes les plantes ont besoin d'eau pour leur nourriture : l'expérience prouve que les choses se passent autrement.

Théorie de Chaptal. — Ce célèbre chimiste adopte l'opinion des personnes qui attribuent l'effet du plâtre à sa vertu stimulante. « Mais, ajoute-t-il, il reste toujours à expliquer pourquoi ce sel, qui n'est pas aussi stimulant que beaucoup d'autres, produit néanmoins des effets supérieurs; pourquoi son action se maintient plusieurs années; pourquoi un excès de ce sel ne dessèche jamais les plantes, tandis que les autres les brûlent? Ce n'est pas dans la seule propriété *stimulante* qu'on trouvera la solution de ce problème (1). » Plus loin, il ajoute, « Puisque les sels ne peuvent se transmettre aux plantes qu'à l'état de solution dans l'eau, on concevra aisément qu'un sel peu soluble agisse d'une manière plus avantageuse, puisqu'il ne sera jamais présenté en excès; d'une manière plus régulière, puisque la solution en sera toujours au même degré ; enfin, d'une manière plus durable,

_____

(1) Chaptal. *Ouvrage cité.* T. II. p. 219.

puisque l'eau n'en épuisera que lentement la quantité, tandis qu'un sel plus soluble arrivera souvent dans un état de concentration assez grand pour menacer la vie du végétal obligé de l'absorber (1). »

M. de Dombasle rapporte aussi les effets du plâtre à son action stimulante. « Le plâtre, dit-il, agit comme « stimulant sur les organes de certaines espèces de vé- « gétaux (2). »

Théorie de M. Liébig. — L'effet du plâtre comme stimulant consiste, suivant M. Liébig, à fixer dans le sol l'azote, ou plutôt l'ammoniaque, principe indispensable à la végétation (3). Voici sur quoi se fonde le savant professeur de Giessen : L'air atmosphérique contient de l'ammoniaque que les eaux pluviales dissolvent en le traversant, et qu'elles déposent dans le sol. Cette ammoniaque est combinée à l'acide carbonique, état sous lequel elle conserve une propriété volatile assez développée. Si le carbonate d'ammoniaque rencontre du sulfate de chaux, il se fait un double échange de base et d'acide ; l'acide sulfurique s'empare de l'ammoniaque, l'acide carbonique de la chaux ; après cette action il n'existe plus que du carbonate de chaux et du sulfate d'ammoniaque. C'est, du reste, ce qui se fait journellement dans les laboratoires de produits chimiques, et ce qui deviendra plus clair par la formule suivante :

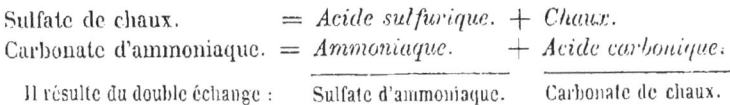

| Sulfate de chaux. | = *Acide sulfurique.* | + *Chaux.* |
| Carbonate d'ammoniaque. | = *Ammoniaque.* | + *Acide carbonique.* |

| Il résulte du double échange : | Sulfate d'ammoniaque. | Carbonate de chaux. |

Or, le sulfate d'ammoniaque étant de tous les sels ammoniacaux le moins volatil, demeure dans le sol, où

(1) Chaptal. *Ouvrage cité.* T. II, p. 221-222.
(2) *Annales de Roville,* 4me livraison, p. 550.
(3) Liébig. *Traité de Chimie organique, Introduction.* p. CVIII.

les racines des plantes le rencontrent et le font passer dans le végétal, qui se l'approprie suivant son besoin.

Théorie de Davy. — En examinant les cendres du sainfoin, du trèfle et du ray-grass, le savant chimiste anglais y a trouvé des quantités considérables de gypse; il regarde cette substance comme intimement combinée et faisant partie *nécessaire* de leur fibre ligneuse. Il est facile d'expliquer, ajoute-t-il, comment il faut une si faible quantité de plâtre pour agir, car toute la récolte de trèfle ou de sainfoin d'un acre (40 ares), d'après mon évaluation, ne donnait par incinération que 9 à 12 dé-calitres de gypse (1). D'après ce qui précède, le gypse ou plâtre fournirait un élément nécessaire à la composition de la fibre ligneuse.

Examen de ces théories. — 1°. Personne ne comprend ce que signifie le mot *stimulant* appliqué au règne végétal, tout à fait dépourvu de système nerveux. Et c'est probablement le vague attaché à ce mot qui en a fait la fortune pour exprimer des phénomènes peu connus. Mais, j'ai hâte de le dire, si Chaptal a adopté cette opinion qui avait cours à son époque, il y a fait d'importantes réserves. De plus, il a produit à cette occasion des observations de la plus grande justesse sur la valeur que peuvent avoir pour la nutrition des végétaux les propriétés que possèdent les corps d'être plus ou moins solubles dans l'eau. Mais cela n'explique pas pourquoi le plâtre fait pousser le trèfle et la luzerne, et n'exerce aucune action sur l'orge ou le froment.

2°. L'idée de faire intervenir l'ammoniaque atmosphérique à l'occasion du plâtre est sûrement une idée très ingénieuse, mais trop exclusivement chimique. Il est bien vrai que le carbonate d'ammoniaque étant en

_____

(1) Davy. *Ouvrage cité,* p. 214-215.

présence du sulfate de chaux, ces deux sels se décomposent de manière à produire du carbonate de chaux et
du sulfate d'ammoniaque ; il est certain également,
d'après les belles expériences de MM. Kuhlmann et
Schattenmann, que ce dernier sel est par lui-même un
engrais puissant; mais il se rencontre deux objections
insurmontables dans l'application présente. La première,
c'est qu'aucune expérience ne prouve que l'atmosphère
contienne et puisse céder à la terre une quantité d'ammoniaque suffisante pour expliquer le surcroît des récoltes
obtenues sur les trèfles et les luzernes plâtrées ; le contraire serait bien plus probable. La seconde, c'est que
le plâtre n'agit que sur les plantes de la famille des légumineuses, tandis que l'effet du sulfate d'ammoniaque se
fait sentir généralement sur toutes les récoltes.

3°. La présence du sulfate de chaux dans le tissu
ligneux du trèfle et de la luzerne explique bien mieux,
suivant nous, l'influence du plâtre sur le développement
de ces plantes fourragères. L'analyse chimique a démontré
que les végétaux laissent après leur incinération des
quantités de cendres qui sont loin d'être les mêmes pour
toutes les espèces, mais qui sont sensiblement pareilles
pour les mêmes plantes. La composition de ces cendres
est aussi variable pour les différentes espèces, et identique
pour le même végétal. Ainsi, une quantité donnée de
froment donnera toujours sensiblement la même proportion de cendres, et celles-ci seront toujours sensiblement composées des mêmes sels et dans les mêmes
proportions; mais elles différeront sous tous ces rapports
des cendres fournies par le trèfle ou les pommes de
terre. Si les substances minérales dont sont composées
les cendres étaient introduites fortuitement dans la circulation des plantes, on n'apercevrait pas cette variété
dans leur quantité et dans leur nature suivant les es-

pèces. Il faut que ces matières soient essentielles à la constitution du végétal, comme la matière minérale des os est essentielle à la constitution des animaux vertébrés. Chaque plante doit donc choisir dans le sol les éléments minéraux qui sont propres à sa nature; car, nous l'avons déjà dit, elle ne saurait les créer. Le trèfle, le sainfoin, la luzerne, qui contiennent naturellement du plâtre, ont donc besoin, pour prospérer, d'un sol gypseux, soit par lui-même, soit par le gypse qu'on y a répandu. Cette théorie, qui nous a toujours paru satisfaisante avec le complément que nous y ajouterons tout à l'heure, a néanmoins été combattue par des objections qui ne sont pas sans valeur.

Première objection. — La quantité de plâtre trouvée par l'analyse est bien faible en comparaison de celle qui a été répandue sur le sol. A cela nous répondrons, cette proposition une fois admise, que le trèfle a besoin de plâtre pour se développer, puisque ce sel entre nécessairement dans sa composition; il est conséquent d'admettre aussi qu'il se développera davantage dans un terrain qui en renferme une quantité surabondante, que dans un autre qui n'en contiendra que des traces. Dans le premier cas, l'eau qui imbibe le sol se présente toujours à la plante saturée de ce sel; tandis que, dans le second, elle ne peut le rassembler que péniblement, et ne le fournit aux racines qu'avec parcimonie.

Deuxième objection. — Il résulte des expériences faites avec soin par M. Boussingault (1), que le plâtre, absorbé par la plante, ne s'y trouve plus tout entier à l'état de sulfate de chaux; mais que la majeure partie se trouve convertie en carbonate de chaux. Dans ce cas, l'usage du plâtre ne pourrait-il pas être remplacé par celui de la

(1) Boussingault. *Ouvrage cité*, T. II, p. 225 et suivantes.

chaux? et le résultat des recherches faites par M. Rigaud de l'Isle, pour constater que le plâtre n'a d'action que sur les sols qui ne contiennent pas une dose suffisante de chaux à l'état de carbonate, ne pourrait-il pas se généraliser?

Nous répondrons à cela que les tableaux de M. Smith, que nous avons donnés plus haut, sont l'exposé de cultures faites sur des sols peu profonds et reposant sur la craie ou *carbonate de chaux*, par conséquent renfermant du carbonate de chaux en quantité suffisante; de plus, que l'augmentation des récoltes avait été d'autant plus grande que la terre végétale était plus mince et la plante plus rapprochée de la couche de craie. La première partie de celui de M. de Villèle est dans le même cas; et pourtant les chiffres de ces tableaux sont tous avantageux à la méthode du plâtrage. Nous dirons encore que, dans les cultures où la chaux est en usage comme amendement, le plâtre est néanmoins employé avec succès.

Après avoir examiné assez rapidement les théories précédentes, nous hasarderons timidement la nôtre. Les plantes sont composées comme tous les êtres vivants, de parties solides et de parties fluides. En admettant l'opinion de Davy, que dans le trèfle et le sainfoin le plâtre fasse partie de la fibre ligneuse, il nous resterait encore à chercher dans les humeurs de la plante. Or, nous y trouvons abondamment un principe immédiat que les chimistes désignent sous le nom de *légumine*. Ce principe, analysé à plusieurs reprises, a fourni du *soufre* en quantité notable; M. Rochleder en porte même la dose à un chiffre assez élevé (1). La présence du soufre dans les parties liquides des plantes légumineuses nous paraît avoir pour origine le sulfate de chaux, et nous explique-

(1) Berzélius. *Rapport annuel, cinquième année.* p. 256.

rait parfaitement pourquoi une partie de ce sel se retrouve dans la plante à son état naturel, et une autre
partie à l'état de carbonate de chaux. En effet, l'acide sulfurique, contenu dans une partie du sulfate de chaux, a
dû être décomposé pour fournir du soufre à la légumine,
et la chaux, abandonnée, a dû s'unir à l'acide carbonique
que les plantes absorbent du sol par leurs racines, et aspirent de l'atmosphère par leurs feuilles. Ce serait, du
reste, une preuve de plus en faveur de l'opinion qui se
répand, que les végétaux ont une propriété désoxigé-
nante. Ce qui me confirme encore dans l'opinion que le
trèfle a besoin aussi bien de soufre que de sulfate de
chaux, ce sont les expériences que nous avons consignées
à la page 93, et qui établissent que 200 livres de soufre
étendues sur un carré de trèfle, ont produit plus d'effet
que 500 livres de plâtre.

NEUVIÈME LEÇON.

Combinaison du soufre avec l'hydrogène ou acide sulfhydrique.—Son état
naturel. — Influence sur la végétation ; — Sur la vie animale. —Emploi
comme réactif. — Du phosphore. — De l'acide phosphorique ; — sa préparation. — Du phosphate de chaux. — De l'hydrogène phosphoré. —
Du chlore ;— Sa préparation ;— Son influence sur la végétation ; — Sur
la vie animale.

Le soufre, en se combinant à l'hydrogène, produit un
acide qu'on désigne sous le nom d'acide sulfhydrique.
Nous n'aurions pas parlé de ce composé qui ne s'emploie
jamais directement en agriculture; mais comme il est
contenu dans la plupart des engrais, qu'il se forme constamment dans nos habitations, et surtout qu'il constitue
un des réactifs les plus précieux de la chimie, pour re-

connaître la présence des métaux, il nous a semblé utile
d'en étudier au moins les principaux caractères.

Etat naturel. — L'acide sulfhydrique, aussi nommé
acide *hydrosulfurique,* gaz *hydrogène sulfuré,* gaz *hépa-
tique,* est gazeux à la température ordinaire ; son odeur
est très désagréable, c'est celle des œufs gâtés. Il se produit par la décomposition spontanée des matières d'origine organique ; aussi le rencontre-t-on dans tous les
dépôts d'immondices. Les fosses d'aisances, les amas de
fumier, les eaux croupissantes en produisent des quantités plus ou moins grandes, bien appréciables par l'odeur
nauséabonde qui se manifeste dans leur voisinage.

La sécrétion cutanée de l'homme et des animaux en
exhale des quantités appréciables ; les eaux minérales
sulfureuses lui doivent leur odeur et leurs propriétés
médicales.

Influence sur la végétation. — Nous n'avons pas connaissance qu'il ait été fait d'essais pour apprécier l'influence directe que l'on peut accorder à l'acide sulfhydrique dans la végétation ; néanmoins sa présence presque
constante dans les engrais, le soufre qu'on retrouve en
proportions variables, au moyen de l'analyse, dans un
grand nombre de plantes, indiquent que son action ne
saurait être nulle et mériterait d'être étudiée avec plus
de soin.

Influence sur la vie animale. — L'acide sulfhydrique
gazeux est un poison terrible pour l'homme et pour les
animaux qui le respirent. M. Thénard rapporte que les
oiseaux périssent dans de l'air qui n'en contient pas plus
de 1/1500 de son volume, et que 1/800 suffit pour tuer
un chien.

Les accidents déplorables qui arrivent aux vidangeurs
de fosses d'aisance sont occasionnées par ce gaz délétère.
C'est pour cela que l'emploi du sulfate de fer, dont nous

avons parlé pages 100 et 101, deviendrait un moyen précieux si rien ne s'opposait à ce que son usage fût adopté généralement dans l'exercice de cette pénible profession. Les chlorures de potasse, de soude ou de chaux, sont les antidotes les plus certains à administrer aux personnes asphyxiées par l'acide sulfhydrique. On leur fait respirer seulement l'odeur de ces composés et l'affinité qu'ils possèdent pour s'emparer de l'hydrogène met le soufre en liberté, état sous lequel il n'est plus malfaisant. Ce procédé a déjà obtenu de nombreux succès.

Emploi comme réactif. — L'acide sulfhydrique est un des réactifs les plus employés dans les analyses chimiques. Mis en contact avec les solutions métalliques, il les précipite en leur communiquant des couleurs différentes ; ainsi le plomb et l'argent sont précipités en noir, le cuivre en brun, le zinc en blanc et l'arsenic en jaune.

Nous allons décrire un moyen facile pour obtenir l'acide sulfhydrique et pour le faire agir comme réactif.

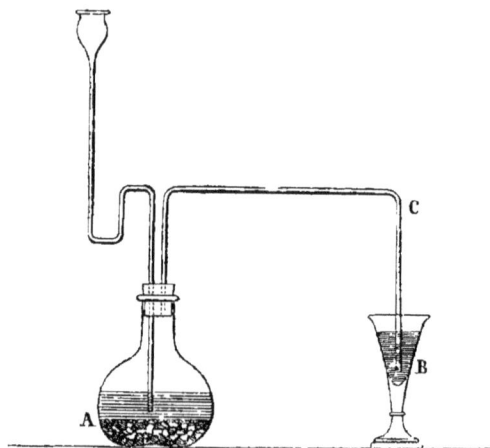

Fig. 14.

Il faut d'abord préparer du sulfure de fer par la méthode suivante : mêlez dans un vase quelconque 30 grammes de fleurs de soufre et 60 grammes de limaille de fer; ajoutez assez d'eau pour en faire une bouillie claire; placez ce vase sur les cendres chaudes en remuant continuellement avec une petite baguette; bientôt le mélange s'échauffera jusqu'à bouillir; retirez du feu et continuez de remuer encore pendant quelques instants. Quand le sulfure de fer sera refroidi, introduisez-le dans la fiole A de l'appareil fig. 14; versez par le tube en S de l'acide sulfurique étendu de deux parties d'eau pour une d'acide, il se dégagera par l'autre tube C une grande abondance d'acide sulfhydrique. En faisant arriver l'extrémité de ce tube dans un verre à expérience B, contenant une solution métallique, vous verrez aussitôt le précipité se former, et la couleur vous indiquera le nom du métal qui se trouve en solution.

Quand on vidange les latrines, c'est cette réaction de l'acide sulfhydrique qui noircit l'argenterie ainsi que les peintures blanches et grises dont le plomb est la base. La propriété que possède l'acide sulfhydrique de noircir certaines solutions métalliques fournit l'occasion de faire une expérience très curieuse : on trace sur un papier avec de l'acétate de plomb des caractères qui sont absolument invisibles; et en le plongeant dans un flacon dans lequel on a fait arriver le tube C de la fig. 14, ces traits se colorent aussitôt en noir.

Nous pourrions ajouter que l'homme met quelquefois cette réaction à profit pour rajeunir sa chevelure; mais nous nous apercevons que nous sommes déjà un peu loin de la question agricole, qui est notre but principal, et qu'il est temps d'y revenir.

DU PHOSPHORE.

Le phosphore, à l'état de liberté, est un des corps les plus curieux de la nature, et pourtant nous le passerons sous silence, puisque le cadre de notre travail nous interdit de nous y arrêter. Nous dirons seulement que c'est un corps simple doué d'une telle puissance d'affinité pour l'oxigène qu'il s'y combine, même à la température ordinaire, en produisant de la lumière, d'où lui vient son nom de phosphore, qui veut dire *porte lumière*.

COMBINAISON AVEC L'OXIGÈNE.

Acide phosphorique. — Le phosphore se combine avec l'oxigène en plusieurs proportions pour former les acides *phosphorique*, *hypo-phosphorique*, *phosphoreux*, *hypo-phosphoreux* et une combinaison encore moins oxigénée que ce dernier acide, qu'on désigne sous le nom d'*oxide de phosphore*. Nous ne parlerons que de l'acide phosphorique, dont quelques-unes des combinaisons sont indispensables au développement des céréales, et de la plupart des plantes fourragères.

L'acide phosphorique, découvert par Margraff, a été étudié par un grand nombre de chimistes. D'après Dulong, sa composition est de :

Phosphore.	100
Oxigène.	125,80

Il se produit par la combustion du phosphore dans l'air atmosphérique à une température élevée. L'opération pour mettre ce fait en évidence est assez curieuse et des plus simples à exécuter. Mettez dans un petit godet à peinture deux grammes environ de phosphore, déposez-le dans un plat de faïence, allumez le phosphore en le touchant avec un charbon incandescent et couvrez-le promptement avec une grande cloche en verre, bien sèche, dont les bords s'appuieront sur le plat. Il se produit aussitôt dans la cloche un nuage blanc, épais, qui se rassemble sous forme de flocons neigeux dont une partie s'attache à la cloche et l'autre partie tombe sur le plat. A défaut de cloche, on peut se servir, pour faire cette expérience agréable, d'un des cylindres dont sont couvertes les fleurs artificielles qui font l'ornement des salons; mais pour réussir parfaitement, il est essentiel que tous les objets employés soient bien secs. Dans cette opération le phosphore une fois allumé produit, en brûlant, assez de chaleur pour se convertir en acide phosphorique aussi long-temps qu'il reste de l'oxigène dans l'air de la cloche.

L'acide phosphorique employé dans les arts se prépare par des moyens plus compliqués; le procédé que nous venons de décrire est un procédé d'étude qui est suffisant pour prouver que le phosphore produit de l'acide phosphorique en se combinant avec l'oxigène; en effet, les flocons qui se sont déposés sous la cloche ne ressemblent plus au phosphore; ils sont blancs, inodores, d'une saveur extrêmement acide, se dissolvent dans l'eau avec la plus grande facilité; ils absorbent même celle qui est contenue dans l'air pour se réduire à l'état liquide; ils rougissent fortement les couleurs bleues végétales et possèdent toutes les autres propriétés communes aux acides.

L'acide phosphorique ne se rencontre dans la nature qu'à l'état de combinaison. C'est aussi sous cette forme qu'il est un des éléments les plus indispensables au développement du règne organique.

Du phosphate de chaux. — Le phosphate de chaux, composé d'acide phosphorique et de chaux, constitue une espèce minérale désignée sous le nom *d'Apatite,* et se rencontre dans des positions géologiques assez variables. Mais ce n'est pas sous cette forme d'agrégation que ce sel nous intéresse. C'est au contraire disséminé et répandu uniformément dans la terre arable, qu'il nous importe de le rencontrer. Tous les terrains fossilifères et de sédiment le renferment en proportions notables, ainsi que nous le ferons remarquer quand nous nous occuperons de l'étude des terrains.

La charpente osseuse de l'homme et des animaux vertébrés en est presque entièrement composée. Les plantes en contiennent des quantités assez fortes qu'on retrouve dans les cendres après leur combustion.

Propriétés chimiques. — Le phosphate de chaux est insoluble dans l'eau pure ; mais l'acide carbonique qui est toujours contenu dans l'eau naturelle lui donne la faculté de le dissoudre, et lui permet ainsi d'être absorbé par les végétaux. Les acides minéraux le dissolvent abondamment, et l'ammoniaque liquide le précipite de ces dissolutions.

Influence sur la végétation. — Le phosphate de chaux est encore un sel que la vie végétale ne saurait créer, et qui pourtant est indispensable à l'accroissement d'un grand nombre de plantes; il faut donc, si cette matière ne se rencontre pas naturellement dans le sol, qu'elle y soit ajoutée avec les engrais, et c'est ce qui se fait dans les cultures bien entendues, ainsi que nous le dirons en parlant des amendements. Jusqu'à présent cette substance a été trop négligée, suivant nous, dans les analyses des terrains, des chaux et des marnes envisagées au point de vue agricole.

Influence sur la vie animale. — Il suffit de répéter que les os sont presque entièrement composés de phosphate de chaux, pour voir le rôle immense que joue ce sel dans la nature vivante, et que ce n'est point par hazard que les céréales et les plantes fourragères le retirent du sol. N'est-il pas admirable de voir ces végétaux créés pour servir à la nourriture de l'homme et des animaux, leur apporter non-seulement ce qui doit contribuer à leur structure organique, mais encore recueillir dans la terre

les substances minérales destinées à composer les parties
solides de leurs ossements?

COMBINAISON DU PHOSPHORE AVEC L'HYDROGÈNE.

Le phosphore en se combinant avec l'hydrogène, forme
un gaz qui s'enflamme spontanément. Ce gaz, qui se
nomme hydrogène phosphoré, se produit par la putréfaction des matières animales phosphorées. Lorsque le
phosphore et l'hydrogène, devenant libres par ce mouvement naturel de décomposition, se rencontrent à l'état
naissant, ces deux corps s'unissent; et en se dégageant
dans l'atmosphère, produisent des flammes légères qui
se succèdent à mesure que de nouvelles bulles viennent à
crever dans l'air. C'est ce qu'on désigne sous le nom de
feu follet.

On peut produire artificiellement ce phénomène curieux. Pour cela, on met dans une fiole à médecine 100
grammes de chaux vive délayée dans une quantité d'eau
suffisante pour en faire une bouillie claire, on y mélange
avec soin 10 grammes de phosphore coupé en très petits
morceaux, on adapte à la fiole un tube de verre recourbé
qui plonge dans l'eau de la cuve pneumatochimique, ensuite on chauffe légèrement la fiole. Quand tout l'air
contenu dans l'appareil est expulsé, le gaz hydrogène
phosphoré se dégage, et chaque bulle qui arrive dans l'air
s'y enflamme et monte en se divisant sous forme de cou-
ronne. C'est une très belle expérience, mais pour laquelle
il faut prendre certaines précautions : d'abord, pour diviser le phosphore, il convient de le tenir toujours mouillé
pendant qu'on le coupe avec des ciseaux; ensuite il est
nécessaire de faire fonctionner l'appareil dans un appartement aéré et spacieux, en raison de l'odeur fétide que
dégage l'hydrogène phosphoré.

M. Paul Thénard, fils de l'illustre chimiste, est parvenu à isoler le principe inflammable de l'hydrogène phosphoré ordinaire, en le faisant traverser un tube refroidi à — 15 ou — 20°. Ce principe se liquéfie, et le gaz qui l'a perdu ne possède plus la propriété de s'enflammer spontanément.

L'hydrogène phosphoré n'est d'aucun usage en agriculture et nous n'en avons parlé que pour expliquer un phénomène naturel, qui se produit quelquefois, et qui porte la frayeur dans les campagnes. Néanmoins, cette inflammation spontanée produit de l'acide phosphorique qui est ainsi immédiatement restitué au sol, au lieu d'être transporté par l'hydrogène dans les régions atmosphériques.

DU CHLORE.

Découverte. — Le chlore fut découvert en 1774, par Schéele, qui le nomma acide marin déphlogistiqué; Lavoisier et les autres chimistes, qui ont travaillé à la formation de la nomenclature, le regardèrent comme un corps composé *d'acide muriatique* et d'oxigène; ils le nommèrent *acide muriatique oxigéné.* Kirwan proposa le nom de *gaz oxi-muriatique.* Enfin, plus récemment, ce corps ayant été reconnu comme corps simple, Humphry Davy lui donna le nom de *chlore* qui signifie vert, à cause de sa couleur. Un grand nombre de chimistes se sont occupés de l'étude du chlore. Les uns, comme MM. Chenevix, Gay-Lussac, Thénard, Davy, etc., au point de vue de la science; les autres, comme Berthollet, Guyton-Morveau, etc., au point de vue de ses applications.

État naturel. — Le chlore ne se rencontre pas naturellement à l'état de liberté; uni à l'hydrogène, il forme l'acide chlorhydrique qui fait partie des déjections des volcans, et les chlorhydrates qui sont abondamment répandus dans la nature. Il se trouve aussi quelquefois directement uni aux métaux : par exemple au plomb, au cuivre, à l'argent ; mais alors il constitue seulement des échantillons de minéralogie.

Préparation. — C'est de l'acide chlorhydrique qu'on retire le chlore. On se sert, pour cette opération, d'un appareil semblable à celui décrit page 30, fig. 7. On met dans la fiole A, 20 grammes de peroxide de manganèse et 100 grammes d'acide chlorhydrique liquide; on monte l'appareil en ayant soin de bien luter la jointure, puis on allume le fourneau, qu'il ne faut chauffer que très légèrement, et le gaz ne tarde pas à se dégager. Nous rappellerons qu'il est nécessaire, quand on prépare un corps gazeux, de rejeter les premières portions obtenues, qui sont fournies par l'air contenu dans les appareils. A mesure que le flacon C se remplit de chlore, on voit la partie d'où l'eau se retire, se colorer en vert-jaunâtre. Ce phénomène intéresse beaucoup les personnes qui le voient pour la première fois. Nous indiquerons, par une formule, ce qui se passe dans cette opération.

$$\text{Acide chlorhydrique} = \begin{cases} \text{chlore, dont} \begin{cases} \text{une partie se dégage à l'état de liberté.} \\ \text{l'autre partie...} \end{cases} \\ \text{hydrogène..} \end{cases}$$
$$\text{Peroxide de manganèse} = \begin{cases} \text{oxigène. . .} \\ \text{manganèse. . . . .} \end{cases} = \text{eau.} \end{cases} = \begin{matrix} \text{chlorure de} \\ \text{manganèse.} \end{matrix}$$

C'est l'affinité du chlore, pour s'unir au manganèse et former avec ce métal un chlorure qui détermine le changement d'équilibre dans la force qui unissait tous ces corps, et occasionne les combinaisons nouvelles indiquées dans cette formule

Propriétés physiques. — Le chlore est gazeux, d'un vert-jaunâtre, d'une odeur suffocante et très dangereuse à respirer, d'une saveur très caustique; il est plus pesant que l'air, aussi l'obtient-on facilement sans cuve pneumatochimique. Il suffit pour cela de remplacer le tube B, de la fig. 7, par un tube à deux courbures, comme celui C de la fig. 14, page 128, et de le faire arriver dans le fond d'un flacon plein d'air, placé dans sa position naturelle et non renversé. Du reste, on conduit l'expérience de la manière que nous venons d'indiquer. A mesure que le chlore devient libre, il descend au fond du flacon dont il chasse l'air peu à peu, et finit par le remplir entièrement, ce qu'on aperçoit très bien par la couleur du gaz que l'on voit monter à mesure qu'il arrive. Il convient de faire cette expérience dans un endroit aéré.

Propriétés chimiques. — Le chlore se combine en plusieurs proportions avec l'oxigène; mais ces combinaisons ne sont pas très tenaces. Avec l'hydrogène, au contraire, son affinité est excessivement développée; un mélange de chlore et d'hydrogène s'unit avec explosion aussitôt qu'il se trouve exposé à la lumière directe du soleil. La lumière diffuse en détermine aussi la combinaison, mais d'une manière lente et insensible.

L'eau a la propriété de dissoudre une fois et demie son volume de chlore, et prend alors la couleur jaune-verdâtre qui lui est propre. Pour obtenir cette solution, il suffit de mettre dans le flacon dont nous parlions tout à l'heure assez d'eau pour que le tube y plonge de quelques centimètres, et de continuer pendant quelque temps le dégagement du chlore. Cette solution de chlore ne reste pas long-temps dans son état normal; l'affinité de ce corps, pour l'hydrogène de l'eau, finit par se satisfaire, et le flacon ne renferme bientôt plus que de l'acide chlorhydrique. La lumière favorise beaucoup cette altération; aussi, pour conserver plus long-temps la solution de chlore dans l'eau, prend-on la précaution de couvrir d'un papier noir le vase qui la renferme. Le chlore détruit les couleurs organiques, probablement en s'emparant de l'hydrogène qui fait partie de leur composition, et déterminant des combinaisons nouvelles incolores. Il fait aussi disparaître les odeurs qui ont pour base l'hydrogène, en agissant sur elles de la même manière; c'est ainsi qu'il décompose le gaz sulfhydrique.

Réactif qui le fait reconnaître. —Si l'on verse quelques gouttes de nitrate d'argent dans un liquide contenant en solution du chlore libre ou combiné à l'état de chlorure, il se forme sur-le-champ un précipité blanc caillebotté, qui, exposé à la lumière, passe promptement au brun. Ce précipité est soluble dans l'ammoniaque liquide. Comme le chlore à l'état de combinaison est très répandu dans la nature, il s'en suit que le nitrate d'argent est un réactif précieux et très souvent employé.

Influence sur la végétation et sur les matières végétales. — Des essais ont été faits, pour prouver que le chlore avait la faculté d'accélérer la germination des graines. Cette méthode a eu, comme toujours, des partisans et des détracteurs. Il paraît que la discussion et l'expérience ne lui ont pas été favorables; car nous ne la voyons adoptée nulle part, et les ouvrages d'agriculture les plus récents n'en font même pas mention. Bien loin de nous la pensée de rappeler cette application du chlore pour la généraliser, mais elle ne méritait peut-être pas un oubli aussi complet. Il est véritablement des circonstances où elle a été utile, particulièrement pour les graines et les tubercules exotiques ou vieillis. Entre autres expériences concluantes à ce sujet, nous en citerons une qui nous a paru intéressante; elle a été recueillie par M. Lesant, pharmacien à Nantes et chimiste distingué.

En 1822, M. Busseuil, chirurgien-major de la corvette *le Huron*, apporta de *la Mine*, établissement hollandais de la Côte-d'Or, une racine très employée dans

le pays comme analeptique. Cette racine fut remise à M. Lesant, qui en fit une analyse savante; mais il restait à savoir à quelle espèce végétale elle appartenait. On la rapportait au *cyperus esculentus* (Linn.), mais sans certitude. Elle fut confiée à plusieurs botanistes et agriculteurs, et un d'entre eux parvint à en obtenir quelques plants; c'était le seul qui avait eu la précaution de faire macérer ces racines dans une eau légèrement chlorée. Cet agronome habile emploie toujours avec avantage ce moyen dans ses semis, et attribue les insuccès de cette opération à la quantité trop forte de chlore ajouté à l'eau. La proportion qu'il indique est une ou deux gouttes par verre d'eau (1).

Afin de représenter les opinions contraires, nous devons citer aussi une expérience de Davy, qui est défavorable à l'emploi du chlore. Le chimiste anglais, cherchant un moyen de rebuter les insectes qui rongent les jeunes feuilles séminales du radis et du turneps, fit macérer les graines de ces plantes dans plusieurs agents chimiques. Celles qui avaient trempé dans l'eau chlorée poussèrent leur germe en deux jours; celles qui avaient macéré dans l'eau ordinaire, en sept jours; mais, dans les cas de germination prématurée, quoique la plumule fut très vigoureuse pendant quelques instants, elle devenait enfin faible et languissante, puis bien moins vigoureuse dans sa croissance que les bourgeons qui s'étaient développés naturellement (2).

On a essayé dernièrement le chlorure de chaux pour préserver les pommes de terre de la maladie à laquelle elles sont sujettes depuis deux ans. Il est à notre connaissance que les essais, qui ont été fructueux dans certaines localités, ont été sur d'autres points tout-à-fait négatifs.

---

(1) M. Lesant. *Journal de Pharmacie*, T. VIII, année 1822, p. 498, *note*.

(2) H. Davy. *Ouvrage cité*, p. 144.

Nous aurons occasion de revenir sur ce sujet dans le cours de nos leçons.

Le chlore est employé pour blanchir la fibre textile du chanvre et du lin; c'est à Berthollet qu'on doit cette précieuse découverte, qui a créé une nouvelle branche d'industrie.

Influence sur la vie animale. — Le chlore pur, à l'état gazeux, produit dans les organes de la respiration des ravages assez profonds pour occasionner la mort. Plusieurs chimistes en ont fait la triste épreuve, en succombant pour être restés exposés pendant quelque temps sous l'influence de cette vapeur. Etendu d'une grande masse d'air, le chlore devient bienfaisant dans les lieux imprégnés d'émanations putrides; il décompose les miasmes, et fait promptement disparaître l'infection. C'est à la puissance du chlore, pour s'unir à l'hydrogène, que l'on attribue la propriété de ce corps dans cette circonstance; et, en effet, les produits gazeux de la putréfaction sont presque tous hydrogènes : ce sont de l'hydrogène sulfuré, de l'hydrogène phosphoré, de l'hydrogène carboné, de l'ammoniaque, etc. Le chlore, en enlevant l'hydrogène de ces trois premiers gaz, isole le soufre, le phosphore, le carbone : corps qui, étant fixes et inodores par eux-mêmes, ne peuvent plus vicier l'air. Il se forme par ce moyen de l'acide chlorhydrique, qui s'unit à l'ammoniaque pour produire un sel inodore, et l'atmosphère du lieu infecté se trouve immédiatement purifié.

On doit à Guyton-de-Morveau l'introduction de ce procédé qui s'est répandu promptement dans les hôpitaux et dans les amphithéâtres de dissection. Bientôt après, on l'appliqua avec succès dans les cas de contagion et d'épizootie; on opérait des fumigations de chlore dans les lieux infectés, au moyen d'un mélange que l'on désignait sous le nom de fumigation Guytonienne.

En 1822, les travaux remarquables de M. Labarraque, pharmacien de Paris, étendirent encore davantage l'emploi de ce moyen, en le rendant d'un usage plus commode. Ce chimiste substitua au chlore gazeux, si difficile à manier, les hypochlorites de potasse, de soude et de chaux, qu'il désigna sous le nom de *chlorures* de ces mêmes bases. Ce nom s'est tellement vulgarisé qu'on est obligé aujourd'hui de s'en servir pour se faire comprendre. Ces produits se trouvent abondamment répandus dans le commerce; mais c'est particulièrement au *chlorure* de chaux qu'on a recours par raison d'économie.

Pour purifier une étable ou un lieu quelconque infecté de contagion ou de mauvaise odeur, on délaie une demi-livre (250 grammes) de *chlorure* de chaux dans un seau d'eau, et au moyen d'un balai, on en mouille le plafond et les murailles; on peut aussi en laver les mangeoires et les rateliers. Les animaux peuvent rentrer à l'étable immédiatement après cette opération.

Nous ne parlerons pas des combinaisons du chlore avec l'oxigène, aucun de ces composés chimiques n'étant d'usage en agriculture, à l'exception des hypochlorites dont nous venons de nous entretenir.

DIXIÈME LEÇON.

Combinaison du chlore avec l'hydrogène. — De l'acide chlorhydrique, — sa composition, — son état naturel, — sa préparation. — Description de l'appareil de Woulf. — Propriétés physiques et chimiques de l'acide chlorhydrique, — réactif qui le fait reconnaître, — son influence sur la végétation, — sur la vie animale. — Du carbone; — préparation du charbon végétal, — du charbon animal; — propriétés physique et chimique du carbone, — son action sur la végétation.

Acide chlorhydrique. — Quand on fait un mélange d'hydrogène et de chlore à l'état gazeux, l'action de ces deux corps l'un sur l'autre, reste nulle ou à peu près, tant qu'ils sont dans l'obscurité ; mais il n'en est pas de même quand on les expose à la lumière du soleil ; dans ce cas, la combinaison s'opère d'une manière instantanée, et s'accompagne d'une détonnation considérable. Cette expérience, qui n'a d'autre utilité que de démontrer la puissance d'affinité de ces deux corps en présence de la lumière, est toujours dangereuse.

Composition. — D'après Berzélius, l'acide chlorhydrique est composé en poids, de 97,26 parties de chlore et 2,74 d'hydrogène. A cet état il conserve la forme gazeuse, mais comme dans les arts on ne l'emploie que sous forme liquide, on le dissout dans l'eau de la manière que nous allons décrire. L'acide chlorhydrique liquide concentré contient ordinairement : eau 617, gaz chlorhydrique 383.

Découverte. — M. Thénard attribue à Glauber la découverte de l'acide chlorhydrique, qui fut d'abord connu sous les noms *d'esprit de sel, d'acide marin, d'acide muriatique.* Cet acide, qui a été étudié par un grand nombre de chimistes, a été long-temps considéré comme formé par l'oxigène ainsi que les autres acides connus alors. Ce sont, MM. Gay-Lussac et Thénard, qui les premiers ont, à l'aide d'expériences multipliées, établi qu'il est composé de chlore et d'hydrogène. Ces savants le nommèrent acide hydrochlorique. Plus tard, Berzélius ayant fait voir que c'était le chlore qui était le principe acidifiant et l'hydrogène le principe acidifié, proposa le nom d'acide chlorhydrique qui aujourd'hui est généralement adopté.

Etat naturel. — L'acide chlorhydrique est une des matières le plus abondamment répandues sur le globe. Le cratère des volcans le produit à l'état de liberté quelquefois en si grande abondance, qu'il rend acide l'eau des lacs, des rivières et des torrents qui se trouvent dans son voisinage. M. Boussingault, dans un jaugeage qu'il a exécuté en 1831, sur les eaux du Pasambio ou Rio-Vinagre, évalue, d'après l'analyse, la quantité d'acide chlorhydrique écoulée par vingt-quatre heures, au chiffre énorme de 31654 kilogrammes. Combiné à la soude, il constitue le sel marin dont les eaux de la mer contiennent des quantités si considérables, et le sel gemme ou sel fossile qui, dans certaines localités, forme des couches si puissantes. Il existe encore dans un grand nombre de sources salées. Les eaux de puits, de fontaines et de rivières, renferment aussi des chlorhydrates en quantités variables.

Préparation. — L'acide chlorhydrique s'extrait du sel marin ou chlorure de sodium. Pour l'obtenir, on fait chauffer le sel jusqu'à la fusion dans un creuset en terre, on le concasse grossièrement, puis on le met dans le matras A, de la fig. 15. On a disposé d'avance tous les autres flacons, ainsi que les tubes, dans l'ordre indiqué par cette figure, qui représente ce qu'on connaît en chimie sous le nom d'appareil de Woulf. Nous en donnerons la description dans un moment.

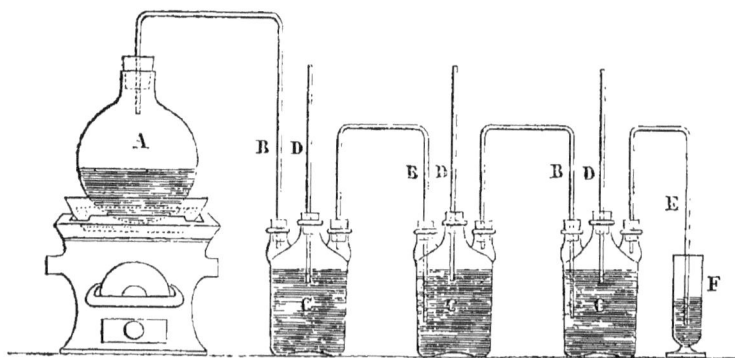

Fig. 15.

Si l'on a mis 500 grammes de sel dans le matras, il faut y ajouter autant d'acide sulfurique préalablement étendu d'un tiers d'eau. On ajuste alors au matras le tube muni du bouchon destiné à le fermer, et on lute avec soin toutes les jointures. L'acide chlorhydrique, qui est gazeux, commence à se dégager aussitôt; il se rend d'abord dans le premier flacon, qui ne sert qu'à recevoir les matières étrangères que le gaz pourrait entraîner. Le tube conducteur B ne touche pas l'eau de ce flacon. Le gaz se rend ensuite dans le second, puis dans le troisième quand l'eau contenue dans celui-ci est saturée, et enfin dans l'éprouvette F, qui sert à fermer l'appareil. Les tubes qui amènent l'acide chlorhydrique dans ces deux flacons plongent dans l'eau, ainsi qu'on le voit dans la figure. Ce gaz s'y dissout à mesure qu'il la traverse, en dégageant beaucoup de chaleur. Quand on opère sur une quantité un peu forte, on est obligé de rafraîchir ces flacons en les faisant plonger dans des vases pleins d'eau froide.

Quand le dégagement du gaz se ralentit, on commence à chauffer le fourneau sur lequel repose le bain de sable qui porte le matras A. Il est nécessaire de conduire le feu de manière à ce que les bulles de gaz qui traversent les flacons ne se succèdent pas avec trop de rapidité, et on le continue jusqu'à ce qu'elles cessent de se produire. Alors on démonte l'appareil, et on recueille dans des flacons à l'émeri le liquide contenu dans le second et le troisième flacon. C'est l'acide chlorhydrique, dont la concentration est en rapport avec l'eau contenue dans ces flacons, et le mélange de sel et d'acide sulfurique introduit dans le matras. Les étiquettes que l'on place sur ces flacons s'effacent promptement; c'est pour cela qu'il est plus commode de se servir de vases à étiquettes vitrifiées. Le liquide du flacon le plus rapproché du matras se rejette comme impur, ainsi que celui de l'éprouvette; ce dernier est ordinairement trop faible. La formule suivante donne l'explication de ce qui se passe dans cette opération.

$$\left.\begin{array}{l} \text{Chlorure de sodium} = \left\{\begin{array}{l}\text{sodium.} \dots \dots \dots \dots \dots \\ \text{chlore.} \dots \end{array}\right. \\[1em] \text{Eau} \dots \dots \dots = \left\{\begin{array}{l}\text{hydrogène}\\ \text{oxigène} \dots \dots \dots \dots \dots \dots\end{array}\right. \end{array}\right.$$

= acide chlorhydrique qui se dégage. = oxide de sodium.

Acide sulfurique. . . . . $\left\{\begin{array}{l}\text{sulfate de soude, qui reste en solution} \\ \text{dans le matras.}\end{array}\right.$

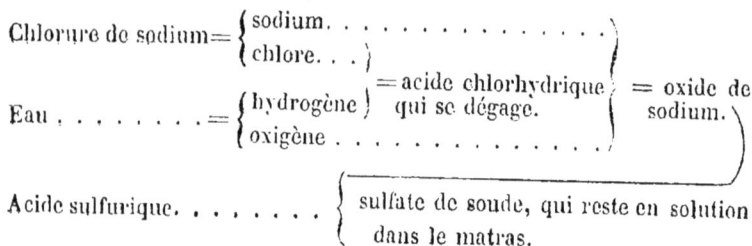

Maintenant que nous avons fait fonctionner l'appareil de Woulf, nous en expliquerons la théorie en peu de mots. Supposons que les flacons n'aient que deux tubulures au lieu de trois, et que par une cause quelconque, soit un coup de vent soit autre chose, l'air contenu dans le matras **A** vienne à se condenser; il arrivera que ce matras aspirera l'air du premier flacon, celui-ci le liquide du second, puisque la branche du tube B qui les joint plonge dans l'eau de ce flacon, le second flacon aspirera l'eau du troisième, et ce dernier enfin l'eau de l'éprouvette F. Alors tous les produits seront confondus. C'est pour éviter cet inconvénient, que Woulf ajouta à ses flacons une troisième tubulure à laquelle il adapta ces tubes droits DDD, qui plongent assez dans le liquide pour ne laisser rien perdre pendant l'opération. Ces tubes droits sont destinés à fournir à l'appareil l'air dont il a besoin; en effet, s'il se fait un vide dans le matras, il faudra moins d'effort pour que l'air s'introduise dans le premier flacon par le premier tube D, qu'il n'en faudra pour aspirer le liquide du second flacon par le tube B. Dans ce cas, l'air extérieur viendra donc promptement rétablir l'équilibre. Le même phénomène se présenterait si le vide se faisait dans les autres flacons. Cet appareil ingénieux rend les plus grands services, quand on a besoin de faire circuler des gaz dans une série de flacons.

Propriétés physiques. — L'acide chlorhydrique à l'état de liberté est gazeux, mais on ne l'emploie jamais que dissous dans l'eau. Alors, c'est un liquide incolore, d'une odeur piquante et corrosive, d'une saveur excessivement acide. Sa pesanteur spécifique est en rapport avec la quantité de gaz dissous; elle est assez ordinairement de 1,17, il marque alors 21 à l'aréomètre de Baumé. Débouché à l'air, il répand une fumée blanche, qui devient opaque s'il se trouve de l'ammoniaque dans le voisinage. L'acide chlorhydrique du commerce est toujours coloré en jaune, ce qu'il doit à la présence du fer.

Propriétés chimiques.—L'acide chlorhydrique gazeux a une si grande affinité pour s'unir à l'eau, que lorsqu'on débouche dans l'eau un flacon renversé rempli de gaz, le liquide s'y précipite comme dans le vide. L'acide chlorhydrique liquide rougit fortement les couleurs bleues végétales; il se combine avec les bases métalliques pour former des sels, qu'on désigne sous le nom de chlorhydrates ou de chlorures. Nous allons donner l'explication de cette différente manière d'envisager cette classe de sels, en prenant pour exemple le sel marin.

Les personnes qui préfèrent le désigner sous le nom de chlorhydrate de soude le supposent formé de :

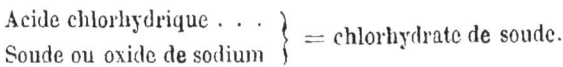

$$\left.\begin{array}{l}\text{Acide chlorhydrique . . .}\\ \text{Soude ou oxide de sodium}\end{array}\right\} = \text{chlorhydrate de soude.}$$

Les autres supposent que l'hydrogène de l'acide et l'oxigène de l'oxide s'unissent pour faire de l'eau, et que le chlore et le métal s'unissent de leur côté pour donner naissance à un chlorure; la formule suivante expliquera ce jeu d'affinité.

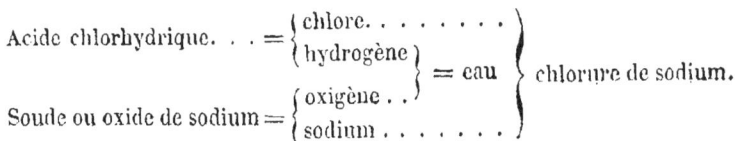

$$\left.\begin{array}{l}\text{Acide chlorhydrique. . .} = \left\{\begin{array}{l}\text{chlore. . . . .}\\ \text{hydrogène}\end{array}\right\}\\ \text{Soude ou oxide de sodium} = \left\{\begin{array}{l}\text{oxigène . .}\\ \text{sodium . . . .}\end{array}\right\}\end{array}\right. \begin{array}{l}\\ = \text{eau}\end{array}\left.\begin{array}{l}\\ \end{array}\right\} \text{chlorure de sodium.}$$

La première opinion peut être défendue, quand elle a pour objet un sel humide ou dissous dans l'eau; mais la seconde est la seule véritable, quand ce sel a été calciné.

Il ne faut pas confondre ces sels avec les chlorures de chaux ou de soude, qui s'emploient pour le blanchissage ou pour la désinfection. Ces dernières combinaisons ne sont point des chlorures; nous l'avons déjà dit ce sont des hypochlorites, qui résultent de la combinaison de l'acide hypochloreux avec la chaux ou la soude. Il est très fâcheux que ce nom de *chlorure*, si improprement appliqué dans cette circonstance, soit venu mettre de la confusion dans cette partie de la nomenclature chimique.

L'acide chlorhydrique est, dans l'analyse chimique, un des agents les plus utiles pour opérer la décomposition des terrains. Nous aurons bien souvent l'occasion de l'employer dans la seconde partie de ces leçons.

L'acide chlorhydrique, uni à l'acide nitrique, forme un mélange qu'on désigne sous le nom d'eau *régale,* par la raison que cet acide double a la propriété de dissoudre l'or que les anciens considéraient comme le roi des métaux.

L'acide sulfurique concentré, versé dans de l'acide chlorhydrique, produit une vive effervescence. Ce mouvement est dû à ce que l'eau, ayant plus de tendance pour s'unir à l'acide sulfurique, abandonne le gaz chlorhydrique qui se dégage en bouillonnant.

Réactif qui le fait reconnaître. — Le nitrate d'argent se comporte avec l'acide chlorhydrique et les chlorhydrates de la même manière qu'avec le chlore et les chlorures solubles, il forme avec eux un précipité blanc cailleboté noircissant à la lumière et soluble dans l'ammoniaque liquide.

Influence sur la végétation. — L'acide chlorhydrique à l'état de liberté, n'est jamais employé à l'amendement des terres; il n'en est pas de même de ses combinaisons. Le sel marin ou chlorure de soude est préconisé par un grand nombre de praticiens, peut-être outre mesure ; d'autres, au nombre desquels se trouve M. Braconnot de Nancy, en regardent l'usage comme inutile. Nous essaierons de concilier ces opinions si opposées, dans le chapitre que nous consacrerons aux engrais minéraux.

Influence sur la vie animale. — L'acide chlorhydrique agit comme poison sur l'homme et sur les animaux. Combiné à la soude, il constitue, ainsi que nous le disions plus haut, le sel marin ou sel de cuisine avec lequel l'homme modifie la saveur de ses aliments.

Les animaux sont très friands de ce sel, quoique l'usage de cette substance ne leur soit pas indispensable. Il résulte d'expériences précises, faites par M. Boussingault, que le bétail, rationné ou non, n'augmente pas plus de poids quand on ajoute du sel à sa nourriture, que quand il en est privé, quoiqu'il consomme davantage dans le cas où on lui fournit de la nourriture à discrétion.

DU CARBONE.

Le carbone ou charbon est un corps simple connu de toute antiquité. Cette matière élémentaire est répandue dans les trois règnes de la nature et constitue ce qu'on désigne sous les noms de charbon minéral, de charbon végétal et de charbon animal. Nous n'aurons point à nous occuper du premier, quoique son usage pour la cuisson de la chaux, dans les localités où il existe, soit d'une grande importance en agriculture. L'étude de ce combustible nous entraînerait dans des considérations géologiques qui sont en dehors du cadre de notre travail. En étudiant le carbone en général, nous bornerons donc nos applications au charbon végétal et au charbon animal.

Préparation. — *Le charbon végétal* forme la partie solide de toutes les plantes, mais il n'y est pas à l'état de liberté; il s'y trouve combiné avec l'hydrogène et l'oxigène. La chaleur détruit aisément cette combinaison en laissant pour résidu le charbon si l'opération se fait à l'abri du contact de l'air; dans le cas contraire, le charbon lui-même se brûle, et le dernier résultat n'est que de la cendre. Il est donc bien essentiel, pour obtenir le charbon, que la matière qui doit le fournir soit privée le plus possible du contact de l'air pendant tout le temps qu'elle reste exposée à l'action de la chaleur. Le charbon employé dans les arts s'obtient le plus souvent du bois et se prépare de la manière suivante : on coupe les branches d'une longueur convenable et on les dispose circulairement de manière à former un cône au centre duquel on a ménagé une cheminée. On entoure ce cône avec de la terre et du gazon, en laissant çà et là quelques lumières. Quand le tas est ainsi préparé, on y met le feu en jettant par la cheminée des tisons allumés. A mesure que le feu se propage, on ferme les lumières qui avaient été ménagées, et l'on répare avec soin les crevasses qui se forment par la chaleur, en y appliquant de nouvelle terre ou de nouveau gazon ; enfin, on bouche la cheminée elle-même et on laisse refroidir pendant plusieurs jours.

Malgré tout le soin apporté dans cette opération, il y a une énorme quantité de charbon perdu par la combustion. Il serait à souhaiter que les procédés inventés par M. Mollerat, qui consistent à carboniser le bois dans de vastes cornues de fonte, et à utiliser les produits volatils, fussent plus généralement répandus.

— *Le charbon animal* ne forme que la moindre partie des matières solides des animaux; outre son état de combinaison avec l'hydrogène, l'oxigène et l'azote, il est encore associé, particulièrement dans les os, à des matières minérales notamment à du phosphate de chaux, ainsi que nous l'avons dit en parlant du phosphore. Il y a plusieurs manières d'obtenir le charbon animal ; la plus simple consiste à remplir d'os une série de vases de fonte que l'on recouvre, et dont on lute le couvercle avec de l'argile. Ainsi préparés, on les dispose sur deux ou plusieurs rangs dans un fourneau voûté, de forme allongée, et on chauffe au rouge naissant, jusqu'à ce qu'il ne se dégage plus de fumée. On laisse refroidir le tout ; alors les vases de fonte contiennent le charbon animal, que l'on pulvérise pour l'usage, en le faisant passer sous une meule verticale.

Propriétés physiques. — Le charbon ou carbone est ordinairement noir, cassant, plus ou moins pesant, suivant l'essence de bois qui l'a fourni, et aussi quelquefois suivant le degré de cuisson qu'il a éprouvé. D'après les expériences de Lavoisier, répétées par d'autres chimistes distingués, le diamant, cette pierre précieuse, si dure et si limpide, ne serait autre chose que du charbon à l'état de cristallisation et de pureté parfaite.

Propriétés chimiques. — A la température ordinaire, la porosité du charbon lui permet de condenser et d'absorber les corps gazeux dans une proportion considérable. Voici, à ce sujet, une liste dressée d'après M. Th. de Saussure, qui contient la mesure d'absorption du charbon de buis, charbon qui possède cette propriété au plus haut dégré. Les expériences ont été faites à une température de 11 à 13°.

Une mesure de charbon absorbe :
90 mesures de gaz ammoniaque.
85 — gaz chlorhydrique.
65 — gaz acide sulfureux.
55 — gaz sulfhydrique.
35 — gaz acide carbonique.
9,25 — gaz oxigène.
7,50 — gaz azote.
1,75 — gaz hydrogène.

Cette propriété absorbante du charbon a été utilisée pour détruire l'odeur désagréable que produisent les matières organiques en décomposition. Nous verrons à l'article *engrais*, les avantages que M. Payen en a obtenus sous ce rapport. On s'en sert également pour la purification des eaux, en leur faisant traverser des filtres composés de couches alternatives de gravier, de sable et de charbon. Il n'est pas nécessaire d'ajouter que ces appareils ne sont utiles que dans les lieux où l'on ne peut se procurer d'eau naturellement pure, car cette dernière est toujours préférable à celle qui a été le mieux purifiée. On a remarqué encore que l'eau se conservait plus longtemps en bon état dans des tonneaux dont l'intérieur avait été exposé au feu de manière à lui faire subir un commencement de carbonisation.

Long-temps avant que la science eût découvert cette curieuse propriété du charbon, les cuisinières l'employaient déjà au même usage, en mettant dans le pot-au-feu quelques charbons lorsque, dans l'été, la viande est un peu avancée.

L'absorption qu'exerce le charbon ne se borne pas aux gaz, elle s'étend aussi aux couleurs; mais alors c'est dans le charbon animal que cette propriété est la plus développée. Ce phénomène donne lieu à une expérience des plus simples et des plus curieuses. Mettez la valeur d'un verre de vin rouge dans une fiole; ajoutez-y deux cuillerées de charbon animal (noir d'ivoire des épiciers); laissez le noir agir pendant dix minutes, en remuant deux ou trois fois la bouteille pendant cet intervalle; les dix minutes écoulées, versez le tout sur un filtre de papier sans colle, et le vin passera au travers incolore et limpide comme l'eau la plus pure.

Les raffineurs ont mis à profit cette propriété pour convertir en sucre blanc les cassonnades brunes, qui leur sont envoyées de nos fabriques de sucres indigènes, ou qui leur arrivent des colonies. L'industrie sucrière consomme à cet usage une masse énorme de charbon animal, et lorsque la force décolorante en est épuisée ce résidu revient à l'agriculture, qui l'emploie sous le nom de noir animal, et dont elle obtient, suivant les terrains, des effets positifs ou négatifs que nous indiquerons en parlant des engrais.

Le charbon exposé à une température élevée, en contact avec l'air atmosphérique, se combine avec l'oxigène pour former de l'acide carbonique et de l'oxide de carbone. Pendant que cette combinaison s'opère, il se dégage beaucoup de chaleur; c'est de cette source que l'homme se procure la plus grande partie de celle dont il a besoin pour les usages domestiques et pour ceux des arts, soit qu'il se serve du charbon tel qu'il est contenu dans le bois, ou bien qu'il l'emploie isolé par les procédés que nous avons indiqués plus haut.

Influence sur la végétation. — Le carbone ou charbon se retrouvant dans toutes les parties des plantes, il est naturel de penser que sa présence est indispensable à la vie et au développement des végétaux. Aussi voyons-nous la nature bienfaisante le prodiguer sous toutes les formes aux organes nutritifs et respiratoires des êtres qui appartiennent au règne végétal. Le terreau et les engrais organiques de toute nature contiennent du carbone en quantité très grande, et sous une forme qui en rend l'assimilation facile.

Quand le règne de l'azote sera passé, j'ai la confiance que nos théoriciens rechercheront aussi dans le carbone *assimilable* un moyen d'évaluer la puissance fécondante des fumiers.

Quoique le charbon de bois n'ait pas encore été essayé en agriculture, nous ne croyons pas sortir de notre sujet en citant un extrait des curieuses expériences horticoles faites par M. Edouard Lucas sur cette matière :

« Dans une serre tempérée du jardin des plantes de Munich, un parterre destiné à de jeunes plantes exotiques fut rempli de poussier de charbon préalablement tamisé, en place du tan qu'on y mettait ordinairement. Ce parterre était traversé par un tuyau chauffeur en tôle, large de six pouces. De cette manière, il recevait une chaleur tempérée égale à celle qui lui était communiquée par la fermentation du tan.

« Les pieds plantés dans ce parterre se distinguèrent bientôt par leur vigueur et leur belle apparence : leurs racines traversèrent même les trous d'écoulement et s'étendirent au-delà ; mais ce qu'il y avait de surprenant, c'est qu'ils étaient bien plus vigoureux que tous les autres, même que ceux qu'on avait élevés dans le tan. »

Ces résultats et d'autres que je supprime ont conduit l'auteur aux expériences suivantes, que je vais raconter en les abrégeant : Un mélange de deux parties de charbon et d'une partie de terre contenant des débris de feuilles, procure aux *gesneria,* aux *gloxinia* et aux *aroïdées* tropiques un développement considérable, une floraison plus parfaite et d'une durée plus longue. Ce terreau a encore produit des avantages marqués sur les *cactus,* quelques *broméliacées* et *liliacées,* sur les *citrus,* les *begonia* et même les *palmiers.*

Les résultats obtenus par le charbon sont encore plus concluants. Les espèces les plus variées y prennent facilement racine, et s'y développent parfaitement ; on y a fait prendre racine à des feuilles et même à des pédoncules.

L'auteur de ces remarques recommande encore le charbon comme un moyen excellent pour guérir les plantes malades. Tous ces essais heureux ont été faits avec

le charbon de bois blanc, et les plantes qui y étaient soumises ont été arrosées fréquemment (1).

Si le charbon solide, à l'état de liberté, produit sur la
végétation des effets si merveilleux; combiné à l'oxigène,
à l'état d'acide carbonique, il constitue un des agents les
plus indispensables au développement des plantes, soit
que leurs racines le trouvent fixé au calcaire qui constitue les terrains, soit que leurs feuilles l'aspirent de l'atmosphère dont il est un des éléments. Dans un moment,
nous aurons l'occasion de dire quelques mots sur cette
matière.

Nous ne parlerons qu'au chapitre des engrais de l'influence du noir animal sur la végétation, par la raison
que nous n'attribuons au carbone que la plus faible partie
des effets produits par cette précieuse matière.

Influence sur la vie animale.—Les organes de l'homme
et des animaux renferment du carbone au nombre de
leurs éléments. Il était donc nécessaire que ce principe se
retrouvât dans les substances alimentaires qui sont à leur
usage; et c'est, en effet, ce qui a lieu.

ONZIÈME LEÇON.

Combinaison du carbone avec l'oxigène : — Acide carbonique, — son état
naturel, — sa préparation ; — ses propriétés physiques et chimiques ; —
son influence sur la vie végétale et animale.— De l'hydrogène carboné :
— envisagé comme source de lumière ; — comme source de chaleur.
— De l'air atmosphérique ; — sa composition ; — du rôle que joue dans
la nature chacun de ses éléments ; — du poids de l'atmosphère. — De
la silice, ou oxide de silicium.

Le carbone s'unit à l'oxigène en plusieurs proportions
pour former des composés différents; nous n'aurons à

(1) Liebig. *Traité de Chimie organique.* Introduction, CLXV.

nous occuper que de la combinaison la plus oxigénée, qu'on connaît sous le nom d'acide carbonique.

De l'acide carbonique. — Cet acide, qui est gazeux, est composé d'après Saussure de :

Carbone. 27,36
Oxigène. 72,64

Il fut découvert à une époque où la chimie n'avait pas encore de moyens de connaître sa nature. Il avait été remarqué et étudié avec soin par un grand nombre de chimistes, parmi lesquels nous trouvons Priestley, Bergmann, Cavendisch, Jacquin, Fontana. Ces savants le désignaient sous les noms *d'air fixe, d'acide méphitique, d'acide aérien, d'acide crayeux,* quand Lavoisier parvint, en 1776, à démontrer qu'il était composé de charbon et d'oxigène, et lui donna le nom d'acide carbonique qu'il porte encore aujourd'hui.

État naturel. — L'acide carbonique, comme tous les corps de première nécessité dans la nature, se trouve répandu partout et en abondance. Libre, il fait partie de la masse atmosphérique qui enveloppe notre planète. Quelquefois il s'accumule dans certaines cavités, où il se tient à la surface du sol en couche assez épaisse pour suffoquer les animaux de moyenne taille qui y pénètrent, tandis que ceux qui peuvent respirer au-dessus de son niveau, n'en sont nullement incommodés. Tout le monde connaît ce qu'on raconte à ce sujet de la *Grotte du Chien*

Les eaux des mers, des lacs, des fleuves, des rivières, des fontaines en tiennent en solution des quantités variables. Certaines sources, qu'on désigne sous le nom de *minérales gazeuses,* en renferment des proportions plus grandes.

Combiné à la chaux, il fait partie de ces amas si puissants de calcaire qu'on rencontre dans tous les étages du globe, depuis les plus anciens qui ne renferment aucun vestige. de corps organisés, jusqu'aux plus récents des âges géologiques, qui sont entièrement composés de débris de coquilles. Quelques-uns des animaux inférieurs sécrètent l'acide carbonique combiné à la chaux; c'est ainsi que les polypiers construisent avec cette matière pierreuse ces bancs de coraux, quelquefois si épais et si dangereux aux navigateurs; les mollusques, ces coquilles si admirablement variées de formes et de couleurs.

Préparation. — L'acide carbonique se retire du carbonate de chaux par un moyen très simple. Il suffit de verser sur cette matière de l'acide chlorhydrique qui s'empare de la chaux pour former le chlorhydrate de chaux, lequel reste dissous dans le vase où se fait l'opération, tandis que l'acide carbonique, étant gazeux, s'échappe en produisant dans le liquide un mouvement qu'on appelle *effervescence.* Voici la formule de cette opération.

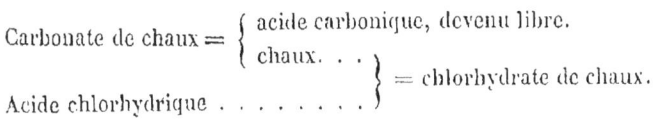

$$\text{Carbonate de chaux} = \begin{cases} \text{acide carbonique, devenu libre.} \\ \text{chaux. . .} \end{cases}$$
$$\left.\begin{array}{c} \\ \text{Acide chlorhydrique . . . .} \end{array}\right\} = \text{chlorhydrate de chaux.}$$

Cette préparation peut se faire dans l'appareil désigné sous la fig. 10, p. 49. On met dans le flacon du carbonate de chaux, c'est-à-dire du marbre ou du tufeau, ou même du blanc d'Espagne; on verse dessus, par le tube en S, d'abord de l'eau jusqu'à ce que la partie inférieure de ce tube en soit recouverte, ensuite de l'acide en petite quantité. L'effervescence se manifeste aussitôt, et le gaz arrive dans la cloche placée sur la tablette de la cuve pneumatochimique. On aura soin de rejeter les premières portions comme mêlées d'air atmosphérique. Quand l'effervescence s'arrête, on ajoute de nouvel acide chlorhydrique, mais toujours modérément; sans cela le mouvement pourrait être assez fort pour faire passer dans les tubes la matière contenue dans le flacon.

Propriétés physiques. — L'acide carbonique est gazeux, incolore, d'une odeur piquante, d'une saveur aigrelette, c'est celle de l'eau de seltz que tout le monde connaît. Ce gaz n'est pas permanent. On peut le liquéfier en le soumettant à une forte pression, à cet état une très basse température peut même le solidifier; mais ces expériences, de pure curiosité, sont très dangereuses; elles ont coûté la vie, il y a peu d'années, à un jeune chimiste qui a laissé de justes regrets à la science et à l'industrie.

L'acide carbonique est le plus pesant des gaz qui se rencontrent naturellement à l'état de liberté, on voit qu'il a été créé pour séjourner à la surface de la terre, où l'eau et les autres corps, pour lesquels il a de l'affinité, l'absorbent et le tiennent ainsi constamment à la disposition des êtres qui en ont besoin. Cette pesanteur de l'acide carbonique se démontre à l'aide d'expériences très faciles et des plus curieuses. Si l'on remplit sur la cuve pneumatochimique un flacon de gaz acide carbonique, on peut le verser dans un autre flacon à la manière d'un liquide. On prouve que les choses se sont passées ainsi, au moyen d'une allumette en ignition. Dans le principe, elle se tenait allumée dans le second flacon, et s'éteignait dans le premier; après le transvasement, c'est le contraire qui a lieu. On peut répéter cette manœuvre plusieurs fois, en ayant soin de verser doucement pour que l'acide carbonique ne se mélange pas à l'air.

Si, au lieu de transvaser l'acide carbonique contenu dans le flacon, dont nous venons de parler, on le répand d'une certaine hauteur sur la flamme d'une bougie, elle s'éteint.

L'expérience suivante démontre encore, d'une manière plus convaincante, la pesanteur de l'acide carbo-

nique comparée à celle de l'air atmosphérique. On met
au fond d'un grand flacon à large ouverture A, fig. 16,
une planche de liége dans laquelle on a fixé plusieurs fils
de fer, surmontés de petites bougies en cire de hauteur
différente. Quand ces bougies sont allumées, on fait arriver du gaz acide carbonique dans le flacon qui les contient, au moyen de l'appareil B. Le tube C ne plonge
dans ce flacon que de quelques centimètres, et se trouve
disposé de manière à ce qu'aucune des bougies ne soit
placée immédiatement au-dessous. Peu à peu le gaz descend au fond du flacon, et l'on voit les bougies s'éteindre
successivement en commençant par la plus courte. Pour
la réussite de cette expérience, il est nécessaire d'être
placé dans un lieu où l'air ne soit pas en mouvement.

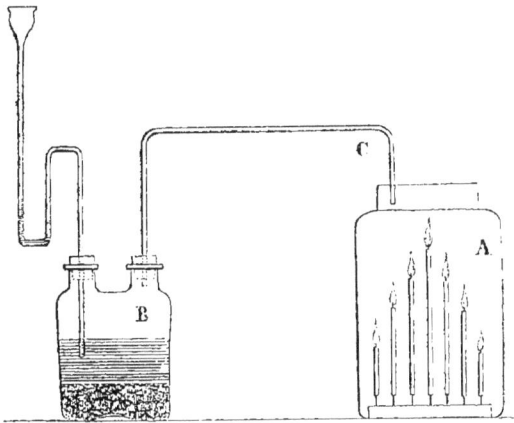

Fig. 16.

Propriétés chimiques. — L'acide carbonique éteint les
corps en combustion, rougit la couleur bleue du tournesol. L'eau a la propriété de le dissoudre avec facilité ; c'est
un des moyens qu'emploie la nature pour le fixer sur le
sol, où sa pesanteur spécifique permet qu'il séjourne quelque temps. Sans cette action dissolvante de l'eau, il se

trouverait bientôt entièrement entraîné dans l'atmosphère par les mouvements de l'air et par une propriété inhérente au gaz de se mêler entre eux.

Réactifs qui le font reconnaître.—L'eau de chaux, l'eau de baryte, l'acétate de plomb liquide que l'on fait traverser par un courant d'acide carbonique, se troublent et déposent un précipité blanc, abondant, soluble dans l'acide nitrique, avec effervescence. Ce précipité n'est autre chose que du carbonate de chaux, de baryte ou de plomb, suivant celui de ces trois réactifs qui a été employé.

On peut se servir pour cette expérience de l'appareil, pag. 128, fig. 14. On mettra dans la fiole A du carbonate de chaux et de l'eau, et l'on versera l'acide chlorhydrique par le tube en S; le gaz se dégagera par le tube C, et arrivera dans le verre à expérience B qui contiendra l'eau de chaux, l'eau de baryte ou l'acétate de plomb. Ces trois produits chimiques peuvent être considérés comme les réactifs de l'acide carbonique, de même que l'acide carbonique est aussi un de leurs réactifs.

Influence sur la végétation. — L'acide carbonique est peut-être la forme sous laquelle les végétaux s'assimilent le plus facilement le carbone. Des expériences précises ont appris depuis long-temps que les feuilles, sous l'influence des rayons solaires, l'aspirent de l'atmosphère à laquelle elles rendent en échange de l'oxigène pur. Le détail des expériences, qui ont été faites pour arriver à connaître ce phénomène, nous entraînerait beaucoup trop loin sans profit pour notre application à l'agriculture, c'est pour cela que nous nous bornons à en consigner le résultat comme un fait acquis à la science.

Il nous semble difficile d'admettre que la respiration soit le seul moyen par lequel l'acide carbonique circule dans les vaisseaux des plantes, pour y déposer le carbone; l'humidité du sol, qui contient ce principe en proportion

au moins aussi forte que l'atmosphère, doit le faire entrer
avec elle par le moyen des racines dans les organes destinés à en opérer la décomposition. Cette opinion, qui a
pour elle la probabilité, n'a pas, comme la première,
l'avantage d'être appuyée sur des expériences positives.

Influence sur la vie animale. — Le gaz acide carbonique ne saurait être respiré sans danger par l'homme et
par les animaux; il existe même plusieurs circonstances
où cette propriété devient meurtrière pour l'homme : par
exemple, quand ce gaz est accumulé dans des puits, des
citernes, des caves. Un moyen de reconnaître sa présence
dans ces lieux, c'est d'y descendre une bougie ; tant
qu'elle restera allumée, il n'y aura aucun danger, mais
du moment où elle viendra à s'éteindre, il faudra s'abstenir de pénétrer plus avant. Quand le travail de l'homme
est absolument nécessaire dans les endroits ainsi imprégnés d'acide carbonique, il existe plusieurs moyens de les
assainir : on y verse de la chaux délayée dans beaucoup
d'eau ou bien de l'ammoniaque liquide; l'acide carbonique s'unit à ces bases pour former, dans le premier cas,
du carbonate de chaux, et dans le second, du carbonate
d'ammoniaque; une fois enchaîné de la sorte, il a perdu
son état gazeux et l'air en est purifié. Néanmoins, comme
cette combinaison ne s'opère pas d'une manière instantanée, il ne sera pas prudent de s'introduire dans ces lieux
avant d'avoir fait une nouvelle épreuve avec une chandelle allumée.

Les caves où l'on dépose le vin ou le cidre pour la fermentation, deviendraient dangereuses si les soupiraux
n'étaient pas convenablement établis; on ne saurait trop
prendre de précautions à ce sujet, car les boissons alcooliques dégagent, pendant cette période, une quantité
très considérable d'acide carbonique, ainsi que nous le
dirons en parlant de leur préparation.

L'acide carbonique, dissous dans de l'eau, forme les eaux gazeuses qui sont très employées, depuis quelques années, dans la médecine humaine, comme boisson tonique ; quelquefois, il est associé à des sels alcalins ou purgatifs, comme dans l'eau de Vichy ou l'eau de Sedlitz. On trouve annoncés dans les journaux, des paquets de poudre pour eau de seltz ; comme ces produits sont spécialement consommés à la campagne, nous avons pensé qu'il n'était pas hors de propos d'avertir le cultivateur que celui qui en fait usage, boit, non seulement l'eau acidulée par l'acide carbonique, mais encore les matières qui ont servi à le produire, ce qui n'est pas toujours sans inconvénient.

Nous ne parlons point ici de la combinaison de l'acide carbonique avec les oxides métalliques ; comme nous touchons aux métaux, nous aurons bientôt l'occasion de nous occuper de ces sels qui sont connus sous le nom de carbonates.

COMBINAISON DU CARBONE AVEC L'HYDROGÈNE.

L'hydrogène carboné est un gaz, qui se produit naturellement par la décomposition des matières organiques. C'est une autre forme que la nature emploie pour présenter le carbone à l'assimilation des plantes. Ce gaz existe en abondance dans les eaux stagnantes, et c'est pour cela qu'on le désigne aussi sous le nom de gaz des marais. On peut s'assurer de sa présence en agitant la vase avec un bâton ; l'eau bouillonne et les bulles, qui viennent à la surface, sont inflammables à l'approche d'une bougie allumée. Cette expérience bien simple explique en partie l'apparition des feux follets dont nous avons parlé à l'article hydrogène.

Le gaz hydrogène carboné sert à l'éclairage, et s'obtient par la distillation de la houille, de la résine ou des ma-

tières grasses sans valeur. C'est à la présence du carbone
que ce gaz doit son pouvoir éclairant, car à l'état d'hydrogène pur sa lumière est à peine visible en plein jour. Nous
n'entrerons pas dans l'examen des procédés d'extraction,
nous dirons seulement que dans la plupart des usines à gaz,
il se perd une quantité énorme d'eau ammoniacale provenant des lavages; et que dans certaines localités ces eaux,
après avoir été saturées d'un acide, sont employées avec
succès comme fertilisantes, en arrosement sur les terres.
Nous reviendrons à ce sujet intéressant en traitant de
l'ammoniaque comme engrais.

Quand on brûle du bois, c'est l'hydrogène carboné qui
produit la flamme. Le bois est composé de carbone, d'oxigène et d'hydrogène. Quand on le met dans le feu, la température à laquelle il est soumis porte ses éléments hors
de leur sphère d'attraction; la combinaison est rompue;
l'oxigène s'unit partie au carbone pour former de l'acide
carbonique, partie à l'hydrogène pour former de l'eau;
l'excès d'hydrogène prend aussi du carbone pour former
de l'hydrogène carboné. Ces nouvelles combinaisons s'é-
chappent sous forme de flamme, si le feu est vif, et sous
forme de fumée si elles se produisent à une température
inférieure à celle où le gaz hydrogène carboné s'enflamme. Quant au reste du carbone, ce corps étant fixe
par lui-même, il demeure sur le foyer où il se consume
peu à peu.

Comme la flamme de l'hydrogène carboné a un pouvoir calorifique considérable, il est important que cette
matière ne s'échappe pas en fumée; nous allons entrer à
ce sujet dans quelques explications rapides, mais utiles
aux cultivateurs qui ont si souvent besoin d'économiser le
combustible. Voici les causes principales qui empêchent
l'inflammation de l'hydrogène carboné : l'état humide
du bois et la manière dont on le place dans le foyer.

Si le bois qu'on met dans le feu est humide, l'eau qu'il contient absorbe tout le calorique et l'hydrogène carboné qui se produit, ne peut plus acquérir la température nécessaire à son inflammation. C'est pour cela que les boulangers font sécher au four le bois qui leur sert de combustible ; il brûle plus vite, mais à quantité égale il donne une proportion de calorique beaucoup plus considérable.

Une remarque très importante, qui a été faite par Davy, et sur laquelle il a basé la construction de sa lampe de sûreté, est la propriété des gaz de se refroidir en se divisant pour passer par des espaces rétrécis. On peut facilement se rendre témoin de ce phénomène, en plaçant une toile métallique horizontalement sur la flamme d'une bougie ; le gaz hydrogène carboné, qui constitue cette flamme, continuera de brûler au-dessous, tandis qu'au-dessus il sera éteint ; la flamme sera exactement tronquée : phénomène produit par le refroidissement que subit le gaz en traversant la toile métallique. Le gaz éteint au-dessus de la toile métallique peut être enflammé par une allumette, et continue à brûler, tant que l'allumette y séjourne et lui communique la chaleur qui lui manque ; par ce moyen la démonstration devient complète.

Une fois en possession de ces deux faits : que l'hydrogène carboné ne s'enflamme qu'à une température voulue, et qu'il se refroidit au-dessous de cette température quand il traverse des espaces rétrécis, on aura une règle pour placer le bois convenablement dans un foyer. Il ne faut pas l'accumuler en masse, mais le disposer de manière à laisser des intervalles assez grands pour que les gaz qui se produisent y circulent avec liberté. On est averti d'ailleurs par l'effet obtenu : s'il se produit de la fumée avec du bois sec, c'est que le feu est mal construit ; il faut dans ce cas écarter les tisons jusqu'à ce qu'il se forme une belle flamme.

On trouvera peut-être que je me suis trop étendu sur un sujet vulgaire, quoique je n'aie pourtant fait que de l'effleurer légèrement. S'il me fallait une excuse, je dirais que j'ai voulu, par ce peu de mots, économiser une partie du combustible qui devient de plus en plus rare, et dont on n'obtient la plupart du temps qu'une portion de la chaleur qu'il serait capable de fournir.

DE L'AIR ATMOSPHÉRIQUE.

Maintenant que nous connaissons tous les éléments de l'air atmosphérique, l'oxigène, l'azote, l'acide carbonique et l'eau, nous allons examiner quelques-uns des traits les plus saillants de ce milieu dans lequel nous sommes plongés et dans lequel se développe toute la vie organique. Nous aurions souhaité pouvoir nous étendre librement sur un sujet auquel se rattachent tant de questions; mais le cadre trop étroit que nous nous sommes tracés nous interdit de nous arrêter long-temps à des considérations purement théoriques.

L'air atmosphérique, que les anciens considéraient comme un élément, est composé d'après des analyses faites sur différents points du globe et à différentes hauteurs de :

> Azote. 79
> Oxigène. 21
> Acide carbonique, environ un millième.
> Eau en vapeur, quantité variable.

Examinons maintenant le rôle que joue chacun de ces composants, en commençant par ceux qui sont en plus faible quantité.

L'eau, dont l'air atmosphérique se sature sur les mers, tempère sa propriété desséchante; les plantes et les animaux languiraient dans un air qui en serait entièrement dépourvu.

On apprécie la quantité relative d'eau contenue dans

l'air, au moyen d'un instrument simple et ingénieux, découvert par Saussure. Cet instrument consiste en un cheveu tendu au moyen d'un petit poids. Ce cheveu qui a la propriété de s'allonger ou de se raccourcir, suivant que l'air est plus ou moins humide, est enroulé sur une petite poulie et la fait tourner, par ce moyen, dans un sens ou dans un autre. La poulie porte une aiguille assez longue, qui marque la mesure d'allongement ou de retrait du cheveu sur un cadran dont les chiffres indiquent les degrés hygrométriques.

Quand on met sur la table, en été, une carafe pleine d'eau froide sortant du puits, le vase se mouille aussitôt; c'est que l'air qui l'environne se refroidit et dépose à sa surface, non pas toute l'eau qu'il contenait, mais seulement la proportion que la chaleur lui avait permis de s'approprier.

Les brouillards et surtout la rosée sont également produits par l'eau atmosphérique qu'un abaissement de température sépare de l'air. Des expériences récentes de M. Melloni, laissent sans aucun doute cette théorie relativement à la production de la rosée.

L'acide carbonique sert, ainsi que nous l'avons vu, à la nourriture des plantes. On pourrait penser de prime-abord qu'un millième d'acide carbonique dans l'air est bien peu pour jouer un rôle aussi important. M. Liébig, pour répondre à cette difficulté, a fait des calculs d'où il résulte que ce simple millième donne, pour l'atmosphère entière, un total de carbone équivalant au chiffre énorme de 1,500 billions de kilogrammes (1). Nous avons vu d'ailleurs que l'eau dont le sol est imprégné contient aussi de l'acide carbonique, qui doit venir en aide à celui qui se trouve dans l'atmosphère.

(1) Liébig. *Ouvrage cité.* Introduction, page LXXV.

Depuis que l'air atmosphérique fournit de l'acide carbonique à la végétation, on est en droit de demander si la quantité qu'il renferme a toujours été la même, si elle n'a pas diminué. Il est difficile de répondre à cette question d'une manière absolue, par la raison qu'il n'y a guère que trente ans qu'on connaît la composition chimique de l'atmosphère. A partir de cette époque, les proportions n'ont pas sensiblement varié, et il est probable qu'il en est de même depuis la création de l'homme. Nous verrons, dans un moment, les lois admirables que l'auteur de la nature a établies pour maintenir cet équilibre.

L'acide carbonique se reconnaît aisément dans l'air par le moyen des réactifs que nous avons indiqués : l'eau de chaux, l'eau de baryte, l'acétate de plomb. Mais c'est particulièrement l'eau de chaux dont on fait usage. Si l'on met dans un verre de l'eau de chaux bien limpide, au bout de quelques minutes il se sera formé à sa surface une légère pellicule composée de carbonate de chaux. En faisant passer dans cette eau un courant d'air, au moyen d'un soufflet terminé par un tube en verre, la quantité de carbonate de chaux qui se forme au bout d'un certain temps est assez grande pour la rendre laiteuse. Si l'on met quelques onces d'eau de chaux dans un vase de la capacité de plusieurs litres, et qu'on l'agite fortement, l'air contenu dans ce vase cèdera son acide carbonique à l'eau de chaux, qui sera d'autant plus troublée que la quantité d'air avec laquelle elle aura été en contact aura été plus grande.

L'oxigène n'est sûrement pas étranger à la vie végétale; mais c'est particulièrement sur la vie animale que son influence est connue. Dans l'homme et dans les animaux qui le respirent, il sert à séparer l'excès de carbone du sang veineux. L'air aspiré contient de l'oxigène, l'air expiré contient de l'acide carbonique : la première de ces propositions est connue; pour démontrer la seconde, il suffit de faire circuler l'air expiré, au moyen d'un tube, dans de l'eau de chaux; on verra par cette simple expérience que le trouble produit sera beaucoup plus fort et beaucoup plus prompt que si l'on y eût fait passer la même quantité d'air non respiré.

C'est dans les poumons que le phénomène s'accomplit; le cœur, en se contractant, y envoie le sang veineux, et la poitrine, en se dilatant, y fait arriver l'oxigène. De cette combinaison de l'oxigène avec le carbone résulte, sinon la totalité, au moins la majeure partie de la chaleur vitale qui, du lieu où elle se produit, se répand jusqu'aux extrémités les plus éloignées, par le moyen de la circulation.

La respiration de l'homme et des animaux est donc une source continuelle d'acide carbonique, de même que la respiration des plantes est une source perpétuelle d'oxigène. Il est peu d'auteurs qui se soient occupés de ce sujet sans jeter un cri d'admiration à l'occasion de cet échange remarquable.

Qu'il me soit permis de citer une phrase que je lisais tout à l'heure dans le savant ouvrage de Liébig : « C'est « dans un but aussi sublime que sage que la vie des plantes « et celle des animaux se trouvent intimement liées l'une « à l'autre par des moyens d'une simplicité admirable.... « le résumé de ces faits est que les animaux expirent le « carbone et que les végétaux l'aspirent; ainsi, le milieu « dans lequel le phénomène s'accomplit, savoir l'air, ne « peut changer de composition (1). »

L'oxigène de l'air est encore indispensable à l'industrie humaine qui, sans cet élément, ne pourrait à son

---

(1) Liébig. *Ouvrage cité.* Introduction, page LXXV.

gré modifier la température ni dissiper les ténèbres, puisque sans lui la combustion, qui produit la chaleur et la lumière artificielles, ne saurait se produire.

On reconnaît la présence de l'oxigène dans l'air atmosphérique au moyen du phosphore, ainsi que nous l'avons indiqué en parlant de ce corps élémentaire.

L'azote a une action moins connue que celle des autres éléments de l'air atmosphérique; ses propriétés étant presque toujours négatives, ainsi que nous l'avons vu quand nous nous sommes occupés de l'étude de ce gaz, il est difficile de se rendre compte de la manière dont il agit sur la vie animale et sur la vie végétale. Néanmoins, si l'on considère que l'azote fait partie des éléments qui constituent les plantes et surtout les animaux, ne sera-t-il pas raisonnable de penser que la nature n'a pu refuser à ces êtres, qui naissent et se développent dans son milieu, les moyens de se l'approprier. Il serait utile de diriger des recherches vers ce sujet, les résultats qu'on obtiendrait pourraient peut-être modifier l'opinion, trop exclusive suivant nous, des théoriciens qui apprécient la vertu fertilisante des engrais seulement par l'azote qu'ils contiennent. Nous ne prétendons pas nier que les végétaux absorbent par leurs racines une partie de l'azote des fumiers, mais nous croyons aussi que l'air atmosphérique leur en fournit bien sa part.

Dans tous les cas, sa présence dans l'air atmosphérique a pour effet de modérer les propriétés trop actives de l'oxigène qui, sans ce mélange, ne serait plus propre à la respiration et ne saurait rendre à l'industrie humaine tous les services qu'elle en retire.

Quand l'air a été privé d'eau par le moyen de corps hygrométriques, d'acide carbonique par la chaux, d'oxigène par le phosphore, il reste donc l'azote que l'on ne reconnaît que par ses propriétés négatives; car nous ne possédons aucun réactif capable de signaler directement sa présence.

Après avoir examiné les éléments séparés de l'air atmosphérique, nous allons, avant de quitter ce sujet, nous arrêter un moment à en considérer la masse au point de vue de sa pesanteur.

Chaque pied carré de la surface de la terre porte une colonne d'air pesant environ 1,108 kilogrammes. Sans cette pression qu'exerce l'atmosphère sur les parties molles des êtres vivants, une partie des liquides qui circulent dans leurs vaisseaux s'échapperait au dehors. C'est aussi la pesanteur de l'air qui retient à l'état fluide les eaux qui recouvrent une si grande partie du globe. La pesanteur de l'air est variable dans des limites assez rétrécies, et ces variations se reconnaissent au moyen du baromètre. Cet instrument se compose d'un tube en verre fermé par une de ses extrémités et recourbé par l'autre. Quand ce tube est plein de mercure, l'air ne pouvant peser que sur l'extrémité ouverte, force le métal liquide de monter dans la branche fermée; les changements qu'on aperçoit dans son niveau indiquent les variations qui s'opèrent dans la pression atmosphérique.

DU SILICIUM.

Le silicium, à l'état de liberté, ne saurait être pour nous d'aucun intérêt; c'est une substance très difficile à obtenir et qui n'est d'aucun usage. Il n'en est pas de même de son oxide qu'on connaît sous le nom de silice.

La silice, qui est très répandue dans la nature, constitue un des matériaux les plus importants de la terre végétale : c'est elle qui forme les sables de toute espèce que l'on rencontre tantôt isolés, tantôt associés aux autres éléments du sol; elle est le plus souvent la base des cailloux et des autres matières pierreuses dont les champs sont semés. A l'état moléculaire ou *hydraté*, elle fait partie des terres fortes ou argileuses.

Propriétés physiques et chimiques.— Les propriétés de la silice varient suivant qu'elle est *anhydre*, c'est-à-dire privée d'eau, ou *hydratée*, c'est-à-dire en combinaison avec l'eau.

La silice anhydre est celle qui forme les roches de quartz et de grès, les cailloux et les sables. Elle est blanche et limpide dans le cristal de roche, colorée par des substances étrangères et plus ou moins opaque sous les autres formes qui lui sont naturelles. Pure, elle est sans odeur et sans saveur; c'est un des corps les plus durs de la nature; elle raie le verre et fait feu par le choc du briquet; elle est inattaquable par l'eau et par les acides. En contact avec la soude et la potasse, elle se fond à une haute température et forme du verre, si les proportions ont été convenablement dosées; si, au contraire, la potasse ou la soude sont en excès, elle devient soluble dans les acides. C'est ce dernier moyen qu'on emploie dans les analyses pour constater sa présence et en évaluer la quantité.

La silice hydratée, connue aussi sous le nom de silice gélatineuse, se dissout dans les acides et forme en effet avec eux, dans certaines circonstances, une bouillie ayant la consistance et l'apparence d'une gelée de fruits. La solution de silice hydratée étant évaporée et le résidu calciné au rouge, la silice est devenue anhydre, elle a perdu la propriété de se dissoudre dans les acides, de faire gelée avec eux, elle a pris une forme sablonneuse, rude au toucher.

Nous avons dû entrer dans des détails chimiques, peut-être un peu compliqués, pour décrire la propriété de la silice; mais il est essentiel de pouvoir reconnaître ce corps pour lequel la chimie ne possède pas encore de réactif,

11

et que nous retrouverons partout dans nos analyses de terrains; il fallait donc entrer dans le détail de ses principaux caractères, puisque c'est leur ensemble qui nous donne les moyens de trouver cette substance dans les combinaisons qui la contiennent.

L'influence de la silice sur la végétation n'est pas encore, suivant nous, suffisamment appréciée. Jusqu'à présent, on ne semble lui attribuer d'autre rôle que celui de diviser le sol. Il pourrait bien se faire cependant que ce fût un aliment minéral nécessaire à certaines plantes qui se développent de préférence dans les terrains siliceux, et dont les cendres contiennent cette matière en plus grande proportion.

DOUZIÈME LEÇON.

Des métaux, — propriétés générales. — Du potassium ; — de la potasse, — son état naturel, — sa préparation, — de la potasse caustique, — de la potasse carbonatée, — ses propriétés, — son influence sur la végétation et sur la vie animale. — Du sodium ; — de la soude, — son état naturel, — sa préparation, — ses propriétés, — son influence sur la vie végétale et animale. — De la baryte ; — son emploi comme réactif. — De la chaux, — son état naturel, — sa préparation, — ses propriétés, — ses usages dans l'art de bâtir, son influence sur la végétation.

Nous venons de terminer l'étude des corps métalloïdes dont la connaissance est indispensable au cultivateur qui veut mettre à profit les découvertes chimiques. Afin de n'effrayer personne, nous avons passé sous silence bien des choses, abrégé beaucoup d'autres pour nous réduire aux notions les plus indispensables. Peut-être quelques-uns de nos lecteurs, malgré les omissions que nous avons faites, nous ont-ils trouvé un peu long. Nous les prions de vouloir bien prendre patience; la série des corps chimiques qui nous reste à voir sera traitée plus brièvement, et nous arriverons bientôt à l'étude des terrains. Mais il était indispensable, pour l'intelligence des opérations que nous avons à faire, de connaître suffisamment les agents que nous aurons à employer.

DES CORPS QUI APPARTIENNENT AUX MÉTAUX.

Voici en abrégé les propriétés générales des métaux : ils sont opaques, reflètent la lumière avec éclat quand ils sont polis, c'est ce qu'on nomme le brillant métallique. Ils ont des consistances différentes, depuis le mercure qui est liquide à la température ordinaire, jusqu'aux métaux les plus durs. Les uns sont cassants, c'est-à-dire qu'ils se réduisent en poussière par le choc d'un corps dur; les autres sont malléables, c'est-à-dire qu'ils s'étendent sous le marteau; d'autres cèdent à la traction et passent à la filière; c'est ce qu'on désigne sous le nom de ductilité.

Les métaux laissent facilement passer le calorique. Si, par exemple, on présente une épingle, même très longue, dans la flamme d'une bougie, on ne tardera pas à éprouver un sentiment de brûlure qui forcera bientôt à cesser l'expérience. Si, au lieu d'une épingle, on y place un morceau de charbon de la même longueur, on pourra l'y tenir aussi long-temps qu'on en aura la patience. La raison est que les métaux sont de bons conducteurs du calorique, et les métalloïdes de mauvais. Il en est de même pour l'électricité.

Nous avons vu que les métalloïdes, par leur combinaison avec l'oxigène, forment des acides; les métaux, dans ces mêmes circonstances, produisent des oxides; de l'union des oxides et des acides résultent des corps plus composés qui prennent le nom de sels. Tous les métaux n'ont pas la même affinité pour s'unir à l'oxigène; chez les uns, cette puissance est tellement développée qu'ils décomposent l'eau avec dégagement de chaleur et de lu-

mière en chassant l'hydrogène pour s'approprier l'oxigène; chez les autres elle est si faible que la chaleur et
même la simple exposition aux rayons solaires suffisent
pour séparer l'oxigène de leur oxide, et les réduire à l'état
métallique. M. Thénard a classé les métaux en trois séries, d'après ces différents degrés d'affinité, et cette méthode facilite beaucoup l'étude de la chimie générale;
mais comme nous n'avons qu'un petit nombre de métaux
à connaître, et que nous devons les examiner particulièrement au point de vue agricole, nous n'entrerons pas
dans les détails de cette classification. Nous devons ajouter, pour compléter cet aperçu général, que quelques métaux ont aussi la propriété de former des acides avec
l'oxigène; mais nous n'aurons pas souvent l'occasion de
les rencontrer.

DU POTASSIUM.

La découverte du potassium est due à Davy, et date de
la fin de l'année 1807. Depuis long-temps les chimistes
pensaient que la potasse, la soude, la chaux, la baryte,
et les autres substances terreuses étaient des oxides métalliques, par la raison que l'union de ces corps avec les
acides produisaient des sels; mais il était réservé au célèbre chimiste anglais de démontrer la vérité de ces soupçons.

Nous ne ferons pas plus longuement l'histoire de ce
métal; quant à ses propriétés, nous nous bornerons à dire
qu'un fragment, placé dans une soucoupe pleine d'eau,
s'enflamme, s'agite dans tous les sens, s'arrondit et finit
par disparaître. Dans cette circonstance, l'eau a été décomposée, son oxigène s'est uni au métal, et l'oxide de
potassium, qui en est résulté, s'est dissout dans l'eau,
c'est pour cela qu'il a disparu; l'hydrogène s'est dégagé.
Si le potassium n'est d'aucun usage en agriculture, il
n'en est pas de même de son oxide.

COMBINAISON DU POTASSIUM AVEC L'OXIGÈNE.

L'oxide de potassium, ou potasse, était connu par les anciens chimistes sous les noms de : alcali fixe, alcali du nitre, alcali du tartre, alcali végétal, alcali déliquescent, sel de tartre, sel fixe des plantes, sel d'absinthe, etc.

Nous devons dire d'abord ce qu'on entendait alors et ce qu'on entend encore sous le nom d'alcali. Ce mot isolé désigne les corps qui possèdent au plus haut degré la propriété de se dissoudre dans l'eau en lui communiquant une saveur urineuse; de verdir les couleurs bleues végétales; de neutraliser les acides en formant avec eux des sels; de précipiter les oxides métalliques des combinaisons salines où ils sont engagés; enfin, de décomposer les matières organiques avec lesquelles ils se trouvent en contact. Les alcalis proprement dits sont au nombre de trois : l'ammoniaque que nous connaissons déjà, la potasse et la soude. Le mot de terre *alcaline* comprend les corps qui possèdent ces propriétés à un degré inférieur; nous les signalerons à mesure que nous aurons l'occasion de nous en occuper.

D'après Berzélius, la potasse est composée de :

Potassium.	83,05
Oxigène.	16,95

État naturel.—L'oxide de potassium, dont nous adopterons le nom vulgaire de potasse, se rencontre abondamment dans le règne minéral : les roches feldspatiques et pétro-siliceuses en contiennent des proportions considérables : leurs détritus, qui ont formé une grande partie de nos terres arables, ainsi qu'on peut le voir en examinant la nature des galets qui s'y rencontrent, ont amené avec eux cet élément si essentiel à la végétation. Les grès anciens et modernes, les sables siliceux, les argiles renferment aussi de la potasse en proportions plus ou moins fortes. Néanmoins, ce n'est pas encore du règne minéral que l'industrie retire la potasse dont elle a besoin; c'est de la cendre des végétaux, et c'est pour cela que la potasse était connue des anciens sous le nom d'alcali *végétal*.

Préparation. — La potasse s'extrait de la cendre des végétaux, particulièrement dans les forêts de l'Amérique. Les cendres sont lessivées et la liqueur qui en provient évaporée sur le feu jusqu'à calcination. Toutes les plantes ne donnent pas des cendres aussi riches en potasse les unes que les autres; les auteurs ont dressé à ce sujet des tables assez utiles pour le besoin des arts, mais d'une moindre valeur pour l'agriculture; c'est pour cette dernière raison que nous ne les avons pas insérées dans cet ouvrage. On extrait encore la potasse par la combustion du tartre qui se dépose du vin dans les tonneaux, c'est ce qui lui a valu son nom de sel de tartre.

La potasse du commerce n'est pas de l'oxide de potassium pur, c'est un mélange composé en majeure partie de sous-carbonate de potasse avec de faibles proportions de sulfate, chlorhydrate et silicate de la même base. La potasse pure se désigne sous le nom de pierre à cautère, parce qu'en effet elle sert à former ces exutoires en désorganisant la peau sur laquelle on l'applique; ou de potasse caustique en raison de ses propriétés énergiques. Elle se prépare en faisant bouillir avec de la chaux la potasse du commerce, qui, comme nous venons de le dire, est composée presqu'en totalité de carbonate de potasse; la chaux s'empare de l'acide carbonique et la potasse est mise en liberté. Voici la formule de l'opération :

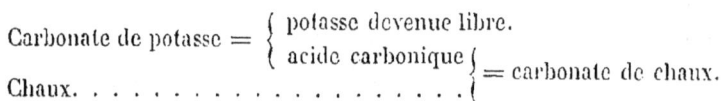

$$\text{Carbonate de potasse} = \left\{ \begin{array}{l} \text{potasse devenue libre.} \\ \text{acide carbonique} \end{array} \right.$$

$$\text{Chaux.} \ldots \ldots \ldots \ldots \ldots \ldots \left. \begin{array}{l} \\ \end{array} \right\} = \text{carbonate de chaux.}$$

La potasse pure étant très soluble, reste dissoute; le carbonate de chaux ne l'étant pas du tout, se dépose; on passe sur un linge pour le séparer, et on évapore promptement le liquide, qui donne pour résultat la potasse caustique.

Ce produit contient encore les sulfates chlorhydrate et silicate dont nous avons parlé. Pour le purifier complètement, on le dissout dans de l'alcool qui ne se charge que de la potasse ; on décante la solution déposée et limpide, et on évapore l'alcool sur le feu. On obtient par ce moyen la potasse pure, qu'on désigne sous le nom de potasse à l'alcool, pour indiquer le procédé par lequel elle a été préparée.

Nous sommes entré dans tous ces détails, parce que la potasse joue un rôle important en agriculture, quoiqu'on ne l'emploie pas directement à l'amendement des terres, et aussi parce qu'elle est un des réactifs les plus précieux de la chimie.

Propriétés physiques. — La potasse pure ou décarbonatée est solide, blanche quand elle est préparée à l'alcool, grise dans le cas contraire ; elle est sans odeur, sa saveur est excessivement caustique. Carbonatée, elle est en masses informes, blanche, quelquefois bleuâtre ; son odeur est nulle, sa saveur moins caustique.

Propriétés chimiques. — La potasse décarbonatée est déliquescente, c'est-à-dire que son affinité pour s'unir à l'eau lui permet de s'approprier celle qui se trouve répandue dans l'atmosphère, et de s'y résoudre en liqueur ; elle verdit fortement les couleurs bleues végétales, se combine avec les acides sans produire d'effervescence. Sa solution dans l'eau précipite tous les oxides métalliques, ce qui en fait un des réactifs les plus employés. Son action dissolvante sur les matières organiques mortes ou vivantes est des plus développées ; elle s'unit aux huiles et aux autres matières grasses pour former des savons mous.

La potasse carbonatée possède encore une grande partie de ces propriétés, mais à un plus faible degré; sa solution dans les acides s'accompagne alors d'effervescence.

La faculté qu'elle possède de s'unir aux matières grasses, et de les rendre solubles dans l'eau, est mise à profit dans les ménages pour blanchir le linge. En effet, les lessives ne sont autre chose que de la potasse carbonatée extraite des cendres et mise en contact avec le linge sale. Ce carbonate alcalin forme avec la crasse un savon que l'eau de la rivière enlève avec facilité. Quelquefois on ajoute aux cendres de la chaux; dans ce cas, il se forme de la potasse caustique dont l'effet est beaucoup plus actif; mais si cette addition n'est pas faite avec discrétion, la solidité du linge en sera nécessairement altérée.

Réactif qui la fait reconnaître. — La potasse est précipitée en jaune par le chlorhydrate de platine, en blanc par l'acide chlorique oxigéné, et aussi par l'acide tartrique en excès; dans ce dernier cas, le précipité est sous forme cristalline, grenue.

Influence sur la végétation. — On se rendra aisément compte de l'influence de la potasse sur la végétation, quand on saura que les cendres de tous les végétaux en contiennent des quantités assez fortes. Cette substance est donc essentielle au développement des plantes, et les terrains qui n'en renfermeraient pas seraient frappés de stérilité. Mais cette substance, si soluble dans l'eau, ne devrait-elle pas être entraînée par les pluies ou absorbée tout entière par une première récolte? C'est en effet ce que le raisonnement doit admettre; mais la nature nous donne encore ici une marque de sa prévoyance. La potasse, dans le sol, n'est ni à l'état de pureté ni à l'état de carbonate; elle est intimement unie à la silice, qui ne l'abandonne que difficilement à l'action atmosphérique et aux variations météorologiques, telles que les gelées, les chaleurs, les sècheresses et les pluies.

Dans les cultures bien entendues, elle est en partie restituée au sol par les cendres et les charrées qu'on fait entrer dans les engrais.

Influence sur la vie animale. — Dans la médecine humaine, outre l'emploi de la potasse caustique pour cautère, on se sert encore des sels dont elle est la base, tels sont : le nitrate de potasse, autrement dit *sel de nitre*; le sulfate de potasse, connu sous le nom de *sel de duobus;* le tartratre acide de potasse, sous celui de *crème de tartre,* etc. On emploie encore le sulfure de potasse sous forme de bains. Dans la médecine vétérinaire, on ne se sert guère que du sel de nitre ou nitrate de potasse.

DU SODIUM.

Le sodium fut découvert par Davy, en 1807, dans les mêmes circonstances que le précédent. Ce métal, qui a les plus grands rapports avec le potassium, se comporte à peu près de la même manière avec l'eau. Il n'est d'aucun usage à l'état métallique.

COMBINAISON DU SODIUM AVEC L'OXIGÈNE.

L'oxide de sodium, ou soude, que les anciens chimistes appelaient alcali minéral, alcali marin, parce qu'il est contenu dans le sel marin, est composé, d'après Berzélius, de :

Sodium.	74,42
Oxigène	25,58

Etat naturel. — Dans le règne minéral, l'oxide de sodium, que nous désignerons désormais sous le nom de soude, se trouve, comme la potasse, uni à la silice dans les roches anciennes; mais il y est beaucoup plus rare. C'est le sel marin qui en est la source la plus abondante; c'est de là aussi qu'on le retire aujourd'hui pour le besoin des arts. Certains lacs contiennent la soude à l'état de carbonate; elle porte alors le nom de natron, d'autres la renferment unie à l'acide borique; dans ce cas, elle forme le borax.

Dans le règne végétal, la soude se trouve dans les cendres des plantes marines; le règne animal l'offre aussi combiné aux acides carbonique et chlorhydrique.

Préparation. — Autrefois on retirait la soude de la cendre des plantes marines par les procédés que nous avons indiqués pour extraire la potasse : aujourd'hui, on trouve plus avantageux de l'obtenir du sel marin, ou chlorure de sodium, par des opérations trop compliquées pour être indiquées dans cet ouvrage. De même que la potasse, la soude du commerce est à l'état de carbonate et mêlée de quelques sels étrangers. On l'obtient à l'état de pureté au moyen de la chaux en suivant les procédés indiqués plus haut pour la potasse. Si on l'amène par l'évaporation jusqu'à l'état solide, on la désigne sous le nom de soude caustique; si au contraire cette évaporation s'arrête au moment où la solution marque 36 degrés à l'aréomètre de Baumé, on obtient une liqueur qui porte le nom de lessive des savonniers parce qu'elle sert à préparer les savons. On traite aussi la soude par l'alcool pour l'obtenir à l'état de pureté parfaite.

Propriétés physiques. — Ce que nous avons dit de la potasse s'applique presque exactement à la soude en prenant ces deux corps à l'état caustique; à l'état de carbonate, les propriétés spécifiques de la soude commencent à se dessiner. Le carbonate de soude est blanc, inodore, d'une saveur urineuse, susceptible de cristalliser et renfermant à cet état, d'après Berard, 62,69 pour 100 d'eau de cristallisation; au lieu d'attirer l'humidité et de s'y résoudre en liqueur, ainsi que le fait le carbonate de potasse, il perd au contraire à l'air une partie de celle qu'il possède, ses cristaux deviennent opaques et se recouvrent d'une poussière blanche qu'on nomme efflorescence.

Les propriétés chimiques de la soude ont aussi la plus grande analogie avec celle de la potasse. Un des caractères par lesquels ces deux alcalis diffèrent l'un de l'autre, c'est la propriété que possède la soude de former des savons *durs* avec les corps gras, tandis que la potasse ne forme que des savons *mous,* ainsi que nous l'avons dit à son article.

Le bas prix du carbonate de soude le fait employer quelquefois pour remplacer la cendre dans les lessives domestiques surtout lorsqu'elles se font par le moyen des appareils perfectionnés.

Nous ne possédons aucun réactif qui reconnaisse la soude; sa présence ne peut se prouver que par l'ensemble de ses caractères.

Influence sur la végétation. — La soude ne s'emploie jamais directement pour l'amendement des terres. Ses sels, et particulièrement le sel marin, sont sous le rapport de l'amélioration des récoltes, le sujet d'opinions contraires que nous nous sommes déjà promis d'examiner plus tard. Le sulfate de soude est employé, conjointement à la chaux, d'après l'indication de M. Dombasle, pour imprégner les grains, afin de les préserver de la carie. A l'article semences, nous examinerons ce procédé que l'expérience a reconnu utile, ainsi que plusieurs autres, et nous étudierons, dans les bons effets obtenus, la part qui doit revenir au sulfate et celle qui appartient à la chaux.

Influence sur la vie animale. — Les sels à base de soude se retrouvant dans les organes de l'homme et des animaux, il nous semble raisonnable de penser qu'ils sont utiles à leur existence; plus tard nous aurons occasion de voir dans quelle mesure, en nous appuyant sur des expériences faites avec soin par des hommes spéciaux dans cette matière.

La soude fournit un assez grand nombre de sels employés dans la médecine humaine et vétérinaire.

DE LA BARYTE.

La baryte est l'oxide du métal qu'on a nommé barium. Elle fut découverte en 1774, par Scheele, et désignée sous le nom de terre pesante, puis de baryte, qui signifie la même chose. Sa composition, d'après Berzélius, est de :

> Barium. 89,55
> Oxigène. 10,45

Sa pesanteur spécifique est de 4, c'est-à-dire qu'à volume égal, elle pèse 4 fois plus que l'eau.

La baryte entre dans la catégorie des substances chimiques qu'on désigne sous le nom de *terres alcalines*. Elle possède les propriétés qu'on attribuait aux terres avant d'avoir découvert qu'elles ne sont autre chose que des oxides métalliques. Elle est blanche, facile à réduire en poussière, peu soluble dans l'eau quand elle est pure, absolument insoluble à l'état de sulfate ou de carbonate qui sont les formes sous lesquelles on la rencontre dans la nature.

La baryte pure verdit fortement les couleurs bleues végétales et neutralise les acides pour former des sels, propriétés qui lui sont communes avec les alcalis.

La baryte n'est employée sous aucune forme en agriculture; mais elle constitue en chimie un réactif extrêmement précieux pour reconnaître la présence de l'acide sulfurique ou des sulfates en formant avec eux un précipité insoluble. On l'emploie à l'état de chlorhydrate ou de nitrate. Voici de quelle manière :

Si la substance à analyser est liquide il faut la filtrer, à moins qu'elle ne soit déjà limpide; on y verse ensuite quelques gouttes de solution de nitrate ou de chlorhydrate de baryte; si la liqueur reste claire on peut être certain qu'il n'y existe ni acide sulfurique ni sulfate ; si au contraire elle se trouble on a déjà un soupçon, mais l'opération n'est pas terminée. On ajoute alors quelques gouttes d'acide nitrique ; si le trouble disparaît c'est qu'il n'était occasionné ni par l'acide sulfurique ni par un sulfate, et dans ce cas on est encore assuré de l'absence de ces corps ; si le trouble persiste le soupçon se fortifie, mais il n'y a pas encore de certitude ; pour l'obtenir il faut laisser déposer le précipité, le recueillir avec soin, le mêler avec du charbon de bois en poudre, en quantité deux ou trois fois plus forte, et le faire chauffer au rouge sur une lampe à esprit-de-vin dans une cuiller de platine pendant environ cinq minutes. Le résultat de cette petite opération sera délayé dans l'eau et additionné de quelques gouttes d'acide chlorhydrique ; si la liqueur examinée contenait de l'acide sulfurique ou un sulfate, il se produira du gaz sulfhydrique bien reconnaissable à son odeur d'œufs gâtés.

Voici ce qui se passe dans cette série d'opérations : l'acide sulfurique a pour la baryte une affinité plus grande que pour aucun autre corps, alors il s'y unit partout où il se rencontre avec elle soit à l'état de liberté soit à l'état de combinaison, et forme par cette union, du sulfate de baryte qui étant très lourd et absolument insoluble se précipite au fond du liquide. Plusieurs autres acides ont la propriété de précipiter la baryte, mais aucun de ces précipités ne peut supporter toutes les épreuves que nous avons indiquées.

En calcinant le précipité de sulfate de baryte obtenu, avec du charbon, ce dernier corps passe à l'état d'acide carbonique en s'emparant de l'oxigène de l'acide sulfurique et de celui de la baryte, le soufre et le barium se trouvant désoxigénés, s'unissent à l'état de sulfure de barium.

Cette nouvelle combinaison se trouve encore rompue par l'acide chlorhydrique dont le chlore s'unit au barium pour former du chlorure de barium et l'hydrogène au soufre pour former l'acide sulfhydrique dont l'odeur trahit la présence. J'ai donné à dessein la théorie de cette opération qui consiste à reconnaître l'acide sulfurique et les sulfates au moyen de la baryte. Ce raisonnement chimique nous préparera déjà aux détails analytiques dont nous allons bientôt avoir l'occasion de nous occuper; néanmoins, afin d'aider les personnes peu habituées à suivre ces complications, nous allons essayer de placer sous leurs yeux, dans une formule, la marche de ces échanges.

1.

CHANGEMENT DU SULFATE DE BARYTE EN SULFURE DE BARIUM.

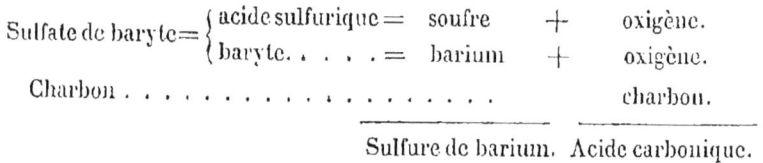

Sulfate de baryte =
{ acide sulfurique = soufre + oxigène.
{ baryte. . . . . = barium + oxigène.

Charbon . . . . charbon.

Sulfure de barium. Acide carbonique.

2.

TRAITEMENT DU SULFURE DE BARIUM PAR L'ACIDE CHLORHYDRIQUE.

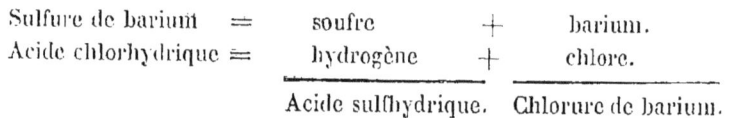

Sulfure de barium = soufre + barium.
Acide chlorhydrique = hydrogène + chlore.

Acide sulfhydrique. Chlorure de barium.

Ajoutons, pour terminer, que si l'acide sulfurique est libre dans la liqueur qui fait le sujet de notre examen, cette liqueur rougira les couleurs bleues végétales. Si au contraire, ces couleurs ne sont pas altérées, c'est que l'acide sulfurique était à l'état de sulfate.

DE LA CHAUX.

La chaux, connue de toute antiquité, est l'oxide d'un

métal récemment découvert auquel on a imposé le nom de calcium. Elle est composée, suivant Berzélius de :

Calcium. 71,91
Oxigène. 28,09

État naturel. — La chaux ne se rencontre nulle part à l'état de pureté; mais, combinée à l'acide carbonique, elle est très répandue dans la nature, ainsi que nous le disions en parlant de cet acide gazeux. Elle fait partie essentielle des bonnes terres végétales. Les marnes sont composées en majeure partie du carbonate de chaux; le marnage qui est une des opérations les plus importantes de l'agriculture a donc pour but principal d'apporter au sol l'élément calcaire. Dans la partie de notre ouvrage qui traitera de l'amendement des terres, nous nous proposons de traiter cette question avec étendue. La chaux combinée avec l'acide sulfurique, forme le sulfate de chaux ou plâtre, dont nous nous sommes déjà occupés précédemment.

Préparation. — La chaux s'extrait du carbonate de chaux par le moyen du feu. L'acide carbonique, ainsi que nous l'avons vu, a une grande affinité pour s'unir à la chaux, mais cette force se trouve rompue par une température très élevée. Nous rappellerons à ce sujet ce que nous disions dans notre première leçon : que l'affinité était susceptible d'être modifiée par plusieurs causes, au nombre desquelles se trouve la chaleur.

On prépare la chaux au bois ou au charbon de terre; dans le premier cas, on dispose avec la pierre calcaire, dans le four à chaux, une espèce de voûte sous laquelle on entretient du feu jusqu'à ce que cette pierre soit cuite; on laisse le feu s'éteindre et on défourne. Cette méthode coûteuse ne peut fournir la chaux à un prix assez bas pour que l'agriculture en profite, quoiqu'on diminue la dépense en disposant dans le fourneau, au-dessus de la pierre, des briques ou des tuiles qui cuisent en même temps que la chaux.

La cuisson au charbon de terre est beaucoup plus économique, d'abord parce que la chaleur que produit ce combustible est moins chère, et ensuite parce que le fourneau une fois allumé, fonctionne sans intermittence. Dans ce cas, les parois une fois échauffées, n'absorbent plus de calorique inutile ; il y a donc économie de main d'œuvre et économie de combustible.

Le charbon et la pierre étant disposés dans le fourneau par couches alternatives ; on tire par le bas la chaux à mesure qu'elle est cuite, tandis que l'on ajoute par le haut de nouveaux lits de charbon et de pierre : de cette manière un fourneau une fois allumé fonctionne pendant plusieurs mois sans interruption.

Une précaution importante au point de vue de l'économie, et qui pourtant n'est pas toujours pratiquée, consiste à n'employer la pierre que quand elle a perdu son eau de carrière. En effet, les pierres en sortant de la carrière sont toujours imprégnées d'une très forte quantité d'eau ; en les mettant au four en cet état, tout le calorique employé pour vaporiser cette eau, se trouve perdu pour la cuisson ; il suit de là que plus la pierre est mouillée et plus elle exige de dépense de combustible pour la priver de son acide carbonique.

Propriétés physiques. — La chaux pure qu'on nomme aussi chaux vive, chaux caustique, chaux décarbonatée est solide, blanche, assez légère, sans odeur, quand elle est sèche ; elle devient légèrement odorante par son mélange avec l'eau. Sa saveur est franchement alcaline, elle verdit fortement les couleurs bleues végétales.

Propriétés chimiques. — La chaux vive a une grande puissance pour s'unir à l'eau. Elle l'attire de l'air atmosphérique, et en s'y combinant, elle se réduit en poussière ;

on dit alors qu'elle est éteinte *à l'air*. Si l'on jette un peu d'eau sur de la chaux vive, cette eau se trouve immédiatement absorbée, si la quantité n'en est pas trop forte; la pierre siffle, et s'échauffe à un degré suffisant pour enflammer une allumette; elle se brise dans tous les sens en dégageant un nuage épais de vapeurs d'eau et finit par se réduire en poussière si fine qu'en la palpant on ne peut trouver sous les doigts aucune particule grossière.

Une plus grande quantité d'eau en forme une pâte liée, ductile, qui, additionnée de sable siliceux, constitue le mortier au moyen duquel sont cimentées les pierres dans la construction de nos édifices. Le mortier n'est pas un simple mélange, c'est une véritable combinaison de chaux et de silice; aussi est-il important pour sa solidité, que le sable employé à sa confection ne soit pas argileux. L'étude de la chaux, envisagée au point de vue de la maçonnerie, donne lieu à des observations nombreuses et du plus haut intérêt, que nous regrettons de ne pouvoir comprendre dans le cadre de nos *leçons*.

Nous dirons seulement que la pierre calcaire qui ne renferme que du carbonate de chaux, fournit de la chaux *grasse* qui peut prendre une quantité de sable assez forte; elle reste molle sous l'eau et ne durcit qu'à l'air. Celle qui contient de la silice anhydre donne de la chaux *maigre* qui prend moins de sable; elle ne durcit pas sous l'eau et demande des précautions pour être employée à l'air; comme elle est très lente à s'éteindre, il arrive que si cette extinction n'est pas complète au moment de son emploi, elle *souffle* et les mortiers qui en sont composés se dégradent. Enfin, les calcaires qui renferment de la silice hydratée ou gélatineuse donnent une chaux *hydraulique* qui, comme la précédente, prend peu de sable, mais qui possède la propriété précieuse de durcir sous l'eau, et d'au-

12

tant plus vite qu'elle contient une plus grande proportion de silice hydratée.

La chaux hydraulique sert à bâtir les constructions destinées à être immergées, et les bassins en maçonnerie qui doivent contenir des liquides.

La chaux vive est attaquée et dissoute par les acides nitrique et chlorhydrique sans produire d'effervescence; il en résulte du nitrate et du chlorhydrate de chaux, sels qui ne sont d'aucun usage en agriculture.

La chaux, unie à l'acide carbonique ou le carbonate de chaux, substance si abondante dans la nature, se dissout également dans les acides nitrique et chlorhydrique; mais avec une effervescence considérable due à ce que l'acide carbonique se dégage à l'état gazeux à mesure que les autres acides le remplacent. On met à profit ce caractère pour reconnaître si une terre ou une pierre contiennent du carbonate de chaux : on verse dessus quelques gouttes d'acide nitrique ou chlorhydrique; s'il y a effervescence ou bouillonnement, c'est, dans le plus grand nombre des cas, une preuve certaine de la présence du carbonate calcaire, il ne s'agit plus que d'en apprécier les proportions par les moyens que nous indiquerons, quand nous allons nous occuper de l'analyse des terrains.

La chaux, unie à l'acide sulfurique, ou le sulfate de chaux n'est point attaqué par les acides que nous venons de nommer; il ne fait point effervescence avec eux; quant aux autres sels de chaux, nous n'avons point à nous en occuper, puisqu'ils ne sont pas utiles à l'agriculture.

Réactif de la chaux.— Nous avons vu déjà que l'acide carbonique précipitait l'eau de chaux, mais comme d'une part, il n'a d'action que sur la chaux vive, et que d'autre part, il précipite également la baryte et l'acétate de plomb, l'analyse chimique avait besoin d'un réactif qui fût en même temps spécial pour la chaux et qui la reconnût dans toutes les combinaisons où elle pouvait se trouver engagée. L'acide oxalique combiné avec l'ammoniaque remplit très bien cet objet : quelques gouttes d'oxalate d'ammoniaque versées dans une solution de chaux soit pure soit combinée aux acides produisent dans la liqueur un précipité d'oxalate de chaux insoluble, qui se dépose au fond du vase et qu'on peut recueillir aisément. La chaux précipite encore par la potasse et la soude et non par l'ammoniaque.

Influence sur la végétation. — L'influence de la chaux en agriculture est considérable et peut être envisagée de plusieurs manières. La chaux faisant partie constituante du sol, divise la matière argileuse; elle rend, par ce moyen, la terre perméable aux influences atmosphériques, permet aux racines de la pénétrer aisément et d'y développer leur chevelu. Ajoutée comme amendement sous forme de marne, elle produit les mêmes résultats et souvent encore d'autres avantages que nous étudierons bientôt. Employée à l'état de chaux vive, elle élabore les matières qui doivent servir à la nourriture des végétaux et les dispose pour une assimilation plus facile.

La chaux vive s'emploie avec succès pour préserver les grains de la carie. Il est à remarquer que parmi les méthodes nombreuses qui ont été préconisées tour à tour et qui ont fourni des résultats avantageux, la chaux a toujours fait partie des substances mises en usage (1). N'en pourrait-on pas conclure que dans tous ces procédés, c'est à la chaux qu'appartient la propriété préservatrice? et alors ne devrait-on pas, par raison d'économie, supprimer toutes les matières auxquelles on l'associe

---

(1) Nous exceptons néanmoins le sulfate de cuivre et l'arsenic, qui agissent seuls; mais à ce sujet, qu'il nous soit permis de désapprouver hautement l'emploi de ces deux poisons, dont le maniement est environné de si grands dangers.

dans cette opération? La chaux a encore été employée avec avantage par M. Millet, d'Angers, dans la culture des pommes de terre, pour préserver ces tubercules de la maladie qui sévit sur eux depuis deux ans.

Quand nous allons nous occuper de la composition des terrains, du marnage, des composts, etc., la chaux deviendra pour nous une des matières premières de la production agricole. C'est pour ne pas être exposé à nous répéter que nous avons dû nous borner ici à indiquer ce que plus tard nous examinerons avec détail.

Influence sur la vie animale. — La chaux vive, en contact avec les tissus animaux, les désorganise; elle facilite l'enlèvement des poils; cette propriété est mise à profit dans l'art du mégissier. La chaux est peu employée dans la médecine humaine; dans la médecine vétérinaire, elle sert à blanchir les étables dans le cas d'épizootie. Nous ne saurions désapprouver cet usage, quoique nous ne puissions nous rendre un compte bien exact de la manière dont la chaux agit dans cette circonstance.

TREIZIÈME LEÇON.

De la magnésie; — cette terre est-elle nuisible à la végétation? — Ses réactifs. — De l'alumine; — ses propriétés; — ses réactifs; — son influence sur la végétation. — Du fer. — Du zinc. — Du plomb; — danger de ce métal employé pour frelater les boissons. — Du cuivre; — employé pour préserver les blés de la carie. — De l'argent; — préparation de son nitrate comme réactif du chlore. — De l'arsenic; — danger de son emploi; — ses contre-poisons; — ses réactifs.

La magnésie est l'oxide d'un métal récemment découvert et auquel on a donné le nom de magnésium. Elle est considérée comme une terre alcaline et semble avoir été remarquée pour la première fois au commencement

du xviiie siècle. D'après Berzélius, la magnésie est composée de :

Magnesium. 61,29
Oxigène 38,71

La magnésie se rencontre dans la nature, particulièrement à l'état de carbonate et souvent uni au carbonate de
chaux, constituant alors une roche que l'on désigne en
minéralogie sous le nom de *Dolomie*. On la trouve aussi
en solution dans l'eau à l'état de sulfate, cette combinaison prend le nom de sel de sedlitz. Elle existe encore
à l'état de chlorhydrate de nitrate et de phosphate.

La magnésie est blanche, d'une saveur alcaline quand
elle est pure, insipide quand elle est carbonatée, amère
et soluble dans l'eau quand elle est unie à l'acide sulfurique, ce qui la distingue de la chaux qui, dans la même
circonstance, forme un sel sans goût et insoluble.

Une opinion assez généralement répandue chez les
agronomes, c'est que la magnésie rend les terres stériles,
quoique cet oxide métallique se trouve quelquefois naturellement contenu dans des sols très productifs. « Une
« des plus fertiles parties du Cornouailles, le Lizard, est
« un canton où le sol contient de la magnésie carbonatée.

« Les plaines du Lizard ont un gazon vert et court qui
« nourrit des moutons dont la chair est excellente, et les
« parties cultivées sont rangées parmi les meilleures
« terres à blé du pays (1). » Voici du reste quels sont les
motifs sur lesquels on s'est appuyé pour adopter l'idée
que la magnésie rend les terres stériles. Les fermiers de
Duncaster, en Angleterre, avaient remarqué que la chaux
dont ils faisaient usage depuis quelque temps était nuisible aux récoltes. M. Tennant l'examina et reconnut
qu'elle contenait de la magnésie. Afin de confirmer ses

(1) H. Davy. *Leçons pratiques de Chimie agricole*, traduction de M. Ver-
gnaud, 1838, p. 209.

prévisions, il mêla de la magnésie calcinée avec le sol, et les plantes qu'il y sema périrent ou ne produisirent qu'une végétation maladive. Il conclut de ces expériences que la magnésie était la cause des mauvais effets obtenus de la chaux par les fermiers de Duncaster.

Nous ferons remarquer que les cultivateurs, de même que M. Tennant, employaient la magnésie à l'état *caustique*, état qu'elle conserve d'autant plus long-temps que la quantité de chaux qui l'accompagne est plus considérable. Les expériences citées, dont nous admettons l'exactitude, ne prouvent donc qu'une chose, c'est que la magnésie est nuisible à l'agriculture tant qu'elle reste à l'état *caustique*; mais en est-il de même quand elle a absorbé assez d'acide carbonique pour passer à l'état de carbonate de magnésie? Il nous semble que la citation que nous venons d'emprunter à H. Davy, suffirait pour résoudre la question; mais nous ajouterons ici par surcroît l'exposé d'expériences précises faites par le même savant. « Je pris quatre parties du même sol; avec l'une « je mêlai un vingtième de son poids de magnésie caus- « tique; avec une autre, la même quantité de magnésie « dans le même état et une proportion de tourbe grasse « en décomposition égale au quart du poids de ce second « sol; la troisième partie resta dans son état naturel, et « la quatrième fut mélangée de tourbe aussi dans son état « naturel. Ces mélanges furent faits en décembre 1806, en « avril 1807, on sema de l'orge dans chacun d'eux. L'orge « crut bien dans le sol naturel, mieux dans celui de ma- « gnésie et de tourbe; presqu'aussi bien dans le sol mêlé « de tourbe seulement, mais dans le sol ne contenant que « de la magnésie *caustique,* l'orge poussa faiblement, de- « vint jaune et languit. »

« Je répétai ces expériences dans l'été de 1810 avec « les mêmes résultats; je remarquai que la magnésie,

« mêlée dans le sol avec la tourbe, devint fortement ef-
« fervescente, ce qui indiquait qu'elle était devenue
« *carbonatée,* tandis que celle simplement mêlée au sol
« donnait beaucoup moins d'acide carbonique (1). »

Nous pouvons conclure des importantes remarques de
H. Davy que la magnésie n'est nuisible en agriculture
qu'à l'état *caustique,* ainsi, dans les contrées où les
marnes sont magnésiennes, cette circonstance ne doit
pas être un motif pour renoncer au marnage, seulement
il faut le faire avec discrétion. De même, quand la chaux
contient de la magnésie, il ne faut pas pour cela la rejeter,
si l'on n'en a pas d'autre à sa disposition, mais on doit la
mélanger de tourbe, de fumier ou de terreau long-temps
avant de l'épandre sur le sol, afin de donner à la magnésie
le temps de se saturer d'acide carbonique ou des acides
organiques qui se produisent dans ces mélanges, et de
perdre ainsi son état caustique.

Réactifs de la magnésie. — La magnésie est précipitée
de ses·dissolutions par la potasse, la soude et l'ammoniaque, par le phosphate d'ammoniaque; le *bicarbonate*
de potasse ne la précipite pas à froid; mais le précipité se
forme par l'ébullition du liquide : les sels solubles de magnésie, surtout le sulfate, sont amers.

DE L'ALUMINE.

L'alumine est l'oxide d'un métal qu'on a nommé aluminium et qui est sans usage. D'après Berzélius, cette
combinaison existe dans les proportions suivantes :

Aluminium. 53,30
Oxigène. 46,70

L'alumine est considérée comme une terre non alcaline, elle doit son nom à l'alun, d'où on la retire à l'état

(1) H. Davy. *Ouvrage cité,* p. 410.

de pureté pour en étudier les caractères; elle est la base des terres fortes et argileuses; toutes les terres fertiles la renferment en plus ou moins grande quantité. On verra par les détails dans lesquels nous allons entrer, qu'il importe aux agriculteurs d'en bien connaître les principales propriétés chimiques.

L'alumine pure est très rare et nous n'avons pas à nous en occuper; mais, à l'état de combinaison, c'est un des corps les plus répandus dans la nature; on la rencontre dans tous les étages géologiques, tantôt faisant partie de roches dures plus ou moins schisteuses, d'autre fois constituant des bancs argileux, stratifiés, variables par leur puissance et par leur étendue.

La terre végétale étant formée par le détritus des couches géologiques renferme de l'alumine au nombre de ses éléments; mais, comme ce remaniement ne s'est pas opéré d'une manière régulière, il en est résulté que cette substance ne se trouve pas répartie avec uniformité.

L'alumine pure est blanche; mais, à l'état naturel, elle est presque toujours colorée par des matières étrangères, en jaune, en rouge ou même en noir. Sèche, elle est douce au toucher, elle happe à la langue, c'est-à-dire qu'elle a la propriété de s'y coller en absorbant immédiatement son humidité; si l'on dirige dessus le souffle de l'haleine, elle prend une odeur particulière. Arrosée avec l'eau, elle l'absorbe, et produit, avec ce liquide, une pâte tenace susceptible de recevoir toutes les formes qu'on veut lui donner. Chauffée au rouge, elle prend la dureté de la pierre et ne possède plus la faculté de faire pâte avec l'eau. Cette dernière propriété, sur laquelle est basé l'art du potier, est mise aussi à profit pour l'agriculture.

Par exemple, si un champ est stérile par la trop grande quantité d'alumine ou d'argile qu'il contient, on peut l'a-

méliorer en faisant cuire une portion du sol pour l'é-
pandre ensuite sur le reste. Cette partie, qui aura perdu
sa propriété plastique, divisera la terre avec laquelle elle
se trouvera mélangée et la rendra fertile. Ce procédé,
qui n'est pas de pure théorie, puisque l'expérience a prononcé en sa faveur, est applicable surtout dans les contrées où le combustible n'est pas d'un prix trop élevé.
On creuse une fosse longitudinale qu'on remplit de
broussailles; on place en travers des branches d'une
grosseur raisonnable pour soutenir les mottes d'argile
destinées à la cuisson, on dispose ces dernières de manière à laisser des intervalles suffisants pour la circulation
de la flamme; puis on allume le feu. Si nous n'entrons
pas dans plus de détails relativement à cette pratique, c'est
que nous croyons que l'intelligence du cultivateur pourra
facilement vaincre toutes difficultés qui se rencontre-
raient dans cette opération. Nous ajouterons néanmoins
que, plus la terre argileuse sera sèche, et moins elle exi-
gera de combustible pour sa cuisson.

L'alumine est la base de toutes les terres employées à
faire les tuiles, les briques et les différentes sortes de
fayence; nous regrettons de ne pouvoir entrer dans quelques détails sur un sujet si intéressant.

Réactifs. — L'alumine est attaquée par les acides concentrés avec lesquels elle forme des sels solubles dans
l'eau. Ces solutions ont une saveur astringente qu'on
désigne sous le nom de *styptique;* la potasse caustique en
précipite l'alumine qu'un excès du même réactif redissout; l'ammoniaque liquide précipite aussi l'alumine,
mais le précipité demeure, même en présence d'un excès
de cet alcali.

Influence sur la végétation. — Si l'absence de l'alumine rend la terre impropre à la culture, parce que dans
ce cas le sol est privé de consistance; un excès produit le

même résultat pour la raison contraire. Il faut un terme moyen que le cultivateur doit chercher à atteindre par des amendements bien choisis quand il n'existe pas naturellement, et l'analyse chimique lui aidera à se rendre compte de la composition de son terrain et de celle de l'amendement qu'il lui destine.

Les bienfaits de l'alumine pour l'agriculture ne se bornent pas à donner au sol une consistance convenable. Provenant de détritus de roches plus anciennes, ainsi que nous le disions il n'y a qu'un moment, elle a apporté avec elle à l'état de combinaison intime une matière qui exerce sur la végétation une très grande influence; c'est la potasse. De même que la silice, elle ne cède ce principe que lentement et à mesure que l'action atmosphérique le prédispose. Un autre avantage de l'alumine, c'est de pouvoir absorber et contenir une plus grande quantité d'eau que les autres terres, et de procurer ainsi une réserve contre les sécheresses et les chaleurs de l'été. Enfin les chimistes modernes ont trouvé que la terre argileuse ou alumineuse avait la propriété de fixer l'ammoniaque répandu dans l'atmosphère; or, il résulte d'expériences nombreuses que l'ammoniaque est un principe fertilisant doué d'une grande énergie.

Influence sur la vie animale. — L'alumine, combinée à l'acide sulfurique et à la potasse, fournit l'alun, substance quelquefois employée dans la médecine humaine et vétérinaire; ainsi que l'alun calciné, qui se prépare en faisant chauffer modérément l'alun ordinaire, jusqu'à ce qu'il ait perdu toute son eau de cristallisation.

DU FER.

Le fer à l'état d'oxide ou de sulfure fait quelquefois partie constituante du sol, quoique le plus souvent dans une faible proportion; à l'état salin, il peut se rencontrer dans les nouveaux engrais dont la fabrication se répand de plus en plus.

Quand le fer existe dans le sol à l'état d'oxide, on lui attribue, comme à l'alumine, la propriété de fixer l'ammoniaque et de pouvoir ainsi l'offrir aux plantes qui en font une partie de leur alimentation. Quand il est sulfuré ou pyriteux, si sa proportion dans le sol n'est pas trop forte, il convient parfaitement à la culture des plantes de la famille des légumineuses; s'il est en excès, il devient nuisible à la végétation; mais alors, la terre qui le renferme peut être répandue avec modération sur les prairies artificielles comme un amendement avantageux.

Le sulfate de fer étant employé, depuis quelques années, pour désinfecter les fosses d'aisance et diminuer ainsi l'incommodité qui résulte de l'enlèvement des matières fécales, ce sel doit se rencontrer quelquefois dans les engrais qui en proviennent. Il était nécessaire que l'agriculteur fût prévenu de cette addition, afin qu'il pût étudier les effets de cette nouvelle substance sur tous les genres de culture. Il est vrai que la plus grande partie du sulfate de fer est passée à l'état de sulfure, mais l'effet du nouvel engrais n'en a pas moins besoin d'être surveillé jusqu'à ce que des expériences multipliées et faites avec précision aient prononcé sur cette matière. Nous ferons la même remarque à l'occasion de la pratique, conseillée depuis peu par quelques chimistes, d'arroser avec du sulfate acide de fer, les fumiers d'écurie. — Voyez, à ce sujet, pages 100-101.

Le fer est répandu à peu près partout et se retrouve jusques dans les cendres des matières végétales et animales. Il fournit à la médecine humaine des préparations nombreuses.

Le fer se reconnaît aisément en traitant les matières qui le contiennent par l'acide sulfurique ou l'acide chlorhydrique. Le résultat de ce traitement, filtré, précipite en noir par l'infusion de noix de galle, et en bleu par le cyano-farate de potasse. Tous les sels de fer solubles ont une saveur qui se rapproche de l'encre et qu'on nomme pour cela saveur atramentaire

DU ZINC.

Nous n'aurions pas eu à nous occuper du zinc si ce métal n'était employé à faire des seaux, des bassins et autres vases pour contenir de l'eau ou des liquides destinés à l'alimentation. Cette pratique est dangereuse, par la raison que le zinc est très facilement dissous et que son introduction dans l'économie vivante peut altérer jusqu'à un certain point la santé de l'homme et des animaux. Il y aurait donc imprudence à traire les vaches dans des bassins de zinc et surtout à y laisser séjourner le lait; de même qu'il ne serait pas convenable de conserver dans des réservoirs garnis de zinc l'eau destinée au breuvage des animaux.

Le zinc en solution se reconnaît par les caractères suivants : il est précipité en blanc par les carbonates de potasse et de soude, de même que par le ferro-cyanate de potasse.

DU PLOMB.

Le plomb fournit au commerce un assez grand nombre de produits, parmi lesquels se trouvent un oxide connu sous le nom de litarge et un carbonate qui porte celui de céruse. Ces deux substances ont été mises en usage pour frelater les boissons, il nous a semblé utile de signaler à l'agriculteur le danger de ces coupables manœuvres et les moyens de les découvrir.

Tous les composés de plomb sont rangés au nombre des poisons actifs. Pris, même en petite dose, ils occasionnent des coliques excessivement douloureuses connues

sous le nom de coliques de plomb. On se fera une idée de
la petite quantité de plomb nécessaire pour produire ces
accidents, quand on saura que les peintres, en broyant
la céruse, avec toutes les précautions convenables, sont
sujets, par ce seul fait, à les éprouver. Enfin, nous dirons au sophistiqueur, pour lui faire comprendre toutes
les conséquences de sa honteuse industrie, que les empoisonnements par le plomb se terminent souvent par la
mort.

Heureusement le plomb se reconnaît facilement dans
les liquides où il se trouve dissous; en y faisant passer
un courant d'acide sulfhydrique, au moyen de l'appareil
indiqué p. 128, fig. 14, il se forme aussitôt un précipité
noir. Le carbonate de potasse et le carbonate de soude le
précipitent en blanc; l'iodure de potassium, en jaune;
une lame de zinc décapée plongée dans une solution de
plomb, en sépare le plomb à l'état métallique.

Nous remarquerons à ce sujet que toutes les fois qu'il
s'agit d'une question grave, il ne faut jamais se borner à
l'emploi d'un seul réactif; qu'il convient, au contraire,
de consulter tous ceux qui appartiennent à la substance
que l'on recherche et de ne fixer son opinion que quand
leur déposition a été uniforme.

L'oxide de plomb, combiné à l'acide acétique, forme
de l'acétate de plomb, autrement dit, extrait de saturne;
médicament si employé, à l'usage extérieur, dans la
médecine humaine et vétérinaire. C'est avec l'extrait de
saturne et l'eau ordinaire qu'on prépare l'eau blanche;
ces deux liquides, en se mêlant ensemble, perdent leur
limpidité et deviennent laiteux et opaques parce que l'a-
cide carbonique et les sulfates et chlorhydrates dissous
dans l'eau, forment avec le plomb des carbonate, sulfate
et chlorhydrate de plomb insolubles. Il suit de là que la
nature de l'eau employée influe beaucoup sur le degré

d'opacité de l'eau blanche, et que l'eau de pluie peut quelquefois ne donner qu'un louche assez léger. Quand on ne se rend pas compte de cette théorie, on peut être tenté, dans ce dernier cas, de suspecter la qualité de l'extrait de saturne le mieux préparé.

DU CUIVRE.

Tout le monde connaît le danger qui résulte de l'emploi des vases de cuivre dans la préparation des aliments, quand on n'apporte pas à l'entretien de ces instruments la propreté la plus minutieuse; mais, l'on ne sait pas assez que l'étamage, qui est une mesure de sûreté indispensable, ne met pas toujours à l'abri des accidents ceux qui ont eu l'imprudence de laisser séjourner dans le cuivre des aliments gras ou acides avant ou après la cuisson. Nous serions entré dans plus de détails sur cette matière importante, si la nature de ces leçons nous l'eût permis.

Le cuivre, à l'état de sulfate, a été proposé par M. Bénédict-Provost, pour préserver les grains de la carie : ce savant l'employait avec succès à la dose de 192 grammes par hectolitre de grain. En 1823, M. François, pharmacien à Châlons-sur-Marne, soumit à l'analyse chimique une substance qui se vendait sous le nom de *poudre anti-charboneuse végétative,* et la trouva composée de :

Sulfate de cuivre. . . . 75
Soufre 09
Fer. 16

Le même pharmacien raconte que le procédé de M. Bénédict-Provost est employé de la manière suivante dans le département de la Marne et que les succès obtenus prouvent son efficacité : on met le blé dans un cuvier avec un peu d'eau, et on le remue afin de l'humecter parfaitement ; on ajoute ensuite la quantité d'eau suffisante pour recouvrir le grain de six à huit pouces ; on verse alors le sulfate de cuivre dissous dans quelques litres d'eau chaude, après quoi on remue la masse pendant environ une demi-heure. Les grains qui surnagent sont rejetés. Après une heure et demie d'immersion, on décante l'eau, et, au bout de douze heures, le grain est en état d'être semé (1).

Nous ne contesterons pas la valeur de ce procédé, mais nous dirons que l'emploi de la chaux est aussi sûr, plus économique et surtout sans danger, dernier avantage que n'offre pas le sulfate de cuivre.

Quoique le cuivre ne soit pas très abondant dans la nature, la terre végétale en contient cependant presque partout des traces appréciables; c'est pour cela qu'on retrouve ce métal dans les cendres qui proviennent de la combustion des matières végétales et animales.

Le cuivre forme avec les acides des sels colorés en bleu ou en vert, doués d'une saveur métallique particulière; presque tous sont solubles dans l'eau; ces solutions précipitent en bleu par la potasse et la soude caustique, en blanc-bleuâtre par l'ammoniaque, un excès de ce dernier réactif dissout le précipité et donne naissance à une couleur bleue magnifique. Le ferro-cyanate de potasse précipite les sels de cuivre en brun-marron; une lame de fer ou de zinc, trempée dans une solution de ce métal, se recouvre d'une légère couche de cuivre.

Plusieurs sels de cuivre sont employés comme escarotiques dans la médecine humaine et vétérinaire. Le sulfate qui porte le nom vulgaire de vitriol bleu, et l'acétate celui de vert-de-gris, servent à guérir le piétin des moutons.

ARGENT.

Nous ne parlerons de l'argent que parce que ce métal forme, avec l'acide nitrique, un sel extrêmement pré-

(1) *Journal de Pharmacie*. T. IX. p. 9.

cieux, comme réactif du chlore. Le nitrate d'argent s'obtient avec la plus grande facilité. On verse de l'acide nitrique pur sur de l'argent sans alliage; il se dégage des vapeurs nitreuses rouges, parce qu'une partie de l'acide nitrique se décompose afin de fournir à l'argent l'oxigène nécessaire pour le faire passer à l'état d'oxide. A mesure que cet oxide se produit, il s'unit à la portion d'acide nitrique qui n'a pas subi de décomposition et forme avec elle du nitrate d'argent. Pendant cette opération, le mélange s'échauffe, et par le refroidissement, il se dépose des cristaux de nitrate d'argent, qu'on peut séparer et redissoudre ensuite dans l'eau distillée. C'est cette dernière liqueur qui constitue le réactif, dont nous avons fait mention en parlant du chlore et de l'acide chlorhydrique aux pages 137 et 146.

Les cristaux de nitrate d'argent séparés et chauffés sans eau se fondent; coulés, en cet état, dans une lingotière, ils prennent la forme de cylindres; c'est alors la pierre infernale, dont tout le monde connaît les usages.

DE L'ARSENIC.

Nous terminons cette première partie de nos leçons par quelques mots sur l'arsenic; notre but principal est d'engager l'agriculteur à ne jamais faire usage de ce dangereux toxique comme préservatif contre la carie des grains. La chaux, employée avec les conditions convenables, suffira toujours pour garantir les moissons de ce fléau. Il est bien rare que la personne, qui sème le blé chaulé par l'arsenic, ne s'en trouve pas incommodée. Une méprise peut, en outre, occasionner des accidents beaucoup plus graves. Il y a quelques années, plusieurs familles furent empoisonnées dans un village où un cultivateur avait envoyé, par erreur, au moulin du grain préparé pour la semence, avec l'arsenic.

Contre-poisons de l'arsenic. — Dans les cas d'empoisonnement, comme dans ceux de maladie naturelle, le
plus sûr est toujours d'appeler un homme de l'art; néanmoins, comme dans la première circonstance, les secours
doivent être apportés promptement, nous indiquons les
soins à prendre en attendant l'arrivée du médecin. Il
convient d'abord d'exciter des vomissements abondants,
en faisant avaler des breuvages nauséeux, tels que l'eau
chaude; ou en titillant la luette avec une barbe de plume.
Ensuite on administre le contre-poison, qui consiste, soit
en *péroxide de fer hydraté,* soit en *magnésie calcinée.* Le
premier de ces antidotes était très recommandé il y a
quelques années, et il paraît en effet avoir produit des
cures remarquables. Aujourd'hui la magnésie calcinée,
après un long oubli, est préconisée de nouveau, et compte
déjà plusieurs cas récents où elle aurait combattu avec
avantage l'empoisonnement par l'arsenic.

En résumé, nous insistons sur les vomissements, et
nous laissons le choix entre le péroxide de fer *hydraté* et
la magnésie *calcinée;* l'efficacité de l'une ou de l'autre de
ces substances étant appuyée sur des expériences de même
valeur; seulement la magnésie *calcinée* sera plus facile à
trouver que le péroxide de fer *hydraté.*

Réactifs. — Les préparations arsenicales, mises sur les
charbons ardents, développent une odeur d'ail très reconnaissable. Leur solution précipite en jaune par l'acide
sulfhydrique, au moyen de l'appareil indiqué page 128,
fig. 14.

Pour s'assurer que cette réaction est due à l'arsenic,
on sépare le liquide en le versant doucement, on dessèche ensuite le précipité jaune, on le broie avec de la
potasse et du charbon bien secs; on met le tout au fond
d'un tube de verre étroit et fermé à la lampe par un bout;
on nettoie bien la partie vide de ce tube, en y introdui-

sant à plusieurs reprises un fil de fer enveloppé de coton;
on étire un peu à la lampe à alcool cette partie du tube;
après son refroidissement, on chauffe le mélange dans la
flamme à esprit de vin. Si le précipité jaune est occasionné
par l'arsenic cette substance se réduit à l'état métallique,
se volatilise et vient se condenser, en se refroidissant, dans
la partie du tube qui a été étirée; elle enduit intérieurement cette partie et lui communique un aspect *miroi-
tant*.

Le précipité jaune obtenu par l'acide sulfhydrique a la
propriété de se dissoudre dans l'ammoniaque et de reparaître par l'addition de l'acide chlorhydrique.

L'appareil de Marsh ayant acquis dans la recherche
de l'arsenic une réputation méritée, nous n'avons pu résister au désir d'en donner une idée au lecteur.

Cette méthode d'expérimentation est fondée sur deux
faits acquis à la science déjà depuis long-temps, mais
rapprochés par Marsh et utilisés par lui pour éclairer un
des points les plus importants et les plus ordinaires de la
toxicologie. Le premier de ces deux faits consiste en la
propriété que possède l'hydrogène, quand il se produit
dans un milieu qui contient de l'arsenic, de s'emparer de
ce corps, de le gazéifier et constituer avec lui une combinaison connue sous le nom de gaz hydrogène arsenié.
Le second a rapport à l'action décomposante de la chaleur sur l'hydrogène arsenié, qui est telle que, quand ce
gaz composé se trouve soumis à une température élevée,
l'hydrogène se sépare, et l'arsenic mis en liberté reprend
sa forme solide et se dépose sur les corps froids qui lui
sont présentés.

Ces deux faits ainsi rapprochés par Marsh, voici quelle
a été sa manière d'agir : dans un tube de verre recourbé
en U, dont une des branches était libre, et l'autre, munie
d'un robinet, était effilée de manière a ne laisser qu'une

ouverture capillaire, on introduisait du zinc, de l'acide sulfurique étendu d'eau et de plus la matière suspectée. Le zinc était placé dans la branche effilée de manière à ce que le robinet étant fermé l'hydrogène qui se dégageait devait s'y maintenir et refouler le liquide dans l'autre branche. Le zinc finissait ainsi par rester à sec, et alors le dégagement du gaz cessait. A ce moment de l'opération, on ouvrait le robinet et on allumait l'hydrogène qui s'écoulait par l'ouverture capillaire pressé par le poids du liquide qui s'était logé dans l'autre branche; la chaleur produite par la flamme de l'hydrogène opérait la décomposition, et en y appliquant un corps lisse et froid, tel qu'une assiette ou une capsule de porcelaine, l'arsenic, s'il y en avait, se déposait sous forme de tache brune miroitante. Une fois cette première dose d'hydrogène échappée du tube, on fermait le robinet pour en recueillir une nouvelle quantité qu'on traitait de la même manière; et on réitérait l'opération jusqu'à ce que l'appareil cessât de fournir des taches. La quantité d'arsenic obtenue par ce moyen était assez forte pour qu'on pût le soumettre aux différentes réactions qui constituent ses propriétés chimiques.

Presque aussitôt après la publication de Marsh, son instrument fut généralement adopté, mais il ne pouvait rester long-temps dans sa simplicité première. On le modifia de différentes manières, et, ce qui fut plus grave, on constata des cas d'infidélité. De nombreuses et vives discussions s'établirent sur ce sujet, et provoquèrent de la part de l'Académie des Sciences une heureuse intervention. Le rapport remarquable de cette compagnie savante fixa définitivement l'opinion, et la modification qu'elle proposa dans l'appareil de Marsh, est aujourd'hui généralement adoptée. C'est cette modification dont nous donnons la figure et la description.

On place au fond d'une éprouvette des fragments de zinc A, fig. 17; on verse dessus de l'acide sulfurique très étendu d'eau, afin que le dégagement d'hydrogène soit lent; on adapte à l'éprouvette un bouchon percé de deux trous, traversés, l'un par le tube B recourbé à sa partie inférieure pour empêcher l'hydrogène de s'échapper par cette voie et recevant à sa partie supérieure un entonnoir C, l'autre par le tube D E. Cette partie de l'instrument est taillée en biseau à l'extrémité D, ce qui permet au liquide qui s'y serait introduit de s'écouler aisément; elle est remplie en E d'amiante légèrement tassée, précaution qui a pour but d'intercepter le passage aux gouttelettes de solution de zinc, que le bouillonnement du gaz hydrogène peut introduire dans le tube. F est un tube d'un plus petit calibre, ajusté d'un bout au précédent par le moyen d'un bouchon et étiré de l'autre de manière à rendre son ouverture capillaire; ce dernier tube est enveloppé en G d'une feuille de cuivre très mince, destinée à le contenir et à l'empêcher de se déformer quand on le chauffe au moyen de la lampe à esprit de vin dont la flamme l'enveloppe.

L'appareil ainsi monté, on le laisse fonctionner à *blanc* pendant environ un quart d'heure pour éprouver le zinc et l'acide sulfurique; ce temps écoulé on introduit dans l'éprouvette, par l'entonnoir C, les matières suspectées après leur avoir fait subir des opérations qui seraient trop longues à décrire. Si ces matières contenaient de l'arsenic, l'hydrogène qui se formera désormais sera arsenié, et ce gaz en traversant le point chauffé par la flamme de la lampe éprouvera une température suffisante pour être décomposé; dans ce cas l'arsenic se déposera un peu au-delà en formant dans l'intérieur du tube un anneau métallique opaque et brillant, d'autant plus épais que la quantité d'arsenic sera plus considérable. Pendant que l'appareil fonctionne, on allume l'hydrogène qui se dégage en H, et l'on présente à la flamme une capsule de porcelaine I, pour y recevoir des taches dans le cas où l'hydrogène arsenié n'aurait pas été entièrement décomposé pendant son passage au travers du foyer de la lampe à alcool.

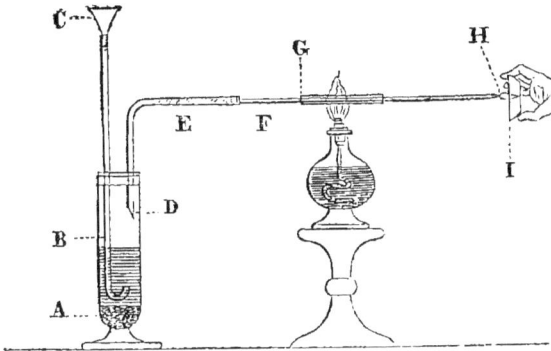

Fig. 17.

Quoique nous ayons dû passer bien des difficultés, le lecteur qui nous aura suivi avec attention, aura pris sur l'appareil de Marsh une idée suffisante pour en bien saisir tout le mécanisme.

Néanmoins dans l'intérêt de ceux qui sont exposés à faire partie du jury, nous ajouterons quelques mots sur les caractères que doit posséder, pour fournir une certitude complète de la présence de l'arsenic, l'anneau métallique contenu dans le tube ainsi que les taches obtenues sur la capsule de porcelaine.

Cet anneau et ces taches placés sur des charbons ardents doivent développer une odeur d'ail très prononcée; l'acide nitrique doit les dissoudre à chaud; cette solution évaporée et reprise par l'eau, doit précipiter en rouge de brique par le nitrate d'argent, en jaune serin par l'acide sulfhydrique; ce dernier précipité doit disparaître par l'addition d'ammoniaque et reparaître par l'acide chlorhydrique. Toute tache qui ne supporterait pas ces épreuves ne pourrait pas prudemment être considérée comme une tache arsenicale.

FIN DE LA PREMIÈRE PARTIE.

DEUXIÈME PARTIE.

ÉTUDE DES TERRAINS, DES AMENDEMENTS ET DES ENGRAIS.

Après avoir étudié les propriétés chimiques des corps dont la connaissance est indispensable pour le but que nous nous proposons, nous allons, dans la seconde partie de cet ouvrage, faire usage de ces notions préliminaires pour distinguer la présence de plusieurs de ces corps et apprécier leurs proportions relatives dans les terrains, dans les amendements et dans les engrais. L'étude des terrains nous apprendra quels sont les matériaux qui composent le sol arable, et quelles sont les proportions les plus favorables à une bonne végétation. Dans l'étude des amendements nous nous rendrons compte de leur composition chimique, afin de les distribuer avec discernement et de rétablir l'équilibre dans les terres lorsqu'un ou plusieurs des principes constituants ne se trouvent pas en rapport convenable, soit par excès, soit par absence. Pour ce qui concerne les fumiers naturels, nous nous appliquerons particulièrement à propager les méthodes reconnues les meilleures pour produire des quantités plus considérables, des qualités supérieures et surtout des produits capables d'être répandus sur le sol avec le plus d'uniformité. Nous nous occuperons aussi des fumiers artificiels, tels que l'engrais Jauffret et autres.

Enfin l'analyse des eaux nous apprendra quelles sont celles qui conviennent le mieux aux irrigations.

QUATORZIÈME LEÇON.

De l'étude des terrains; — considérations générales sur l'analyse; — opérations préliminaires; — caractères physiques; — pesanteur spécifique. — De l'analyse chimique; — méthode du Dr Rham.

La terre arable est composée de matières minérales et de matières organiques en décomposition, qu'on désigne généralement sous le nom *d'humus*. Ces dernières matières sont produites, dans les terrains qui ne sont pas soumis à une culture régulière, par le détritus des plantes qui croissent à leur surface, et qui périssant, en tout ou en partie, y déposent leurs dépouilles. Les feuilles des arbres qui tombent chaque année, contribuent aussi à la formation de l'humus, lequel s'accroît ainsi d'une manière progressive, quand aucune cause étrangère ne vient en entraver la production. Le sol des forêts en est quelquefois recouvert, d'une épaisseur considérable.

Les terrains cultivés contiennent aussi de l'humus, mais qui ne se forme pas d'une manière naturelle, par la raison que les plantes que l'on y fait croître étant enlevées à l'époque de leur maturité, ne peuvent rien laisser au sol qui les a produites. Dans ce cas l'humus provient uniquement des fumiers qui ont été ajoutés. Mais, quelle que soit son origine, on doit toujours en constater la présence, et autant qu'il est possible la quantité quand on recherche la composition d'un terrain. Nous indiquerons, à la fin de ce chapitre, les moyens à employer pour arriver à ce résultat; néanmoins dans l'examen de l'élément minéral, par lequel nous allons commencer nos détails d'analyse, nous ne manquerons jamais d'en faire mention chaque fois que nous aurons occasion de le rencontrer.

Le plus grand nombre des écrivains qui se sont occupés de l'application de la chimie à l'agriculture n'ont considéré l'élément minéral des terrains que comme le support de la plante, attribuant uniquement à l'humus la puissance nutritive. Aussi se sont-ils occupés particulièrement à étudier quelles sont les proportions de sable, d'argile et de calcaire qui laissent passer les racines avec le plus de facilité, qui absorbent et qui retiennent les quantités d'eau les plus favorables, enfin, qui se prêtent le mieux aux divers travaux exigés par la culture, etc.

Un examen plus attentif ne permet pas d'attribuer à la terre un rôle aussi mécanique. Les plantes ne sont pas composées uniquement de matières organiques, elles renferment aussi des matières minérales, qui après leur combustion, se retrouvent à l'état de cendres. On pourrait supposer que ces matières minérales sont accidentelles, que les spongioles des racines les ayant tirées du sol en même temps que la matière alimentaire qui doit constituer la sève, elles se sont déposées fortuitement dans l'organisme où on les retrouve; mais s'il en était ainsi, toutes les plantes qui croissent dans le même sol contiendraient la même quantité de cendres, et ces cendres seraient composées des mêmes éléments minéraux. Or, l'expérience a démontré que les choses se passent autrement.

Quelles sont les fonctions que remplit l'élément minéral dans la vie végétale? Cette question est encore prématurée; néanmoins, il est probable qu'il sert à donner au tissu cellulaire la consistance qui lui est nécessaire, et j'appuie cette opinion sur la culture du froment, qui, lorsqu'il croît dans une terre riche en humus et privée de calcaire, donne une végétation belle, mais trop faible pour que la tige puisse se soutenir, il verse; ajoutez de la chaux, et le chaume devient assez robuste pour braver toutes les intempéries.

Il est positif que la silice, la chaux, les sels à base de potasse, de soude, le phosphate calcaire, les sulfates, les chlorhydrates, les oxides de fer et de manganèse, se retrouvent constamment dans les cendres végétales; ils faisaient donc partie de la plante. Leurs proportions sont toujours sensiblement les mêmes pour les mêmes plantes, et elles diffèrent pour des plantes d'espèces différentes, quoique les unes et les autres se soient développées dans le même sol. Il y a donc eu choix de la part du végétal, pour une substance qui était indispensable à son accroissement, et répulsion pour une autre qui lui était moins nécessaire.

Mon but, en insistant sur ces phénomènes, est de convaincre le lecteur qu'il y a utilité pour lui de rechercher dans l'analyse d'un terrain, non seulement le sable, l'argile et le calcaire, ainsi que le conseillent la plupart des auteurs de chimie agricole, mais qu'il faut encore qu'il sache apprécier les sels à base de potasse ou de soude, le phosphate de chaux, les sulfates et les chlorhydrates, et même quelquefois les oxides métalliques des classes plus élevées. Ces analyses plus complètes lui expliqueront que si telle plante se développe mal dans tel terrain, fertile d'ailleurs, toutes circonstances étant favorables, c'est qu'il manque à ce terrain un élément minéral, dont la plante ne peut se passer; elles lui expliqueront encore pourquoi, généralement, le froment ne réussit pas une seconde fois sur le même sol, quoique fumé de nouveau; c'est qu'un élément minéral (le phosphate de chaux), a été absorbé, et qu'il faudra plusieurs années avant que l'action atmosphérique ait pu amener une nouvelle dose de celui que le terrain renferme à l'état de combinaison, dans les circonstances convenables pour servir à la nourriture de cette céréale. C'était là l'utilité des jachères, que l'on a si heureusement remplacées par des cultures alternes dont les produits ne retirent pas du sol les mêmes éléments. Une analyse exacte pourra encore guider dans le choix ou dans le rejet de tel ou tel amendement, et donner la raison pour laquelle un produit des plus fertilisants pour certains terrains, comme le noir animal, ne produit exactement rien sur d'autres; pourquoi le sel qui paraît avoir été employé avec succès dans certains cas, est absolument sans effet dans certains autres, etc... Ces explications données, nous allons entrer dans les détails analytiques.

OPÉRATIONS PRÉLIMINAIRES.

Avant de séparer les éléments qui composent la matière à analyser on commence par la soumettre à des opérations préliminaires qui ont pour but d'éclairer sur la nature des corps que l'on doit y rencontrer et qui, par cela même, indiquent la marche que l'on doit suivre pour les isoler. Ces opérations préliminaires sont de deux sortes : l'examen des propriétés physiques et l'essai par les réactifs.

Les propriétés physiques comprennent tous les caractères que le corps brut peut fournir sans que sa substance en soit dénaturée. Ainsi après avoir pris la terre à un ou deux pouces au-dessous de la surface on constatera sa couleur; si elle est noire ce sera presque toujours signe qu'elle renferme une proportion d'humus avantageuse. On reconnaîtra si elle a une saveur saline, ce qui serait un avertissement pour porter plus d'attention dans l'analyse à la recherche des sels. Si son odeur est argileuse, et que, desséchée, elle happe à la langue c'est-à-dire qu'elle s'y attache, si encore elle peut former avec l'eau une pâte liante, ductile et susceptible de prendre toutes les formes, c'est une preuve que l'argile y domine. Elle sera siliceuse si elle est rude au toucher, surtout si frottée sur un morceau de verre elle y imprime des raies.

Tous ces caractères ainsi appréciés et notés avec soin, on recherche la pesanteur spécifique. On entend par pesanteur spécifique le poids qui est propre à chaque corps comparé à son volume; par exemple un boisseau de chènevis pèse moins qu'un boisseau de froment quoiqu'il représente exactement la même mesure, une balle de plomb pèse plus qu'une balle de liège de même grosseur; c'est que dans ces deux cas la pesanteur spécifique du chènevis est moindre que celle du froment et que celle du plomb est plus forte que celle du liège. Chaque corps a ainsi une pesanteur spécifique qui lui est propre et qui diffère de celle de tous les autres corps. Ceci posé, la pesanteur spécifique d'une terre calcaire ne sera pas la même que celle d'une terre argileuse et celle d'une terre siliceuse sera différente des deux autres. On aperçoit de suite de quel secours doit être ce caractère que l'on pourra apprécier par les moyens suivants :

Afin d'avoir un point de comparaison auquel on pût rapporter tous les autres corps, on est convenu de prendre l'eau pour unité de pesanteur spécifique; c'est-à-dire que si un vase qui contient 100 grammes d'eau peut recevoir 200 grammes d'une autre substance, la pesanteur spécifique de cette autre substance sera 2. Pour les liquides il n'y a aucune difficulté; mais pour les solides dont les molécules ne s'appliquent pas immédiatement les unes sur les autres, il est nécessaire qu'ils soient mesurés dans l'eau afin que le liquide s'interposant dans toutes les cavités ne laisse aucun vide qui puisse occasionner une erreur. Pour arriver à ce résultat, on prend une simple

fiole à médecine dont le cou soit étroit et alongé ; cette
fiole devra contenir au moins 150 grammes d'eau. On la
remplit d'eau jusqu'à moitié du cou et l'on marque un
trait sur le verre à l'endroit où l'eau affleure ; alors on
enlève de cette fiole bien exactement 100 grammes d'eau,
puis on la tare dans une bonne balance avec la plus grande
attention. Il est bien clair que le vide qui existe actuellement dans la fiole pour arriver jusqu'à la marque faite
sur le cou représente le volume des 100 grammes d'eau
qui ont été soustraits ; on remplit ce vide avec la terre que
l'on veut examiner jusqu'à ce que l'eau restée dans la
fiole vienne affleurer la marque, on tasse en frappant la
fiole dans la main, si l'eau baisse on ajoute un peu de
terre pour rétablir le niveau. Il ne reste plus qu'à peser la
terre introduite dans la fiole, ce que l'on fait en mettant
dans l'autre plateau de la balance les poids nécessaires
pour rétablir l'équilibre. S'il a fallu 250 grammes, la
pesanteur spécifique cherchée est de 2,50, s'il n'a fallu
que 235 grammes, la pesanteur spécifique sera 2,35 etc.

Ce procédé des plus simples, qui, si l'on veut, n'a pas
une exactitude mathématique, mais pourtant suffisante
pour le genre de recherches dont nous nous occupons, ne
demande de la part de l'opérateur qu'un peu d'intelligence
et une attention soutenue. Il est cependant nécessaire de
prendre quelques précautions dont la négligence pourrait
être la cause d'erreurs assez graves. La plus importante
consiste à employer la terre toujours au même degré de
sécheresse ; il serait même préférable que la sécheresse
fût absolue ; mais pour arriver à ce résultat, il faudrait
faire rougir au feu cette matière, ce qui détruirait l'humus et toutes les substances végétales et animales non encore décomposées. Cet inconvénient serait plus grand
que celui qui résulte d'un état imparfait de dessication
pourvu que cet état soit toujours le même afin de pouvoir

être comparé. On arrive à ce résultat en faisant dessécher la terre dans un bain-marie à la température de l'eau bouillante aussi long-temps qu'elle diminue de poids, les pesées se font de quart d'heure en quart d'heure, et quand entre deux pesées il ne se trouve plus de différence la terre est amenée à un état de sécheresse suffisant pour servir aux expériences. Nous conseillons comme très commode pour cette opération l'usage des petits bains-marie dont se servent les menuisiers pour faire fondre leur colle. Ces appareils qui sont aussi très utiles pour dessécher les produits isolés par l'analyse, se trouvent chez les quincailliers.

Une autre précaution consiste à faire en sorte que, la terre étant desséchée, tout le reste du travail qui a pour but de prendre la pesanteur spécifique, se fasse dans un délai assez court pour que la température de l'atmosphère ne soit pas exposée à varier d'un certain nombre de degrés; tout le monde sait en effet qu'une chaleur plus ou moins grande augmente ou diminue le volume des corps; il faudra, pour la même raison, éviter d'introduire dans la fiole la terre pendant qu'elle est encore chaude. Comme nous n'avons pas besoin d'une exactitude absolue, on ne doit pas se préoccuper d'une différence d'un ou deux degrés entre le commencement et la fin de l'opération, mais il faut tâcher qu'elle ne soit pas de beaucoup supérieure.

Il y a encore plusieurs autres précautions que nous omettons à dessein, afin de ne pas rendre impraticable une opération dont les résultats seront suffisants si l'on a bien suivi la marche que nous venons d'indiquer.

Nous ne signalons dans ce moment que les caractères physiques qui doivent aider à l'analyse, nous nous réservons de les étudier sous un autre rapport quand nous aurons terminé ce qui concerne l'analyse et de les appliquer à l'étude des terrains envisagés au point de vue de leur fertilité.

L'essai par les réactifs consiste à employer des agents chimiques destinés à mettre tour à tour en évidence les différents matériaux qui entrent dans la composition des corps. Pour ce qui concerne l'analyse des terrains, les acides étendus d'eau indiqueront la présence de la chaux ou de la magnésie carbonatées, en produisant une effervescence due au dégagement de l'acide carbonique. La chaux se distinguera de la magnésie par l'oxalate d'ammoniaque, ajouté à l'acide recueilli après avoir réagi sur le terrain, il y produira un précipité d'oxalate de chaux ; si l'effervescence était due à la magnésie carbonatée, il n'y aurait pas de précipité. L'eau dissout les matières salines, cette solution filtrée accuse la présence des chlorures, si elle précipite par le nitrate d'argent ; celle des sulfates solubles, si elle précipite par la baryte. Les sulfates insolubles se découvrent en additionnant la terre de poussière de charbon, et la chauffant au rouge naissant pendant environ un quart d'heure ; en la délayant ensuite dans une quantité d'eau suffisante pour en faire une bouillie, et versant dans cette bouillie une petite quantité d'acide chlorhydrique ; l'odeur d'œufs gâtés qui se manifeste, indique de suite la présence du soufre, qui dans cette circonstance, vient ordinairement d'un sulfate.

Cet énoncé rapide permet d'apprécier le service que l'on peut retirer des réactifs, pour éclairer la marche de l'analyse, en indiquant ainsi quels seront les principes que l'on aura à séparer. Il est vrai que tous les corps ne sont pas ainsi signalés, mais c'est déjà beaucoup de connaître à l'avance les principaux, les autres se retrouvent dans le courant du travail ; quelques-uns, cependant, demandent des opérations séparées, ainsi que nous le verrons quand nous allons traiter cette matière avec détail.

DE L'ANALYSE CHIMIQUE.

Nous avons donné à la page 13 la définition de l'analyse chimique ; c'est pourquoi nous passons immédiatement à la description des opérations qui concernent ce genre de travail.

Depuis quelques années on a cherché à simplifier les procédés qui ont pour but la séparation des terres qui constituent le sol arable ; plusieurs méthodes ont été proposées ; quelques-unes même ont valu à leurs auteurs des distinctions honorables décernées par des Sociétés d'Agriculture. Malgré tous ces travaux, l'analyse chimique reste toujours une opération assez délicate et souvent compliquée, qui exige de la part de celui qui s'y livre une attention constamment soutenue. Est-ce à dire pour cela que l'analyse offre des difficultés insurmontables ? Nous sommes bien éloigné d'émettre cette opinion ; car, à notre avis, toute personne douée de patience et d'exactitude réussira dans ce genre de travail, assez du moins pour le sujet qui nous occupe, si elle consent à suivre de point en point la marche indiquée pour chacun des procédés que nous allons décrire. Afin que le lecteur soit à même de choisir celle qui lui présentera le moins de difficultés, nous allons détailler les méthodes qui nous ont paru les plus importantes, et qui nous semblent conduire à un résultat suffisamment certain.

Méthode du Dr W. L. Rham (1). — Cette méthode, publiée dans le Journal de la Société d'Agriculture Anglaise, année 1839, et couronnée par cette Compagnie, consiste d'abord à séparer les terres d'une manière mé-

---

(1) Le travail du Dr Rham nous a été communiqué par M. Vétillart fils, de Pontlieue, qui a eu l'obligeance de nous le traduire de l'anglais. C'est sur cette traduction que nous avons fait le résumé que nous livrons au public.

canique, suivant leur degré de ténuité ou de pesanteur spécifique ; ensuite à faire agir sur chacun des lots ainsi obtenus les agents chimiques nécessaires pour en reconnaître la nature et opérer une nouvelle séparation. Pour arriver à ce résultat, l'auteur conseille l'usage de trois à quatre tamis métalliques de grosseur différente, s'emboîtant les uns au-dessus des autres comme les différentes pièces d'une cafetière en fer-blanc. Le premier devra laisser passage aux corps ayant environ un vingtième de pouce de diamètre. Le second et le troisième seront successivement plus fins, et le quatrième ou le dernier sera composé de la toile métallique la plus serrée, contenant 150 à 170 fils dans la longueur d'un pouce. Celui-ci sera adapté à un fond parfaitement clos, destiné à recevoir la poudre la plus fine. Le premier peut aussi être fermé par un couvercle, ce qui empêche alors toute déperdition de matière pulvérulente.

Ce petit appareil ainsi disposé, voici la manière de s'en servir : On prend dans le champ dont on veut connaître la nature, à environ deux pouces au-dessous de la surface, et à différentes places, une certaine quantité de terre ; on l'expose devant le feu ou au soleil, jusqu'à ce qu'elle paraisse tout-à-fait sèche au toucher ; on rejette toutes les pierres de la grosseur d'un pois ou au-dessus. Si ces dernières forment une partie considérable du sol, il faut en prendre le poids et les conserver, pour en examiner plus tard la composition ; au contraire, si leur présence n'est qu'accidentelle, on pourra les négliger.

La terre étant ainsi séchée et débarrassée de ses pierres, on en pèse *avec soin* une quantité déterminée, soit 25, 50 ou 100 grammes ; mieux vaut ce dernier chiffre, parce que l'erreur sera moins grande si l'on n'a pas à sa disposition une balance bien sensible.

La portion pesée sera mise dans un vase de métal ou

14

de faïence qui puisse supporter l'action du feu, et exposée
sur un foyer doux ou à la flamme d'une lampe, avec la
précaution de remuer continuellement, à l'aide d'un morceau de bois *bien sec*, pendant environ dix minutes ; il ne
faut pas que la chaleur soit assez forte pour charbonner
ou même roussir le morceau de bois qui sert à remuer.
On pèse de nouveau avec exactitude, et la différence que
l'on trouve avec la première pesée, représente l'eau in-
terposée que la chaleur a forcé de s'échapper. Cette
quantité est notée avec soin.

Comme toutes les terres ne contiennent pas l'eau en
égales proportions, cette première opération fournit déjà
quelques lumières ; mais nous devons avouer qu'elle
laisse beaucoup à désirer sous le rapport de l'exactitude.

On prend 50 grammes de la terre ainsi desséchée sur
le feu et *pesée pendant qu'elle est encore très chaude ;* on la
met sur la première toile du tamis composé, on l'écrase
avec les mains afin de la diviser le plus qu'il est possible ;
on recouvre l'instrument ; ensuite, en lui imprimant un
mouvement de va-et-vient, on la force à traverser les
différentes toiles, qui la séparent en poudres de différentes
grosseurs, suivant le degré de finesse de chacune. Si en
ouvrant le tamis il se trouvait des portions de terre agglutinées, on les divise en les froissant entre les doigts et
on recommence à tamiser pendant quelques instants.

L'opération précédente étant terminée, on trouvera sur
les toiles des trois ou quatre tamis une matière sableuse
de plus en plus divisée, et dans le fond une poussière très
fine, composée en grande partie d'argile et d'humus.
Comme c'est à cette portion divisée de la terre que l'on
attribue généralement la fertilité, il importe que l'analyse en reconnaisse exactement toute la quantité. Afin
donc de recueillir celle qui adhère aux sables qui ont été
séparés, on les lave avec un peu d'eau, en commençant

par le plus grossier, et faisant passer la même eau successivement sur les autres. On peut réitérer ce lavage
si on le juge à propos. L'eau brouillée qui en résulte
est réunie à la poussière fine et sert à en faire une pâte
plus ou moins épaisse, suivant la quantité d'eau qui a
servi au lavage. Si cette quantité n'était pas suffisante,
il faudrait en ajouter assez pour la rendre tout-à-fait
liquide.

Ce résultat obtenu, on remue bien le mélange et on
le verse rapidement dans un vase de verre profond, où
une petite quantité de sable fin se dépose. Au bout d'un
moment, on verse l'eau trouble dans un tube de verre
de 50 centimètres de longueur et de trois centimètres de
diamètre, en ayant grand soin de conserver le sable, qu'on
lave avec de nouvelle eau jusqu'à ce qu'en laissant déposer un instant le liquide, il ne soit plus trouble. Ces
eaux de lavages se réunissent dans le tube de verre qui
contient déjà la première eau décantée.

Afin de ne pas trop fatiguer l'attention du lecteur, nous
ferons ici une pause pendant laquelle nous allons nous
rendre compte des produits déjà séparés. Dans les trois
ou quatre tamis nous avons du sable de grosseur différente, dans le vase de verre un sable beaucoup plus fin
obtenu par le lavage de la poussière la plus fine, enfin,
dans le tube de verre une matière plus complexe sur laquelle il nous reste à continuer nos recherches. Laissons
pour un moment ces quatre ou cinq lots de sable pour
ne nous occuper que de la matière contenue dans le
tube.

Cette matière est composée de terre argileuse ou alumineuse et d'humus ; on sépare ces deux substances
l'une de l'autre par la différence de leur pesanteur spécifique. En agitant le tube, l'eau se brouille de nouveau,
la terre alumineuse, étant plus lourde, se dépose la pre-

mière; au bout d'un quart-d'heure on décante dans un
verre l'eau qui surnage et qui tient l'humus en suspension. On agite la terre alumineuse avec de nouvelle eau,
on laisse reposer une demi-heure, après laquelle on décante cette eau qui renferme encore une certaine quantité d'humus, et on la réunit à la première.

Après quelques heures de repos, l'humus s'est déposé,
on décante avec soin le liquide limpide qui le recouvre,
et on verse la boue sur un filtre de papier; quand elle
est égouttée, on la fait sécher et on la pèse. Mais cette boue
n'est pas entièrement composée d'humus, elle a entraîné
une certaine proportion de terre dans les opérations au
moyen desquelles on l'a obtenue. Pour se rendre compte
de la quantité de terre ainsi mélangée, on brûle l'humus
dans un creuset en y ajoutant un peu de *nitrate d'ammoniaque*, au moment où la matière est rouge de feu,
afin de faciliter la combustion. L'humus se détruit,
l'excès de nitrate d'ammoniaque est chassé par le feu,
et la terre seule reste dans le creuset. On en prend le
poids, que l'on déduit de celui obtenu par la première
pesée, avant la combustion. De cette manière, on peut
évaluer jusqu'à un certain point les proportions d'humus
que renferme une terre; cependant il ne faut pas considérer ce procédé comme étant d'une exactitude rigoureuse.

L'eau qui a servi à laver les sables et à séparer l'humus de l'argile est mise à évaporer sur le feu dans une
capsule; on la fait bouillir doucement, en modérant le
feu à mesure qu'elle diminue de volume; on continue
ainsi jusqu'à ce qu'il ne reste plus qu'un résidu solide,
lequel est composé de sels et de la partie soluble de l'humus. Les sels peuvent se reconnaître au goût ou à la
présence de cristaux qui se seront formés à la fin de l'é-
vaporation. S'ils existent, l'auteur les néglige, faute de

procédés assez simples, suivant lui, pour permettre aux agriculteurs de les distinguer ; si, au contraire, la matière extractive n'a ni saveur saline ni forme cristalline, on la considère en entier comme de l'humus soluble, alors on la pèse et on en réunit le poids à celui de l'humus déjà séparé.

La quantité d'humus une fois reconnue, on dessèche sur le feu séparément la terre argileuse restée dans le tube de verre, et les quatre ou cinq portions de sable obtenues par le tamis et le lavage. On pèse ces différentes matières, et si toutes les précautions ont été prises, leur poids réuni, ajouté à celui de l'humus, devra représenter exactement la quantité de terre mise en expérience ; assez ordinairement il y a une perte légère que l'on peut négliger.

L'opération néanmoins n'est pas encore terminée ; jusqu'ici on ne s'est préoccupé que de l'argile et du sable, sans rechercher le calcaire. Si ce dernier élément existe, il doit être uni à l'acide carbonique et faire partie ou de l'argile ou du sable, ou des deux ensemble. Pour s'en assurer, on se sert d'acide chlorhydrique étendu d'eau. On mouille avec ce liquide alternativement la matière argileuse et chacun des lots de sable ; s'il se produit une effervescence, ce caractère indique la présence du calcaire. Pour en évaluer la quantité, on met chaque partie dans un verre à liqueur, ou même dans un verre ordinaire ; on verse dessus de l'acide chlorhydrique, étendu de quatre fois son poids d'eau, et on laisse agir jusquà ce que l'effervescence ait disparu ; on s'assure, en ajoutant quelques gouttes de nouvel acide, s'il reste encore du carbonate de chaux inattaqué, ce que l'on reconnaît par l'effervescence qui recommence ; dans ce cas, on verse une nouvelle dose d'acide dans les verres qui ont fourni ce caractère. Une fois tout le calcaire ainsi épuisé, on décante l'eau acide, on remplit les verres d'eau pure pour laver la matière inattaquée, que l'on recueille ensuite pour la peser après l'avoir fait sécher sur le feu. La différence avec la première pesée donne, par soustraction, la quantité de calcaire cherchée, lequel a été dissous et enlevé par l'acide chlorhydrique.

S'il se trouvait de la magnésie dans la terre, elle fournirait les mêmes caractères extérieurs que le calcaire ; mais comme d'une part cette substance ne se rencontre pas communément, et que d'autre part l'auteur tient à ne pas compliquer sa méthode, il se borne à signaler cette difficulté, sans indiquer les moyens de la faire disparaître.

Ici se bornent les travaux d'analyse qui constituent la méthode du Dr Rham. Nous allons essayer d'en résumer toutes les parties, nous ferons ensuite quelques remarques sur sa valeur.

1°. On commence par sécher la terre sur le feu, pour reconnaître la quantité d'eau qu'elle renferme ; 2° on la partage, au moyen de tamis, en sables de différentes grosseurs et en poussière fine, contenant l'argile et l'humus ; 3° on sépare ces deux dernières substances au moyen de l'eau, en les délayant dans ce liquide et les agitant ; l'argile, plus pesante, se dépose d'abord, et l'eau encore troublée par l'humus est décantée dans un autre vase ; 4° toutes ces substances, ainsi isolées, sont desséchées et pesées ; leur poids additionné doit représenter celui de la terre mise en expérience ; 5° on traite les sables et l'argile par l'acide chlorhydrique pour enlever le carbonate de chaux, s'ils contiennent cette matière, ce que l'on reconnaît par l'effervescence qui se manifeste au contact de l'acide ; on lave avec de l'eau pure, on dessèche de nouveau et on recommence la pesée. La différence en moins représente le calcaire enlevé par l'acide chlorhydrique. Ainsi l'on obtient pour résultat de cette analyse : eau, sable grossier, sable fin, sable plus fin, argile, humus, calcaire.

Nous devons ajouter que l'auteur conseille avec raison de ne pas se borner à prendre la terre dans un seul endroit du champ, mais dans trois ou quatre places assez éloignées les unes des autres, et d'en faire un mélange exact avant de peser la portion sur laquelle on doit opérer. Si l'apparence extérieure du terrain changeait d'une manière notable d'un lieu à un autre, il serait indispensable de faire plusieurs analyses.

Remarques. — En étudiant la méthode que nous venons de décrire, on est frappé tout d'abord de la manière ingénieuse avec laquelle le Dr Rham est parvenu à séparer, par de simples manipulations et sans employer d'autres agents chimiques que l'acide chlorhydrique, les principaux matériaux qui constituent le sol arable. Nous ne dirons pas que ce procédé est incomplet; le lecteur s'est déjà aperçu de son insuffisance pour signaler la présence si nécessaire à constater des sulfates, nitrates, chlorhydrates, phosphates; celle des sels à base de soude et de potasse ou même de magnésie. L'auteur, du reste, avait senti cette imperfection, qui ne pouvait disparaître que par l'emploi des moyens chimiques qu'il tenait à ne pas mettre en usage. Mais quand il regarde son procédé comme suffisant dans tous les cas, c'est cette dernière opinion que nous ne saurions partager, quoique nous reconnaissions à cette méthode une utilité réelle, toutes les fois qu'on ne voudra pas exiger d'elle plus de renseignements qu'elle n'en peut donner.

QUINZIÈME LEÇON.

Suite de l'analyse chimique des terrains. — Explication des mots solution
ou dissolution, précipité et évaporation. — Méthode analytique de
H. Davy. — Remarques sur cette méthode.

Nous avons commencé nos détails analytiques par la
description d'une méthode presque exclusivement mécanique ; ceux qui sont effrayés à l'idée des plus simples
opérations de la chimie pourront y avoir recours. Cependant, en suivant avec attention l'exposition des moyens
que fournit la chimie pour arriver au même but, ils ne
tarderont pas à s'apercevoir que cette science, bien loin
de compliquer le travail, le rend plus simple toutes les
fois qu'il ne s'agit que de séparer le sable, le calcaire,
l'argile et l'humus. En outre, elle est la seule qui four-
nisse des procédés capables de pénétrer plus avant dans
la décomposition des corps, et, dans tous les cas, les résultats qu'elle procure sont toujours plus certains.

Avant de commencer l'explication d'une méthode purement chimique, nous devons donner l'explication de
plusieurs termes qui se rencontreront fréquemment : ce
sont les mots solution ou dissolution, précipité et évaporation.

Solution. — Tout le monde sait que le sel et le sucre
se fondent dans l'eau ; mais, ce qui n'est pas connu d'une
manière aussi générale, c'est que les pierres les plus
dures, telles que le marbre, les pierres à chaux, et même
les métaux, tels que le fer, le cuivre, etc., se fondent
aussi dans certains liquides que l'on nomme acides, et
dont nous avons donné la description dans la première
partie de nos leçons. Comme ces acides ne dissolvent pas

indistinctement tous les corps, qu'ils choisissent ceux
pour lesquels ils ont de l'affinité, il en résulte un moyen
précieux de séparer ceux-ci d'avec les autres. Nous disions, à la page 14, qu'un mélange de sel et de sable
pouvait-être analysé par l'eau ordinaire qui dissolvait le
sel et laissait le sable; c'était l'analyse dans sa plus simple expression. Maintenant nous pouvons ajouter qu'un
terrain naturel, qui contient du sable siliceux et du calcaire, peut être analysé aussi facilement par un acide,
l'acide chlorhydrique par exemple, qui dissoudra la chaux
et laissera le sable siliceux tout-à-fait inattaqué.

Les anciens, qui avaient le talent d'amuser en instrui-
sant, avaient imaginé, pour prouver l'action dissolvante
des acides sur les matières pierreuses, une expérience que
nous n'hésitons pas à rapporter, quelque familière qu'elle
puisse paraître. Cette expérience consiste à mettre un œuf
entier dans un verre ordinaire que l'on remplit ensuite
de vinaigre. Au bout de quelques heures, le vinaigre, qui
est un acide, a dissous la coquille de l'œuf qui est calcaire,
et a laissé l'œuf enveloppé seulement de la membrane qui
tapisse la partie interne de la coquille.

Les solutions ou dissolutions n'ont pas toutes les
mêmes caractères : les unes sont simples, c'est-à-dire que
le corps dissous n'est pas modifié; les autres sont plus
compliquées, en ce sens que le corps a été dénaturé avant
d'être dissous. Les premières comprennent les solutions
aqueuses : quand on a fait dissoudre du sel dans de l'eau,
et qu'on évapore l'eau sur le feu, on obtient pour résultat
un sel ayant tous les caractères de celui qui avait été dissous. Au contraire, les corps dissous par les acides ont
éprouvé le plus souvent des modifications considérables.
Ainsi, dans l'expérience de l'œuf, si l'on a suivi avec attention les phénomènes qui se sont produits, on a remarqué que la coquille, qui était un carbonate de chaux, a dé-

gagé sous forme de bulles, en se dissolvant, l'acide carbonique qui y était combiné. Le vinaigre a perdu sa saveur acide; c'est qu'il se combinait à la chaux pour remplacer l'acide carbonique à mesure que ce dernier l'abandonnait. La matière de la coquille est donc devenue acétate de chaux au lieu de carbonate de chaux qu'elle était à l'état naturel; et, pour en avoir la preuve, il suffit de faire évaporer la solution jusqu'à siccité, et l'on obtient alors ce nouveau produit.

Il avait été proposé en chimie de désigner sous le nom de solution l'opération par laquelle le corps dissous ne changeait pas de nature, et sous celui de dissolution l'opération pendant laquelle le corps dissous était altéré; mais dans l'usage ordinaire on ne tient aucunement à cette convention, et on emploie les deux expressions indistinctement l'une pour l'autre.

Précipité. — On entend en chimie par précipité l'action que possèdent certains agents, que l'on nomme réactifs, quand on les met dans des solutions salines, de s'emparer ou de la base ou de l'acide qui composent le sel, quelquefois de l'un et de l'autre, et d'en faire, en s'y combinant, un composé insoluble. Ce nouveau composé trouble alors le liquide dans lequel il se forme et finit par se précipiter au fond. Notre solution de coquille d'œuf nous servira encore d'exemple dans cette circonstance Nous avons établi qu'elle se trouvait à l'état d'acétate de chaux, terme qui signifie un composé d'acide acétique et de chaux. Si vous versez dans cette solution de la potasse ou de la soude, ces alcalis, d'après leur puissance d'affinité, s'empareront de l'acide acétique, et la chaux abandonnée troublera d'abord le liquide et finira par se déposer. Si, au lieu de potasse ou de soude, on ajoute du carbonate de potasse ou du carbonate de soude, ces réactifs s'uniront aux deux principes qui constituent l'acétate de chaux : la potasse et la soude à l'acide acétique, et l'acide carbonique, qui les constitue carbonates, à la chaux. Dans ce dernier cas, le précipité sera plus tranché et plus abondant, par la raison que la chaux séparée par le premier moyen est un peu soluble, et que le carbonate de chaux précipité par le second ne l'est pas du tout.

Evaporation. — Puisque nous nous sommes proposé d'être très élémentaire, le lecteur nous permettra d'expliquer ce qu'on entend en chimie par évaporation. Les corps liquides sont fixes ou volatils; les premiers, comme les huiles, ne s'évaporent pas, tandis que les autres, comme l'eau, l'alcool, l'éther, s'évaporent avec plus ou moins de facilité; c'est pour cela qu'une goutte d'huile tombée sur un papier y produit une tache qui y demeure toujours, au lieu qu'une goutte d'eau, d'alcool ou d'éther n'y laisse qu'une tache momentanée. On dit alors que les corps gras tachent : la raison en est qu'ils ne sont pas volatils; car si l'eau n'avait pas la propriété de se volatiliser, la tache qu'elle imprime sur le papier persisterait de la même manière.

Les liquides qui sont volatils le deviennent davantage au moyen de la chaleur, et finissent par disparaître en entier. Mettez par exemple sur le feu une certaine quantité d'eau pure dans un vase de métal ou de terre cuite, vous la verrez diminuer peu à peu de quantité, on dit alors qu'elle s'use; si vous continuez de la chauffer, elle finira par disparaître entièrement, sans laisser aucun résidu. Cette propriété de certains liquides est extrêmement précieuse pour l'analyse chimique. Ainsi, l'eau que l'on met en contact avec des corps fixes s'empare de ceux pour lesquels elle a de l'affinité; en la faisant ensuite évaporer sur le feu, elle se volatilise et laisse à sec les substances qu'elle a séparées et que l'on peut alors recueillir pour les soumettre aux épreuves destinées à en faire reconnaître la nature. Les eaux qui ont séjourné sur le sol, comme les eaux de puits ou de rivière, laissent après leur évaporation un résidu plus ou moins abondant, selon la nature des terrains plus ou moins solubles qu'elles ont parcourus. Aussi ne doit-on jamais s'en servir pour faire une analyse; car, ce résidu s'ajoutant aux matières que l'on recherche, occasionnerait nécessairement une erreur. Pour les analyses délicates, on emploie l'eau distillée; pour celles qui nous occupent, on peut se contenter d'eau de pluie recueillie avec soin dans des vases incapables de rien céder à son pouvoir dissolvant.

Maintenant que ces expressions de solution, de précipité et d'évaporation sont bien comprises, entrons dans le développement des procédés analytiques.

Méthode de H. Davy. — Cette méthode, sur laquelle nous nous réservons de faire quelques remarques, consiste en une série d'opérations indiquées méthodiquement par des chiffres, ainsi qu'il suit:

1. La première a pour but de séparer l'eau et d'en apprécier la quantité. Pour cela on prend la terre déjà desséchée à l'air libre et à la température ordinaire; on la pèse, on la place dans un vase en terre cuite ou en métal, et on l'expose à la chaleur d'un fourneau ou à la flamme d'une lampe d'Argand. Cette terre devra supporter pendant 10 à 12 minutes une température d'environ 140 degrés centigrades. Si l'on n'a pas de thermomètre, il faudra placer au fond de la capsule quelques brins de paille ou quelques minces copeaux de bois, et retirer du feu aussitôt qu'on s'apercevra que ces matières végétales commenceront à roussir.

La température de 140 degrés est indiquée parce que ce degré de chaleur suffit pour chasser toute l'eau qui n'est pas à l'état de combinaison, et n'est pas assez fort pour détruire les matières organiques contenues dans la terre que l'on examine ; les brins de paille ou les copeaux de bois, proposés pour remplacer le thermomètre, sont des indicateurs plus ou moins fidèles pour prévenir que la température est arrivée au point où les matières organiques commencent à se décomposer.

La dessication ainsi obtenue, on fait une nouvelle pesée, et la perte de poids indique la quantité d'eau qui a été chassée. Lorsque 40 grammes de terre perdent 5 grammes dans cette opération, il faut en conclure que la terre renferme une assez forte proportion d'alumine, terre qui a pour absorber l'eau une très grande capacité, ou bien une quantité très notable de matière organique, qui possède également pour retenir ce liquide une puissance assez grande. Lorsque les 40 grammes de terre ne perdent qu'un ou deux grammes, c'est un indice de la prédominance de la matière siliceuse. Du reste, le but de cette première opération étant seulement de constater la quantité d'eau, celles qui suivent sont destinées à vérifier les prévisions que cette quantité aura pu suggérer.

2. La seconde opération a pour but de séparer mécaniquement, au moyen d'un tamis dont les mailles sont assez larges pour laisser passer un grain de moutarde, les pierres, le gravier et les grandes fibres végétales qui se trouvent mêlés à la terre. Cette séparation opérée, on trie les pierres, le gravier, les fibres végétales et le bois, et l'on prend à part le poids de chacune de ces substances. On détermine ensuite la nature des pierres et du gravier ; s'ils sont calcaires, l'acide chlorhydrique les attaquera en produisant de l'effervescence ; s'ils sont siliceux, ils rayeront le verre ; s'ils sont alumineux, ils ne feront pas effervescence avec les acides et ils seront facilement entamés au moyen d'un couteau.

3. La troisième opération a pour but de séparer la terre qui a traversé le tamis en matières solubles dans l'eau, en

sable grossier et en substances plus divisées composées
particulièrement d'argile et d'humus. On obtient ce résultat en la faisant bouillir dans trois à quatre fois son
poids d'eau pure jusqu'à ce qu'elle soit complètement dés-
agrégée, on retire alors ce mélange du feu. Quand il est
à peu près refroidi, on l'agite dans tous les sens, de manière à bien délayer dans l'eau tout le dépôt qui s'est
formé; on laisse reposer, et au bout d'une à deux minutes,
on verse doucement le liquide brouillé qui surnage sur
un entonnoir muni d'un filtre de papier sans colle. On
lave le dépôt en l'agitant dans de nouvelle eau qu'on
laisse reposer comme la première fois pendant quelques
minutes; cette eau de lavage se verse sur le même filtre
que la première. Cette opération terminée, la terre se
trouve séparée en trois. Le dépôt le plus lourd est composé de sable qu'on recueille et qu'on dessèche sur le feu
pour en prendre le poids; la matière qui troublait l'eau,
et qui se compose de molécules plus divisées et de substances organiques en décomposition, est retenue sur le
filtre de papier d'où on la retire quand elle est suffisamment égouttée, pour aussi la dessécher et la peser; enfin les
sels solubles ont traversé le filtre avec l'eau dans laquelle
ils sont restés dissous. Nous allons examiner séparément
chacun de ces produits.

4. Nous commençons par le sable. Cette matière peut
être de la silice pure, ou du carbonate de chaux pur, ou
un mélange de l'un et de l'autre. Dans le premier cas,
l'acide chlorhydrique, qui n'a pas d'affinité pour la silice,
ne l'attaquera pas; dans le second, le même acide dissoudra complètement ce sable en produisant une vive effervescence; dans le troisième, il y aura aussi effervescence,
mais la solution ne sera que partielle. Dans cette dernière circonstance, pour apprécier la quantité relative
de silice et de carbonate de chaux, il faut sécher au feu le

sable et le peser avec beaucoup de soin avant de l'attaquer par l'acide chlorhydrique. Cet acide devra toujours
être étendu d'environ quatre parties d'eau et mis en
excès, de manière à ce que l'effervescence venant à cesser,
le liquide reste acide au goût et rougisse encore le tournesol ou la couleur de la violette ou de quelque autre
fleur bleue. On laissera agir l'acide chlorhydrique jusqu'à ce que toute effervescence ait cessé, c'est-à-dire jusqu'à ce qu'il ne se dégage plus du sable aucune bulle
de gaz pour venir crever à la surface du liquide, même
après avoir agité le mélange. L'opération arrivée à ce
point, toute la matière calcaire est dissoute. On sépare
alors le liquide surnageant en prenant les plus grandes
précautions pour qu'il ne s'échappe aucune parcelle du
sable inattaqué; on lave celui-ci à plusieurs reprises avec
de l'eau qui sert à entraîner tout l'acide et le calcaire
dissous; on ne renverse cette eau de lavage que quand
le sable est bien déposé; ainsi purifié, on le dessèche sur
le feu et on le pèse de nouveau. Ce qui manque au premier poids représente le calcaire.

Si, avant de continuer nos recherches, nous jetons un
regard en arrière, nous remarquons que nous avons déjà
séparé, sans trop de difficultés : l'eau, les pierres, le gravier, les grandes fibres végétales, le sable siliceux et le
sable calcaire; nous allons faire en sorte que le reste de
l'analyse ne nous donne pas beaucoup plus d'embarras.

5. Le but de cette opération est de déterminer la composition de la matière restée sur le filtre, et d'apprécier la
proportion de chacun de ses éléments. Outre les substances organiques, cette matière peut contenir encore de la
silice, de l'alumine, de la chaux, de la magnésie et un
peu d'oxide de fer. Le moyen d'extraire séparément tous
ces corps consiste à employer l'acide chlorhydrique étendu
d'eau et à le laisser agir pendant environ une heure ou

une heure et demie. La chaux et la magnésie, quand ces terres font partie du sol, y sont toujours à l'état de carbonate ; leur présence sera donc tout d'abord signalée par la production de l'effervescence.

On jettera toute la matière sur un filtre de papier, l'acide, en le traversant, emmènera avec lui, à l'état de solution, la chaux, la magnésie, l'oxide de fer, peut-être même un peu d'alumine. Quand tout le liquide sera passé, il faudra verser sur le filtre, et à plusieurs reprises, de l'eau pure pour entraîner les dernières portions de sels calcaires, magnésiens et autres qui humectent encore le dépôt resté sur le papier. La liqueur acide est réunie aux eaux de lavages et soumise à l'action des réactifs suivants pour en séparer les matières qui s'y trouvent dissoutes.

Le fer se reconnaîtra au moyen du ferro-cyanate de potasse qui le précipite en bleu ; si ce précipité n'est pas abondant, on le mentionne, mais on peut en négliger la quantité ; dans le cas contraire, on le recueille, et on le fait rougir au feu avant d'en prendre le poids, cette calcination lui fait perdre sa couleur bleue et le reconstitue à l'état d'oxide de fer.

La chaux sera séparée par le bicarbonate de potasse, qui la précipite à l'état de sous-carbonate de chaux. Voici ce qui se passe dans cette opération : la potasse s'unit à l'acide chlorhydrique pour faire du chlorhydrate de potasse qui reste dissous ; une partie de l'acide carbonique qui constitue le bicarbonate de potasse s'empare de la chaux pour en faire un sous-carbonate de chaux insoluble, lequel se précipite ; on le recueille sur un filtre de papier, on le dessèche et on le pèse. L'excédant d'acide carbonique se porte sur la magnésie, et la quantité en est assez forte pour en faire un bicarbonate de magnésie qui reste dissous à la faveur de l'excès d'acide carbonique qui le constitue bicarbonate ; c'est pour obtenir ce résultat que nous avons employé le bicarbonate de potasse comme réactif au lieu de sous-carbonate de potasse, qui aurait précipité ensemble la chaux et la magnésie. La formule suivante rendra cette réaction plus intelligible.

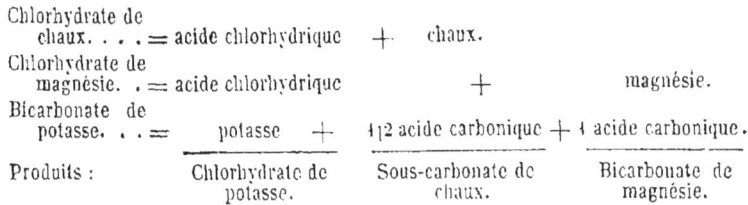

Chlorhydrate de chaux. . . .	= acide chlorhydrique	+	chaux.	
Chlorhydrate de magnésie. .	= acide chlorhydrique		+	magnésie.
Bicarbonate de potasse. . .	= potasse	+	1|2 acide carbonique +	1 acide carbonique.
Produits :	Chlorhydrate de potasse.		Sous-carbonate de chaux.	Bicarbonate de magnésie.

Nous devons ajouter que les chiffres 1/2 et 1 que nous avons mis pour désigner les quantités d'acide carbonique ne sont que conventionnels, et n'ont d'autre but que celui de faire comprendre que pendant la réaction la magnésie a absorbé comparativement une plus forte proportion d'acide carbonique que la chaux, parce qu'elle a plus de propension à passer à l'état de bicarbonate soluble.

Une fois le fer séparé à l'état d'oxide, et la chaux à l'état de sous-carbonate, la liqueur contient en solution, ainsi que nous venons de le voir, du chlorhydrate de potasse étranger à nos recherches, et du bicarbonate de magnésie que nous allons faire passer à l'état de sous-carbonate insoluble, par un moyen très simple. Il suffit de faire bouillir pendant quelque temps cette solution ; l'excès d'acide carbonique s'échappe à cette température, et la magnésie passant ainsi à l'état de sous-carbonate, devient insoluble et se précipite. Après un quart d'heure d'ébullition, on filtre le liquide au travers d'un papier sur lequel on obtient le sous-carbonate de magnésie, que l'on dessèche pour en prendre le poids.

Nous avons laissé entrevoir que dans cette cinquième opération il avait pu se dissoudre une petite proportion d'alumine. Dans ce cas, cette terre se serait précipitée en

15

même temps que le sous-carbonate de chaux. On s'en assurera en traitant le précipité calcaire par une solution faible de potasse caustique ou simplement une eau de savon. Ces deux substances ayant la propriété de dissoudre l'alumine sans toucher à la chaux, la perte que ce précipité accuserait à la balance après avoir subi ce traitement serait due à la présence de l'alumine qui aurait été dissoute, et le chiffre qui la représente devrait être conservé pour être ajouté à la somme de l'alumine dont nous allons bientôt nous occuper.

Peut-être que cette partie de l'analyse aura paru un peu compliquée aux personnes peu familiarisées avec les opérations de la chimie ; mais nous sommes convaincu que si elles veulent se donner la peine de répéter les expériences qu'elle comporte, elles n'y rencontreront aucune difficulté.

6. On se rappelle que, dans l'opération précédente, on a abandonné sur un filtre la matière que l'acide chlorhydrique a laissée insoluble après en avoir séparé la chaux, la magnésie et l'oxide de fer. C'est dans cette substance desséchée et pesée que nous rechercherons maintenant la proportion des matières organiques complexes, qu'on désigne ordinairement sous le nom d'humus. Pour arriver à ce résultat, il faudra faire chauffer cette substance au rouge dans un creuset ou dans un petit vase de fonte, jusqu'à ce que la couleur noire charbonneuse qui se produit d'abord soit entièrement disparue. On accélère cette opération en remuant souvent la matière avec une tige de fer qui présente ainsi successivement toutes les parcelles à l'action comburante de l'air. Enfin, on la termine en brûlant les portions les plus réfractaires, par des projections réitérées de petites quantités de nitrate d'ammoniaque ; ce sel fournit par la décomposition de l'acide nitrique l'oxigène nécessaire pour obtenir ce résultat. Les

autres produits de la décomposition du nitrate d'ammoniaque s'échappent et ne viennent pas augmenter le poids
du résidu. Lorsque toute la matière organique est brûlée,
on pèse ce qui reste, et la différence avec le premier poids
est attribuée à la matière organique.

La séparation de l'humus est la partie difficile de l'a-
nalyse des terres; c'est aussi celle qui, dans le procédé de
H. Davy comme dans tous les autres, est la plus susceptible d'erreur, ainsi que nous aurons occasion de le voir
dans nos remarques. Ici se présente une question inci-
dente, celle de savoir si la matière organique reconnue
est d'origine animale, d'origine végétale, ou d'origine
commune à ces deux grandes classes d'êtres organisés.
Cette question, ici, n'est résolue que d'une manière empirique, mais qui, dans le plus grand nombre de cas,
suffit pour l'objet qu'on se propose. Ainsi, une odeur de
corne ou de plume brûlées indique une origine animale;
la production d'une flamme bleue et abondante au moment de l'ignition suppose une origine végétale; quand
ces deux caractères se manifestent, le degré d'intensité
de chacun d'eux permettra d'apprécier approximativement le rapport qui existe dans les proportions du mélange.

7. Ce qui reste après la combustion de l'humus n'est
plus composé que d'alumine, de silice et quelquefois d'une
certaine quantité d'oxide de fer qui a échappé à l'action
de l'acide chlorhydrique dans les opérations indiquées
sous le n° 5. Notre but actuellement est de séparer ces
substances. On y parviendra en employant de la manière
suivante l'acide sulfurique étendu de quatre fois son
poids d'eau. On met dans une fiole en verre le résidu
qu'on se propose d'examiner, on verse dessus l'acide sulfurique étendu d'eau, on place la fiole sur un petit bain
de sable, on fait chauffer et on entretient le mélange en

faible ébullition pendant deux ou trois heures. La quantité d'acide sulfurique devra être un peu plus forte que celle du résidu.

Dans cette opération, l'acide sulfurique dissout l'alumine et l'oxide de fer, si ce dernier existe; quant à la silice, elle reste inattaquée. On laisse refroidir le tout, on y ajoute de l'eau, mais avec la plus grande précaution, car, pendant l'ébullition, l'acide sulfurique s'étant concentré, s'échauffe considérablement par son contact avec l'eau; c'est pourquoi, si l'on ajoutait brusquement ce liquide, la fiole pourrait se rompre et le résultat de l'expérience se trouverait compromis. L'eau ajoutée se mélange avec la solution acide d'alumine et d'oxide de fer; quant à la silice, elle reste au fond sous forme pulvérulente. On décante doucement le liquide quand la silice est bien déposée; on lave cette dernière avec de l'eau pure que l'on réunit à la solution d'alumine; quand elle est bien lavée, on la recueille, on la dessèche au feu et on la pèse.

Quant à la solution d'alumine, on en sépare le fer par le succinate d'ammoniaque, réactif qui possède la propriété de précipiter ce métal; on recueille ce précipité sur un filtre, on le calcine, on le pèse et on ajoute ce poids à celui du fer déjà obtenu dans l'opération n° 5; l'alumine est enfin précipitée par l'ammoniaque et le mélange versé sur un entonnoir de verre muni d'un filtre. Le liquide au milieu duquel la précipitation s'est opérée s'écoule au travers du papier, et l'alumine reste dessus; on la lave en l'arrosant, à plusieurs reprises, avec de l'eau pure qui, en la traversant, entraîne avec elle le nouveau sel qui s'est formé par l'addition de l'ammoniaque.

Voici ce qui se passe dans cette dernière précipitation : L'alumine dissoute au moyen de l'acide sulfurique était à l'état de sulfate d'alumine soluble ; en y ajoutant de l'ammoniaque, cette dernière, en raison de son affinité plus grande pour l'acide sulfurique, s'en est emparée pour former un sulfate d'ammoniaque soluble ; l'alumine privée d'acide sulfurique étant insoluble s'est précipitée.

L'alumine étant bien égouttée, on la dessèche au feu, on la pèse, et on ajoute à ce poids celui qui se trouve quelquefois dans l'opération n° 5, ainsi que nous en avons déjà fait mention.

Si l'acide chlorhydrique dissout quelquefois de l'alumine dans le traitement n° 5, il peut aussi arriver qu'il laisse inattaquées de faibles quantités de chaux et de magnésie, surtout quand l'action de cet acide n'a pas été suffisamment prolongée ; dans ce cas, ces deux terres se retrouveront avec l'alumine que nous venons d'obtenir. Pour s'assurer de leur présence, on traite l'alumine, que nous venons d'isoler, par une solution de potasse caustique ou d'eau de savon. L'une ou l'autre de ces deux solutions ont la propriété de dissoudre l'alumine, et s'il y avait de la chaux ou de la magnésie, ces deux substances resteraient inattaquées.

Cette dernière expérience est un surcroît de précautions dont on peut se dispenser sans scrupule ; car s'il fallait dans l'analyse des terrains une exactitude rigoureuse, on se verrait obligé de renoncer au désir de populariser ces opérations si utiles, et elles resteraient toujours le partage d'un très petit nombre d'élus.

8. Après avoir séparé par des moyens mécaniques ou à l'aide des réactifs les substances solides naturellement insolubles dans l'eau, il nous reste à rechercher celles qui ont la propriété de se dissoudre dans ce liquide. Nous les retrouverons dans le produit de l'ébullition que nous avons fait subir au terrain dans l'opération n° 3. Ce liquide, que l'on a dû tenir à part, sera mis à évaporer sur le feu dans

un vase de faïence ou de métal, en ménageant la chaleur sur la fin, pour ne rien détruire avant d'avoir pris le poids de la matière qui doit rester après l'évaporation. Ce résidu est ordinairement composé de substances organiques et de sels. Une fois sa quantité connue, on détruit les matières organiques au moyen du feu ; on en apprécie la proportion par une nouvelle pesée, qui donne le poids des sels, en même temps qu'elle permet d'apprécier la nature végétale ou animale de la matière organique, par le développement de la flamme bleue ou par l'odeur de corne brûlée.

Les sels qui restent après cette combustion sont redissous par de l'eau pure et la solution est essayée par les réactifs suivants :

1. Le chlorhydrate de baryte indiquera la présence d'un sulfate, s'il fournit un précipité insoluble dans l'acide nitrique.

2. Le nitrate d'argent, celle d'un chlorure, s'il donne un précipité insoluble dans l'acide nitrique et soluble dans l'ammoniaque.

3. L'oxalate d'ammoniaque décèlera la présence de la chaux, s'il précipite en blanc.

4. Le phosphate double de soude et d'ammoniaque, celle de la magnésie qu'il précipite sous forme de poussière cristalline.

5. L'ammoniaque liquide précipitera l'alumine, si elle existe ; ce précipité aura une consistance gélatineuse.

Si la solution examinée accusait la présence d'un sulfate ou d'un chlorure et que les réactifs destinés à reconnaître la chaux, la magnésie et l'alumine fussent sans effet, il faudrait en conclure que ce chlorure ou ce sulfate seraient à base de soude ou de potasse. Alors on reconnaîtrait la potasse au moyen de l'acide perchlorique, qui lui sert de réactif en formant avec elle un perchlorure de potasse insoluble qui se précipite. Ce réactif ne produit aucun effet sensible dans les solutions de sels de soude.

Comme parmi ceux qui nous liront plusieurs n'ont peut-être jamais employé de réactifs, nous devons ajouter, pour leur éviter tout embarras sur la manière d'en faire usage, qu'il ne faut pas mettre dans la même portion de liquide successivement tous ceux que nous venons d'indiquer; mais qu'il faut séparer cette eau en doses aussi nombreuses que les réactifs que l'on se propose d'essayer, afin que chacun d'eux puisse agir isolément. Sans cette précaution, ces agents se trouvant en présence, réagiraient les uns sur les autres, et au lieu des lumières que l'on recherche, on n'obtiendrait que trouble et confusion.

Dans cette partie de l'analyse des terrains, on ne cherche à constater que la présence de chacun des sels indiqués par les réactifs, sans s'appliquer à en apprécier le poids, ce qui rendrait l'opération trop délicate; il suffit, pour les besoins de l'agriculture, de connaître le poids total de la masse saline et quels sont les sels particuliers qui la composent.

9. L'analyse se trouve ainsi terminée. Cependant il existe dans les terres arables deux sels insolubles que nous n'avons pas eu l'occasion de séparer. Ces deux sels, qui sont le sulfate de chaux et le phosphate de chaux, jouent un rôle assez important dans l'acte de la végétation pour qu'il soit nécessaire d'en constater la présence et les proportions. Mais cette recherche demande un travail séparé, et c'est le but de cette neuvième opération.

A la page 215, en parlant de l'analyse en général, nous avons indiqué sommairement la manière de distinguer dans un terrain les sulfates insolubles; maintenant nous allons entrer dans le détail des opérations nécessaires pour arriver à ce résultat.

Pour reconnaître le sulfate de chaux, on prend de nouvelle terre provenant comme la première fois de différentes places du champ; on en pèse 30 ou 40 grammes, on la dessèche et on la mélange bien exactement avec le tiers de son poids de charbon réduit en poussière très fine; on tasse cette matière dans un creuset ou dans un pot de grès d'un petit diamètre, pouvant supporter l'action du feu. On recommande un petit diamètre parce qu'il est nécessaire que le mélange présente peu de surface à l'air. On chauffe au rouge et on entretient cette température pendant une demi-heure, en se gardant bien de remuer la matière; on laisse refroidir le produit, qui ensuite est mis à bouillir dans environ un demi-litre d'eau. Après dix minutes d'ébullition, on filtre la décoction pour l'obtenir bien limpide; si elle passait trouble, il faudrait la filtrer de nouveau en la versant sur le même papier. La liqueur, une fois bien claire est exposée pendant plusieurs jours dans un vase ouvert, à large surface. Si la terre contient du sulfate de chaux, il s'y formera peu à peu un dépôt blanchâtre dont le poids indiquera la proportion.

Voici la théorie de cette opération : le sulfate de chaux est un sel insoluble, ou à peu près, qui résulte de la combinaison de l'acide sulfurique avec la chaux; l'acide sulfurique est composé d'oxigène et de soufre; la chaux, d'oxigène et de calcium; le charbon, qu'on fait intervenir, est destiné à s'emparer de l'oxigène de l'acide sulfurique et de l'oxigène de la chaux, avec lequel il forme l'acide carbonique. C'est pour cela qu'il est important de bien tasser la matière dans le creuset, et de ne lui faire présenter à l'air qu'une faible surface. Sans cette précaution, le charbon prendrait de préférence à l'air l'oxigène dont il a besoin, pour passer à l'état d'acide carbonique.

A mesure que cette soustraction d'oxigène s'opère, le soufre et le calcium forment ensemble une nouvelle combinaison qu'on désigne sous le nom de sulfure de calcium. Cette combinaison, étant soluble dans l'eau, se dissout quand on fait bouillir le produit de la calcination, et passe avec le liquide au travers du filtre.

Le sulfure de calcium a une très forte tendance à reprendre l'oxigène qu'il a perdu, et à repasser à l'état de sulfate de chaux; c'est pourquoi on expose à l'air la liqueur qui le contient à l'état de solution, afin qu'il puisse trouver dans l'atmosphère l'oxigène dont il a besoin. A mesure que le sulfate de chaux se reconstitue, son insolubilité le force à se déposer sous forme de poussière blanchâtre. Les deux tableaux suivants aideront à suivre ce qui se passe dans ces opérations.

FORMULE DE LA DÉCOMPOSITION DU SULFATE DE CHAUX PAR LE CHARBON.

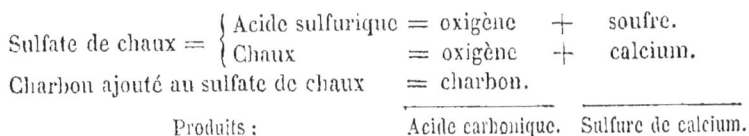

Sulfate de chaux = { Acide sulfurique = oxigène + soufre.
{ Chaux = oxigène + calcium.
Charbon ajouté au sulfate de chaux = charbon.

Produits : Acide carbonique. Sulfure de calcium.

FORMULE DU PASSAGE DU SULFURE DE CALCIUM A L'ÉTAT DE SULFATE DE CHAUX.

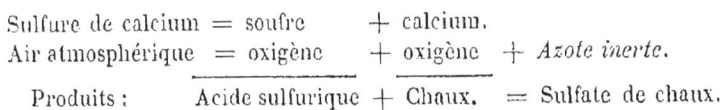

Sulfure de calcium = soufre + calcium.
Air atmosphérique = oxigène + oxigène + *Azote inerte*.

Produits : Acide sulfurique + Chaux. = Sulfate de chaux.

Pour découvrir le phosphate de chaux, on prendra une autre portion de la terre, on la dessèchera, on en pèsera environ 50 grammes, et on versera dessus de l'acide chlorhydrique, étendu de moitié eau, en quantité suffisante pour que la terre en soit bien recouverte. Dans le cas où cette terre contiendrait beaucoup de carbonate de chaux ou de magnésie, on s'assurera si tout l'acide chloryhdrique n'en a pas été saturé. La dégustation du liquide, qui est aigre tant qu'il reste de l'acide en liberté, ou son action sur le tournesol et sur les couleurs bleues végétales qu'il fait passer au rouge dans le même cas, seront les moyens à mettre en usage. Si l'on reconnaît que tout l'acide a été neutralisé, il faudra en ajouter une nouvelle quantité; car il est indispensable pour cette opération qu'il se trouve en excès.

On laisse agir ce mélange pendant plusieurs heures, en ayant la précaution de le remuer de temps en temps pour renouveler les points de contact; on le délaye dans un volume d'eau pure à peu près égal au sien, et on jette le tout sur un filtre de papier. Si les premières portions de liquide passent troubles, on les reporte sur le filtre jusqu'à ce qu'elles s'écoulent limpides. Quand tout le liquide est filtré, on l'évapore sur le feu jusqu'à siccité.

Cette partie de l'opération devra se faire sous une cheminée qui tire bien; sans cette précaution, les vapeurs acides qui se forment pendant l'évaporation pourraient incommoder l'opérateur. Il ne faudra pas non plus laisser à la portée de cette vapeur des objets en métal, parce qu'ils se trouveraient plus ou moins rouillés par son contact.

Une fois l'évaporation terminée, on verse sur le résidu de l'eau pure qui dissout les sels qui se sont formés par l'action de l'acide chlorhydrique sur la chaux, la magnésie et l'oxide de fer contenus dans la terre, mais qui laisse insoluble le phosphate de chaux, s'il y en a. Cette substance sera recueillie, séchée et pesée.

Cette opération est beaucoup moins compliquée que la précédente; quelques mots suffiront pour en expliquer la théorie. Le phosphate de chaux est un sel insoluble dans l'eau, mais soluble dans l'acide chlorhydrique, sans décomposition; c'est une solution simple. Si l'on fait évaporer l'acide chlorhydrique, le phosphate de chaux se retrouve dans son état primitif, état sous lequel il est insoluble dans l'eau. Aussi, quand on traite par ce liquide le produit de l'évaporation, les chlorhydrates se dissolvent seuls, et le phosphate de chaux reste inattaqué.

10. Ici se terminent nos travaux d'analyse ; il ne s'agit plus que de recueillir, dans chacune des opérations, les substances qui ont été isolées, d'en consigner le poids et d'en comparer la somme avec le poids de la terre qui a été mise en expérience. Si ces deux poids sont sensiblement égaux, l'opération a été bien conduite ; si au contraire ils s'écartent l'un de l'autre d'une manière très notable, il faut en conclure qu'il y a eu des erreurs, alors l'analyse est à recommencer.

Dans l'énonciation des substances qui ont été trouvées dans l'analyse, on a coutume de suivre l'ordre des opérations qui les ont fournies. Voici, par exemple, la formule d'une analyse faite par H. Davy sur 400 parties d'un bon terrain sablonneux, siliceux, d'une houblonnière près Tunbridge, Kent :

19	Eau d'absorption.
53	Pierre tendre et gravier principalement siliceux.
14	Fibre végétale non décomposée.
212	Sable siliceux.
19	Matière finement divisée, séparée par agitation et filtration, et consistant principalement en carbonate de chaux.
3	Carbonate de magnésie.
15	Matière organique destructible par le feu, humus.
21	Silice.
13	Alumine.
5	Oxide de fer.
3	Matière soluble composée principalement de sel ordinaire et de matière végétale.
2	Sulfate de chaux ou gypse.

379
| 21 | Pertes éprouvées dans les différentes opérations. |

| 400 | Somme égale à la quantité de terre analysée. |

La perte de 21 s'explique par l'inégalité qui existe entre la dessiccation de la terre avant l'analyse, et celle à laquelle sont soumis les produits à mesure qu'ils sont obtenus ; elle s'explique encore par la difficulté de recueillir exactement tous les dépôts et précipités avant d'en prendre le poids. Du reste, cette perte de plus de cinq pour cent, que la chimie ne tolèrerait pas dans une opération délicate, l'agriculture peut la supporter à la rigueur, mais à la condition de la considérer comme un maximum qu'elle ne saurait dépasser.

Remarques. — Si nous nous permettons de faire des remarques sur le procédé d'analyse d'un chimiste aussi justement célèbre que H. Davy, c'est que depuis cette publication l'agriculture a senti la nécessité de connaître avec plus d'exactitude la composition des terrains. De nombreuses analyses faites sur les cendres des différentes plantes qui entrent dans nos assolements, lui ont aussi appris quels sont les principes minéraux que chaque récolte a besoin de trouver dans le sol pour atteindre tout son développement.

Nous suivrons dans ces remarques l'ordre que nous avons suivi en développant la méthode ; mais nous sentons le besoin de dire auparavant que, dans l'exposé que nous venons de faire, nous n'avons pas copié littéralement l'auteur. Tout en suivant sa marche, nous avons cherché à être toujours compris, et il nous a fallu pour cela ajouter souvent des explications, changer quelquefois la manière de présenter les faits, etc. Si donc il se rencontrait quelques défauts dans ces détails, il ne faudrait pas les attribuer à l'auteur, puisqu'ils n'appartiendraient qu'à nous.

1. La première opération, qui a pour but d'apprécier la quantité d'eau, offre plus d'une difficulté : d'abord, il faut une certaine habileté pour obtenir, pendant

10 minutes, une température égale de 140 degrés; ensuite, les brins de paille et les copeaux de bois sont des
indicateurs très infidèles; outre cela, même en supposant
l'opération bien conduite, il reste encore dans la terre
une proportion d'eau qui ne s'échappe qu'à la chaleur
rouge. Nous insistons sur tous ces points parce que l'eau
est une des causes d'erreur les plus fréquentes dans les
analyses. En effet, si l'on adopte pour la dessiccation de
la terre à analyser et des différents produits obtenus par
l'analyse une température difficile à produire, il en résultera le plus souvent une grande variété dans leur
état de dessiccation, ce qui modifiera en plus ou en moins
les chiffres qui représentent le poids des substances séparées. Une température constante et d'un usage facile
nous semble donc d'une grande importance. Nous trouvons ces avantages réunis dans l'emploi du bain-marie
échauffé par l'eau bouillante, dont la chaleur est toujours
égale à 100° centigrades. Il est bien vrai que, par ce
moyen, la sécheresse ne sera jamais absolue; mais elle
sera toujours la même dans tous les cas. Par exemple,
si le bain-marie a laissé cinq parties d'eau à la terre
qu'on se propose d'examiner, ces cinq parties se trouveront retenues proportionnellement par chacun des produits, puisqu'ils seront tous desséchés à la même température. Nous rappelons au lecteur, que nous avons indiqué,
à la page 214, un petit appareil très commode pour opérer ces dessiccations.

2. Les pierres, séparées mécaniquement par le tamis,
sont examinées, suivant nous, d'une manière trop superficielle. C'est le plus souvent dans ces pierres qu'on
rencontre la raison des assolements d'aujourd'hui et des
jachères d'autrefois. Ces pierres renferment ordinairement des principes essentiels à l'accroissement des céréales, comme la potasse, la soude, le phosphate de chaux,

qui ne s'en séparent que très lentement, et sous l'influence des forces atmosphériques. Il est donc utile de connaître la composition chimique de ces pierres et d'en faire une analyse à part, si elles sont en quantité notable.

4. Comme le sable dont il est fait mention sous ce numéro peut contenir de la magnésie et de l'oxide de fer tout aussi bien que le produit plus divisé dont l'examen porte le n° 5, l'exactitude de l'analyse exige qu'il soit soumis au même traitement.

6. La partie de l'opération qui a pour objet de reconnaître la proportion des matières organiques que nous avons désignées sous le nom d'humus, est celle qui offre le moins de garantie, ainsi qu'il sera facile de le comprendre. Ces matières sont associées à l'alumine, et cette dernière substance, malgré son exposition à la température de 140 degrés, a conservé, à l'état de combinaison, une certaine proportion d'eau qu'elle ne laisse échapper qu'à la chaleur rouge. Comme d'une part cette eau se perd en même temps que l'humus se détruit par la chaleur, et que d'autre part on n'apprécie la quantité d'humus qu'en retranchant du poids primitif la perte obtenue par la combustion, il arrive nécessairement que l'eau est comptée comme humus, ce qui est un inconvénient assez grave.

Pour ce qui est de reconnaître si la matière organique est d'origine animale ou d'origine végétale, la chimie offre aujourd'hui un procédé certain, c'est d'y constater la présence de l'azote et d'en apprécier la quantité. Nous reviendrons plus tard sur ce qui concerne ces matières, lorsque nous nous occuperons des engrais.

8. La méthode de H. Davy n'indique pas la manière de constater la présence des nitrates ni des sels à base d'ammoniaque; cependant quelques expériences modernes semblent attribuer à ces substances une grande in-

fluence sur la végétation. (Voir pages 83, 84, 90.) Nous chercherons donc plus tard à combler cette lacune que nous ne faisons que signaler dans ce moment.

9. Les procédés indiqués pour reconnaître le sulfate et le phosphate de chaux sont très convenables pour signaler la présence de ces deux sels; mais ils deviennent insuffisants si l'on veut en faire usage pour en apprécier les quantités.

En terminant ces remarques nous devons dire, à la louange du célèbre chimiste anglais, que ceux qui se sont occupés d'analyse de terrains depuis la publication de sa méthode ont presque tous reproduit ce travail en totalité ou en partie; les uns en se l'appropriant, les autres, plus généreux, en signalant la source où ils avaient puisé.

SEIZIÈME LEÇON.

Continuation de l'analyse des terrains et étude des propriétés agronomiques de chacun des matériaux qui les constituent. — De l'eau considérée dans ses rapports avec l'agriculture.

Nous venons d'exposer deux méthodes pour obtenir par l'analyse la connaissance des éléments qui composent un terrain. La première, plus simple en ce qu'elle ne met guère en œuvre que des procédés mécaniques, suffira chaque fois que l'on ne cherchera à se rendre compte que de la perméabilité du sol; la seconde deviendra indispensable quand on voudra envisager la terre non seulement comme servant de support à la plante, mais aussi comme fournissant pour son alimentation certains principes de sa propre substance.

Dans le premier cas, la méthode du Dr Rham pourra encore être simplifiée. La terre étant desséchée, on n'aura besoin que d'un seul tamis pour séparer les cailloux et les débris végétaux non décomposés, et d'un seul lavage pour séparer la matière sableuse, qui tombe au fond de l'eau, de la partie argileuse qui y reste en suspension.

Dans le second, il conviendra de compléter les lacunes que nous avons signalées dans les remarques que nous avons faites à la méthode si précise et si claire d'ailleurs de H. Davy.

Nous aurions dû peut-être développer encore quelques méthodes afin de mettre le lecteur à même de faire un choix. Nous ne l'avons pas fait pour plusieurs raisons : la première c'est que les procédés des auteurs qui n'ont pas répété Davy présentent des difficultés que nous avons regardées comme insurmontables pour le plus grand nombre de ceux auxquels nous nous adressons; la seconde c'est que nous n'avons pas voulu grossir ce volume outre mesure; enfin la troisième c'est qu'en examinant, ainsi que nous allons le faire, chacun des éléments qui constituent le sol pour étudier leurs rapports avec l'agriculture, nous aurons l'occasion de signaler ce qui, dans ces méthodes, peut être neuf ou plus avantageux. C'est dans ces différents examens que nous tâcherons d'aplanir les difficultés que nous avons soulevées dans nos remarques.

Du reste, nous dirons aux personnes qu'un ensemble d'analyse pourrait effrayer, qu'il est rarement indispensable d'y avoir recours. Sûrement, il est préférable, quand on cultive un terrain, d'en connaître la composition élémentaire; mais quand on désire seulement savoir si le sol est calcaire et dans quelle proportion, s'il contient de la magnésie et combien, etc... on peut se borner à une seule opération, et le travail devient de la plus grande simplicité. Les agronomes peu exercés aux manipulations chimiques rencontreront toujours moins de difficultés à rechercher ainsi isolément, les uns après les autres, les éléments du

sol, ils pourront même arriver par ce moyen à une analyse complète. Si le travail est plus long, il sera plus simple et les produits obtenus plus certains que ceux fournis
par une seule et même analyse. C'est pour faciliter ces
résultats que, dans l'examen auquel nous allons nous livrer, nous ne manquerons jamais d'indiquer en étudiant
chaque principe les moyens les plus convenables pour
les isoler, ou au moins pour en signaler la présence.

Les auteurs qui ont écrit sur la chimie appliquée à l'a-
griculture ont cru devoir faire précéder l'étude des matériaux qui composent le sol arable de considérations
géologiques qui en expliquent l'origine. Nous ne les imi-
terons pas, dans la certitude où nous sommes, que parmi
ceux qui voudront bien nous lire, les uns savent déjà ce
que nous aurions à leur dire à ce sujet, et que les autres
auraient de la peine à comprendre le résumé trop bref
que nous pourrions leur donner. Nous croyons donc que
ces explications seraient inutiles.

Ce n'est pas que nous considérions l'étude de la géologie comme étrangère à l'agriculture, bien au contraire; mais pour produire un avantage quelconque, il
lui faut un développement que nous ne saurions lui
accorder dans ce volume. Si le public accueillait favorablement notre premier ouvrage, nous pourrions, plus
tard, aborder cette matière et tâcher de rendre intelligibles aux agriculteurs les notions géologiques qui peuvent avoir quelques rapports avec leurs travaux.

Dans l'étude que nous allons faire des éléments du sol,
nous suivrons l'ordre dans lequel ils ont été isolés par l'a-
nalyse de Davy.

DE L'EAU CONSIDÉRÉE DANS SES RAPPORTS AVEC L'AGRICULTURE.

L'eau est un des éléments les plus indispensables de la
végétation; c'est, ainsi que nous l'avons dit pages 66 et

16

suivantes, le véhicule destiné à transmettre à la plante les différentes matières qui doivent l'alimenter. Il est donc bien important de connaître ses affinités avec chaque terrain, puisque celui-ci doit lui servir de réservoir ; et ses propriétés dissolvantes sur les matériaux qui le composent, puisque plusieurs d'entre eux devront être soustraits du sol pour servir à la production des récoltes.

Les eaux pluviales ne sont pas reçues de la même manière par tous les terrains ; elles traversent les uns sans s'y arrêter autrement que pour les mouiller, tandis que les autres l'absorbent en plus ou moins grande quantité. Ce sont ces différentes capacités d'absorption que nous allons étudier, en adoptant la méthode de M. Schübler (1).

On prend la terre dont on veut connaître la puissance d'imbibition, on la dessèche au bain-marie jusqu'à ce qu'elle ne perde plus de poids, on en pèse 20 grammes dont on fait avec l'eau une pâte très liquide, on verse cette pâte bien exactement sur un filtre de papier dont on a pris le poids après l'avoir mouillé ; quand il ne s'écoule

---

(1) *Annales de l'agriculture française*, 1827, t. xl, 2ᵐᵉ série, p. 138. Le mémoire du Dr Schübler est d'une grande importance en agriculture, et nous regrettons de ne pouvoir l'insérer en entier. Ce savant physicien et agronome y traite des terrains sous les différents rapports : 1º de leur pesanteur spécifique à l'état sec et humide ; 2º de leur faculté de contenir l'eau ; 3º de la consistance et de l'adhérence du sol à l'état sec et humide ; 4º de son aptitude à se sécher à l'air ; 5º de la diminution de son volume par le desséchement ; 6º de sa force d'absorption pour l'humidité de l'air atmosphérique ; 7º de sa puissance d'absorption pour l'oxigène de l'air atmosphérique ; 8º de sa chaleur spécifique et de la faculté qu'il possède de retenir la chaleur ; 9º de son échauffement par la chaleur solaire ; 10º de sa propriété électrique et galvanique ; 11º de son influence, à l'état pur, sur la germination.

Nous aurons occasion de puiser plusieurs fois dans ce remarquable travail, que nous devons à la traduction de M. de Gasparin qui l'a enrichi de notes nombreuses. Mais nous prévenons le lecteur qui aurait l'occasion d'y recourir, que ce mémoire est accompagné d'un *errata* de quatre pages, et que ce supplément est absolument indispensable.

plus d'eau par le bec de l'entonnoir qui contient le filtre, on enlève ce dernier avec précaution; on le pèse avec la terre mouillée, et l'augmentation de poids indique par un chiffre le pouvoir absorbant de cette terre pour l'eau. Par exemple : si, d'une part, le filtre mouillé pesait 5 grammes et la terre desséchée 20 grammes, ensemble 25 grammes, et que, d'autre part, le même filtre et la terre imbibée pèsent ensemble 35 grammes, les 20 grammes de terre mis en expérience auront absorbé 10 grammes d'eau ou la moitié de leur poids, c'est-à-dire 50 pour 0/0. La puissance absorbante de cette terre pourra donc être représentée par le chiffre 50. Il n'est pas nécessaire d'ajouter que, dans cette expérience, comme dans toutes celles pour lesquelles on emploie la balance, il faut apporter la plus grande attention, afin que rien ne soit perdu.

Nous donnons, ci-dessous, un tableau qui contient les résultats que l'auteur a obtenus en appliquant sa méthode à différents terrains ou parties de terrains. Au-dessous de ce tableau nous indiquons, sous forme de renvoi, la composition de ces terrains.

DÉSIGNATION DES TERRES.	EAU ABSORBÉE par 100 parties de terre.
Sable siliceux..	. . . 25
Sulfate de chaux à l'état naturel.	. . . 27
Sable calcaire..	. . . 29
(1) Argile maigre.	. . . 40
(2) Argile grasse..	. . . 50
(3) Argile pure.	. . 70
Terre calcaire fine.	. . . 85
Humus.	. . 190
(4) Terre de jardin.	. . . 89
(5) Terre arable d'Hoffwyll.. . .	. . . 52
(6) Terre arable du Jura. . . .	. . . 48

(1) M. Schübler comprend sous le nom d'argile maigre, un argile qui, après avoir bouilli dans l'eau assez long-temps, laisse déposer par l'opération du lavage 30 à 60 parties de sable siliceux, en moyenne 40 pour 0/0.

(2) Sous celui d'argile grasse, un argile qui donne par le même traitement 15 à 30 de sable, en moyenne 24 pour 0/0.

(3) Le même auteur entend par argile pure, la partie que l'eau a conservée en suspension dans les opérations précédentes, et qui a été recueillie sur un filtre et desséchée. Celle qui a servi à l'expérience mentionnée dans le tableau, était composée de :

Silice	58,0
Alumine	36,0
Oxide de fer	5,2

(4) La terre de jardin était légère, noire et fertile ; elle contenait :

Argile	52,4
Sable siliceux	36,5
Sable calcaire	1,8
Calcaire plus divisé	2,0
Humus	7,3

(5) La terre arable d'Hoffwyll renfermait :

Argile	51,2
Sable siliceux	42,7
Sable calcaire	0,4
Calcaire plus divisé	2,3
Humus	3,4

(6) Cette terre prise dans un vallon situé dans le voisinage du Jura contenait :

Argile	33,3
Sable siliceux	63,0
Sable calcaire	1,2
Calcaire plus divisé	1,2
Humus	1,2

L'examen du tableau nous fournit l'occasion de faire les remarques suivantes : le sable siliceux, le sulfate de chaux naturel et le sable calcaire n'absorbent qu'une quantité d'eau très faible comparée à celle que retiennent les autres terrains ou parties de terrains. Les argiles en prennent davantage, et d'autant plus que l'élément argileux s'y rencontre en proportions plus considérables.

Il résulte encore des travaux de M. Schübler un fait d'une haute importance et qui n'avait pas été soupçonné avant lui, c'est la différence qui existe entre la puissance d'imbibition de la chaux carbonatée suivant qu'elle se trouve à l'état de sable calcaire ou à celui de poussière très divisée. Le tableau nous montre que cette différence peut varier de 29 à 85 pour 0/0. Il sera donc utile, pour apprécier la qualité d'un terrrain, au point de vue qui nous occupe dans ce moment, d'estimer à part, dans les analyses, la portion de calcaire ou chaux carbonatée qui tombe au fond de l'eau, sous forme sableuse dans l'opération du lavage, de celle plus divisée qui reste en suspension dans ce liquide.

L'humus est, de toutes les substances qui entrent dans la composition des terrains, celle qui s'approprie la plus grande proportion d'eau; il en résulte qu'outre leur propriété nutritive, les engrais ont encore celle d'entretenir le sol dans un état de fraîcheur favorable à la végétation.

En comparant le pouvoir absorbant des terres dont nous avons détaillé l'analyse sous les chiffres 4, 5 et 6, on voit dans qu'elles proportions l'humus et l'argile ont pu modifier cette force. Ainsi, la terre de jardin, qui renferme plus d'humus que les deux autres, retient aussi une bien plus grande quantité d'eau; la terre arable d'Hoffwyll, qui est plus argileuse que celle du Jura, est aussi plus absorbante. Ces observations prouvent que l'argile et l'humus, quoique mélangés dans les terres, conservent encore pour l'eau l'affinité que nous leur avons reconnue à l'état d'isolement.

Cependant, après l'analyse d'un terrain, il ne faudrait pas juger, d'une manière absolue, de son état d'humidité ou de sécheresse. Sûrement, ce travail exécuté avec soin, fournira toujours les indications les plus précieuses; mais il faudra aussi tenir compte des causes assez nombreuses qui sont susceptibles d'apporter des modifications à ce sujet. Ainsi l'altitude du sol, son inclinaison, la présence ou l'absence d'abris, la profondeur de la terre végétale, la nature du sous-sol, etc., sont autant de circonstances dont il sera indispensable d'apprécier la valeur, et que tout cultivateur intelligent pourra estimer. On nous pardonnera de ne pas nous étendre davantage sur ces accidents de terrains, ces considérations nous entraîneraient en dehors des bornes de notre travail.

M. Schübler ne s'est pas contenté d'étudier la puissance que possèdent les terrains d'absorber et de retenir l'eau qu'ils reçoivent, il a encore trouvé le moyen d'apprécier la facilité avec laquelle ces terrains se dessèchent en restituant à l'atmosphère l'humidité dont ils se sont chargés. Voici le procédé qu'il a imaginé pour arriver à ce résultat.

On pèse 200 grains de terre préalablement desséchée au bain-marie; on la fait arriver à son maximum d'humidité par le procédé qui a été indiqué précédemment, et on pèse de nouveau. En supposant que le poids soit alors de 310 grains, il y aura eu 110 grains d'eau absorbés. On étend cette terre, ainsi mouillée, d'une manière bien uniforme sur un plateau en fer-blanc de dix pouces carrés, parfaitement rond et muni d'un rebord; on suspend ce plateau au bras d'une balance sensible et on établit, à l'aide de poids, un équilibre parfait. L'appareil, disposé de la sorte, est exposé à l'air dans un appartement fermé ayant une température de 18 degrés; après quatre heures passées dans ce milieu, on pèse de nouveau. La perte représente la quantité d'eau évaporée, et l'on recherche, au moyen d'une simple règle de trois, dans quelle proportion cette perte se trouve avec la quantité d'eau indiquée par la première pesée.

Par exemple : si la terre, après les quatre heures d'exposition à l'air, ne pèse plus que 260 grains, elle n'aura retenu que 60 grains d'eau des 110 grains qu'elle contenait quand elle a été mise en expérience; elle aura donc perdu 50 grains. Cette quantité trouvée, la proportion s'établit ainsi :

110 poids primitif de l'eau : 50 quantité perdue par l'évaporation :: 100 : x = 45,4

La quantité d'eau perdue par cette terre pendant les quatre heures d'exposition à l'air, à une température de 18 degrés, est donc de 45,4 pour 0/0.

Le tableau suivant indique comment se comportent, dans la même circonstance, les différentes terres dont nous connaissons déjà la composition; c'est-à-dire combien elles perdent en centièmes, de l'eau primitivement absorbée pendant quatre heures d'exposition à l'air ayant une température de 18 degrés.

On remarquera que ce tableau devient la confirmation du précédent, puisqu'il indique que ce sont précisément les terres ou les parties des terres qui ont absorbé le plus d'eau qui en ont aussi proportionnellement conservé davantage. Il y a donc entre l'eau et les terrains, et à un degré différent, une sorte d'affinité qui permet aux uns de prendre des quantités d'eau considérables et de laisser évaporer ce liquide avec difficulté, tandis que d'autres en absorbent moins et se dessèchent plus facilement.

Ces considérations nous seront utiles, surtout, quand nous nous occuperons des amendements minéraux.

ESPÈCES DE TERRES.	Combien 100 parties d'eau contenues dans la terre en laissent évaporer par une exposition de quatre heures à un air ayant une température de 18 degrés.
Sable siliceux.	88.4
Sable calcaire.	75,9
Sulfate de chaux.	71,7
Argile maigre.	52,0
Argile grasse.	45,7
Argile pure.	31,9
Calcaire finement divisé.	28,0
Humus.	20,5
Terre de jardin.	24,3
Terre arable d'Hoffwill.	32,0
Terre arable du Jura.	40,1

Nous avons vu dans quelles proportions les terres s'approprient l'eau qu'elles reçoivent, et avec quelle force elles la retiennent suivant leur composition chimique ou leur état de division; il nous reste à étudier leur faculté de soutirer l'eau en vapeur contenue dans l'air atmosphérique, une fois qu'elles ont été desséchées par les ardeurs du soleil. C'est toujours M. Schübler qui nous servira de guide dans ce genre d'expérimentation.

Pour soumettre cette propriété à la mesure, il faut se servir de plaques de fer-blanc pareilles à celles qui ont été employées dans les expériences précédentes. On étendra dessus en couche bien unie, 200 grains de la terre à essayer, après l'avoir bien divisée et séchée au bain-marie; et on l'exposera dans un air uniformément chargé de vapeurs aqueuses. Ce milieu s'obtient au moyen d'une cloche en verre dont le bord inférieur plonge dans une rigole pleine d'eau. En pesant la terre après douze, vingt-quatre, quarante-huit, soixante-douze heures, on trouve par l'augmentation de poids la quantité de vapeur d'eau qui a été absorbée pendant ces différentes périodes. M Schübler a consigné dans le tableau suivant, les résultats qu'il a obtenus par ce moyen en agissant à une température de 15 à 18 degrés.

ESPÈCES DE TERRE.	500 centigrammes de terre ont absorbé par une exposition de			
	12 heures.	24 heures.	48 heures.	72 heures.
Sable siliceux	0	0	0	0
Sable calcaire	1,0	1,5	1,5	1,5
Sulfate de chaux . . .	0,5	0,5	0,5	0,5
Argile maigre	10,5	13,0	14,0	14,0
Argile grasse	12,5	15,0	17,0	17,5
Argile pure	18,5	21,0	24,0	24,5
Calcaire finement divisé .	13,0	15,5	17,5	17,5
Humus	40,0	48,5	55,0	60,0
Terre de jardin	17,5	22,5	25,0	26,0
Terre arable d'Hoffwill .	8,0	11,0	11,5	11,5
Terre arable du Jura . .	7,0	9,5	10,0	10,0

Cette fois, c'est encore l'humus et l'argile, ainsi que les terres les plus chargées de ces deux principes qui ont su trouver dans l'atmosphère les quantités d'eau les plus considérables, pour se les approprier. Le calcaire ou chaux carbonatée, s'est aussi comporté dans cette circonstance d'une manière différente, suivant son état de division.

Il nous reste démontré par ces expériences que l'humus et l'argile, ainsi que le carbonate de chaux à l'état de grande division sont, parmi les matériaux qui composent le sol, les corps les plus capables d'absorber les eaux pluviales et de les retenir, ainsi que de soutirer de l'atmosphère dans les moments de sécheresse la plus grande quantité de vapeur aqueuse.

Nous ne consignerons pas ici les remarques de M. de Gasparin, relativement aux expériences que nous venons de décrire, quoique nous en reconnaissions la justesse. Il est bien évident qu'avec les modifications conseillées par ce savant auteur, on obtiendrait des chiffres d'une valeur beaucoup plus positive; mais nous ne saurions perdre de vue que nous nous adressons à des agriculteurs pratiques chez lesquels les étuves chimiques sont peu répandues, et qui n'ont guère l'habitude des petits soins nécessaires pour obtenir, même pendant une heure, un degré constant de chaleur et d'hygrométricité. Au surplus, comme nous avons plutôt besoin dans le cas qui nous occupe de nombres comparatifs que de nombres absolus, en supposant une source d'erreur dans ces expériences, cette cause agissant de la même manière sur tous les essais faits à la fois, il en résultera que les éléments de comparaison n'en seront pas altérés d'une manière notable.

DIX-SEPTIÈME LEÇON.

Suite de l'analyse des terrains, et de l'étude des propriétés agronomiques de chacun des matériaux qui les constituent. — De l'eau considérée dans ses rapports avec l'agriculture, suite. — Des pierres et des graviers répandus dans le sol. — De la silice considérée dans ses rapports avec l'agriculture.

Les matériaux qui constituent les terrains ne se comportent pas tous avec l'eau de la même manière; les uns, en petit nombre et en petite quantité, s'y dissolvent aisément, ce sont certains sels que nous avons reconnus dans l'analyse, et dont nous nous occuperons plus spécialement quand sera venu leur tour dans cet examen que nous faisons des éléments du sol; les autres s'y dissolvent plus difficilement, et encore ont-ils le plus souvent besoin d'un intermédiaire, tel que l'acide carbonique; enfin la masse reste inattaquée, et nous avons vu dans la leçon précédente la manière dont elle s'approprie l'eau, suivant la nature de sa composition chimique. Il nous reste donc maintenant à étudier quelles sont les substances que cette eau, ainsi contenue dans le sol, dissout de préférence pour les faire passer dans la circulation des végétaux et les faire servir à leur développement. Afin de mettre un peu de méthode dans cette étude, nous allons passer en revue ces substances en suivant toujours l'ordre où elles ont été reconnues dans l'analyse de Davy.

Pierres et graviers : La manière dont l'eau se comporte avec les pierres et les graviers renfermés dans le sol, mérite, suivant nous, de fixer l'attention des agronomes, plus qu'elle ne l'a fait jusqu'à présent. Ces pierres, le plus souvent détachées de roches d'une composition très complexe, renferment, ainsi que nous l'avons déjà remarqué, des éléments très utiles à l'agriculture, tels que la potasse, la soude, quelquefois le phosphate de chaux. Ces matières ne sont pas à l'état de simple mélange, mais à celui de combinaison puissante qui les retient fortement et les rend insolubles; néanmoins les alternatives de sécheresse et d'humidité, de chaleur et de froid en détache incessamment de faibles quantités dont l'eau s'empare ensuite, et qu'elle fait servir au besoin des récoltes. Nous nous bornons pour le présent à ce simple aperçu, parce que nous n'examinons dans ces pierres et ces graviers que leurs rapports avec l'eau. Quand, dans un article spécial, nous chercherons à nous rendre compte de leur influence plus générale en agriculture, l'analyse chimique nous aidera à distinguer les matières pierreuses qui sont réellement utiles d'avec celles qui sont nuisibles; ce sera un élément de plus à apporter dans la question de l'arrachement des pierres, question importante en agriculture, et qui n'est pas encore résolue.

La silice a passé long-temps pour être absolument insoluble dans l'eau, et c'est aux chimistes qui se sont occupés de l'analyse des eaux minérales que nous devons d'être revenus de cette erreur. Une fois qu'ils eurent trouvé la silice au nombre des substances minérales contenues dans ces eaux, on rechercha ce principe avec plus de soin dans les eaux de sources, de rivières, de puits, et on l'y rencontra presque toujours. Souvent même elle y est contenue en quantité assez notable, ainsi que l'on peut s'en convaincre par l'examen du tableau que nous avons inséré à la page 69. Cette découverte est de la plus grande utilité pour la physiologie végétale, puisqu'elle explique comment la silice, qui existe si abondamment dans certaines plantes, a pu s'introduire dans leur tissu.

. *Le carbonate de chaux* ne se comporte pas toujours avec l'eau de la même manière; ainsi, il est absolument insoluble dans l'eau pure, tandis qu'il est plus ou moins soluble dans celle qui contient de l'acide carbonique, suivant les proportions de cet acide gazeux. Dans le cas de dissolution, à mesure que l'acide carbonique s'échappe, le carbonate de chaux qui avait été dissous, à sa faveur, se sépare; c'est cette propriété qui explique le phénomène des eaux incrustantes.

Supposez qu'une eau très chargée d'acide carbonique traverse, sous terre, une couche de carbonate de chaux, elle s'en saturera; mais au moment où elle arrive au jour, l'acide carbonique s'échappant, le calcaire dissous se dépose sur les objets qu'elle rencontre, et avec d'autant plus

de facilité que le courant de la source est plus rapide.
Ces eaux incrustantes sont assez répandues; cependant
il n'y a guère qu'en Auvergne où elles soient utilisées,
pour recouvrir des œufs, des corbeilles de fruits et une
foule d'autres objets d'ornement et de curiosité.

On peut se convaincre, au moyen d'une expérience
très facile, de cette propriété du carbonate de chaux d'être
insoluble dans l'eau simple, soluble dans l'eau acidulée
par l'acide carbonique, et de redevenir insoluble par la
perte de cet acide. On prend à cet effet de l'eau de
chaux bien limpide, on la met dans une fiole et on la fait
traverser par de l'acide carbonique au moyen du petit appareil indiqué à la page 158, seulement le verre à
expérience est remplacé par la fiole dont nous venons de
parler. D'abord la chaux s'empare des premières portions
d'acide carbonique pour se constituer à l'état de carbonate de chaux insoluble qui se précipite; le gaz qui
passe ensuite sature l'eau, qui, à mesure, redissout le
carbonate de chaux qui s'était déposé. Quand l'appareil
a fonctionné assez long-temps pour que l'eau soit devenue limpide, on place cette solution à l'air dans une
soucoupe; bientôt l'acide carbonique en excès s'échappe,
et le carbonate de chaux se dépose de nouveau.

La seconde partie de cette petite expérience, c'est-à-
dire celle qui a pour objet la dissolution du carbonate de
chaux, réussit mieux par une température moyenne, et
surtout par une température froide, que par une température élevée, parce que le froid favorise la solution de l'a-
cide carbonique dans l'eau; au contraire, la dernière
partie marche plus vite par un temps chaud, parce que
la chaleur rend plus prompte l'évaporation de l'acide
carbonique; mais on peut aider ce dégagement en plaçant
la soucoupe sur des cendres chaudes.

La solution du carbonate de chaux dans l'eau au moyen

de l'acide carbonique explique suffisamment la transmission du principe calcaire dans l'économie végétale.

Le carbonate de magnésie se comporte avec l'eau de la même manière que le carbonate de chaux; c'est-à-dire qu'il est insoluble dans l'eau pure, soluble dans l'eau imprégnée d'acide carbonique, et qu'il se précipite de cette solution à mesure que l'acide carbonique l'abandonne; seulement la magnésie se dissout plus vite et retient l'acide carbonique avec plus d'énergie.

L'alumine, à l'état où elle se trouve ordinairement dans le sol, peut être considérée comme absolument insoluble. Aussi ne la rencontre-t-on jamais dans l'analyse des eaux, si ce n'est dans des cas exceptionnels, et encore se trouve-t-elle en quantité si minime qu'il serait permis d'expliquer sa présence plutôt par un état de suspension que par un état de véritable dissolution. Du reste, l'absence presque complète de cette matière terreuse dans les cendres végétales coïncide d'une manière remarquable avec cet état d'insolubilité dans l'eau.

L'oxide de fer, insoluble par lui-même, est rendu soluble dans l'eau sous l'influence de l'acide carbonique. C'est ce qui explique pourquoi cet oxide métallique se rencontre partout dans le règne végétal.

L'humus est une matière complexe dont une partie est insoluble dans l'eau, c'est celle que nous avons rencontrée et appréciée sous le n° 6 de l'analyse de Davy; et l'autre soluble, c'est celle que nous avons trouvée sous le n° 8 de la même opération. On conçoit très bien comment celle-ci sert à l'alimentation des plantes; quant à la première, elle se transforme incessamment en fournissant de la matière soluble qui remplace celle qui a été dépensée Les conditions qui tendent à faire passer l'humus insoluble à l'état d'humus soluble sont donc extrêmement favorables à la végétation, pourvu qu'elles se rencontrent dans une saison convenable. Nous développerons plus bas cette proposition, soit en nous occupant de l'humus en général, soit en nous occupant des engrais.

Les sels aisément solubles dans l'eau, qui se trouvent dans les terrains, sont : les carbonates de potasse et de soude; les sulfates de potasse, de soude, d'ammoniaque; les nitrates de potasse, de soude, d'ammoniaque, de chaux; et les chlorhydrates des mêmes bases. Nous les étudierons à leur tour.

Le sulfate de chaux, à l'état de pureté, se dissout dans 460 fois son poids d'eau, mais il possède un autre moyen de fournir ses éléments à la végétation. Nous avons vu dans l'analyse, au n° 9, que chauffé avec du charbon il passait à l'état de sulfure de calcium et que sous cette forme il devenait très soluble. Or, il est d'autres circonstances qui le font passer à cet état; il suffit de son contact prolongé avec l'eau et une matière organique, substances qui se rencontrent l'une et l'autre dans le sol. Il est donc permis de penser que dans certains cas le sulfate de chaux, utile à l'agriculture, se trouve présenté aux plantes sous cette dernière forme; et ce qui donnerait plus de force à cette opinion, c'est qu'il se rencontre plutôt dans les végétaux représenté par un de ses éléments, le soufre, que dans son état primitif de sulfate de chaux.

Le phosphate de chaux est insoluble par lui-même, mais des expériences récentes de M. Dumas, ont prouvé que l'eau chargée d'acide carbonique pouvait en dissoudre des quantités assez considérables. On peut se convaincre de cette propriété dissolvante, en mettant un coupe-papier en os dans une bouteille d'eau saturée d'acide carbonique au moyen d'une machine de compression, ou tout simplement dans une bouteille d'eau de seltz. Au bout de quelques heures, le coupe-papier a conservé sa forme, mais il est devenu mou, flexible et transparent comme de la colle; c'est que le phosphate de chaux, qui forme la partie solide des os, a été dissous et que la gélatine seule est restée.

Le phosphate de chaux est un des éléments minéraux les plus indispensables à la production des céréales; la découverte de M. Dumas a donc une haute importance, puisqu'elle explique comment ce principe peut être conduit dans la circulation végétale.

Après avoir examiné la faculté absorbante des principes constituants du sol et les divers degrés d'affinité avec lesquels l'eau absorbée exerce sur eux sa puissance dissolvante, il ne sera pas inutile de connaître la nature des substances que les eaux pluviales ont pu prendre dans l'atmosphère en la traversant. L'air atmosphérique est composé, suivant l'analyse des chimistes : d'azote, d'oxigène et d'acide carbonique; il est probable qu'il renferme encore d'autres matières qui auront échappé aux recherches en raison de leurs proportions trop minimes. Déjà Grœger a signalé l'ammoniaque au nombre de ces corps (voir page 86). On peut encore y soupçonner la présence de l'acide sulfhydrique; dans le voisinage de la mer, on y a trouvé des traces de sel.

Les eaux pluviales, en traversant l'air dans tous les sens et dans un état de grande division, se chargent de toutes ces substances, les déposent sur le sol pour les faire servir ensuite aux besoins de la vie végétale. C'est dans cette circonstance que l'eau se sature d'une partie de l'acide carbonique qui lui donne la faculté de dissoudre la plupart des corps que nous venons d'étudier. On a aussi constaté dans les pluies d'orage et dans la grêle la présence de l'acide nitrique; dans la neige, celle de l'acide nitrique et de l'ammoniaque.

En considérant la manière dont l'eau se comporte avec les terrains, on peut arriver aux applications suivantes :

Quand l'argile domine (1), le sol retient l'eau avec trop d'abondance; alors il convient d'amender le terrain en y introduisant des parties sableuses, si cette opération peut se faire sans beaucoup de frais. Dans les cas, au contraire, où elle nécessite trop de dépenses, il faut chercher les moyens de donner à l'eau un écoulement convenable en pratiquant des tranchées; mais comme cette opération sort de notre cadre, nous prions le lecteur d'avoir recours pour cet objet aux traités généraux d'agriculture, particulièrement à la *maison rustique du* xixe *siècle,* pages 131 et suivantes, où l'on trouve cette matière traitée avec étendue.

Quand les proportions d'argile sont en trop faible quantité, la terre, retenant moins d'eau, se dessèche facilement, et la végétation est sujette à languir. Dans ce cas, les amendements, quand on peut avoir recours à cette pratique, doivent être composés d'éléments argileux, ou simplement de calcaire très divisé. Si les amendements sont impraticables, on doit chercher tous les moyens possibles d'utiliser les accidents de terrrain pour faire arriver, par une irrigation bien entendue, les eaux des sources, des fossés, des ruisseaux ou des rivières. On trouvera encore, dans les traités généraux d'agriculture, des documents précieux, capables de guider dans les travaux d'irrigation. Pour nous, nous ne pouvons examiner que la qualité de l'eau employée à cette opération; et comme il n'est pas indifférent qu'elle contienne tels ou tels principes, nous indiquerons la manière de les reconnaître, afin que si l'on se trouve dans le cas d'opter entre deux cours d'eau, le choix puisse se faire avec discernement.

---

(1) Quoique l'humus soit encore plus susceptible d'imprégnation que l'argile, nous n'en faisons pas mention dans ce moment, par la raison que cette matière précieuse ne se trouve presque jamais en excès dans les terres.

17

Il ne faut pas que le lecteur, déjà fatigué peut-être par les analyses précédentes, s'effraie de nous voir rentrer dans ces opérations; les détails que nous allons donner seront très bornés, mais ils nous paraissent nécessaires. Nous nous contenterons de rechercher dans l'eau les principes utiles à l'agriculture, tels que les gaz, les sels et les matières organiques; nous donnerons les moyens de reconnaître la nature de ces principes, sans nous appliquer à les isoler les uns des autres pour en apprécier les proportions. Nous constaterons seulement la somme totale des matières solides que nous séparerons en deux parts : celles qui sont directement solubles dans l'eau et celles qui n'y sont solubles qu'au moyen d'un intermédiaire.

EXAMEN DES EAUX DESTINÉES AUX IRRIGATIONS.

Les gaz qui se rencontrent habituellement dans les eaux sont : l'air atmosphérique, l'acide carbonique, quelquefois l'acide sulfhydrique, dans les eaux stagnantes; nous négligerons ce dernier comme une exception, et d'ailleurs comme se faisant parfaitement reconnaître par son odeur d'œufs gâtés.

L'air atmosphérique ou plutôt l'oxygène qu'il contient sera décelé de la manière suivante : on remplira jusqu'au bord un flacon à l'émeri avec de l'eau qu'on se propose d'examiner; on prendra la plus grande attention pour qu'aucune bulle d'air ne soit restée adhérente aux parois intérieurs; on glissera dans ce flacon un petit cristal de sulfate de fer bien pur et bien transparent, et on fermera immédiatement avec le bouchon de cristal. Au bout de quelques heures l'eau du flacon sera trouble et couleur de rouille si l'eau contenait de l'air; dans le cas contraire, elle aura conservé sa transparence.

Voici la théorie de cette opération : Le sulfate de fer

est un sulfate ferreux ou proto-sulfate de fer, ce qui signifie la combinaison de l'acide sulfurique avec l'oxide ferreux ou protoxide de fer.

Dans les sels, l'oxigène de l'acide est toujours en proportion avec l'oxigène de l'oxide, c'est-à-dire, en prenant les sels de fer pour exemple, que l'oxide ferrique ou deutoxide de fer absorbe plus d'acide sulfurique pour sa saturation que n'en exige l'oxide ferreux ou protoxide de fer.

Si donc on met en présence du sulfate ferreux avec de l'eau qui renferme de l'oxigène à l'état de dissolution, l'oxide passera à l'état d'oxide ferrique, et la quantité d'acide sulfurique n'ayant pas été augmentée, ne se trouvera plus dans les proportions convenables pour que la saturation soit complète; voilà pourquoi une certaine proportion d'oxide ferrique se trouve sans emploi et vient troubler le liquide en lui donnant sa couleur, qui est celle de la rouille.

L'acide carbonique se reconnaîtra en faisant bouillir l'eau dans une fiole, surmontée d'un tube doublement recourbé et dont la branche libre plongera dans un verre à expérience contenant de l'eau de chaux. En supprimant le tube entonnoir de notre figure 14, page 128, on aura une idée exacte du petit appareil. Dans cette expérience, l'acide carbonique, reprenant par la chaleur sa forme gazeuse, s'échappe par le tube, arrive dans l'eau de chaux qui s'en empare pour en faire du carbonate de chaux insoluble, lequel se précipite en brouillant le liquide. Si l'eau de chaux restait transparente après cette opération continuée pendant un quart d'heure, il faudrait en conclure que l'eau examinée ne renfermait pas d'acide carbonique.

Les sels solubles dans l'eau au moyen d'un intermède sont : le carbonate de chaux, celui de magnésie et celui

de fer. Nous avons déjà vu que ces substances ne sont solubles qu'au moyen de l'acide carbonique; on reconnaîtra leur présence en examinant l'eau contenue dans la
fiole qui à servi à l'opération précédente. L'ébullition à
laquelle elle a été soumise pendant un quart d'heure
l'ayant privée de son acide carbonique, tous ces carbonates
insolubles se seront déposés; le carbonate de fer se reconnaîtra à sa couleur de rouille; celui de magnésie, traité
avec ménagement par de l'eau légèrement acidulée par
l'acide sulfurique, formera un sulfate de magnésie soluble
dans l'eau, à laquelle il communiquera une saveur amère;
enfin, celui de chaux donnera dans la même circonstance
un sulfate de chaux à la fois insipide et insoluble ; dans
ces deux cas il se produira une effervescence au moment
du contact de l'acide. Nous avons remarqué qu'il était
nécessaire que ce traitement fût fait avec ménagement,
parce que, si la dose d'acide sulfurique était exagérée,
une portion de la chaux passerait à l'état de sulfate acide
qui, alors, ne serait plus aussi insoluble, ce qui pourrait
faire confondre cette substance avec la magnésie.

Les sels solubles sans intermèdes se reconnaîtront au
moyen de réactifs. Les carbonates de soude et de potasse
par l'infusion de violettes ou une fleur bleue quelconque
qu'ils feront passer au vert; les autres sels par les réactifs
déjà indiqués. Le chlorhydrate de baryte découvrira les
sulfates, le nitrate d'argent les chlorures, l'oxalate d'ammoniaque la chaux, le phosphate double de soude et
d'ammoniaque la magnésie. (Voir page 238.)

La matière organique sera signalée par le nitrate d'argent, lorsqu'au bout de quelques jours, le dépôt formé
par ce réactif étant rassemblé au fond du vase, le liquide
surnageant sera coloré en rouge brun plus ou moins foncé.
Le défaut de coloration indiquerait l'absence de matière
organique.

Après avoir constaté la présence des matières solides tenues en solution dans l'eau, il convient d'en apprécier le poids total; on arrive à ce résultat en faisant évaporer sur le feu cinq litres de cette eau. Une moindre quantité ne donnerait pas un produit suffisant pour être apprécié avec des balances ordinaires, une quantité plus forte exigerait trop de temps pour s'évaporer. Cette opération se fera dans un vase en porcelaine, de la capacité d'environ un litre ou même moins, en prenant l'attention de le retirer du feu et de le laisser refroidir un moment, à chaque fois qu'on y ajoutera de nouvelle eau; sans cette précaution il pourrait se briser, et le travail serait perdu. Cette expérience dure de cinq à six heures; car il est essentiel que l'ébullition soit lente et tranquille, afin d'éviter qu'un mouvement trop brusque ne jette au dehors quelques portions du liquide, ce qui occasionnerait une erreur.

Lorsque toute l'eau est entrée dans le vase de porcelaine et que la chaleur a fini d'en vaporiser les dernières portions, le résidu représente les matières solides; il ne reste plus qu'à le recueillir. Cette partie de l'opération demande beaucoup d'exactitude, par la raison que ce résidu a le plus souvent contracté, dans certains points, une forte adhérence avec la porcelaine; on apportera donc les plus grands soins pour que rien ne soit perdu. On le fera ensuite dessécher plus complètement au bain-marie, parce qu'à la fin de l'opération le feu a dû être ménagé, puis on en prendra le poids.

Si maintenant on désire séparer les sels directement solubles dans l'eau d'avec ceux qui n'y sont solubles qu'au moyen d'un intermède, il suffira de traiter le résidu par l'eau pure, qui dissoudra les premiers et laissera les autres sans les attaquer; on recueillera ceux-ci sur un filtre, on les dessèchera au bain-marie, et on aura directement leur poids au moyen de la balance; une simple soustraction indiquera la quantité de ceux que l'eau aura dissous.

Ces travaux une fois terminés, on choisira l'eau qu'on aura reconnue pour être aérée de préférence à celle qui ne l'est pas; celle qui contient de l'acide carbonique, de préférence à celle qui en est dépourvue; celle où dominent les sels solubles sans intermèdes, particulièrement ceux à base de potasse ou de soude, de préférence à celle qui en renferme moins. Les eaux qui contiennent des matières organiques en quantité notable seront surtout recherchées. Quant aux sels qui ne sont solubles qu'au moyen de l'acide carbonique, ils seront utiles s'ils n'existent qu'en faible proportion, mais ils deviendraient nuisibles dans le cas où l'eau en contiendrait assez pour être incrustante. On reconnaîtra cette qualité d'abord par la quantité considérable de carbonate de chaux qu'elles auront fournie à l'analyse, et plus simplement encore en cherchant avec attention sur le bord des canaux dans lesquels elles s'écoulent si les objets qu'elles mouillent sont recouverts d'un enduit calcaire.

Une eau qui contiendrait des sels à base de soude ou de potasse, quand même elle ne serait pas aérée, sera plus fertilisante qu'une eau bien imprégnée d'air et qui serait privée de ces sels; la raison en est que par son contact avec l'atmosphère l'eau finira toujours par s'aérer, tandis qu'elle ne trouvera pas d'occasion de se charger de sels alcalins, composés minéraux si précieux pour favoriser la végétation.

Outre les matières dissoutes, certains courants et même la plupart des rivières, aux époques des crues, charrient à l'état de simple interposition des substances terreuses qui se déposent sur les terrains envahis. Ce limon n'a pas toujours et dans tous les cas la même vertu fécondante. Si l'on désire se rendre compte de ses pro--

priétés, il faudra le soumettre aux opérations 5, 6, 7 de l'analyse de Davy. (Voir pag. 231 et suiv.) S'il renferme beaucoup d'argile, ce sera un amendement précieux pour un sol trop léger, mais il conviendra peu sur une terre déjà forte ; le contraire aura lieu si c'est le sable siliceux qui domine ; mais si l'humus s'y rencontre en proportions notables, alors il produira partout les effets les plus avantageux, et l'on ne saurait se donner trop de peine pour l'attirer sur son terrain.

Nous n'avons pas à nous occuper de la manière de reconnaître la quantité absolue d'eau contenue dans un terrain ; les différents degrés de sécheresse et d'humidité en modifient les proportions d'une manière trop variée. D'ailleurs, les expériences que nous avons décrites pour s'assurer de la puissance absorbante des terrains et de leur faculté de retenir l'eau, nous fournissent des documents plus précis et plus utiles.

DES PIERRES CONSIDÉRÉES DANS LEURS RAPPORTS AVEC L'AGRICULTURE.

Les pierres, abondamment répandues sur le sol, sont le plus souvent considérées comme nuisibles à sa fécondité, et les livres qui traitent de l'agronomie recommandent généralement de les enlever, quand la dépense de cette opération ne balance pas l'amélioration qu'on se propose. Nous ne saurions partager cette opinion d'une manière absolue, et nous croyons que s'il est des cas où les pierres produisent des effets désavantageux, il en est d'autres ou leur présence est réellement utile ; nous nous souvenons même d'avoir lu quelque part qu'un champ, après avoir été épierré, était devenu moins productif. Les études chimiques pourront nous servir de guide dans cette question.

Quand les pierres abondantes sont simplement cal-

caires et que le sol lui-même est suffisamment imprégné
de chaux carbonatée, il est clair qu'un épierrement sera
utile, s'il peut être pratiqué avec économie ; mais si elles
appartiennent à des roches plus composées, renfermant
la potasse ou la soude au nombre de leurs éléments,
comme les granit, feldspath, pétrosilex, etc., ces pierres
deviendront avantageuses en cédant peu à peu ces principes alcalins aux besoins de la végétation.

Les pierres calcaires, surtout celles qui appartiennent
aux étages fossilifères, seront également utiles quand
elles recouvrent un terrain de nature différente, parce
qu'elles renferment du phosphate de chaux et que ce sel
est éminemment utile à la production des céréales.

On reconnaîtra qu'une pierre est calcaire, si elle fait
effervescence avec l'acide chlorhydrique. La proportion
dans laquelle un petit fragment de cette pierre se dissoudra dans cet acide indiquera la quantité de chaux
carbonatée qu'elle renferme. La présence de la magnésie
pourrait ici occasionner une erreur ; mais ce cas est assez
rare pour ne pas nous obliger à lui prêter attention.

Les granit, feldspath et pétrosilex se reconnaissent
aisément à l'aspect ; néanmoins les agronomes qui ne s'en
rapporteraient pas à eux-mêmes et qui ne connaîtraient
personne capable de déterminer ces roches pourront
avoir recours aux procédés analytiques que nous indiquerons à l'article potasse.

Si le calcaire est fossilifère, on y trouvera des em-
preintes de corps organisés ; mais il faut quelquefois pour
les apercevoir examiner les pierres avec soin, les casser,
et ne pas se borner à l'inspection du premier morceau.

Indépendamment de cette utilité de certaines pierres
pour fournir quelques principes à l'alimentation des végétaux, nous pourrions encore les considérer au point de
vue physique, comme absorbant avec avidité et retenant

avec force la chaleur du soleil. Dans les terres arides, cette propriété peut être malfaisante, tandis que, dans les sols plus compactes, elle deviendra avantageuse ; mais ce sont surtout les vignobles qui doivent profiter de ces bénéfices. -

DE LA SILICE CONSIDÉRÉE DANS SES RAPPORTS AVEC L'AGRICULTURE.

La silice doit être considérée comme partie constituante du sol qui supporte la plante, et aussi, dans une certaine mesure, comme substance minérale alimentaire. Nous l'examinerons alternativement sous ces deux rapports.

Le sol arable est composé de silice, de chaux carbonatée et d'alumine ; c'est de l'équilibre de ces trois matières terreuses que dépend sa fertilité. Nous allons voir quelles sont les meilleures proportions de silice pour que cet équilibre soit parfait.

La silice entre dans la composition du terrain sous deux formes qu'il est bien essentiel de ne pas confondre : sous celle de sable grenu et sous celle de poussière très divisée. Dans le premier cas, elle est simplement mélangée et elle se dépose aisément par le lavage, ainsi que nous l'avons vu en nous occupant d'analyse ; dans le second, elle se trouve comme combinée à l'alumine, avec laquelle elle reste en suspension dans l'eau pendant l'opération du lavage, il faut alors pour la séparer employer l'action des acides.

C'est particulièrement à l'état sablonneux que la silice produit dans les terrains une influence salutaire, en les divisant et diminuant leur tenacité ; et c'est aussi sous cette forme que nous la supposons dans les détails qui vont suivre. L'oubli de cette distinction nous a fait perdre tout l'avantage que nous eussions pu retirer des résultats d'analyses de plusieurs chimistes habiles, parce qu'ils se sont contentés d'indiquer le poids total de la silice, sans

dire combien il s'en trouvait sous une forme et combien
sous une autre. Heureusement qu'un assez grand nombre d'analyses ont évité ce défaut, et ce sont les travaux de
ceux-ci qui nous serviront de règle pour établir les proportions les plus avantageuses de silice.

H. Davy a trouvé qu'un bon terrain à turneps de
Holkham, Norfolk, était composé de :

> Sable siliceux............   8 parties.
> Matières finement divisées.   1 partie.

Un autre terrain pris dans un champ à Sheffield-Place,
Sussex, remarquable par les beaux chênes qu'il produit,
s'est trouvé contenir :

> Sable siliceux...........   6 parties.
> Matières finement divisées.   1 partie.

Un excellent sol à blé, dans le voisinage ouest de Dray-
ton, Mydlesex, a donné au même savant :

> Sable siliceux............   3 parties.
> Matières finement divisées.   2 parties.

Le même auteur rapporte qu'il a vu une récolte pas-
sable de turneps dans un sol contenant :

> Sable siliceux...........   11 parties.
> Matières finement divisées.   1 partie.

Mais il ajoute qu'une plus grande proportion de sable
produit une stérilité absolue, et il donne comme exemple
la lande de Bagshot, entièrement privée de végétation,
et dont le sol est composé de :

> Sable siliceux plus ou moins grossier.   389 parties.
> Matières finement divisées.........   11 parties.

Il résulte des travaux de H. Davy que non seulement
la silice pure à l'état sableux est impropre à la végéta-

tion, mais encore qu'un sol qui en renferme plus de 19 parties sur 1 de matière finement divisée, est absolument stérile (1). Nous entendons toujours, par finement divisées, les matières assez tenues pour rester quelque temps en supension dans l'eau pendant l'opération du lavage.

Bergmann, après avoir examiné un des terrains les plus fertiles de la Suède, le trouva composé de 30 pour 100 de sable siliceux. Le même terrain contenait aussi 30 pour 100 de calcaire; mais le chimiste suédois a omis de remarquer si ce calcaire était sous forme sableuse ou à l'état de grande division. Cet oubli rend son analyse non seulement incomplète, elle devient par là même absolument inutile. En effet, que le sable soit calcaire ou qu'il soit siliceux, son effet est à peu près le même pour détruire la cohésion du terrain et le rendre perméable. Or, dans l'analyse de Bergmann, si le calcaire était en poudre impalpable, on a la formule suivante :

Sable siliceux..................	30 parties.
Matières finement divisées........	70 parties.

Dans le cas contraire, en supposant qu'il se trouvât sous forme grenue ou sableuse, on obtient cette différence énorme :

Sable siliceux et sable calcaire, ensemble.	60 parties.
Matières finement divisées......	40 parties.

C'est une preuve que nous avons voulu donner de l'importance qui existe de bien signaler, dans les analyses des terrains, la forme sous laquelle se trouvent les éléments qui les constituent.

Chaptal (2), en s'appuyant sur ces analyses, émet l'opinion qu'il n'y a pas de bon terrain où il ne se trouve pas

(1) Davy, *ouvrage cité*, p. 117-118.
(2) Chaptal, *Chimie appliquée à l'agriculture*. 2ᵉ *édition*, 1829, t. I, p. 112.

assez de sable pour diviser les terres, ameublir le sol et
faciliter l'écoulement des eaux surabondantes. Ce chimiste a trouvé dans un sol très fertile, formé par les alluvions de la Loire, à cent-vingt lieues de sa source :

Sable siliceux. 32. } Ensemble. 43 parties.
Sable calcaire. 11. }

Matières finement divisées....... 57 parties.

L'analyse d'un sol de Touraine qui venait de produire
de beau chanvre, a donné au même auteur :

Matière sableuse......... ... 49 parties.
Matières finement divisées.,.. 51 parties.

D'après ces analyses et un grand nombre d'autres
que nous avons consultées et que nous ne rapportons
pas parce qu'elles sont moins précises, il résulte que la
silice sablonneuse est indispensable à la fertilité du sol.

Voici du reste, d'après l'opinion émise par Thaër dans
ses *Principes raisonnés d'agriculture*, les proportions les
plus avantageuses de silice; et dans ces proportions les
limites, en plus ou en moins, au-delà desquelles un terrain n'est plus propre à la culture des céréales.

Le terrain type pour Thaër est celui qui contient 40
parties de sable et 60 parties d'argile. Afin de pouvoir
établir une comparaison, il estime ce terrain 70 fr.; diminuant ensuite la proportion du sable, il évalue à 60 fr.
le terrain qui n'en contient que 30 parties; 50 fr. celui
qui n'en contient que 20; 40 fr. celui qui n'en contient
que 10; au-dessous de ce chiffre le sol devient à peu près
stérile. En augmentant la quantité de sable on retrouve
les estimations suivantes : 60 fr. pour un terrain qui contient 60 parties de sable et 40 parties d'argile; 50 fr. pour
celui qui contient 65 de sable; 40 fr. pour celui qui contient 70; 30 fr. pour celui qui contient 75; 20 fr. pour
celui qui contient 80. Un sol à 85 pour 100 de sable peut

encore rapporter du seigle et de l'avoine, les pommes de
terre même y réussissent assez bien ; à 90 il n'y croît
qu'une végétation languissante, et on ne peut y risquer
une récolte de grains qu'après un long repos ; à 95 la valeur devient négative.

Il convient d'ajouter que plusieurs circonstances doivent modifier ces chiffres. Par exemple, la présence de
l'humus améliore toujours les terrains, en divisant ceux
dans lesquels l'argile domine, et donnant une certaine
consistance à ceux qui pèchent par excès de sable ; il faudra donc tenir compte des proportions d'humus. En second lieu, l'abondance des eaux est nuisible aux terres argileuses, tandis que les sables en reçoivent une influence
favorable, etc. Il ne faudrait donc pas s'appuyer rigoureusement sur ces évaluations sans mettre en balance les
conditions particulières qui pourraient modifier ces estimations ; néanmoins ces règles seront toujours des données
précieuses pour quiconque voudra s'en servir avec discernement.

Du sable considéré comme amendement. — Ces principes étant posés, on doit regarder le sable siliceux comme
un des amendements utiles des sols argileux, quand ces
derniers fournissent à l'analyse, par le simple lavage,
moins de 40 pour 100 de matières sableuses (1). Dans

---

(1) Pour reconnaître la quantité de sable contenu dans un terrain, nous
rappellerons qu'il suffit de faire dessécher, au bain-marie bouillant, une
portion du terrain, de l'entretenir à cette température jusqu'à ce qu'il ne
se perde plus de poids ; on en pèse alors 50 grammes qu'on fait bouillir
pendant quelques instants dans un demi-litre d'eau ; on brouille cette eau
en l'agitant, on la laisse reposer un moment, ensuite on la décante ; on la
remplace par de nouvelle eau froide qu'on remue et qu'on décante de la
même manière ; on réitère cette opération, en employant chaque fois de
nouvelle eau, jusqu'à ce que, après avoir été agitée et laissée au repos pendant environ une minute, elle ait repris sa limpidité ; alors on recueille
avec beaucoup de soin le sable qui est au fond, on le dessèche au bain-
marie bouillant, on le pèse, et par ce moyen on en connaît la proportion.

ce cas, il convient d'ajouter d'autant plus de sable que le
sol à amender s'éloigne davantage de ces proportions. Si
le sable ne se trouve pas à proximité, on peut employer
d'autres moyens que nous indiquerons quand nous allons
nous occuper de l'argile.

Du sable considéré comme terrain à amender. — Les
terrains qui contiennent du sable siliceux en excès peuvent recevoir avec avantage de l'argile, des marnes, quelquefois même de la chaux, si l'excès de sable n'est pas trop
considérable. L'argile ne doit pas être répandue sur le
terrain à amender immédiatement après son extraction ;
il faut auparavant qu'elle ait reçu, au moins pendant plusieurs mois, l'influence de l'air atmosphérique qui lui
cède de l'oxigène, et, s'il est possible, qu'elle ait été soumise à l'action de la gelée, qui a pour résultat de la diviser et d'en rendre le mélange plus facile.

En traitant des amendements calcaires, nous aurons
occasion de parler de l'emploi de la marne et de la chaux
dans les sols sablonneux.

De la silice alimentaire. Il nous reste maintenant à
nous occuper de la silice comme substance minérale alimentaire.

Quand on fait brûler une plante, tout ne se détruit
pas ; mais on obtient pour dernier résidu une matière
pulvérulente plus ou moins abondante, qu'on désigne
sous le nom général de cendres. Cette matière existait
dans la plante, car évidemment la combustion ne l'a pas
formée. C'est une matière minérale, à peu près toujours
composée des mêmes principes ; d'où nous concluons
qu'il existe des matières minérales qui peuvent être considérées, sous un certain rapport, comme servant à l'alimentation des végétaux, et destinées à communiquer de
la solidité à leur squelette réticulé ; tout comme d'autres
substances minérales sont utiles à l'alimentation des ani-

maux, pour former la charpente osseuse des vertébrés, ou l'enveloppe testacée de ceux qui appartiennent à une classe inférieure. De nombreuses analyses ont mis au jour cette vérité; ne pouvant pas citer toutes ces expériences, nous choisissons celles de M. Boussingault, comme ayant une exactitude remarquable. Les plantes qui ont produit les cendres analysées avaient été récoltées à Bechelbronn par ce savant agronome et lui ont fourni (1) :

ESPÈCES DE CENDRES.	Quantité de silice pour 100 parties de cendres.
Cendres de pommes de terre. .	 5,6
— de betteraves champêtres	. . . .' . 8,0
— de navets.	 6,4
— de topinambours. . .	 13,0
— de grains de froment. .	 1,3
— de paille de froment. .	 67,6
-- de grains d'avoine. . .	 53,3
— de paille d'avoine. . .	 40,0
— de trèfle..	 5,8
— de pois.	 1,5
— de haricots.	 1,0
— de fèves.	 0,5

Dans ce travail les tiges des plantes ont été négligées, excepté pour le froment, l'avoine et le trèfle; il eût cependant été curieux de constater si la solidité des tiges se trouve constamment en rapport avec la quantité de silice qui s'y rencontre. En attendant, la progression avec laquelle M. Th. de Saussure a constaté que la silice s'accumule dans les tiges des céréales, à mesure que l'épi se

_____

(1) Boussingault. *Économie rurale considérée dans ses rapports avec la chimie, la physique et la météorologie*, t. II, p. 327.

développe et approche de la maturité, c'est-à-dire à mesure qu'elles doivent supporter un poids plus considérable, favorise cette opinion. Nous donnons pour exemple les tiges de froment dont les cendres ne contiennent, un mois avant la floraison, que 12,5 pour 100 de silice ; à l'époque de la floraison cette quantité a déjà atteint 26 pour 100 ; enfin, au moment de la récolte elle est arrivée jusqu'à 61 pour 100.

M. Boussingault a calculé, d'après les données renfermées dans le tableau ci-dessus, la quantité de matières minérales enlevées à un hectare de terre par les mêmes récoltes ; nous lui empruntons ce qui concerne la silice (1).

NATURE DES RÉCOLTES.	Quantité de silice enlevée d'un hectare de terre.
	kil.
Pommes de terre.	6,9
Betteraves.	16,0
Navets dérobés, demi-récolte. .	3,5
Topinambours.	42,9
Froment..	0,4
Paille de froment.	132,0
Avoine.	22,7
Paille d'avoine.	26,2
Trèfle.	16,4
Pois fumés.	0,5
Haricots à l'état normal. . .	0,6
Fèves à l'état normal. . . .	0,3

Nous regrettons de nouveau que les tiges des plantes aient été négligées dans ce travail ; les chiffres qui constatent la quantité de silice enlevée du sol par chaque culture eussent été plus rigoureux. L'auteur les a omises à

_____

(1) Boussingault. *Id.* p. 329.

dessein, dans la pensée que ces parties végétales étant laissées sur place, le sol reprenait ce qu'il avait donné. Nous observerons à ce sujet que beaucoup de fermiers enlèvent et font consommer ces matières, et que l'assolement exige presque toujours que le fumier qui en résulte soit reporté sur un autre champ.

Nous avons vu que la silice grenue ou sableuse sert à diviser le terrain; mais sous cette forme elle est impropre à entrer dans la circulation végétale, par la raison qu'elle est insoluble dans l'eau et que c'est par l'eau seulement qu'elle peut y être transportée. Celle, au contraire, qui existe dans l'argile à l'état de combinaison s'y trouve sous la forme que les chimistes désignent sous le nom de *gélatineuse*; l'eau s'en empare avec moins de difficulté. C'est là que ce liquide prend la silice que nous avons indiquée comme se trouvant dans les eaux des sources et des rivières.

En résumé, si l'on cherche par l'analyse à se rendre compte des proportions de silice qui servent à ameublir le terrain, il faudra se borner à la recherche de la silice sableuse, et alors un simple lavage suffira; mais si l'on veut savoir combien le terrain contient de silice propre à entrer dans l'alimentation végétale, alors l'attention doit se porter sur la silice gélatineuse, que l'on retrouvera parmi les matières légères, tenues en suspension dans l'eau pendant l'opération du lavage, et que l'on pourra isoler par les moyens indiqués page 236.

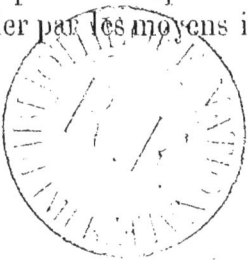

DIX-HUITIÈME LEÇON.

Suite de l'analyse des terrains et de l'étude des propriétés agronomiques de chacun des matériaux qui les constituent ; — de la chaux carbonatée considérée dans ses rapports avec l'agriculture, — comme base du sol arable, — comme amendement ; — de la marne, — sa composition, — son analyse, — son emploi.

DE LA CHAUX CARBONATÉE CONSIDÉRÉE DANS SES RAPPORTS AVEC L'AGRICULTURE.

La chaux carbonatée possède avec la silice et l'alumine le privilège de constituer le sol arable. Les autres matériaux qui s'y rencontrent peuvent être envisagés comme accidentels, en raison de leur faible quantité, quoique plusieurs d'entre eux soient indispensables pour fournir aux besoins de la végétation. Aussi, quand nous disons d'une manière générale que le terrain est composé de silice, d'alumine et de chaux carbonatée, nous entendons parler de la masse qui n'exerce sur le développement des plantes qu'une action pour ainsi dire mécanique, faisant réserve des autres substances dont nous avons déjà signalé la nécessité et sur lesquelles nous aurons l'occasion de revenir.

De même que la silice, la chaux carbonatée agit différemment dans les terrains, selon qu'elle se trouve à l'état grenu ou sableux, ou à l'état de poudre impalpable. Dans le premier cas, elle peut remplacer le sable siliceux pour diviser le terrain ; dans le second nous avons vu pag. 251, 256 et 257, avec quelle puissance elle possède la faculté d'absorber l'eau, de la retenir et même de la soutirer de l'atmosphère. Il est donc aussi nécessaire, quand on recherche par l'analyse la chaux carbonatée contenue dans

un terrain, de ne pas confondre celle qui, dans l'opération du lavage, se dépose en même temps que le sable siliceux, avec celle qui reste en suspension avec l'argile.

Voici, d'après Thaër, les avantages qui résultent de la
présence de la chaux carbonatée dans les terrains quand
elle se trouve en proportions convenables, et les inconvénients qu'elle produit quand ces proportions sont exces-
sives.

Dans le premier cas, elle rend l'argile plus friable et
plus meuble, lorsqu'elle est mêlée avec elle d'une manière intime et uniforme. Ce mélange se réduit facilement en poudre fine lorsqu'il est exposé à un air humide.

Elle facilite le desséchement de l'argile et elle empêche que l'eau ne s'y amasse en trop grande quantité. Elle
donne au contraire plus de consistance au sable ; elle
augmente son adhésion avec l'eau, et elle s'unit intimement avec lui par le moyen de l'humus.

Elle favorise la décomposition des engrais, particulièrement dans les sols argileux, où ces matières se trouvant empâtées, sont préservées de l'action destructive de
l'atmosphère.

Elle s'oppose à la formation des acides organiques qui
se produisent si facilement dans le sol, et lorsque ces acides existent, elle les neutralise et empêche bientôt leurs
mauvais effets.

Les grains qu'elle produit ont l'enveloppe plus mince,
et donnent, par conséquent, une plus grande proportion
de farine.

Dans le cas où la chaux carbonatée se trouve en excès,
le sol absorbe et retient l'eau avec une force qui paraît
nuisible à la végétation, parce qu'elle ne s'en dessaisit
que lorsqu'elle en est saturée, c'est-à-dire quand elle est
devenue boueuse.

En séchant, il se recouvre d'une croûte qui, malgré son peu de consistance, s'oppose au passage de l'air et même des pluies légères qui glissent dessus sans pouvoir le pénétrer.

Il consume promptement le fumier et l'humus, accélère leur passage dans les plantes, dont ils précipitent la végétation, sans rien leur réserver pour le moment de leur existence qui réclame le plus de nourriture, celui de la production du fruit; aussi, dans ces terrains, les plantes déclinent-elles à cette époque de la végétation (1).

Les proportions les plus utiles de chaux carbonatée, comme partie matérielle du terrain, ne sauraient être définies d'une manière exacte, puisqu'à l'état sableux elle peut être suppléée par la silice, et à l'état de division extrême par l'argile. C'est pour cela que l'analyse de terrains reconnus comme très fertiles, signale des proportions si variées de carbonate de chaux, ainsi que nous le verrons dans un moment. Si l'on envisage l'action de la chaux carbonatée du point de vue chimique, la quantité nécessaire sera encore plus ou moins grande suivant l'état et la proportion de l'humus contenu dans le sol. Nous développerons cette idée dans les pages suivantes.

L'opinion professée par M. Puvis dans son *Essai sur la marne* et dans la *Maison Rustique du* XIXe *siècle* (2), est « que la proportion de 3 pour 100 en moyenne de carbonate de chaux dans la couche de terre labourable doit suffire. » Nous croyons en effet qu'il est des cas où cette dose est la plus convenable; mais nous ne saurions accepter ce chiffre d'une manière absolue, parce que l'état de division du carbonate de chaux et la constitution va-

(1) Thaër, *Principes raisonnés d'Agriculture*. t. II, p. 221.
(2) Puvis, *maison rustique du* XIXe *siècle*. t. 1, p. 68.

riable du sol doit aussi faire changer les proportions utiles du mélange.

Thaër, invoqué par M. Puvis, dit dans ses *Principes raisonnés d'Agriculture* (1) : « L'expérience en grand confirme que la proportion indiquée par Tillet (2) est effectivement la meilleure. » Quelques lignes plus bas, le même auteur ajoute que d'après des remarques générales qui peuvent cependant n'être pas assez précises, un mélange de 10 pour 100 de chaux carbonatée élève de moitié la valeur d'un terrain argileux.

Les faits que nous consignons ci-dessous permettront de juger combien il est difficile d'avoir sur cette matière une opinion absolue.

Quantité de chaux carbonatée reconnue par l'analyse dans différents sols.

Bergmann a trouvé en Suède dans un terrain fertile. . .   30 pour cent,

Giobert, aux environs de Turin. . . . .   de 5 à 12

Tillet, dans ses mélanges artificiels, a trouvé que la quantité la plus avantageuse est de.   37

Chaptal, dans un sol très fertile des alluvions de la Loire, a trouvé.   30

Le même auteur, dans un sol fertile de la Touraine. .   25

Davy, dans un sol riche des environs d'Avon. . . .   6

Le même auteur, dans une excellente pâture près de Salisbury.   57

M. Berthier, dans une terre à colza des environs de Lille seulement.   1,9

M. Payen, dans la terre noire de Tchornoï-zem, considérée comme le meilleur sol à blé de la Russie. . .   0,80

Laugier, dans plusieurs terres fertiles du Sénégal.   . à peine des traces.

Nous pourrions multiplier les citations, si celles que nous venons de donner ne nous semblaient pas suffisantes

(1) Thaër, *Principes raisonnés d'agriculture,* seconde édition, t. II, p. 223.

(2) La proportion de chaux carbonatée, dans le mélange de Tillet, se trouve citée parmi les résultats d'analyse que nous donnons ci-dessous.

pour prouver que deux sols peuvent être fertiles et cependant renfermer des quantités de chaux carbonatée bien différentes. Néanmoins nous remarquerons que, dans ces analyses, les proportions les plus considérables n'ont pas été trouvées supérieures à 37 pour cent; c'est que, quand elles viennent à dépasser ce chiffre d'une manière notable, la terre alors perd de sa qualité dans la proportion de cet accroissement. Un sol calcaire à ce degré redoute l'eau, qui le rend pâteux, et la sécheresse, qui le durcit; les seules récoltes qu'il soit capable de rapporter avec avantage sont celles du sainfoin et des autres plantes fourragères de la famille des légumineuses.

Nous trouvons, dans les terres fertiles de la Russie et dans celles du Sénégal dont nous venons de parler, la proportion du carbonate de chaux si faible, qu'on serait tenté de regarder cette matière terreuse comme absolument inutile en agriculture. Au point de vue mécanique, cette opinion pourrait être soutenue; mais au point de vue chimique, ce serait une grave erreur. Les deux exemples que nous avons cités sont des exceptions; les terrains auxquels ils se rapportent sont chargés d'un humus élaboré par le temps, ils ne reçoivent jamais d'engrais artificiels. Le premier, celui de la Russie, appartient, au rapport de M. Murchison, à un dépôt sous-marin formé par des sables imprégnés d'humus; le second, dont nous ne connaissons pas la formation géologique, renferme une quantité de matières organiques qui, dans plusieurs échantillons, s'est élevée jusqu'à 9 et 10 pour cent.

Dans nos cultures fumées, les choses se passent d'une autre manière; il faut que nos engrais se réduisent en terreau, et la chaux carbonatée favorise ce travail; en second lieu, pendant cette transformation, il se forme des produits acides, et la chaux est nécessaire pour les saturer. Cette saturation, ainsi que nous le disions tout à l'heure est indispensable, par la raison que les matières acides sont toutes plus ou moins funestes à la santé des végétaux.

En somme, la chaux carbonatée n'est pas absolument nécessaire dans un sol qui renferme en quantité suffisante du terreau tout préparé et ne donnant pas de réaction acide, ce qui est une rare exception; mais elle est indispensable dans celui qui reçoit périodiquement des engrais ordinaires. Elle favorise leur réduction en terreau, état sous lequel ils doivent passer avant de servir de nourriture aux végétaux, et de plus elle sature les acides organiques qui se développent pendant cette décomposition.

Dans une culture bien conduite, il est donc avantageux de connaître si le terrain renferme du calcaire; on s'en assure d'une manière générale en versant sur ce terrain de l'acide chlorhydrique, qui y produit une effervescence d'autant plus vive que le calcaire s'y trouve en quantité plus considérable. Si l'on tient à connaître les proportions, on y parviendra aisément en suivant le procédé de H. Davy. La nature du terrain étant ainsi connue, c'est le lieu de nous occuper des amendements calcaires et de donner quelques indications qui pourront servir à les employer convenablement.

Du marnage — Le marnage est une opération qui a pour but de changer la constitution du sol en augmentant l'élément calcaire dans des proportions souvent assez fortes. Cette opération, pour être faite avec intelligence, doit être précédée d'une analyse qui assure que le terrain ne renferme pas déjà ce principe en assez grande quantité, car, dans le cas contraire, il faudrait s'abstenir. Comme cette quantité est variable et relative à la nature des autres éléments du sol, ainsi que nous l'avons dit plus haut; nous chercherons à établir quelques règles

pour nous fixer à ce sujet, quand, après avoir étudié les
qualités de la marne, nous nous occuperons de son emploi. L'utilité du marnage une fois constatée par l'analyse,
il faut, autant qu'il est possible, assortir la qualité de la
marne à la nature du terrain ; c'est pourquoi nous allons
entrer dans quelques développements pour donner les
moyens d'apprécier les différentes espèces de marnes.

Examen chimique des marnes. — On désigne en agriculture sous le nom de marne un calcaire tantôt dur,
tantôt sans consistance, de couleur blanche, grise, ou
même quelquefois noirâtre, faisant effervescence avec
l'acide chlorhydrique, et s'y dissolvant en tout ou en
partie. Quand le calcaire est dur, une condition essentielle pour qu'il soit propre au marnage, c'est qu'il puisse
se *déliter* ; c'est-à-dire qu'un fragment étant plongé à
moitié dans l'eau, se laisse aller au bout de quelques
jours et se divise de lui-même. Toute pierre calcaire qui
résisterait à cette simple opération ne pourrait remplir
qu'imparfaitement l'intention du marnage, dont le but
est de faire entrer dans le sol la chaux carbonatée à l'état
de mélange intime. Cependant, une pierre calcaire susceptible d'être divisée par la gelée pourrait encore, à la
rigueur, être employée comme marne, à la condition de
n'être répandue sur le sol qu'après avoir été pulvérisée
par le froid.

Nous ne nous occuperons pas de la marne au point
de vue géologique pour les raisons que nous avons déjà
exprimées ; nous dirons seulement qu'on en trouve des
bassins quelquefois très considérables, qui appartiennent
à une formation d'eau douce. Les terrains tertiaires, de
formation marine, en renferment aussi des dépôts assez
puissants ; mais c'est particulièrement dans les étages secondaires qu'elle abonde, et, parmi les différents étages
de cette vaste formation, c'est le terrain crétacé qui nous

semble en contenir les quantités les plus considérables, et qui nous fournit celles qui se délitent avec le plus de facilité.

A ce sujet, nous devons rectifier ici une méprise de M. Teillieux, qui prétend que les marnes du Mans appartiennent à la formation d'eau douce. Il existe en effet, aux environs du Mans, des dépôts lacustres assez puissants, exploités comme marne, mais ce sont les dépôts crétacés qui fournissent la plus grande quantité de cet amendement à l'agriculture de ce canton. Quant à la préférence à accorder à l'une ou à l'autre, nous croyons, avec M. de Gasparin, que la question est loin d'être jugée.

Les agriculteurs désignent ordinairement la marne par les accidents de coloration. Cette distinction de marne grise et de marne blanche est purement arbitraire, et peut avoir des conséquences fâcheuses, car outre qu'il existe des marnes de toutes les nuances, on peut dire que les marnes blanches sont quelquefois très inférieures en qualité, tandis qu'on rencontre des marnes grises très justement estimées. Le mieux est donc d'avoir recours à l'analyse pour en connaître la composition, et c'est précisément ce qui va nous occuper dans ce moment.

Les marnes sont composées de chaux carbonatée, de sable siliceux et d'argile; nous négligeons comme accidentelles les traces de magnésie et d'oxide de fer, et provisoirement la présence du phosphate de chaux dont nous nous occuperons plus tard. L'analyse qui a pour but de séparer les trois premières substances ne saurait donc nous offrir de grandes difficultés, d'abord parce que nous savons déjà ce que c'est qu'une analyse, et qu'en second lieu nous n'avons pas besoin dans cette opération d'une exactitude plus rigoureuse que celle que nous avons mise dans l'étude des terrains. Voici, du reste, l'exposition de cette analyse dans sa plus simple expression :

Quand l'acide chlorhydrique est mis en contact avec
la marne, il dissout la chaux carbonatée et laisse le sable
et l'argile ; ces deux substances peuvent ensuite être séparées l'une de l'autre par l'agitation et le lavage, opérations
bien simples et dont nous avons déjà parlé plusieurs fois.
Cependant, afin d'éviter des tâtonnements et des erreurs,
nous allons entrer dans quelques détails de manipulation :

1. On fera sécher dans le petit bain-marie, à la température de l'eau bouillante, une certaine quantité de
marne; on l'y laissera jusqu'à ce qu'elle ne perde plus de
poids. Ce point de dessiccation obtenu, on en pèsera 10
grammes, ce qui fait 100 décigrammes.

2. On placera cette marne avec trois ou quatre cuillerées d'eau dans un verre à boire ordinaire, ou mieux
dans un grand verre à expérience ayant un bec ; on versera dessus un filet d'acide chlorhydrique *du commerce,*
car il n'est pas nécessaire que ce réactif soit pur. Il se
produira un bouillonnement considérable qu'on désigne
sous le nom d'effervescence ; ce mouvement une fois
apaisé, on agitera doucement le mélange avec une petite
baguette en bois, et s'il se renouvelle, on attendra un
moment avant de verser un nouveau filet d'acide; cet
acide fera recommencer l'effervescence, et quand elle
sera calmée, on agitera encore avec la petite baguette.
On continuera ainsi les affusions d'acide et les agitations
jusqu'à ce que la dernière addition ne produise plus aucun effet.

3. L'opération arrivée à ce point, on remplira le verre
avec de l'eau, on agitera doucement et dans tous les sens
avec la petite baguette, puis on laissera reposer. Le sable
et l'argile tomberont au fond du verre, tandis que le carbonate de chaux, qui était dans la marne, étant passé à l'é-
tat de chlorhydrate de chaux, restera dissous dans l'eau.
Quand cette solution sera *parfaitement limpide,* on la dé-

cantera avec précaution, pour ne laisser échapper aucune partie du dépôt. C'est à ce moment que le verre à expérience aura un grand avantage sur le verre à boire ordinaire ; sa forme conique rassemblera le dépôt dans un espace plus retréci, et permettra de verser le liquide surnageant avec beaucoup plus de facilité, surtout si ce verre a un bec. La liqueur ainsi décantée sera remplacée par de nouvelle eau; on agitera encore légèrement, on laissera reposer, et quand la *limpidité sera complètement rétablie*, on décantera de nouveau. Ce lavage se répètera encore une fois ou deux.

4. Après la dernière décantation, le dépôt sera recueilli avec le plus grand soin sur une soucoupe en porcelaine, et desséché sur les cendres chaudes jusqu'à ce qu'il soit à l'état pulvérulent. On achèvera ensuite cette dessiccation au bain-marie bouillant, et on prendra le poids. Si ce poids représente 30 décigrammes, il y avait dans la marne 70 décigrammes de chaux carbonatée, puisque nous avions mis en expérience 100 décigrammes.

5. La partie inattaquée est ou du sable ou de l'argile, ou quelquefois un mélange de l'un et de l'autre. Dans ce dernier cas, on sépare le sable de l'argile, en délayant ce résidu dans l'eau, agitant ce mélange et décantant le liquide pendant qu'il est encore trouble; le sable se précipite au fond du vase, tandis que l'argile, restant en suspension dans le liquide, ne se dépose qu'après la décantation; on peut donc, par ce moyen, les recueillir séparément l'un de l'autre, et les dessécher pour en prendre les proportions. Cette dernière opération est presque aussi utile que la première quand la quantité de chaux carbonatée est faible, parce que tel terrain recevra avec avantage une marne où l'argile domine, tandis que tel autre sera mieux amendé par celle qui renferme un excès de sable.

Quelques auteurs recommandent de broyer la marne avant de la soumettre à l'action de l'acide chlorhydrique. Cette pratique, qui est absolument inutile, peut occasionner des erreurs, en divisant la matière sableuse et lui donnant la faculté de rester en suspension dans l'eau pendant l'opération du lavage, ce qui pourrait la faire prendre pour de l'argile.

Une autre méthode d'analyse beaucoup plus prompte consiste à prendre exactement et ensemble le poids de tous les vases et de toutes les matières employés dans cette opération; une seconde pesée, faite après l'action de l'acide chlorhydrique, indique la perte éprouvée par le dégagement de l'acide carbonique qui s'est échappé en produisant l'effervescence. Or, comme on sait que dans la chaux carbonatée ce gaz existe dans la proportion d'environ 43 pour 100, dès qu'on aura le poids de l'acide carbonique, on obtiendra facilement celui de la chaux carbonatée. Par exemple, si la seconde pesée indique 23 décigrammes de perte, on posera ainsi l'opération : 43 : 100 :: 23 : R. = 53,48; ce qui donne environ 53 1⁄2 pour cent de chaux carbonatée. Ce procédé ne peut convenir qu'aux personnes accoutumées aux opérations délicates de la chimie, et qui possèdent des balances d'une sensibilité plus qu'ordinaire; c'est pourquoi nous ne croyons pas devoir entrer à cet égard dans des explications plus étendues.

Nous ne voulons pas quitter ce qui a rapport à l'analyse des marnes sans faire observer qu'il est de la plus grande utilité d'examiner avec soin si le produit de la marnière a bien exactement le même aspect dans toutes ses parties; car il est évident que l'analyse ne peut donner la composition que de la portion qui a été essayée. Si donc la marne se présentait par assises ou par veines variables de consistance, de couleur ou d'onctuosité, il deviendrait nécessaire de faire plusieurs opérations et de prendre une moyenne.

Toute substance susceptible de se déliter dans l'eau et de faire effervescence avec les acides pourrait à la rigueur être considérée comme marne. Néanmoins, puisque la marne a pour but d'augmenter la proportion du calcaire dans les terrains sur lesquels on répand cet amendement, nous ne pouvons plus guère envisager comme marne une terre qui contient moins de 20 pour 100 de chaux carbonatée; car, dans ce cas, la quantité nécessaire pour augmenter dans les terrains seulement d'un pour cent la proportion du calcaire, occasionnerait une dépense supérieure au résultat qui serait obtenu. Nous ne voulons pas dire cependant que ces matières si pauvres en calcaire doivent toujours être dédaignées; non, ce n'est point notre avis : il est au contraire des cas assez nombreux où elles peuvent être utilisées avec avantage ; mais ce ne sont pas ceux où l'on a besoin de calcaire. Leur emploi ne pourra jamais sans confusion être désigné sous le nom de marnage. Ce seront des amendements d'une autre nature; s'ils sont sablonneux ils pourront convenir dans les terres argileuses, tandis que s'ils sont argileux ils seront avantageux dans les sables.

La marne contiendra donc pour nous depuis 20 jusqu'à 95 pour 100 de chaux carbonatée ; d'après les proportions de cette base, on pourra désigner sous le nom de marne calcaire celle qui renferme depuis 60 jusqu'à 95 pour cent ; sous celui de calcaire marneux, celle qui n'en renferme que depuis 40 jusqu'à 60. La marne sableuse sera celle qui contient moins de 40 pour cent, et dont le résidu insoluble dans l'acide chlorhydrique est avec excès de sable ; la marne argileuse celle qui contient les mêmes proportions de calcaire, quand c'est l'argile qui domine dans le résidu.

Emploi de la marne. Nous avons vu, par ce qui précède, combien la chimie est utile dans l'opération du marnage, d'abord en donnant les moyens d'analyser le terrain et de s'assurer s'il a besoin de calcaire, afin de ne pas être exposé à donner au sol un élément qui s'y trouve déjà en quantité suffisante ; en second lieu, elle permet de doser le calcaire que l'on ajoute, en indiquant dans quelles proportions il se trouve dans la marne que l'on emploie. Voici maintenant d'autres questions à étudier : Comment agit le calcaire dans le sol? Quelles sont les proportions de marne les plus avantageuses? Combien de temps se continue l'amélioration produite par le marnage?

Si le calcaire agit mécaniquement, ainsi que nous l'avons déjà dit, en divisant les terres compactes quand il est à l'état sableux, et donnant de la consistance aux terres légères quand il est en poudre impalpable, il exerce aussi une action chimique sur l'humus et sur les engrais, et c'est de cette dernière propriété que nous allons nous occuper tout d'abord. L'humus qui existe naturellement dans le sol et les engrais qu'on y ajoute n'y restent pas indéfiniment dans le même état. Ce sont des matières mortes auxquelles l'Auteur de la Nature a communiqué une puissance de décomposition qui les force à céder peu à peu leurs éléments pour servir à la formation de nouveaux êtres animés. Or, la chaux carbonatée favorise ce travail de transformation. La science ne connaît pas encore tous les états par lesquels passent ces matières organiques avant d'être réduites à leurs plus simples éléments; elle sait seulement qu'au nombre de ces produits de moins en moins composés, existe une matière acide que nous continuerons, pour plus de commodité, à désigner sous le nom d'acide humique, quoique M. Berzélius l'ait reconnue pour être composée de deux acides particuliers qu'il a appelés acides *crénique* et *apocrénique*. Ces acides libres seraient nuisibles à la végétation; le calcaire non seulement les sature, mais la combinaison qui en résulte étant soluble dans l'eau, peut ainsi être absorbée par la plante et lui servir de nourriture.

Puisque le rôle chimique du calcaire s'exerce sur l'humus et sur les engrais, qu'il élabore et prépare dans les conditions convenables pour servir à l'alimentation des végétaux, il est de la plus grande importance de fumer abondamment les terrains marnés. Sans cette précaution, pendant les premières années du marnage, l'action du carbonate de chaux se porte sur l'humus naturel, qu'il dispose à être promptement absorbé; les récoltes deviennent magnifiques, mais la terre ne tarde pas à s'épuiser et à devenir de plus en plus stérile. C'est de là que provient ce proverbe que *la marne enrichit les vieillards et ruine les enfants*.

La vérité est, que la marne enrichit les vieillards et les enfants en doublant les récoltes, si cette opération est faite avec discernement, et si l'on ne perd pas de vue que son action chimique s'exerçant exclusivement sur les engrais, il est indispensable de fumer abondamment, quand on veut tirer parti du marnage sans épuiser le sol. Le raisonnement est bien simple : Ce sont les engrais qui font les récoltes, et si la marne en augmente les produits, c'est qu'elle a la propriété d'agir sur eux, pour en hâter la décomposition, pour les rendre propres, plus tôt ou en plus grande quantité, à servir de nourriture aux végétaux.

La même remarque pourrait s'appliquer aux terrains naturellement calcaires, quand les proportions de carbonate de chaux n'excèdent pas celles trouvées par Bergmann; ces terrains consomment beaucoup d'engrais, et quand ils sont peu fertiles, c'est presque toujours parce qu'on leur distribue le fumier avec trop de parcimonie.

Quant à l'action mécanique du terrain, elle gît dans la perméabilité et un certain dégré de consistance qu'il faut chercher à obtenir au moyen des amendements, quand ces deux qualités n'existent pas naturellement. Or, c'est ici le cas d'appliquer les règles qui ressortent de nos analyses.

Ainsi, la marne calcaire conviendra à tous les terrains en général, mais plutôt aux argiles qu'aux sables; il en sera de même du calcaire marneux. La marne sableuse sera utile particulièrement aux terres argileuses; la marne argileuse aux sables.

Tels sont les principes sur lesquels on doit s'appuyer dans l'opération du marnage, sans pourtant les considérer comme trop exclusifs. Il ne faudrait pas, par exemple, renoncer absolument à l'emploi d'une marne argileuse si l'on n'en avait pas d'autre à sa disposition, parce que les terrains à amender seraient argileux. Il faudrait faire quelques essais, et se conduire d'après le résultat de ces expériences. Nous ferons la même remarque pour les marnes sableuses.

De la quantité de marne à ajouter sur le terrain. — Pour examiner cette question avec fruit, il faut considérer séparément l'action mécanique du calcaire et son action chimique. Sous le premier rapport, les terrains pourront avoir un degré parfait de perméabilité avec des proportions bien différentes de carbonate de chaux, ainsi que le prouvent les analyses que nous avons données page 285. C'est à ce point de vue seulement que nous admettons comme fondée, dans certaines circonstances, l'opinion de M. Puvis, qui regarde, comme la plus utile à l'agriculture, la proportion de 3 pour 100 de chaux carbonatée dans un terrain, et celle de M. de Dombasle, qui la porte à cinq. Mais au point de vue chimique, ces quantités nous paraissent faibles, surtout la première.

Nous ne comprenons guère que 3 parties de carbonate de chaux, étendues de 97 parties de matières inertes, puissent produire sur les engrais une action bien efficace, si ce n'est en saturant l'acide humique qui se forme naturellement. Ce serait déjà assurément un bienfait, mais ce n'est pas tout ce qu'on peut attendre de la chaux carbonatée quand elle se trouve en proportions plus considérables. Nous croyons donc qu'il ne faut pas se préoccuper exclusivement de ces données quand il s'agit de fixer les proportions de marne à répandre sur un champ, puisque nous voyons des terrains très fertiles qui renferment des quantités de calcaire bien supérieures.

Ne trouvant rien d'absolument précis à ce sujet, nous allons raconter ce qui se fait dans nos environs, quoique les opérations que nous rapportons manquent d'un point essentiel, la connaissance de l'état calcaire du terrain qui reçoit la marne. Nous faisons des vœux pour que cette question si importante fixe l'attention des agronomes sur tous les points de notre territoire. Déjà la Société royale et centrale d'Agriculture s'en est occupée; mais nous craignons que les résultats qu'elle a obtenus ne soient pas de nature à résoudre complètement toutes les difficultés. A notre avis, ces matières sont délicates et doivent être vues sur place par ceux mêmes qui les comprennent dans leur ensemble. Les hommes capables de précision ne sont pas très nombreux; c'est pour cela qu'il est quelquefois permis de regarder comme douteux les renseignements obtenus par voie de correspondance.

Dans les points du département de la Sarthe où la marne est en usage, les doses varient entre 50 et 165 mètres cubes à l'hectare; ce qui fait environ sur la surface du sol une épaisseur d'un 1/2 centimètre à 1 c. 3/5. Si l'on connaissait la profondeur du labour et la richesse calcaire de la marne, on pourrait se rendre compte de la proportion de chaux carbonatée ajoutée au sol utile. Nous ne pensons pas être éloigné de la vérité en la supposant de 7 à 8 pour 100 dans les cas de marnage au maximum.

Les doses les plus faibles de marne se mettent dans les terrains sablonneux; les plus fortes, dans les terres argileuses. Dans tous les cas, les récoltes sont bonifiées dans une proportion considérable. Les sables qui ne rapportaient que de mauvais seigles peuvent désormais produire du froment, et dans les terres argileuses les produits sont doublés, la paille est plus forte, le blé mieux nourri, et le trèfle rapporte une plus grande abondance de graine. Les défrichements de landes et de bruyères reçoivent surtout de la marne une influence des plus heureuses. La chaux carbonatée hâte la décomposition des racines et des débris plus ou moins ligneux qui couvraient le sol, sature l'acide humique qui s'est produit, et présente ainsi aux récoltes confiées à ce terrain une nourriture convenablement élaborée.

Malgré tous les avantages attachés à l'emploi de la marne, nous devons dire qu'il ne serait pas prudent de marner, sans essais préalables, un terrain naturellement fertile et se trouvant dans des conditions parfaites de perméabilité, quand même ce terrain ne renfermerait que de faibles doses de calcaire. Tout en cherchant à profiter de l'action chimique de la chaux carbonatée sur les engrais, il faut craindre de perdre l'avantage qui résulte de l'équilibre mécanique dans lequel se trouve le terrain.

Dans cette circonstance, le marnage doit être essayé avec précaution et sur une petite échelle; cette disposition permettra d'étudier les effets de la marne sans compromettre l'avenir du terrain. Dans le cas où le terrain se prêterait avantageusement à cette opération, il sera encore utile de faire de petites expériences de culture pour trouver les proportions qui, sans dénaturer l'état physique du sol, lui permettront de jouir des bénéfices attachés à la présence du calcaire.

Nous dirons à cette occasion, mais d'une manière générale, qu'en agriculture, où l'on agit sur des masses, si l'on ne veut pas éprouver de mécomptes, il faut marcher dans la voie du progrès, précédé par la théorie, mais appuyé sur l'expérience. La théorie est un guide bien précieux dont il ne faut pourtant pas suivre aveuglément tous les conseils, car il arrive quelquefois que l'expérience trouve ses prévisions en défaut. L'une a l'ardeur et l'imagination de la jeunesse, l'autre, le sang-froid et la vérité de l'âge mûr.

Quand un terrain est peu riche en calcaire, et que l'avantage qu'il retirerait de la marne se trouve compensé par les frais d'extraction ou de charroi, il reste encore un moyen de le faire jouir du profit qui résulte de l'action chimique de la chaux carbonatée sur les engrais; c'est d'employer la marne en *compost;* par ce moyen on diminue la dépense, en réduisant la quantité de la marne dans des proportions considérables. On dispose la marne et le fumier par couches alternatives, et on laisse agir ainsi pendant plusieurs semaines, suivant la température de la saison; pendant cet intervalle, on remue ce mélange à plusieurs reprises avant de le répandre sur le terrain. Dans cette circonstance, la marne s'étant trouvée directement en contact avec l'engrais, l'a amené promptement à l'état le plus favorable pour servir à la nourriture des végétaux.

Ce procédé pourra encore être employé avec avantage pour les terrains dont nous parlions tout à l'heure, c'est-à-dire pour ceux qui se trouvent dans des conditions heureuses de perméabilité; car, dans ce cas, la proportion de marne ajoutée est trop faible pour pouvoir altérer l'état physique du sol, même en réitérant son usage tous les trois ou quatre ans.

Combien de temps dure l'effet de la marne. Nous pourrions dire rigoureusement que pour un terrain marné à fond, dans des conditions convenables, et entretenu avec soin, cet effet se continue d'une manière indéfinie, c'est-à-dire que la fertilité de ce terrain ne retombera jamais aussi bas qu'elle se trouvait avant l'opération du marnage, quoiqu'elle finisse par décroître au bout d'un certain temps. Nous poserons donc cette question plus exactement en disant : Après combien d'années l'effet produit par la marne commence-t-il à décroître d'une manière notable ? L'opinion la plus générale est que cette diminution se remarque au bout de 20 à 30 ans ; néanmoins, si la proportion de marne a été très faible, la décroissance peut se manifester après 10 ou 15 ans.

De savants agronomes ont calculé combien chaque récolte enlève de calcaire au sol, et la quantité s'est trouvée si faible, eu égard à la masse ajoutée par le marnage, qu'il est impossible d'expliquer la diminution des récoltes par cette soustraction annuelle. Cet excès de fertilité produit pendant les premières années du marnage a donc, outre la présence du calcaire, une autre cause jusqu'ici fort peu appréciée. Nous croyons la trouver dans les sels à base de potasse ou de soude qui se rencontrent souvent dans les marnes ; et surtout dans les phosphates que contiennent toujours, en quantité plus ou moins grande, celles dans lesquelles on remarque en abondance des débris de coquillages. Ces matières salines, si précieuses pour la nourriture des végétaux, seraient absorbées par les premières récoltes, et finiraient, après un certain nombre d'années, par devenir de moins en moins abondantes, à mesure qu'elles auraient été enlevées par l'acte de la végétation. Nous reviendrons sur ce sujet quand nous serons arrivés à étudier l'influence des sels en agriculture.

Quand un sol a été marné à fond, et que, au bout de 20

ou 30 ans, la fertilité qu'il avait acquise a baissé, il n'est pas toujours avantageux de marner de nouveau; d'abord parce que l'état physique du sol peut s'y opposer, en-suite parce qu'au point de vue chimique la quantité de calcaire actuellement existante peut être suffisante. C'est l'analyse qui guidera dans ce nouveau travail comme dans le premier; mais c'est toujours l'expérience qui de-vra prononcer en dernier ressort. Car il n'est pas sans exemple de voir des terrains sur lesquels la marne avait produit un effet très avantageux ne pas éprouver de bons résultats d'un nouveau marnage.

Avant de quitter ce qui a trait au marnage pour nous occuper de l'usage de la chaux, nous consignerons ici, à titre de renseignement, un fait qui a été remarqué dans le département de la Sarthe, et qui nous paraît mériter la publicité. On sait que la culture du pin maritime est très répandue sur les sables qui recouvrent une partie as-sez considérable de ce territoire. Quelques propriétaires ont essayé, après l'enlèvement de ces arbres, de rendre pendant plusieurs années le sol à l'agriculture; au moyen de la marne, ils ont pu obtenir un certain nombre de ré-coltes en céréales, mais quand ils ont voulu rétablir les sapinières, les pins ont refusé d'y venir. La marne avait rendu le terrain stérile pour ce genre de culture.

DIX-NEUVIÈME LEÇON.

Suite de l'analyse des terrains et de l'étude des propriétés agronomiques de chacun des matériaux qui les constituent. — Emploi de la chaux comme amendement, — différentes sortes de chaux, — quantité nécessaire, — manière de l'employer. — De la chaux comme substance minérale alimentaire. — De la magnésie considérée dans ses rapports avec l'agriculture; — la magnésie est-elle nuisible à la production des végétaux? — sa présence dans les plantes; — moyens de la reconnaître dans le sol.

Amendement par la chaux. — On désigne sous le nom de chaux toute pierre calcaire dont on a enlevé l'acide carbonique par le moyen de la chaleur, ainsi que nous l'avons expliqué page 183. Les effets de la chaux en agriculture peuvent être comparés de tous points, sauf l'intensité, avec ceux que produit la marne. Comme cette dernière, elle agit physiquement en donnant de la consistance aux sols légers et en diminuant la cohérence des terres argileuses; chimiquement, en agissant sur les engrais de manière à les préparer et à les réduire dans l'état le plus convenable pour servir à l'alimentation végétale.

Nous n'aurions donc rien à ajouter sur la chaux si son action, infiniment plus énergique, n'exigeait quelques modifications dans son emploi ; quant aux théories, nous maintenons celles que nous avons développées à l'occasion de la marne.

Nous nous bornerons dans cet article à distinguer les différentes sortes de chaux, à établir les proportions reconnues comme les plus avantageuses, enfin à apprécier les différentes méthodes employées pour répandre cet amendement sur le sol. Si nous n'avons pas jugé convenable de développer cette question d'une manière plus étendue, c'est que, d'une part, nous la regardons encore chez nous, sous plus d'un rapport, comme à l'état d'étude, et qu'en second lieu, le cadre que nous nous sommes tracé ne nous permet pas de la traiter d'une manière plus complète. Ceux de nos lecteurs qui désireraient des renseignements plus nombreux pourront consulter les écrits de M. Puvis, qui sont dans ce moment ce que nous avons de plus estimé en France sur cette matière.

Différentes sortes de chaux. — On distingue plusieurs sortes de chaux, de même que l'on distingue plusieurs sortes de marnes :

1. La chaux grasse, ainsi nommée parce qu'elle forme avec l'eau une pâte très liante; cette espèce peut être considérée comme de la chaux pure ;

2. La chaux maigre, dont la pâte est grenue et peu ductile ; cette chaux est ordinairement mélangée d'une assez forte proportion de sable siliceux;

3. La chaux hydraulique, qui, comme la chaux grasse, forme avec l'eau une pâte liante, mais qui en diffère par la propriété qu'elle possède de durcir sous l'eau; cette espèce, suivant M. Berthier (1), renferme de l'argile dans la proportion de 15 à 30 pour 100.

Le raisonnement veut qu'en agriculture on donne la préférence à la chaux grasse, toutes les fois qu'il y a possibilité de choix, parce qu'à mesure égale elle contient une plus grande quantité de matière active; néanmoins, si les chaux hydrauliques renferment constamment de la potasse, ainsi qu'a cherché à l'établir M. Kuhlmann (2), il conviendrait de ne prendre un parti qu'après avoir tenté quelques essais de culture avec l'une et l'autre chaux.

(1) Berthier, *Traité des essais par la voie sèche*, t. I, pag. 612.
(2) Kuhlmann, *Annales de chimie*, 3e série, t. XXI, p. 364-1847.

Quelques personnes pensent que la chaux hydraulique est nuisible à l'agriculture; cette question, pour être résolue, a besoin d'être divisée. Si la chaux hydraulique ne renferme pas de magnésie, elle ne peut avoir d'inconvénient que dans la supposition où elle serait répandue sous un autre état que sous celui de poussière fine, et encore dans cet état elle ne serait pas nuisible, mais elle produirait moins d'effet, par la propriété qu'elle possède de se solidifier directement par l'eau; ses molécules, étant ainsi agglomérées, se durciraient et perdraient les avantages attachés à un grand état de division. Par la même raison elle ne serait plus propre à donner de la cohésion aux terrains sableux, et son effet chimique sur les engrais serait moins efficace.

Mais quand elle est répandue par un beau temps, immédiatement après son extinction parfaite, avant d'avoir été mouillée par la pluie, tous ces inconvénients disparaissent.

Il n'en est pas de même quand elle renferme de la magnésie, elle possède alors, pendant un certain temps, des propriétés malfaisantes que nous signalerons à l'article magnésie.

Dans tous les cas, pour se rendre compte de la proportion des matières inertes renfermées dans la chaux, il suffira de l'attaquer par de l'acide chlorhydrique *très étendu d'eau*, qui dissoudra la chaux et laissera les matières insolubles que l'on pourra ensuite laver, recueillir et dessécher, ainsi que nous l'avons dit à l'occasion de la marne. Le poids de ces matières indiquera le degré d'impureté de la chaux, et pourra ainsi servir de guide dans le choix, en donnant connaissance de la proportion réelle de chaux qu'elle contient.

Il existe une quatrième espèce de chaux qu'on peut désigner sous le nom de chaux magnésienne, parce qu'en effet elle renferme de la magnésie ; nous nous proposons d'en parler quand il sera question de cette dernière substance.

Quantité de chaux nécessaire. — La quantité de chaux nécessaire peut varier dans des proportions assez considérables, suivant qu'on se propose de chauler tous les dix à douze ans, ainsi qu'on le pratique dans l'agriculture Flamande, ou tous les trois ou quatre ans, comme cela se fait le plus communément en France, et particulièrement dans le département de la Sarthe. Dans le premier cas, la dose est d'environ quatre mètres cubes à l'hectare ; dans le second, tout au plus d'un mètre cube pour la même étendue. Il paraît qu'en Angleterre on porte la quantité de chaux depuis dix mètres jusqu'à la dose énorme de soixante mètres cubes à l'hectare (1). Du reste, comme nous n'avons aucune donnée précise qui nous permette d'apprécier la valeur de cette dernière pratique, nous nous abstiendrons de la juger.

La chaux agit chimiquement à la manière de la marne sur l'humus du sol et sur les engrais qu'on y répand ; mais avec beaucoup plus d'intensité. Tous les terrains ne sont donc pas susceptibles de porter la même quantité de chaux, et dès-lors on doit aussi en modifier la dose suivant la masse des engrais dont on peut disposer. Un principe que nous avons déjà signalé et que nous rappelons ici, en raison de son importance, c'est que ce sont les fumiers qui font les récoltes ; la chaux ne fait que de donner aux engrais la forme qui leur est nécessaire pour être mis à la disposition des organes chargés de l'alimentation végétale. Il faut en excepter cependant la petite quantité de chaux qui est absorbée comme substance minérale alimentaire. Il suit de là que, quand on chaule, il faut fumer abon-

---

(1) Puvis, *Maison rustique du* XIXe *siècle*, t. I, pag. 64.

damment, puisque le rôle de la chaux est de détruire le fumier pour le faire passer dans les récoltes.

Quelques agriculteurs pourraient nous croire en défaut parce qu'ils auraient obtenu une grande fertilité en chaulant sans fumer; nous leur demandons de vouloir bien s'abstenir de nous juger trop tôt; qu'ils attendent quelques années seulement, et ils verront par eux-mêmes que cette abondance sera bientôt remplacée par la stérilité. Ils ont fait consommer par la chaux tout l'humus qui existait dans le terrain, ils en ont obtenu de belles récoltes; mais n'ayant pas donné d'engrais pour préparer de nouvel humus, leur terre s'est épuisée. Qu'ils n'en accusent pas la chaux, qu'ils n'en accusent qu'eux-mêmes; ils se sont mépris, ils ont cru que la chaux était un engrais tandis que ce n'est qu'un moyen de faire servir plus utilement les engrais.

De la manière d'employer la chaux. — La supériorité de la chaux consiste en deux choses : la première, c'est que cette base puissante n'étant pas combinée à l'acide carbonique comme dans la marne, agit avec plus d'efficacité sur les matières organiques; la seconde, c'est que son état de division est incomparablement plus grand.

La chaux s'emploie éteinte, soit à l'air, soit par immersion dans l'eau; dans ces deux cas elle se réduit en molécules si déliées qu'une poudre obtenue par un moyen mécanique, quelque fine qu'elle soit, est grossière en comparaison. La chaux s'éteint de plusieurs manières pour les besoins de l'agriculture. La plus simple consiste à la déposer en petits tas espacés également et régulièrement entre eux; on choisit pour cela un beau temps, car la pluie ne tarderait pas à la réduire en bouillie, ce qui serait un obstacle pour la répartir sur le sol d'une manière uniforme. La chaux ainsi exposée à l'air exerce son avidité pour l'eau en absorbant celle qui se trouve con-

tenue dans l'atmosphère à l'état de vapeur ; elle se gonfle, éclate dans tous les sens et ne tarde pas à se diviser
à l'infini, ainsi que nous le disions tout à l'heure. C'est
le moment qu'il faut choisir pour l'épandre, opération qui
se fait alors avec la plus grande facilité et qu'on fait suivre ordinairement d'un léger labour.

D'après une autre méthode, on dispose la chaux de la
manière que nous venons d'indiquer, mais on recouvre de
terre chacun des petits tas, dans l'intention de les préserver
de la pluie. Dans ce cas, la chaux se gonfle et se divise
plus lentement, et il est nécessaire de réparer les crevasses à mesure qu'elles se forment sur la terre qui sert
de couverture, lesquelles sont occasionnées par l'augmentation de volume que prend la chaux. Quand elle est
arrivée à son état de division le plus extrême, on mélange bien la terre et la chaux et on répand le tout sur le
terrain.

Un troisième moyen consiste à éteindre la chaux directement dans l'eau. Pour cela, on la met au fur et à
mesure dans des paniers et on la plonge dans l'eau,
après quelques secondes d'immersion on la retire. L'extinction marche alors très rapidement et permet de l'é-
pandre immédiatement. Cette méthode demande plus
de main d'œuvre, mais elle permet d'agir plus promptement et surtout met à l'abri des chances de pluies.

Dans le département de la Sarthe on emploie un procédé qui semble plus avantageux que les trois autres : on
étend sur un des côtés du champ et presque dans toute
sa longueur, une couche de terre d'environ un mètre de
largeur et de quelques centimètres d'épaisseur. Cette
terre se prend ou dans les fossés, ou au pied des haies
qui forment les abris et les clôtures, ou dans les cours et
sentiers qui servent à l'exploitation, ou dans les champs
eux-mêmes quand on ne peut faire autrement. On ré-

pand uniformément sur cette couche la quantité de chaux
destinée au terrain, et on la recouvre de la même terre de
manière à former du tout comme un prisme triangulaire
d'environ un mètre de côté, et dont la chaux occupe le
centre. Quand la chaux s'est gonflée et qu'elle est parfaitement éteinte, on procède au mélange; ce qui se fait en
entamant le prisme par une des extrémités, rejetant un
peu en arrière les matières qui le composent, et se dirigeant ainsi successivement jusqu'à l'autre bout; de sorte
que quand on y est arrivé, le prisme s'est déplacé d'un
ou deux mètres dans le sens de sa longueur. Au bout de
quelque temps on recommence cette opération. On laisse
encore agir la chaux pendant quelques semaines, après
lesquelles on met le tout sur le terrain, en petits tas disposés en lignes régulières. Entre chacune on dépose une
autre ligne de fumier aussi en petits tas. Enfin on répand
le tout sur le terrain le plus uniformément possible.

L'expérience semble avoir prouvé que cette méthode
est préférable à toutes les autres. 1. Les terrains riches
en humus avec lesquels on a mélangé la chaux, reçoivent
de ce contact une influence avantageuse; 2. La chaux se
trouvant étendue d'une assez grande masse de terre est
répartie plus également; 3. La quantité de chaux nécessaire dans ce procédé est trop faible pour changer la nature du terrain et pour altérer sa fécondité; 4. Le fumier
que l'on ajoute en même temps, sert en partie à l'alimentation de la récolte présente, tandis que le reste se transforme en humus destiné à nourrir les différentes cultures
des années suivantes.

Depuis une trentaine d'années que la découverte de
l'anthracite dans quelques cantons du département de la
Sarthe a permis de livrer la chaux à bon marché, la culture dirigée d'après la méthode que nous venons d'indiquer a plus que doublé la valeur des terres dans ces lo-

calités privilégiées. Malheureusement le prix trop élevé auquel cette matière précieuse se tient sur les autres points de ce territoire empêche de profiter plus généralement des grands avantages attachés à son emploi. Il est à désirer que les nouvelles voies de communication abaissent assez les frais de charroi pour que notre agriculture puisse en profiter sous ce rapport.

De la chaux comme substance minérale alimentaire. — La chaux ne se borne pas à préparer les matières organiques et à les rendre propres à être absorbées par les plantes, elle entre elle-même, pour une part assez forte, dans l'alimentation des végétaux, ainsi que le prouve l'analyse du résidu de leur incinération. Nous consignons dans le tableau ci-dessous, d'après les expériences de M. Boussingault (1), les proportions de chaux contenues dans les cendres des différentes récoltes.

ESPÈCES DE CENDRES.	Quantité de chaux pour 100 parties de cendres.
Cendres de pommes de terre.	1,8
— de betteraves champêtres	7,0
— de navets.	10,9
— de topinambours.	2,3
— de grains de froment.	2,9
— de paille de froment.	8,5
— de grains d'avoine.	8,7
— de paille d'avoine.	8,3
— de trèfle.	24,6
— de pois.	10,1
— de haricots.	5,8
— de fèves.	5,1

La chaux s'introduit de plusieurs manières dans le

(1) Boussingault, *ouvrage cité*, t. II, pag. 327.

système végétal. D'abord unie à l'acide humique, elle
forme avec l'eau une solution qui est absorbée par les radicules et transmise dans la circulation; là elle se trouve
séparée de l'acide humique par les sucs des plantes qui
sont toujours acides et qui s'en emparent, tandis que
l'acide humique passe par des transformations qui nous
sont inconnues pour entrer dans la composition des tissus
organisés.

Les plantes absorbent encore la chaux unie à l'acide
carbonique. Nous avons déjà vu que la chaux, combinée
avec une certaine proportion de cet acide, forme un sous-
carbonate insoluble, et qu'avec un excès du même acide
elle constitue un carbonate soluble. Or, il se trouve dans
l'air et surtout dans l'eau que contient la terre une
quantité d'acide carbonique suffisante pour faire passer
incessamment de petites quantités de chaux à l'état de
carbonate soluble. Ce carbonate de chaux est absorbé de
la même manière que l'humate, la chaux en est séparée
par les mêmes principes, et un des éléments de l'acide
carbonique qui y était uni, le carbone, est mis en œuvre
pour entrer dans la composition du végétal, tandis que
l'autre élément, l'oxigène, est rejeté par la transpiration.
La chaux pénètre encore dans les plantes à l'état de phosphate de chaux; ce composé, naturellement insoluble dans
l'eau, s'y dissout néanmoins à la faveur de l'acide carbonique, ainsi que nous l'avons dit précédemment
page 263, et peut alors être absorbé aisément.

On voit, par ce qui précède, que la chaux, même en
entrant dans l'organisme végétal comme substance minérale alimentaire, apporte encore avec elle des matériaux d'origine organique, susceptibles d'entrer dans la
composition des tissus végétaux.

La présence de la chaux dans les plantes a pour but
direct de contribuer à la solidité de la tige, et pour but

éloigné de fournir à l'homme et aux animaux, à la nourriture desquels ils ont été destinés, l'élément calcaire qui
doit servir à la formation des os.

Nous terminons cet article en donnant la quantité de
chaux qui, d'après les calculs de M. Boussingault (1),
sont enlevées d'un hectare de terre par chacune des récoltes désignées dans le tableau ci-dessous.

NATURE DES RÉCOLTES.	Quantité de chaux enlevée d'un hectare de terre.
	kil.
Pommes de terre.	2,2
Betteraves.	14,0
Navets dérobés, demi-récolte. .	5,9
Topinambours.	7,6
Froment.	0,8
Paille de froment.	16,6
Avoine.	1,6
Paille d'avoine.	5,4
Trèfle.	76,3
Pois fumés	3,1
Haricots à l'état normal. . .	3,2
Fèves à l'état normal. . . .	3,2

DE LA MAGNÉSIE CONSIDÉRÉE DANS SES RAPPORTS AVEC L'AGRICULTURE.

La magnésie peut être considérée comme matière accidentelle dans la composition des terrains, si l'on ne fait
attention qu'à la faible proportion dans laquelle elle se
rencontre ordinairement ; mais si on l'envisage au point
de vue de son utilité, on sera forcé de la regarder comme
très importante pour la prospérité des récoltes. En effet,
toutes nos plantes alimentaires ou fourragères en renferment des quantités assez considérables, qui se retrouvent

(1) Boussingault, *ouvrage cité*, t. II, p. 329.

dans leurs cendres. Or, comme l'acte de la végétation
est inhabile à produire une substance minérale, il en résulte que la plante qui a besoin de magnésie pour son
alimentation dépérira, si elle ne la rencontre pas dans le
sol.

Ces faits sont en contradiction avec l'opinion trop généralement répandue, que la magnésie est non seulement
inutile, mais encore que sa présence rend les sols stériles. On s'est appuyé, pour condamner la magnésie, sur
quelques expériences malheureuses faites en Angleterre;
cependant Davy a démontré que les accidents éprouvés
ne provenaient pas précisément de la magnésie, mais de
l'état caustique sous lequel elle avait été employée. Nous
avons donné à la page 189 les détails de ces différentes
expériences, et, pour éviter les répétitions, nous prions le
lecteur de vouloir bien s'y reporter.

Si donc l'analyse chimique indiquait dans un terrain la
présence de la magnésie en proportion notable, il ne faudrait pas s'appuyer sur ce fait pour déprécier la valeur
de ce terrain, puisque le Lizard, une des terres les plus
fertiles du Cornouailles, en renferme une quantité assez
forte.

Les marnes, employées comme amendement, ne doivent pas non plus être rejetées parce qu'elles seraient
magnésifères Il en est de même des chaux magnésiennes;
seulement l'emploi de ces dernières demande des précautions qui nous forcent d'entrer dans quelques détails.

La chaux employée comme amendement absorbe
promptement l'acide carbonique qui se trouve répandu
dans l'air ou contenu dans le sol; son avidité pour se saturer de cet acide est des plus puissantes. Sans cette propriété, la chaux, restant à l'état caustique, produirait sur
les racines des plantes, des effets désastreux, elle les brû-
lerait.

Les effets de la magnésie caustique sur les tissus végétaux vivants sont également pernicieux; en outre la magnésie a une moindre affinité que la chaux à s'unir à l'acide carbonique, d'où il suit que la chaux magnésienne ne doit être répandue sur le terrain que lorsqu'elle a pu se saturer d'acide carbonique, de manière à se trouver complètement réduite à l'état de sous-carbonate. Cette transformation est toujours longue, parce que la chaux, en raison de son affinité plus grande, ne laisse prendre d'acide carbonique à la magnésie que quand elle en a complété sa mesure.

Nous devons ici relever une méprise qui s'est glissée dans la *Maison rustique du* XIXᵉ *siècle*. Nous lisons dans le premier volume de cet excellent ouvrage, page 36, que lorsque la magnésie est simplement ramenée à l'état de sous-carbonate, elle devient un véritable poison pour une foule de végétaux. L'opinion de Davy, que l'on a voulu traduire, est que la magnésie caustique qui n'est pas entièrement passée à l'état de sous-carbonate est un véritable poison, ce qui est bien différent.

Nous nous sommes permis de signaler cette erreur, parce que cette opinion, émise dans un livre aussi justement estimé, pourrait avoir la fâcheuse conséquence de rendre inintelligibles les rapports de la magnésie avec l'agriculture.

Le sous-carbonate de magnésie n'est pas un poison pour les végétaux, puisque c'est toujours à cet état que cette base se trouve combinée avec l'acide carbonique, quand elle existe dans le sol unie à cet acide. La preuve de son innocuité, c'est que, outre la fertilité constatée des plaines du Lizard qui renferment la magnésie à l'état de sous-carbonate, il a été fait avec cette terre des essais de germination; or, ces expériences consignées quelques pages plus loin dans le même ouvrage ont prouvé que le froment levait en peu de jours dans la magnésie carbonatée, qui est le sous-carbonate de magnésie, que les pousses y venaient vite à une hauteur considérable, et que les plantes étaient d'une belle couleur verte et pleines de suc (1).

Il existe des moyens d'accélérer le moment où toute la magnésie caustique sera réduite à l'état de sous-carbonate; ils consistent à mélanger la chaux magnésienne avec des engrais, ou simplement avec de la tourbe, quand on a cette dernière matière à sa disposition. L'acide carbonique étant un des produits de la transformation des matières organiques, se trouve absorbé à mesure qu'il se produit, et de plus, l'action décomposante de la magnésie s'étant épuisée sur les fumiers avec lesquels elle est entrée dans un état complexe de combinaison, elle n'agira plus d'une manière malfaisante sur la vie végétale. Ces raisonnements sont appuyés par les expériences de Davy, que nous avons citées en partie page 190.

Du reste, nous pensons que la magnésie se trouve répandue dans les sols fertiles bien plus généralement qu'on ne le croit; et nous fondons notre opinion sur l'origine géologique d'un grand nombre de terrains qui ne sont autre chose que le détritus de roches magnésiennes. L'analyse des terrains, encore si peu en usage, pourrait seule nous éclairer sur ce point intéressant.

Pour preuve de la nécessité de la magnésie comme partie constituante du sol, et du besoin d'y reporter cette substance minérale quand le terrain n'en renferme que de très faibles quantités, nous donnons dans un double tableau les proportions de magnésie contenues dans les cendres de chaque récolte et celles qui sont soustraites d'année en année d'un hectare de terre par chacune d'elles (2).

(1) *Maison rustique du* xix *siècle* t. 1, p. 54.
(2) Boussingault, *ouvrage cité*. t. ii, pag. 327 et 329.

NATURE DES RÉCOLTES.	Quantité de magnésie par 100 de cendres.	Quantité de magnésie enlevée d'un hectare.
		kil.
Pommes de terre. . .	. . 5,4 . .	. . 6,7
Betteraves champêtres.	. . 4,4 . .	. . 8,8
Navets.	. . 4,3 . .	. . 2,3
Topinambours.. . .	. . 1,8 . .	. . 5,9
Grains de froment. .	. . 15,9 . .	. . 4,4
Paille de froment.. .	. . 5,0 . .	. . 9,8
Grains d'avoine. . .	. . 7,7 . .	. . 3,3
Paille d'avoine.. . .	. . 2,8 . .	. . 1,8
Trèfle.	. . 6,3 . .	. . 19,5
Pois..	. 11,9 . .	. . 3,7
Haricots.	. 11,5 . .	. . 6,4
Fèves.	. . 8,6 . .	. . 5,5
Foin de prairie. . .	. . 7,2 . .	. . »»

La magnésie s'introduit dans le système végétal de la même manière que la chaux, unie soit à l'acide humique soit à un excès d'acide carbonique, et aussi à l'état de phosphate de magnésie, qui est celui sous lequel elle existe dans les céréales.

L'utilité de la magnésie dans le sol une fois reconnue, on peut en constater facilement la présence sans avoir recours à une analyse complète. Voici le moyen que nous indiquons et qui servira en même temps à découvrir le phosphate de chaux dont nous ne tarderons pas à nous occuper; ce sera sous ce dernier rapport une anticipation, mais nous y trouvons l'avantage de faire servir à deux fins, et sans les compliquer, les opérations qui vont suivre.

On prendra de petites portions de terre dans différentes places du champ, on les mélangera exactement, on en composera environ 100 grammes que l'on desséchera sur le feu dans un vase de fonte ou de faïence, en remuant continuellement jusqu'à ce que la terre cesse de fumer.

On pèsera 25 grammes de cette terre ainsi desséchée; on versera dessus de l'acide chlorhydrique étendu de trois parties d'eau sur une d'acide, de manière à ce que la terre en soit complètement recouverte. Il se produira une effervescence, à moins que le terrain ne contienne ni magnésie ni calcaire ce qui est un cas assez rare. Si le mouvement une fois calmé ne se renouvelle pas par l'addition de quelques gouttes d'acide, on s'arrêtera là; dans le cas contraire, on ajoutera une nouvelle dose d'acide, et dans l'une ou l'autre supposition, on laissera agir le tout pendant vingt-quatre heures, en ayant le soin de remuer le mélange de temps à autre pour faciliter l'action, car la magnésie est lente à se dissoudre dans les acides.

Au bout des vingt-quatre heures, on étendra la matière d'un volume d'eau pure égal au sien; on filtrera dans un papier sans colle, et le liquide filtré sera évaporé doucement sur les cendres chaudes jusqu'à ce que le tout soit devenu solide.

On traitera ce résidu par de l'eau pure, qui en dissoudra la presque totalité. Si tout l'acide chlorhydrique resté libre a été bien exactement vaporisé par la chaleur, sans que la température se soit élevée jusqu'au rouge, la partie qui refusera de se dissoudre dans l'eau sera le *phosphate de chaux*.

On filtrera pour le séparer, et dans la liqueur limpide qui aura traversé le filtre on ajoutera graduellement une solution de bicarbonate de potasse, en agitant à chaque affusion. Au contact de ce réactif, le liquide se troublera, à moins que le terrain mis en expérience ne contienne pas de calcaire; on continuera d'ajouter ainsi peu à peu du bicarbonate de potasse jusqu'à ce que les dernières additions n'augmentent plus le trouble. On reconnaîtra qu'on est arrivé à ce point, lorsque le liquide étant éclairci par le repos, la partie limpide qui surnage ne se trouble plus par le bicarbonate de potasse.

On filtrera une troisième fois, et le liquide filtré sera mis sur le feu; arrivé au point de l'ébullition, il deviendra laiteux si la terre soumise à l'examen contient de la magnésie; et le trouble sera d'autant plus grand que la proportion de magnésie s'y trouve en quantité plus considérable. Afin de séparer toute la magnésie, l'ébullition devra être prolongée pendant quelque temps. Nous avons expliqué pages 232 et 233 la théorie de cette dernière partie de l'opération.

Jusqu'à présent on n'a pas cherché à amender par de la magnésie les terres qui sont dépourvues de ce principe. Il appartient à la chimie d'apporter encore cette amélioration à l'agriculture. L'inspection du tableau précédent fait voir combien les différentes récoltes, surtout celle du froment, réclament de magnésie; or, comme les plantes ne sont pas douées de la locomotion pour se procurer les matières nutritives dont elles ont besoin, elles ne sauraient prospérer, si elles ne trouvent pas autour d'elles les éléments favorables à leur développement. Peut-être que, dans certains cas, l'absence ou la présence de la magnésie suffirait pour expliquer la différence de fertilité de deux sols semblables en apparence, tandis que la cause de cette différence serait jusque là restée inconnue.

Cette sorte d'amendement pourrait se faire avec la marne ou la chaux magnésiennes, cette dernière employée avec les précautions que nous avons indiquées; et il arriverait que ces deux substances deviendraient une source de prospérité après avoir été regardées comme un véritable fléau,

VINGTIÈME LEÇON.

Suite de l'analyse des terrains et de l'étude des propriétés agronomiques
de chacun des matériaux qui le constituent. — De l'alumine envisagée
dans ses rapports avec l'agriculture; — avantages et inconvénients des
terrains argileux; — cuisson de l'argile; — de l'argile considérée comme
amendement des terres sableuses. — Des matières salines contenues
naturellement dans le sol considérées dans leurs rapports avec l'agriculture; — du sel ordinaire ou chlorure de sodium.

DE L'ALUMINE ENVISAGÉE DANS SES RAPPORTS AVEC L'AGRICULTURE.

L'alumine, que nous désignons souvent sous le nom
d'argile, parce qu'en effet c'est elle qui constitue l'argile
et lui donne sa plasticité, est la troisième terre qui, avec
la silice et la chaux, compose le sol arable. Nous avons
été à même de voir, en étudiant la silice et la chaux,
que les proportions de ces trois principes sont très variables, et que la fertilité des terrains dépend d'un certain équilibre que nous avons déjà à peu près fixé en nous
appuyant sur les auteurs les plus recommandables. Il
nous reste à voir quels sont les avantages et les inconvénients des terres où domine le principe alumineux ou
argileux, et quels sont les moyens, tout en profitant des
uns, de faire disparaître les autres.

Ainsi que pour la chaux, nous nous appuierons sur
l'autorité de Thaër, pour ce qui concerne l'influence favorable ou nuisible de l'alumine, désignée ordinairement
sous le nom d'argile (1).

L'argile augmente la fertilité par l'adhérence qu'elle
contracte avec l'eau; cette adhérence est telle que, même
pendant une longue sécheresse, l'argile conserve toujours

(1) Thaër, *Principes raisonnés d'Agriculture*. t. II. p. 207-209.

l'humidité indispensable à la nourriture des plantes, et que, quoiqu'elle paraisse absolument dépourvue d'eau, elle leur en communique pourtant ce qui leur est indispensable :

En conservant l'humus et les engrais qu'elle enveloppe et préserve d'une décomposition trop prompte;

Par l'appui solide qu'elle offre aux racines des plantes et même par la résistance qu'elle présente à leur trop grande extension, ce qui les oblige à pousser plusieurs touffes de racines chevelues, au moyen desquelles chaque plante cherche sa nourriture autour d'elle, et par conséquent l'enlève moins à ses voisines.

La propriété que possède l'argile d'être un mauvais conducteur du calorique profite aux plantes, puisque le sol argileux qui les supporte reçoit la chaleur d'une manière modérée et conserve une température plus égale, malgré les variations continuelles de chaud et de froid qui se font sentir dans l'atmosphère. Lorsque le terrain argileux n'est pas trop humide, les effets du passage subit d'une température à une autre, sont, par conséquent, moins nuisibles aux récoltes qui y croissent, qu'elles ne le sont dans les terrains sablonneux, ces derniers étant meilleurs conducteurs du calorique.

Elle fixe les deux principes de l'air atmosphérique, l'oxigène et l'azote, et les tient ainsi à la disposition des plantes, qui se les approprient suivant leurs besoins.

En revanche l'argile est nuisible quand elle domine :

Parce qu'en temps de pluie elle absorbe l'eau, avec laquelle elle forme une bouillie tenace, sans lui permettre de s'égoutter ni de s'évaporer ;

Parce qu'à une température sèche elle se durcit trop, qu'elle présente alors une trop grande résistance à la pénétration des racines, qu'elle se contracte et devient semblable à une masse de brique;

Parce que la gelée et la sécheresse, y font naître des crevasses, par lesquelles les racines sont déchirées, et que le contact trop immédiat de l'air atmosphérique auquel elles se trouvent exposées leur est nuisible;

Parce qu'elle n'élabore que lentement l'humus et les engrais. Cette propriété, qui est un avantage, ainsi que nous l'avons dit plus haut, pour les terres abondamment pourvues de ces matières, devient un véritable inconvénient pour celles qui en sont pauvres;

Parce qu'en temps humide son adhérence aux instruments, et sa dureté en temps sec, s'opposent à ce qu'on puisse la travailler convenablement.

Pour cultiver les terres argileuses avec bénéfice, il faut donc chercher les moyens d'en faire disparaître les inconvénients, tout en conservant les avantages qui leur sont propres. Ces moyens sont les amendements dont nous avons parlé. Le sable, ajouté dans les proportions que nous avons indiquées, fait disparaître cet excès de cohésion et de plasticité qui retient l'eau avec tant de ténacité, qui s'oppose trop puissamment à la pénétration des racines, qui produit des crevasses en temps de gelée ou de sécheresse, enfin qui rend le travail de ces terrains si difficile pendant un temps considérable de l'année. La marne et la chaux produisent des effets analogues, et, de plus, facilitent la transformation de l'humus et des engrais en matières propres à être absorbées par les plantes. Les fumiers longs sont encore avantageux pour s'opposer dans une certaine mesure à la cohésion de ces sortes de terrains; mais leur action, dans ce sens, ne peut remédier qu'à une faible partie du mal.

Cuisson de l'argile — Cependant il existe des positions où l'on ne peut profiter des avantages ni du sable, ni de la marne, ni de la chaux, parce que ces amendements n'existent pas dans la localité, ou que leur prix de revient est trop élevé. Pour ces circonstances, l'industrie a trouvé une autre ressource qui consiste à faire cuire une certaine quantité du terrain et à le répandre ensuite sur le sol.

L'argile, quand elle a supporté un certain degré de chaleur, n'a plus la propriété de se combiner avec l'eau pour former une pâte liée, elle se resserre, se durcit et conserve ce nouvel état de cohésion même en présence de l'eau. Nous citerons pour exemple les briques, qui, avant la cuisson, n'étaient autre chose qu'une argile très ductile, et qui, après avoir subi l'action du feu, sont devenues dures comme la pierre, et absolument inattaquables par l'eau.

La cuisson de l'argile pour les besoins de l'agriculture ne doit pas être poussée aussi loin que pour la brique, il suffit d'arriver au point où cette terre a perdu son affinité pour l'eau ; alors elle reste friable, et au lieu de prendre corps avec ce liquide, elle s'y délaie à la manière du sable. Répandue à cet état, elle divise le terrain comme le ferait la silice ou la marne, et y introduit plusieurs matières utiles qui en augmentent la fertilité.

La cuisson de l'argile peut se faire en ouvrant sur le terrain même une tranchée qu'on remplit de branchages, tontes de haies ou autres combustibles, et qu'on recouvre de plaques de terre disposées en voûte et placées de manière à laisser de faibles interstices pour le passage de la flamme. Ces plaques de terre ne doivent pas être trop mouillées ni avoir été préalablement desséchées à l'air. Dans le premier cas, elles rendraient inutile toute la partie du combustible employée à vaporiser l'eau dont elles sont imprégnées ; dans le second, les molécules de l'argile s'étant trop resserrées, la terre en cuisant prendrait la dureté de la brique et se diviserait mal. Il est néces-

saire que ces mottes étant cuites, aient une texture poreuse qui leur permette de se pulvériser aisément, et
c'est ce qui a lieu quand l'argile a été cuite avant d'avoir
été soumise à une dessiccation parfaite; il vaudrait mieux,
pour ce motif, l'employer trop mouillée que trop sèche,
puisque dans ce cas il n'y aurait d'autre inconvénient
que la perte d'un peu de chaleur.

On peut encore cuire l'argile en la stratifiant avec le
combustible; c'est à l'intelligence du cultivateur qu'il appartient de choisir le procédé le plus avantageux sous le
rapport de la dépense du combustible et de la main-d'œuvre. Dans tous les cas, il est indispensable que la chaleur
soit assez élevée pour que la terre ait absolument perdu
la propriété de faire pâte avec l'eau, ce dont on pourra
aisément s'assurer par un simple essai.

La proportion nécessaire de terre ainsi brûlée doit être
en rapport avec l'état plus ou moins argileux du sol; la
dose employée par le général Beatson est d'environ
30 mètres cubes à l'hectare, et il a calculé que la dépense
s'élevait environ à 15 fr. pour obtenir cette quantité.

Quelques praticiens éprouvent de la répugnance à mettre en usage ce procédé, par la raison que le feu, en cuisant la terre, détruit en même temps les matières végétales ou animales qui s'y trouvent enfouies. L'expérience
a prouvé que cet inconvénient est de peu d'importance,
en comparaison des avantages de perméabilité que l'on
obtient. D'ailleurs, ces matières végétales et animales
qui se détruisent étaient à peu près inertes, puisque l'argile en les enveloppant les préservait des influences nécessaires pour les convertir en humus; tandis que, par
leur transformation en matière charbonnée, ou même
par leur incinération, elles sont devenues propres à être
utilisées pour les récoltes.

Davy a analysé trois échantillons de terre ainsi brû-

lées. Dans le premier, il a trouvé, sur 200 parties,
9 parties de charbon et 3 parties de matières salines
provenant sans doute de l'incinération des substances organiques contenues dans le terrain.

Dans le second, il a trouvé, sur 200 parties, 12 parties
de charbon et 6 parties de matières salines.

Dans le troisième, il a trouvé, sur 200 parties, 16 parties de charbon et 4 parties de matières salines.

Le charbon obtenu par ces trois analyses se trouvait
dans un état de division extrême, qui pouvait lui permettre d'être attaqué par les agents extérieurs et d'être employé au bénéfice de la végétation; quant aux matières
salines, elles devaient contribuer puissamment à la fertilité du sol. Ainsi, outre l'amélioration physique, acquise
par une plus grande perméabilité, le sol avait encore
profité d'une somme assez considérable de matière minérale alimentaire immédiatement disponible, en échange
de substances organiques qui seraient restées indéfiniment dans le sol sans profit pour la végétation.

Un autre avantage qui doit résulter de la cuisson de
l'argile, mais que nous ne mentionnons qu'avec réserve,
comme n'étant encore qu'à l'état de théorie, c'est que
l'argile cuite et l'oxide de fer qui s'y trouve contenu
étant passé au moyen de la chaleur à l'état de peroxide,
ont acquis l'un et l'autre la propriété d'absorber et de
fixer l'ammoniaque qui se trouve répandu dans l'atmosphère (1); or, des expériences assez nombreuses s'accordent pour reconnaître à l'ammoniaque la vertu d'activer la
végétation. Cependant, comme l'argile, dans son état naturel, contient aussi de l'ammoniaque, ainsi que nous le
verrons dans un moment, on ne pourra établir l'avantage
de la cuisson sous ce dernier rapport, que quand l'analyse

(1) Liébig, *Traité de chimie organique, Introduction,* pag. cix.

chimique nous aura appris les quantités qui s'y trouvent renfermées dans l'une et l'autre circonstance.

De l'argile comme amendement des terres sableuses. — Nous avons déjà dit que les terrains sablonneux pouvaient être physiquement améliorés par l'addition de l'argile en nature; qu'ils acquéraient par ce moyen une consistance plus avantageuse à la production des céréales. Nous devons ajouter ici qu'ils reçoivent encore par cet amendement une quantité considérable d'ammoniaque, si les analyses de M. Krocker se confirment par d'autres expériences. D'après les travaux de ce chimiste, l'argile dans son état naturel en renfermerait jusqu'à 1,70 p. 1000, ce qui porterait, suivant les calculs du même savant, la quantité d'ammoniaque répandue sur un hectare de terrain argileux, en le supposant d'une profondeur de 25 centimètres, au total énorme de 10157 kilogrammes (1). Quoi qu'il en soit de ce dernier résultat, l'argile sera toujours avantageuse pour améliorer la consistance des terrains sableux toutes les fois que l'extraction ou le charroi n'en feront pas une dépense trop considérable.

L'alumine ne peut être considérée comme substance minérale alimentaire, puisque l'analyse chimique ne retrouve pas cette substance dans la cendre des végétaux; néanmoins Chaptal (2), en s'appuyant sur les expériences de Bergmann et surtout sur celles de Ruckert, émet une opinion contraire. D'après ces travaux, l'alumine aurait été trouvée dans les proportions suivantes :

Dans les cendres de froment. . . . 15 pour cent.
d'avoine. 6

_____

(1) Berzélius, *Rapport annuel sur les progrès de la chimie,* 8e année de l'édition française, pag. 161.
(2) Chaptal, *Chimie appliquée à l'agriculture, édition de* 1829, t. i, pag. 114.

Dans les cendres d'orge. 15
de seigle. 16
de pommes de terre. 30
de trèfle rouge. . . 30

Aujourd'hui il est évident que ces analyses manquent d'exactitude, puisque avec les moyens si délicats que possède la chimie, on ne retrouve pas d'alumine en quantité notable dans la cendre des végétaux. Des recherches précises dirigées vers ce but par M. Vogel de Munich, donnent encore une plus grande valeur à cette opinion (1). Déjà même cette substance ne figure plus dans les tableaux nombreux dressés par Th. de Saussure et reproduits par Chaptal à la fin de son premier volume.

Les recherches d'analyse nécessaires pour reconnaître les proportions d'argile contenues dans un terrain, se bornent à une opération toute mécanique; un simple lavage suffit. La terre, complètement desséchée au bain-marie, sera pesée, bouillie dans l'eau, agitée; et le liquide trouble, après avoir déposé pendant quelques secondes, sera décanté doucement sur un filtre de papier qui retiendra l'argile; quand elle sera suffisamment égouttée, on la desséchera au bain-marie pour en prendre le poids.

DES MATIÈRES SALINES CONTENUES NATURELLEMENT DANS LE SOL, CONSIDÉRÉES DANS LEURS RAPPORTS AVEC L'AGRICULTURE.

Les matières salines contenues dans les terrains seraient assez nombreuses, si on les énumérait rigoureusement, ainsi que cela se pratique dans l'analyse chimique des sources d'eaux potables ou minérales; mais, du moment où on ne les envisage que sous le rapport de leur utilité en agriculture, on peut négliger toutes celles qui ne sont

(1) *L'Institut.* xve *année*, no 729, pag. 400.

représentées que par des quantités insignifiantes, et alors leur nombre se trouve réduit de beaucoup; il ne reste plus que quelques chlorures, nitrates, sulfates, phosphates et carbonates que nous allons étudier successivement.

DU CHLORURE DE SODIUM, OU SEL COMMUN.

Est-il utile pour la fertilité des terres? Le chlorure de sodium ou sel marin est aujourd'hui l'objet d'une controverse que la chimie est appelée à éclairer. Les uns prétendent qu'il augmente la fertilité du sol, les autres assurent que son emploi dans cette circonstance est absolument sans effet. Ces deux opinions, quoique contradictoires, quoique appuyées l'une et l'autre sur des expériences qui paraissent positives, peuvent cependant se concilier au moyen des lumières de la chimie.

On peut considérer le chlore, un des éléments du sel marin, comme utile à la végétation, puisqu'on le rencontre constamment dans les cendres des végétaux; ce fait, acquis par l'analyse chimique, est en faveur des partisans du sel; néanmoins, nous devons dire que certaines plantes, entre autres le froment, n'en renferment que des traces (1).

Un autre fait également acquis par la chimie c'est qu'un grand nombre de terrains, particulièrement ceux d'origine sédimentaire, renferment le chlore, soit à l'état de sel marin, soit à celui de chlorure de calcium ou de magnésium, en quantité suffisante pour pourvoir aux besoins des récoltes. Si les praticiens qui nient l'efficacité du sel l'ont employé sur ces derniers terrains, il n'est pas étonnant qu'ils n'en aient obtenu aucun avantage; tandis que si les autres ont expérimenté sur un sol dépourvu de

(1) Boussingault, *L'économie rurale*, t. 1, tableaux des pages 327 et 329.

chlorure, comme sont ordinairement ceux qui appartiennent aux terrains primitifs, le résultat a dû être différent.

Il est donc essentiel, pour pouvoir s'entendre dans ces expériences, qui jusqu'à présent n'ont pu se concilier, de bien connaître par l'analyse chimique la proportion des chlorures que renferme le sol et même les sources qui l'avoisinent, car l'eau est aspirée par l'action capillaire à de grandes distances et à de grandes profondeurs; s'il n'est pas indispensable de consigner l'étage géologique du terrain, cette remarque cependant peut avoir son intérêt au point de vue scientifique.

C'est, nous le croyons, parce que l'on a négligé ces éléments indispensables dans la discution du sel, que les deux partis opposés n'ont pu parvenir à s'entendre. Les agriculteurs qui obtiennent des résultats avantageux par l'emploi du sel ne peuvent pas convenir qu'il est inutile, et ceux qui n'en obtiennent aucun bénéfice ne peuvent pas non plus le regarder comme efficace. La chimie les mettra d'accord en disant aux uns : vous avez raison, le sel est utile, et vous devez l'employer, puisque le terrain que vous cultivez n'en renferme pas; et aux autres : vous aussi, vous avez raison de ne pas employer le sel, puisque votre sol en renferme des quantités suffisantes pour vos récoltes.

Nous pourrions en rester là sur ce qui concerne l'emploi du sel envisagé au point de vue de la fertilisation des terres; mais comme cette question, si controversée, est d'un haut intérêt, nous ne pouvons résister au désir de mettre nos lecteurs au courant des principales expériences, sur lesquelles s'appuient les deux opinions contraires. Ils pourront au moins juger par eux-mêmes.

Nous aurions pu nous borner à reproduire par extrait les savants rapports de M. Gay-Lussac sur la question du sel; mais ces pièces, composées dans un but plutôt financier qu'agricole, pourraient faire naître dans quelques esprits des soupçons de partialité. C'est pour cela que nous avons préféré remonter aux sources, afin d'établir l'origine de l'introduction du sel dans la culture, et les faits sur lesquels cet usage peut s'appuyer; nous rapporterons ensuite les nombreuses expériences dont les résultats ont été absolument négatifs.

Les premiers essais que nous trouvons consignés dans les ouvrages d'agriculture ont été faits par M. Guey de Marseille (1), au commencement de notre siècle. Ce cultivateur eut la pensée d'employer comme amendement le sel commun. Ses premières tentatives ne furent pas heureuses, car le sol qui lui avait servi d'expérience fut frappé de stérilité pendant trois années; cependant il produisit ensuite des récoltes supérieures. M. Guey conclut de cette dernière circonstance que l'emploi du sel était avantageux; mais que cet amendement avait besoin, avant d'être mis en œuvre, de contracter avec la terre un certain état de combinaison. Peut-être eût-il été aussi rationnel d'attribuer cet excès de fertilité du sol à un repos complet prolongé pendant trois années. Quoi qu'il en soit, l'auteur fit passer dans la pratique les conséquences qu'il avait tirées de ses essais.

Il enleva des terres, les sala, les abandonna aux influences atmosphériques en prenant le soin de remuer ces mélanges de temps à autre; au bout d'un an ce compost fut répandu avec la semence, et produisit des effets si avantageux, que l'inventeur de cette découverte prétendit qu'avec son engrais on pourrait désormais se passer de fumier. Ces expériences furent continuées sur différents points avec le même succès; l'académie de Marseille elle-même se prononça favorablement après avoir ob-

(1) *Annales de l'agriculture française*, t. XXXIII.

tenu, par ses propres expériences, des résultats avantageux.

Malgré tout le profit que l'agriculture devait retirer de
ce nouvel engrais, son usage ne s'est pas continué assez
long-temps pour arriver jusqu'à nous; le temps, qui est un
juge sévère, l'a condamné à l'oubli depuis bien des
années. Est-ce à dire que l'académie de Marseille et que
tous les agriculteurs qui ont fait usage de cet engrais salé,
se soient trompés dans leur appréciation? qu'ils ont cru
voir une récolte abondante tandis qu'elle n'était qu'ordinaire? A Dieu ne plaise que nous nous arrêtions à une
semblable idée; nous préférons de beaucoup soupçonner l'auteur de cette découverte, qui s'était réservé le
monopole de la fabrication et de la vente de son engrais,
de n'en pas avoir révélé toute la composition.

H. Davy (1), Pfluguer (2), Boscq (3), Chaptal (4), John
Sainclair (5), regardent le sel comme un amendement
avantageux; néanmoins aucun de ces auteurs ne cite
d'expériences positives capables d'appuyer cette opinion;
ou bien dans ces expériences le sel n'intervient que
comme auxiliaire, associé avec des matières végétales ou
animales capables d'expliquer à elles seules la bonification des récoltes.

Les expériences de M. Lecoq de Clermont sont plus
concluantes; mais elles auraient encore une plus grande
valeur si elles avaient été précédées de l'analyse du sol, et
si l'auteur les avait répétées avec le même avantage
pendant un certain nombre d'années sur le même terrain; c'est pour cela que les amis de l'agriculture ne

(1) *Chimie agricole.*
(2) *Maison des champs.*
(3) *Dictionnaire d'agriculture.*
(4) *Chimie appliquée à l'agriculture.*
(5) *Agriculture pratique et raisonnée.*

sauraient trop engager ce savant à poursuivre, sur ce sujet, les recherches qui lui ont mérité les encouragements honorables de l'académie du Gard.

M. Lecoq (1) sépara, dans un champ d'orge, fumé l'année précédente, huit ares qu'il destina à ses expériences; il divisa cette surface en huit parties; deux de ces lots ne reçurent pas de sel; sur les six autres il en mit les doses progressives indiquées ci-dessous :

Numéro du lot.	Dose du sel.	Produit en grain.
1	rien. . . .	14000 grammes.
2	rien. . . .	15500
3	750 grammes.	15000
4	1500 . . .	14750
5	2500 . . .	16500
6	3000 . . .	20500
7	4500 . . .	17500
8	6000 . . .	14000

Dans une autre expérience, le froment donna des résultats analogues sur un sol un peu maigre, léger et élevé; là dose la plus convenable fut entre 2 kil. 500 et 3 kil. par are de terre; ce qui est un peu moins que pour l'orge, puisqu'il résulte de l'inspection du tableau ci-dessus, que la dose de 3 kilogrammes est celle qui dans ce cas a été la plus productive.

Enfin huit lots de luzerne d'un are chacun ont fourni les résultats suivants :

Numéro du lot.	Dose du sel.	Luzerne sèche.
1	rien. . . .	42500 grammes.
2	rien. . . .	42500
3	750 grammes.	43500
4	1500 . . .	65500
5	2500 . . .	51000
6	3000 . . .	37500
7	4500 . . .	31000
8	6000 . . .	24000

(1) *Maison rustique du* XIXᵉ *siècle.* t. 1, p. 78-79.

Le sel employé à la culture du lin et des pommes de terre a encore donné à M. Lecoq des produits plus considérables que les mêmes récoltes obtenues sans sel; mais il est à remarquer que dans tous les cas où cet amendement a été employé, il a produit peu d'effet sur les sols humides quand il n'a pas été répandu à très forte dose.

Nous nous abstiendrons dans ce moment d'entrer en discussion sur ces expériences intéressantes, parce que nous aurons occasion de reproduire dans un moment les observations de M. de Dombasle sur le même sujet. Néanmoins nous ferons remarquer que dans la culture de l'orge, il existe entre le produit du n° 1 et celui du n° 2 un avantage de 1 kil. 500 en faveur du dernier, quoique ni l'un ni l'autre n'ait reçu de sel. Il peut donc y avoir entre les récoltes de deux ares de terrain contigu des différences naturelles assez considérables pour avertir l'expérimentateur de s'environner de toutes les précautions possibles, afin de ne pas attribuer au sel une abondance qui serait due à des circonstances étrangères et non suffisamment appréciées.

Dans la culture de la luzerne, les produits décroissent proportionnellement au-dessous du n° 4, et témoignent que le maximum de la dose du sel qu'il est utile de ne pas dépasser, est de 2 kil. 500 par are, qu'au-delà il serait plutôt nuisible qu'avantageux; enfin que la quantité qui a produit la végétation la plus active a été reconnue égale à 1 kil. 500.

VINGT-UNIÈME LEÇON.

Suite de l'analyse des terrains, et de l'étude des propriétés agronomiques
de chacun des matériaux qui les constituent. — Du chlorure de sodium
ou sel ordinaire (suite); — Expériences de M. Becquerel, — de MM. Dubreuil, Fauchet et Girardin. — Opinion de M. de Dombasle, de M. Braconnot, de M. Puvis, de M. Daurier. — Action du sel sur l'alimentation
animale; — Expériences de MM. de Dombasle, Daurier, Boussingault.
— Des chlorures de calcium et de magnésium. — Procédé pour reconnaître la présence des chlorures.

C'est avec un vif intérêt que les agronomes ont vu
M. Becquerel tenter des expériences pour jeter quelque
lumière sur l'utilité de l'emploi du sel en agriculture. Ce
savant physicien, engagé dans ses recherches par des
observations antérieures sur les salines de l'Est et les
contrées environnantes, divise ainsi la question (1) :
Quelle est l'action du sel pendant la germination? Depuis
la germination jusqu'à la floraison? Depuis la floraison
jusqu'à la maturité du fruit? Depuis la maturité du fruit
jusqu'à la mort de la plante ?

Les expériences de M. Becquerel sur la première partie de la végétation lui ont prouvé que le sel s'oppose
complètement à la germination du froment et de la vesce,
qu'elle retarde et détruit même celle du ray-grass et de
la moutarde blanche, ainsi que d'un grand nombre d'autres semences; enfin, que les plantes qui ont pu germer
sous l'influence du sel sont restées chétives tout le reste
de leur existence.

Pendant la seconde phase de la végétation, depuis l'é-

(1) *Comptes-rendus hebdomadaires des séances de l'Académie des
Sciences*, 1847, t. xxv, p. 513.

poque de la germination jusqu'à la floraison, le sel a produit entre les mains de M. Becquerel des effets bien différents. Les plantes soumises au régime du sel, après avoir parfaitement accompli leur germination hors de son influence, ont acquis plus de force et de vigueur que celles qui sont venues naturellement. Quelques-uns de ces végétaux s'étaient assimilé une quantité de sel qui s'est élevée jusqu'à 8 pour 100 du poids total de la plante sèche.

Le reste du travail de M. Becquerel sur les autres époques de la vie végétale se trouve encore en voie d'expérience; nous verrons paraître cette continuation avec le plus grand intérêt, mais nous prévoyons déjà qu'une plante ainsi gorgée de sel aura de la peine à accomplir sa fécondation et à amener à bien les fruits qui en seront le produit.

Quel que soit le dernier résultat des expériences de M. Becquerel, il résulte de la partie actuellement publiée, que la présence du sel marin empêche, retarde et modifie en mal la germination des plantes, d'où il suit que les cultivateurs qui voudraient faire usage de cet amendement ne devraient le répandre que quand toutes leurs semences seraient parfaitement levées. M. Braconnot de Nancy avait déjà obtenu des résultats analogues en expérimentant sur le colza et le pois de senteur (1). Cet habile chimiste avait remarqué en outre que les plantes, en se développant sous l'influence du sel, retirent moins d'eau du terrain; d'où il doit suivre nécessairement qu'elles reçoivent une moindre quantité de la partie soluble des engrais qui s'y trouvent déposés.

Enfin MM. Dubreuil, Fauchet et Girardin, de Rouen, ont fait dernièrement, ensemble, des expériences savam-

(1) Braconnot, *Annales de chimie et physique*, 3ᵉ série, t. XIII, p. 115.

ment dirigées et ont obtenu les résultats avantageux
que nous allons indiquer (1). Le terrain qu'ils ont
choisi était de nature argilo-calcaire et ne fournissait à
l'analyse que des traces de chlorures. Vingt-huit ares de ce
terrain ont été ensemencés en blé russe, sur trèfle, avec
demi-fumure, et séparés en trois lots.

Le premier lot, divisé en 10 parcelles, reçut, le 10 mars
1846, du sel en nature dans les proportions suivantes :

Les parcelles n° 1.	. .	1 kil.
n° 3.	. .	2 kil.
n° 5.	. .	3 kil.
n° 7.	. .	4 kil.
n° 9.	. .	5 kil.

Les numéros 2, 4, 6, 8, 10, ne furent pas salés. Pendant près de deux mois, on ne remarqua aucune différence dans la végétation de toutes les parcelles. A partir
de ce moment, les lots ayant reçu le sel prirent une plus
belle apparence, et lorsque les blés furent arrivés à
une hauteur moyenne, tous ceux qui avaient été salés of-
frirent une végétation plus vigoureuse, les feuilles étaient
plus colorées, plus grandes, les épis plus garnis. Les portions qui avaient reçu 3 et 4 kilogrammes de sel parais-
saient les meilleures. A l'approche de la maturité les parcelles salées versèrent, et, malgré cet accident, les produits
obtenus furent supérieurs en quantité à ceux que donnèrent les parties non salées.

Le second lot, divisé également en 10 parcelles, reçut,
le 27 avril 1846, du sel en nature dans les proportions
suivantes :

---

(1) *Comptes-rendus hebdomadaires des séances de l'Académie des
Sciences*, 1848, t. XXVI, pag. 308.

Les parcelles n⁰ 1 . . . 1 kil.
          n⁰ 3 . . . 2 kil.
          n⁰ 5 . . . 3 kil.
          n⁰ 7 . . . 4 kil.
          n⁰ 9 . . . 5 kil.

Les numéros 2, 4, 6, 8, 10 ne furent pas salés. Cette seconde experience, plus tardive, se comporta à peu près de la même manière que la précédente, cependant les différences apparentes entre les parcelles salées et non salées étaient moins sensibles et le blé ne versa pas. L'avantage fut encore au produit des récoltes salées; mais dans une moindre proportion.

Le troisième lot, composé seulement de 8 parcelles, reçut, le 27 avril 1846, les proportions suivantes de sel, après que chacune de ces doses eût été dissoute dans 100 litres d'eau :

Les parcelles n⁰ 3 . . . 1 kil.
          n⁰ 4 . . . 2 kil.
          n⁰ 5 . . . 3 kil.
          n⁰ 6 . . . 4 kil.
          n⁰ 7 . . . 5 kil.

Cette expérience a fourni, relativement au rapport, des résultats analogues à ceux du second lot; le blé n'avait point versé. Les parcelles n⁰ˢ 2 et 8 avaient reçu d'autres amendements dont nous n'avons pas à nous occuper.

Après la récolte de ces différentes cultures, l'estimation du produit a donné lieu aux observations suivantes:

1°. L'emploi du sel dans les proportions de 2 à 5 kilogrammes par are a augmenté le produit de la récolte.

2°. La dose la plus productive de sel répandu à l'état solide a été de 4 kilogrammes par are.

3°. Employée en solution, sous forme d'arrosement, au printemps, la dose la plus avantageuse a été de 5 kilogrammes.

4°. A l'état solide, la dose la plus favorable à la production de la paille a été de 4 à 5 kilogrammes par are.

5°. Sous le même état, la dose la plus favorable à la production du grain a été de 3 à 4 kilogrammes par are.

6°. En dépassant la dose de 4 kilogrammes on a développé proportionnellement plus de paille que de grain, et l'on a déterminé le versement du blé.

Nous regrettons de n'avoir pu prendre connaissance du mémoire de MM. Dubreuil, Fauchet et Girardin que dans les *Comptes-rendus* de l'Académie des Sciences. L'extrait que renferme ce recueil ne nous a pas permis de juger par des chiffres l'augmentation en poids des récoltes obtenues. Nous aurions vu aussi avec intérêt l'estimation à la balance des récoltes fournies par les terrains qui avaient reçu le sel le 10 mars comparativement à celles produites par les terrains sur lesquels on ne l'avait répandu que le 27 avril. Quoi qu'il en soit, ce travail, le plus récent et un des plus importants qui aient été publiés sur cette matière, va nous procurer l'occasion de placer ici quelques observations.

La première porte sur la quantité de sel qui a été trouvée la plus avantageuse. D'après les expériences de M. Lecoq, que nous avons rapportées antérieurement, la dose la plus convenable pour le froment avait été estimée entre 2 kilogrammes 500 grammes et 3 kilogrammes par are; tandis que les essais de MM. Dubreuil, Fauchet et Girardin la portent entre 3 et 4 kilogrammes pour le plus fort rendement de grain, et entre 4 et 5 kilogrammes pour la plus grande production de paille. C'est en face de ces différences dans les résultats qu'on sent toute l'importance des omissions dans ces sortes de recherches. Si, par exemple, M. Lecoq eût donné l'analyse chimique des terrains sur lesquels il a expérimenté, on eût probablement trouvé, dans les proportions de chlorures qui y sont contenues, la raison qui empêche les observations faites à Clermont de concorder avec celles de Rouen.

Une autre remarque qui nous semble mériter attention, c'est la nécessité d'analyser les récoltes obtenues par le moyen du sel, afin de s'assurer si l'augmentation des produits consiste en un surplus de matière végétale nutritive, ou bien si cet excédant se trouve simplement représenté par la quantité de sel qui a été absorbée. Les expériences de M. Becquerel, qui ont constaté dans les plantes soumises à ce régime la présence de 8 pour 100 de sel après leur dessiccation, semblent indiquer que les choses doivent quelquefois se passer ainsi. Si ce fait se généralisait, la bonification des récoltes par le moyen du sel, quand elle a lieu, ne serait qu'apparente; et mieux vaudrait saler les plantes et leurs produits après les récoltes que répandre le sel sur la terre, s'il ne devait avoir pour résultat que d'être absorbé en nature par l'acte de la végétation.

Il existe encore une cause d'erreur qui découle de la précédente, la voici :

Les chlorures ont la propriété de retenir avec force une certaine quantité d'eau; or, en admettant leur introduction dans les plantes, celles-ci conserveraient après leur dessiccation à l'air libre une proportion d'humidité excédente qui se trouverait à la balance, et qui serait comptée pour un surcroît de récolte.

Après avoir signalé les expériences qui paraissent favorables à l'emploi du sel, nous devons leur opposer celles qui ont été infructueuses. Nous commencerons par la publication d'une lettre que M. de Dombasle écrivit à M. Lecoq à l'occasion de ses curieuses expériences.

Peut-être quelques lecteurs trouveront cette pièce un peu longue; mais les conseils donnés par le savant agronome nous ont paru si utiles dans la question, que nous n'avons pas cru pouvoir en retrancher la moindre partie :

« Je vous remercie infiniment de la bonté que vous « avez eue de m'adresser votre mémoire sur l'emploi du « sel comme amendement des terres. Je l'ai lu avec un vif « intérêt. Les parties scientifiques et théoriques y sont « traitées avec un talent qui justifie la distinction qui vous « a été décernée par l'Académie du Gard; mais c'était la « partie expérimentale qui devait attirer toute mon at- « tention, parce que je me suis moi-même occupé, à di- « verses reprises, d'expériences du même genre. A cet « égard, je vous prie, Monsieur, de me permettre de vous « faire part, avec une entière franchise, de l'impression « que votre expérimentation a laissée dans mon esprit. Je « vous dirai d'abord que dans toutes les expériences que « j'ai faites sur une multitude de récoltes et dans des ter- « rains de natures très variées (1), en employant le sel « commun à différentes doses, le résultat, comme amen- « dement, a toujours été complètement négatif. Depuis « l'automne dernier, d'après un extrait de votre travail « que j'avais lu dans un recueil, j'ai encore exécuté une « trentaine d'expériences avec les doses que vous indi- « quez, c'est-à-dire de 150 à 300 kilogrammes par hec- « tare, en variant l'époque de leur application, mais en « répandant toujours le sel en poudre sur la récolte

---

(1) Il est infiniment regrettable que M. de Dombasle n'ait pas jugé à propos d'analyser ces terrains, pour s'assurer des proportions de chlorures qui s'y trouvent renfermées. Ces expériences faites par un savant doué de tant de précision, auraient considérablement avancé la question; tandis que, dans leur état incomplet, elles ne peuvent avoir d'autre valeur que celle qui s'attache à des essais négatifs.

« en végétation : toujours nullité complète d'effets appré-
« ciables.

« Maintenant, Monsieur, je ne veux certes pas conclure
« de là que le sel ne peut activer la végétation dans au-
« cune circonstance, et que vous n'avez pas réellement
« observé des effets de cette espèce; mais, habitué que je
« suis depuis fort long-temps à des expériences de cette
« nature sur diverses espèces d'engrais, je connais les
« sources d'erreur qui peuvent en imposer à l'observa-
« teur, lorsque les observations ne sont pas suffisamment
« multipliées; et j'ai cru devoir vous en entretenir prin-
« cipalement dans le but de vous engager à vous livrer à
« de nouvelles expériences, afin de déterminer d'une ma-
« nière irrécusable l'action que le sel peut exercer dans
« les sols sur lesquels vous expérimentez. L'expérience
« m'a démontré que l'on obtient des résultats bien plus
« appréciables dans ces recherches en les faisant sur une
« très petite échelle, par exemple sur un carré de deux
« mètres de côté. L'œil pouvant alors embrasser à la fois
« toutes les limites de cette étendue, la plus légère diffé-
« rence dans la couleur et dans la vigueur des plantes ap-
« paraît sans pouvoir donner lieu à la moindre hésita-
« tion; et lorsqu'on en a quelque habitude, on compare
« très facilement cet effet à celui que l'on sait être le pro-
« duit d'une fumure ordinaire dans les mêmes circons-
« tances. On peut aussi multiplier facilement ces petites
« expériences en les disséminant sur diverses parties
« d'une pièce de terre; enfin, on peut choisir, pour les
« faire, l'intérieur de la pièce, circonstance fort impor-
« tante, car il arrive très souvent que les lisières présen-
« tent quelques causes de différence dans la végétation.
« Lorsqu'au contraire on étend l'expérience sur une partie
« un peu considérable d'un sillon, on peut facilement se
« laisser induire en erreur; car si l'on divise en plusieurs

« parties un sillon dont toute la longueur a été traitée
« exactement de même, il n'arrivera presque jamais que
« toutes les parties présentent la même apparence, et,
« bien souvent, si l'on voulait faire à part la récolte de
« ces diverses parties, on trouverait dans les produits des
« différences énormes dont le cultivateur le plus expé-
« rimenté se trouverait fort embarrassé d'assigner la
« cause, et que l'expérimentateur pourra être disposé à
« attribuer à la circonstance qui fait l'objet de sa recher-
« che.

« Vous voyez donc, Monsieur, que j'ai quelques dou-
« tes sur la question de savoir si vos expériences ont été
« assez multipliées pour résoudre complètement le pro-
« blême. Pardonnez à un vieux cultivateur s'il vous
« dit qu'il sait par expérience combien il est facile de se
« laisser séduire par des illusions produites par des diffé-
« rences accidentelles de nature du sol, surtout dans des
« expériences où l'on s'attend d'avance à observer tel ré-
« sultat. C'est après avoir été moi-même cent fois la dupe
« d'une telle déception que je me crois en droit de le si-
« gnaler à d'autres; et il est bien plus facile encore de s'y
« laisser entraîner, lorsqu'on expérimente sur des terres
« que l'on ne cultive pas soi-même habituellement; car
« un cultivateur possède du moins quelques notions to-
« pographiques de ses champs, relativement aux différen-
« ces de fertilité qu'ils peuvent offrir dans leurs différen-
« tes parties.

« Si vous aviez fait, Monsieur, soit l'année dernière,
« soit celle-ci, de nouvelles expériences qui vinssent ap-
« puyer ou infirmer les résultats que vous avez annon-
« cés, je crois que vous feriez une chose très utile en les
« publiant, car je suis convaincu que, dans tout ceci,
« vous recherchez la vérité de bonne foi; et si vous ne
« l'avez pas fait, je vous engage vivement à vous livrer à

« de nouvelles expériences de ce genre, soit par vous-
« même, soit par l'intermédiaire de quelque propriétaire
« ou cultivateur de votre pays, dont vous dirigeriez les
« opérations et les recherches. J'espère bien aussi que vo-
« tre publication aura donné l'éveil, et qu'on se livrera à
« des expériences du même genre sur plusieurs points.
« Il est bien certain, en effet, que les faits que vous avez
« publiés sont les premiers qui soient de nature à faire
« croire réellement à une action du sel commun employé
« comme amendement. Dans tous les faits cités aupara-
« vant par beaucoup d'auteurs, le sel était mêlé à d'au-
« tres substances qui devaient naturellement exercer une
« action que l'on n'a pas cherché à isoler de celle que
« l'on supposait produite par le sel; mais si cette dernière
« substance agit seule, comme vous le pensez, ce qui,
« comme vérité de fait et d'observation, serait une chose
« entièrement neuve en agriculture, rien ne serait plus
« important que de déterminer dans quelles circonstances
« peut se développer cette action (1). »

Ainsi nous trouvons dans cette lettre non seulement
l'opinion que M. de Dombasle s'était faite, à l'aide d'expériences nombreuses, sur l'usage du sel comme amendement des terres ; mais encore des conseils que sa longue
pratique lui a permis de donner, et qui seront de la plus
grande utilité aux personnes qui voudront se livrer à ce
genre d'expérimentation.

M. Braconnot de Nancy, par des essais faits en petit,
avait été conduit à considérer l'usage du sel comme inutile à l'agriculture.

M. Puvis (2), dans l'intention de répéter les expériences

(1) Daurier, *Expériences sur le sel ordinaire employé pour l'amendement des terres et l'engraissement des animaux*, Nancy, in-4, 1847,
pag. 113.

(2) Puvis, *Maison rustique du* XIXᵉ *siècle*, t. I, pag. 80.

de M. Lecoq, sema au printemps, sur différentes récoltes, les doses de sel qui avaient été trouvées les plus productives par le savant professeur de Clermont. Il employa deux qualités de sel ; le sel ordinaire du commerce et le sel de morue, ce dernier devant être d'un usage plus économique, et aussi d'un effet plus énergique, en raison des matières animales dont il se trouve imprégné. L'un et l'autre, répandus séparément sur quatre portions de pré, différentes quant à la position et à la nature du sol, ne produisirent aucun effet sensible. Il en fut de même sur des portions de champ de froment en sol de gravier, en sol argilo-siliceux et en sol calcaire. Les pommes de terre et le maïs n'en reçurent pas une influence plus avantageuse. Il n'y eut que les vesces d'hiver dont la végétation sembla un peu plus excitée.

M. le baron Daurier (1) a exposé, dans une brochure pleine d'intérêt, le résultat d'expériences nombreuses dirigées par lui à la ferme de Varincourt. Il en résulte que les cultures salées, de froment, d'orge, d'avoine, de sarrazin, de trèfle, de luzerne, de prés naturels ne lui ont procuré aucun avantage appréciable sur celles de même nature qui n'avaient pas reçu de sel. Toutes les fois même que le sel a été répandu en quantité un peu forte, il y a eu souffrance dans la végétation. Du reste, cette dernière remarque a été faite par tous ceux qui se sont occupés de ce genre de recherches.

Si toutes les expériences que nous venons d'indiquer avaient été précédées de l'analyse chimique du terrain ou même de l'eau des puits et des sources environnantes, puisque c'est dans ces réservoirs que s'écoulent les eaux de lavage des terrains, nous aurions déjà, pour éclairer la question du sel, une somme de faits assez considérable;

_____

(1) Daurier, *Expériences sur le sel*, etc.

tandis que nous en sommes encore à peu près réduits sous ce rapport, à des théories qui paraissent satisfaisantes, mais qui pourtant ont besoin d'être appuyées sur des preuves moins contestables.

Nous pourrions joindre à tous ces résultats négatifs des remarques qui nous sont personnelles; mais la végétation du froment sur lequel nous avons opéré n'est pas encore assez avancée pour nous permettre de nous prononcer d'une manière définitive. Cependant, nous pouvons dire qu'aujourd'hui, 29 juin (1), il ne se trouve aucune différence appréciable à l'œil entre le lot salé et le reste du champ. Le terrain que nous avons mis en expérience appartient à l'étage crétacé; les puits du voisinage renferment des proportions de chlorures assez considérables.

Voici, du reste, dans quelles circonstances nous avons agi : Le sol avait reçu une fumure ordinaire. Le terrain est cultivé en planches, et la portion salée, de la contenance d'environ un are, a été prise au milieu d'une pièce de terre. Le sel que nous avons employé avait servi à la conservation de matières animales alimentaires. La dose a été celle indiquée par M. Lecoq, comme ayant produit les résultats les plus avantageux. Il a été répandu, dissous dans l'eau, sur le blé au commencement du mois de mars, après un hersage donné sur tout le champ.

Nous terminons en donnant, d'après M. Boussingault (2), la proportion de chlore contenue dans chacune des récoltes ci-après, et la quantité qu'elles enlèvent à un hectare de terrain.

---

(1) La récolte ayant été faite depuis, le produit des portions salées ne s'est trouvé ni supérieur ni inférieur à celui recueilli sur une même surface de terrain non salé.

(2) Boussingault, *Économie rurale*, t. II, pag. 327 et 329.

NATURE DES RÉCOLTES.	Quantité de chlore par 100 de cendres.	Quantité de chlore enlevé d'un hectare.
		kil.
Pommes de terre. . .	. . 2,7 . .	. . 3,3
Betteraves champêtres.	. . 5,2 . .	. . 10,4
Navets.	. . 2,9 . .	. . 1,6
Topinambours.. . .	. . 1,6 . .	. . 5,3
Grains de froment. .	. . trace . .	. 0,0
Paille de froment. .	. . 0,6 . .	. . 1,2
Grains d'avoine. . .	. . 0,5 . .	. . 0,2
Paille d'avoine.. . .	. . 4,7 . .	. . 3,1
Trèfle.	. . 2,6 . .	. . 8,4
Pois..	. . 1,1 . .	. . 0,3
Haricots.	. . 0,1 . .	. . 0,1
Fèves.	. . 0,7 . .	. . 0,5

D'après ce qui précède, les observations qui ont rapport à la question du sel peuvent se résumer dans les propositions suivantes :

1°. Les chlorures, et par conséquent le sel marin, sont utiles à la végétation, puisque l'analyse chimique retrouve constamment le chlore dans les cendres des végétaux.

2°. Le plus ordinairement les terres arables contiennent naturellement des chlorures, mais dans des proportions bien différentes; les unes seulement des traces, les autres des quantités plus considérables.

3°. Le succès obtenu par quelques expérimentateurs peut s'expliquer en supposant que le terrain sur lequel ils ont opéré ne renfermait pas les proportions de chlorures nécessaires aux besoins de leurs récoltes.

4°. Cette proposition acceptée, les résultats négatifs s'expliqueront naturellement par la raison contraire.

5°. Il existe dans ces sortes d'expériences plusieurs causes d'erreur contre lesquelles il convient de se mettre en garde. D'abord toutes les parties d'un champ, quoique cultivées de la même manière, n'ont pas un rendement uniforme, ainsi que l'observe très judicieusement M. de Dombasle; ensuite, quand les plantes sont gorgées de sel dans les proportions indiquées par M. Becquerel, le sur-croît de récolte indiqué par l'augmentation de poids ne peut pas être compté tout entier comme production vé-gétale; enfin l'humidité retenue par cette dose de sel viendra encore s'ajouter dans la pesée, au bénéfice ap-parent, tandis qu'en réalité elle ne représente que de l'eau.

ACTION DU SEL DANS L'ALIMENTATION ANIMALE.

Il est une autre question qui se rapporte à l'usage du sel en agriculture, c'est celle qui concerne l'alimenta-tion des animaux. L'espace nous manque pour entrer dans les détails; c'est pourquoi nous nous bornerons à indiquer sommairement les résultats non contestables obtenus par les expérimentateurs les plus habiles.

Le sel est utile aux animaux qui y ont été accoutumés dans leur jeunesse, dans ce sens qu'ils ne pourraient pas, sans souffrance, en être sevrés brusquement.

Il est encore avantageux, ainsi que l'a observé M. de Morogues (1), quand on veut introduire dans le régime des animaux des matières alimentaires auxquelles ils ne sont pas habitués.

Mais il résulte des expériences de MM. de Dombasle (2) et Daurier (3) qu'il est absolument sans effet pour en-graisser les moutons.

Des recherches entreprises par M. Boussingault sur la race bovine et continuées pendant très long-temps ont

(1) *Cours complet d'agriculture.*
(2) *Annales de Roville, septième livraison,* p. 157.
(3) Daurier, *Expériences sur le sel,* etc.

22

prouvé que l'usage du sel dans l'alimentation ne produit sur les taureaux aucune augmentation de poids, soit à l'état de jeune âge, soit à l'état d'adulte (1). Néanmoins, parmi ces derniers, ceux qui avaient été soumis au régime du sel avaient plus de vivacité, leur poil était plus luisant et plus lisse; ils se seraient vendus plus avantageusement sur un marché.

Le même expérimentateur a remarqué que le sel, ajouté à la dose de 60 grammes par jour à la ration des vaches, était sans résultat sur la production du lait quoique l'expérience ait été prolongée pendant 27 jours (2).

Les partisans de l'usage du sel citent encore à l'appui de leur opinion, la supériorité qu'acquiert la viande des animaux qui paissent dans les herbages des côtes maritimes, mais ils ont oublié de nous donner la flore de ces prairies. Or, il est présumable que les espèces végétales qui en font la base ont plus de part que le sel dans cette amélioration; c'est du moins l'avis d'agronomes dont l'opinion est pour nous d'une grande valeur.

Des chlorures de calcium et de magnésium.—Nous avons peu de chose à dire sur ces deux sels, si ce n'est qu'ils se trouvent fréquemment dans les terrains et dans les eaux souterraines qui entretiennent la fraîcheur du sol. Ils doivent donc fournir leur contingent de chlore aux besoins de la végétation.

Quelques essais ont été faits pour introduire le chlorure de calcium comme amendement des terres; mais malgré les succès apparents qui ont été obtenus, nous doutons encore de son avantage. Nous craignons que le désir très louable de trouver un emploi utile à un ré-

---

(1) *Annales de chimie et physique, troisième série*, t. XIX, p. 117; t. XX, p. 113; t. XXII, p. 116.

(2) *Annales de chimie et physique, troisième série*, t. XXII, p. 505.

sidu de fabrique très abondant et jusque-là sans usage, n'ait rendu moins sévère dans l'appréciation des faits. Néanmoins il est à souhaiter que ces expériences soient reprises, en tenant compte de la composition chimique du sol. Il faudra aussi ne pas mettre en oubli les causes d'erreur que nous avons indiquées à l'occasion du sel, et surtout la dernière, qui, dans l'emploi du chlorure de calcium, serait plus importante, par la raison que ce sel est un de ceux qui retiennent l'eau en plus grande abondance et avec plus de force. Dans tous les cas, si l'analyse chimique venait à démontrer que le chlorure de calcium, employé comme amendement, passe en nature dans la plante, il resterait encore à étudier l'action de ce sel sur la santé de l'homme et des animaux qui s'en nourrissent.

Moyen de reconnaître dans le sol la présence des chlorures. — Ce moyen se borne à l'emploi du nitrate d'argent comme réactif. On prend une certaine proportion de terre, plutôt celle du fond que de la surface; on la délaie dans l'eau de manière à en faire une bouillie très claire; et on laisse reposer. Après quelques heures l'eau qui surnage est filtrée et refiltrée au travers d'un papier jusqu'à ce qu'elle passe limpide; on y verse alors quelques gouttes de nitrate d'argent dissous dans l'eau; si la terre contient un chlorure, il y aura sur le champ un trouble dont l'intensité sera en rapport avec les proportions de ce chlorure. Néanmoins, pour que cette expérience ne laisse aucun doute, il faudra ajouter ensuite quelques gouttes d'acide nitrique pur qui rétablirait la limpidité première si le trouble avait été produit par une autre cause que par un chlorure. Si le terrain renferme des cailloux ou des graviers calcaires, il conviendra de les réduire en poudre et de les attaquer par l'acide nitrique pur, mélangé de trois à quatre parties d'eau. La dissolution qui en résulte sera ensuite essayée par le nitrate d'argent de la manière que nous venons d'indiquer. En employant ce moyen, M. Vogel a mis en évidence la présence de chlorures dans des pierres qui n'en offraient pas de trace, par le lavage à l'eau simple.

Dans ces opérations il est indispensable de se servir d'eau distillée, par la raison que l'eau ordinaire, contenant le plus souvent des chlorures, il deviendrait impossible de distinguer la part de chlore introduite par l'eau de lavage, de celle qui appartiendrait au terrain mis en expérience.

On examinera encore, par le nitrate d'argent, les eaux environnantes, car les chlorures qui se trouvent habituellement dans les terrains étant très solubles, sont emportés partiellement par les eaux pluviales dans ces lieux de dépôt, d'où ils sont de nouveau absorbés de proche en proche, par infiltration, dans les moments de sécheresse.

VINGT-DEUXIÈME LEÇON.

Suite de l'analyse des terrains et de l'étude des propriétés agronomiques de chacun des matériaux qui les constituent : — Des nitrates dans leurs rapports avec l'agriculture. — Les plantes cultivées sur un sol imprégné de nitre renferment des nitrates. — Moyen de connaître dans un terrain la présence des nitrates. — Des sulfates dans leurs rapports avec l'agriculture. — Quantité d'acide sulfurique combiné que chaque récolte s'approprie. — Moyen de reconnaître la présence d'un sulfate dans un terrain. — Du phosphate de chaux dans ses rapports avec l'agriculture. — Considérations géologiques à ce sujet. — Des jachères. — Des assolements.

DES NITRATES CONSIDÉRÉS DANS LEURS RAPPORTS AVEC L'AGRICULTURE.

Les nitrates de potasse, de soude, de magnésie et surtout de chaux, se rencontrent quelquefois dans les terrains, particulièrement dans ceux qui sont naturellement calcaires, ou qui ont été marnés, et surtout dans ceux qui ont reçu des débris de démolitions.

La présence des nitrates dans les terrains est-elle avantageuse? C'est une question qui prend aujourd'hui un assez grand intérêt, en raison des tendances qui se manifestent d'introduire en agriculture des amendements chimiques; c'est pourquoi nous l'étudierons avec soin.

En ne consultant que le raisonnement, on ne se rend pas compte des effets utiles que les nitrates peuvent produire dans la végétation; car s'ils sont absorbés à leur état normal sous forme de substance minérale alimentaire, ils doivent se retrouver dans le plus grand nombre des végétaux, comme nous venons de le voir pour les chlorures, et comme nous l'avons vu pour quelques autres substances minérales précédemment étudiées; tandis que l'observation prouve que les plantes qui les renferment sont dans le règne végétal une faible exception. Mais s'ils sont décomposés par l'acte de la végétation pour fournir à la plante un de leurs éléments, l'azote, ainsi qu'on le prétend; dans ce cas, on ne devrait plus les retrouver dans le suc des quelques plantes qui ont la faculté de les absorber; et cependant on les retrouve en abondance dans la bourrache, le grand soleil des jardins, etc.

Mais comme l'agriculture est un art éminemment pratique, nous ferons taire un moment la théorie pour suivre les expérimentateurs, afin de profiter de tout ce qui, dans leurs expériences, peut entrer dans le domaine de l'application.

L'idée de faire entrer les nitrates parmi les engrais n'est pas nouvelle; on la retrouve dans les anciens livres d'agriculture. Les essais tentés à ces époques éloignées se réduisaient à de simples expériences de curiosité. La chèreté de ces matières ne permettait pas d'en introduire l'usage en grand dans la culture; mais on s'appuyait sur quelques résultats heureux pour expliquer l'action mystérieuse des *sels* sur la végétation.

Aujourd'hui, l'obstacle qui résultait du prix est à peu près disparu; le Pérou peut livrer au commerce des quantités considérables de nitrate de soude à des conditions qui en permettront l'usage en agriculture, quand les droits d'entrée se seront abaissés, et que des résultats plus positifs et plus multipliés en auront fait reconnaître les avantages.

Parmi les savants qui s'occupent avec zèle d'éclairer cette dernière question, nous trouvons en Angleterre M. Barclay et en France M. Kuhlmann. Dans notre première partie, en traitant de l'acide nitrique, nous avons exposé les travaux de ces habiles expérimentateurs; nous nous bornerons donc ici à apprécier la valeur des résultats qu'ils ont obtenus. Déjà nous avons vu que le froment cueilli par M. Barclay avait perdu en qualité ce qu'il avait gagné en quantité; en est-il de même pour le foin récolté par M. Kuhlmann? Ici, les données nous manquent; il faudrait d'abord, pour compléter ces dernières expériences, soumettre le foin à l'analyse chimique, afin de s'assurer si le nitre s'y est introduit à l'état naturel et en quelle proportion, ou s'il a seulement fourni à l'alimentation végétale un ou plusieurs de ses éléments. Ce premier travail étant fait, il resterait encore à en apprécier directement la qualité par un essai à l'étable. Cet essai consisterait à former deux lots d'animaux et à nourrir, l'un avec du foin poussé sous l'influence du nitrate, l'autre avec du foin venu naturellement dans la même prairie. L'amélioration de l'un et de l'autre de ces deux lots, comparée avec la quantité consommée de l'un et de l'autre foin, apporterait un élément qui nous paraît indispensable pour aider à résoudre cette grande question.

Il est hors de doute pour nous que le nitre passe en nature dans les plantes qui croissent sur un sol imprégné de ce sel; et si quelqu'un de nos lecteurs en doutait, nous pourrions citer à l'appui de cette opinion une expérience que nous avons faite en 1834. Nous cherchions, à cette époque, la cause de la déliquescence des extraits préparés avec les plantes indigènes; nous rencontrâmes, par hasard, quelques pieds de belladone qui s'étaient développés sur des débris de démolition; ces plantes avaient une croissance et une vigueur remarquables, nous eûmes l'idée d'en préparer l'extrait. Pour cela, après les avoir pilées, on les soumit à la presse, et le suc obtenu et dépuré fut évaporé au bain-marie jusqu'en consistance convenable. La quantité d'extrait fut comparativement très minime, et, quelques jours après, ce n'était plus qu'une masse de petits cristaux enveloppés dans une matière de consistance mielleuse. Ces cristaux, examinés chimiquement, n'étaient autre chose que du nitrate de chaux. De ce fait il est permis de tirer deux conséquences : la première, que le nitrate était passé en nature dans la belladone qui fait le sujet de cette observation; la seconde, que la belle apparence de végétation était trompeuse dans cette plante, puisqu'elle ne renfermait qu'une très faible quantité de matière extractive.

Il n'est pas aussi clairement démontré que les plantes qui vivent dans un sol imprégné de nitrates décomposent ces sels pour s'en approprier un ou plusieurs des éléments qui les constituent, et particulièrement l'azote. Il est possible que, dans certains cas, les choses se passent ainsi; mais nous voudrions voir cette opinion appuyée sur des expériences précises; nous voudrions connaitre l'analyse élémentaire du foin développé sur un sol nitré, et pouvoir comparer sa richesse en azote avec celle du foin venu sur un sol ordinaire. Nous ajoutons que, à notre avis, on exagère aujourd'hui le rôle que joue l'azote comme matière nutritive des végétaux.

La conclusion de ce qui précède est : que l'action des nitrates pour activer la végétation et en augmenter les produits est encore pour nous environnée de bien des ténèbres, et qu'il reste encore bien des expériences à entreprendre pour en faire la base d'une théorie acceptable.

Pour ce qui regarde le froment, l'avantage semble être nul; quant au foin, nous avons soulevé bien des difficultés qui ont besoin d'être résolues, et pourtant nous sommes loin de les avoir toutes indiquées. Par exemple, dans les prairies qui réunissent un si grand nombre de plantes différentes tant pour leur espèce que pour leur qualité nutritive, ne serait-il pas d'une grande importance de remarquer celles de ces plantes qui profitent de l'application du nitre, et celles qui en profitent moins, ou qui n'en profitent pas du tout? Ne pourrait-il pas arriver que le nitre dénaturât la constitution botanique du pré de manière à donner un développement anormal aux plantes les moins salutaires, tandis que les autres demeureraient comme étouffées sous ce luxe de végétation?

Aucune recherche d'ensemble n'ayant été faite pour constater les proportions de nitrates qui existent naturellement dans chacune des plantes ou parties des plantes qui constituent la culture, nous ne donnerons pas de tableau qui indique ces quantités.

Moyen de reconnaître dans un terrain la présence d'un nitrate. — On prend une certaine quantité de terre, environ un kilogramme, on la délaie avec de l'eau pure, de manière à en faire une bouillie claire, on laisse déposer pendant quelques heures; quand l'eau qui surnage est devenue limpide, on la décante, on l'évapore doucement sur le feu dans un vase de faïence ou de métal, on pousse l'évaporation jusqu'à ce qu'il ne reste plus qu'une matière sèche au fond du vase; mais on a grand soin de ménager le feu sur la fin. Le mieux serait de terminer cette opération au bain-marie.

Si la terre examinée contient un nitrate, le résidu sec, obtenu par l'évaporation, aura une saveur fraîche, piquante; déposé sur un charbon ardent, il fusera, c'est-à-dire qu'il produira de petites explosions, comme si l'on eût répandu sur le charbon quelques grains de poudre.

DES SULFATES CONSIDÉRÉS DANS LEURS RAPPORTS AVEC L'AGRICULTURE.

Les sulfates, et particulièrement le sulfate de chaux ou plâtre, se rencontrent dans presque tous les terrains; mais ils y existent le plus souvent en si petites proportions, qu'on est obligé d'en ajouter au sol si on veut jouir du bénéfice de leur présence. Cette addition comprend le plâtrage, dont nous avons parlé dans notre huitième leçon, page 102, à laquelle nous prions le lecteur de vouloir bien se reporter.

Du sulfate de soude. — Le sulfate de soude a aussi été essayé comme engrais sur les récoltes de céréales et de luzerne; son action sur les premières a été douteuse, tandis que sur les autres il s'est comporté à la manière du plâtre. Il résulte de là que, dans un moment de nécessité, l'un pourrait être remplacé par l'autre; mais dans les cas ordinaires le plâtre ou sulfate de chaux aura toujours la préférence en raison de son prix si modique.

Le sulfate de soude a encore été recommandé par M. de Dombasle pour préserver les grains de la carie; nous renvoyons, pour l'examen de cette question, à la partie de nos leçons qui traitera de la semence et des différents procédés de *chaulage* qui ont été préconisés tour à tour.

Nous donnons, dans le tableau suivant, les proportions d'acide sulfurique, combiné à l'état de sulfate, contenues dans différentes récoltes, ainsi que la quantité que chacune d'elles en enlève à un hectare de terrain; nous continuons d'emprunter à M. Boussingault ces documents précieux :

NATURE DES RÉCOLTES.	Quantité d'acide sulfurique pour 100 de cendres.	Quantité d'acide sulfurique enlevé d'un hectare.
		kil.
Pommes de terre. . . .	. . 7,1 . .	. . 8,8
Betteraves champêtres.	. . 1,6 . .	. . 3,2
Navets.	. . 10,9 . .	. . 5,9
Topinambours. . .	. . 2,2 . .	. . 7,3
Grains de froment. .	. . 1,0 . .	. . 0,3
Paille de froment. . .	. . 1,0 . .	. . 2,0
Grains d'avoine. . .	. . 1,0 . .	. . 0,4
Paille d'avoine.. .	. . 4,1 . .	. . 2,7
Trèfle.	. . 2,5 . .	. . 7,7
Pois..	. . 4,7 . .	. . 1,5
Haricots.	. . 1,3 . .	. . 0,7
Fèves.	. . 1,6 . .	. . 1,0

Moyen de reconnaître dans le sol la présence des sulfates. — On prendra environ un kilogramme de la terre qu'on se propose d'étudier; on la délaiera dans un litre environ d'eau pure; on fera chauffer ce mélange jusqu'à l'ébullition, et on laissera refroidir. L'eau qui surnagera sera décantée et filtrée au papier jusqu'à limpidité parfaite; on y ajoutera alors quelques gouttes de solution de chlorhydrate de baryte. Si le terrain contient un sulfate, le liquide deviendra trouble aussitôt, et après quelque temps il s'y déposera un précipité lourd qui ne sera pas susceptible de disparaître par l'addition de l'acide nitrique.

Quand la quantité de sulfate est minime, le trouble n'est pas très apparent; dans ce cas il est convenable de conserver du liquide filtré dans lequel on n'a pas ajouté de chlorhydrate de baryte, et d'en comparer la transparence avec celui qui est additionné de réactif. Cette comparaison est facile si l'opération a été faite dans un verre à liqueur. Dans le cas où le sol contient des parties calcaires, il convient de les attaquer par l'acide nitrique, ainsi que nous l'avons dit à l'occasion des chlorures; et de traiter la solution nitrique par le nitrate de baryte.

Nous recommandons toujours pour ces recherches l'emploi de l'eau pure, car il pourrait arriver qu'on attribuât au terrain la présence du sulfate que l'on aurait découvert, tandis qu'il aurait été introduit dans l'opération par l'eau ordinaire.

DU PHOSPHATE DE CHAUX DANS SES RAPPORTS AVEC L'AGRICULTURE.

La présence du phosphate de chaux dans les terrains est d'une grande importance; c'est un des éléments minéraux indispensables à la constitution des plantes cultivées pour la nourriture de l'homme et des animaux. Son étude nous donnera l'occasion d'entrer dans quelques considérations géologiques; elle nous révèlera peut-être le secret des jachères et celui des assolements; enfin elle nous expliquera pourquoi tel engrais artificiel réussit dans une localité et ne produit aucun effet dans une autre.

Au point de vue géologique on peut diviser les terrains, sinon d'une manière rigoureuse au moins d'une manière suffisante pour l'objet qui nous occupe, en deux grandes coupes : les terrains primitifs ou cristallisés et les terrains sédimentaires ou de dépôt. Les premiers sont ceux dont la formation est antérieure à la création de la vie sur notre planète, on n'y rencontre aucune trace d'êtres organisés; les seconds sont formés par les débris détachés des premiers, et broyés par l'agi-

tation de courants et de mers qui ont disparu. Ces
derniers terrains, contemporains de la création des animaux destinés à vivre au milieu des mers, ont enveloppé,
en se déposant, la dépouille de ces premiers êtres. En
étudiant les couches sédimentaires âge par âge, nous
voyons la quantité relative de ces restes s'augmenter graduellement à mesure que s'accomplit l'effet de cette pa-
role du créateur : *Crescite et multiplicamini et replete
aquas maris.* Ce sont ces restes, connus généralement
sous le nom de fossiles, qui ont imprégné le sol du phosphate de chaux nécessaire à la production de nos plantes
agricoles.

Cette base une fois établie, l'inspection géologique d'un
terrain pourra donc être utile pour en apprécier la fertilité naturelle et diriger dans le choix des amendements
qu'il réclame; en effet l'âge relatif, l'absence ou la présence de fossiles deviendront des motifs rationnels de donner aux uns des amendements phosphatés, tandis qu'on
pourra s'en abstenir pour les autres. Nous trouverons
dans un moment l'application de ce principe.

Des jachères. — On a blâmé les jachères avec beaucoup de sévérité et souvent avec beaucoup de raison;
mais qu'il nous soit permis de faire observer maintenant
que cet usage est à peu près entièrement disparu; que
cette pratique était le résultat d'observations positives, et
qu'elle était indispensable avant l'introduction des récoltes intercalaires, alors qu'on se bornait à la culture des
seules plantes céréales.

Qu'arrivait-il alors? c'est que le froment étant très
avide du phosphate de chaux, puisque sa cendre renferme jusqu'à 47 pour 0/0 d'acide phosphorique combiné, enlevait dans une seule récolte, non pas tout ce
qu'il y en avait dans le champ, mais tout ce qu'il y en
avait de disponible.

Je m'explique : le phosphate de chaux, tel qu'il existe dans les terrains, a besoin d'être élaboré avant d'être transmis à la plante, il faut qu'il soit dissous dans l'eau pour pouvoir pénétrer dans ses vaisseaux; or, beaucoup de causes s'opposent à cette solution. D'abord son état d'adhérence avec les roches qui constituent le terrain; cette force de cohésion n'est vaincue que lentement par l'action des agents atmosphériques, c'est-à-dire par les alternatives d'humidité et de sécheresse, et surtout par les gelées. En second lieu, le phosphate de chaux, même désagrégé, ne devient soluble dans l'eau ordinaire qu'à la faveur de l'acide carbonique, ainsi que nous l'avons vu page 263; mais comme cet acide est toujours en faible quantité dans l'eau, il en résulte que son action doit être et est en effet très lente. Il faudra donc, avant qu'une dose de phosphate de chaux suffisante pour produire une nouvelle récolte soit convenablement élaborée, amenée dans les conditions nécessaires pour être soluble dans l'eau, il faudra une période de temps d'autant plus considérable que le terrain en contient une plus faible quantité, ou que la roche à laquelle il adhère est plus dure.

Ces difficultés matérielles expliquent pourquoi les anciennes jachères se prolongeaient quelquefois jusqu'à sept ans, et même davantage dans les terrains de première formation qui sont si pauvres en phosphates. Pendant cet intervalle les champs produisaient des genêts et des ajoncs, et cette croissance n'était pas sans utilité pour la question qui nous occupe. Ces végétaux vigoureux absorbaient profondément, au moyen de leurs racines, les matières nécessaires à leur nutrition, et parmi ces matières se rencontraient des traces de phosphate de chaux. Ce sel insoluble se trouvait ainsi ramené du fond à la surface, où il s'amassait soit par la chute des feuilles, soit par l'emploi de ces plantes en litières qu'on répandait ensuite dans les champs, soit enfin par leur combustion qui, quelquefois, se faisait sur place. Les champs ainsi reposés et amendés donnaient une nouvelle récolte de céréales.

Là se trouve à notre avis, au moins en partie, le secret des jachères. Et si des cultivateurs routiniers ont soutenu cette pratique pendant long-temps, refusant d'adopter les récoltes intercalaires, nous croyons que dans le principe, avant l'introduction de ces méthodes, elle était respectable, puisqu'elle était appuyée sur cette expérience positive : qu'après une récolte de céréales certaines terres sont trop épuisées pour en fournir une seconde l'année suivante; que souvent, même aujourd'hui, le froment ne peut revenir qu'après des intervalles assez longs.

DES ASSOLEMENTS.

Parmi les plantes cultivées pour le besoin de l'homme et celui des animaux, il y en a qui épuisent le sol, et d'autres qui ne l'épuisent pas, ou même qui l'améliorent. Les premières sont, à différents degrés, le froment, l'orge, l'avoine, les pois, les haricots, etc.; les autres sont les racines sarclées, et surtout les plantes fourragères coupées en vert. Ainsi, dans une culture bien conduite, le froment ne succède pas au froment, mais on le fait suivre par des récoltes de moins en moins épuisantes, pour continuer par une plante fourragère qui laisse reposer le terrain des pertes qu'il a éprouvées; et l'on termine la rotation par une racine sarclée, dans le but de nettoyer le sol des mauvaises herbes qui nuiraient à la production du froment, dont le tour est revenu. C'est cette alternance, une des pratiques les plus importantes de l'agriculture, qu'on désigne sous le nom d'assolement.

L'expérience a appris qu'en récoltant deux années de suite du froment sur le même terrain, la seconde année était inférieure à la première, et que si l'on persistait une troisième, ce dernier produit était considérablement diminué; de plus, que le terrain qui avait donné ces trois récoltes était appauvri pour plusieurs années. Quelle est la cause de ce singulier phénomène? Ce ne peut pas être le manque d'engrais, puisque après la récolte du premier froment, en supposant une bonne culture, la terre du champ contient encore assez d'humus pour nourrir avec abondance une moisson d'une autre nature.

Des excréments des plantes. — La physiologie a fourni ses explications : elle a supposé que les plantes, ainsi que les animaux, rendaient des déjections qui salissaient le terrain. D'après cette opinion, les plantes refuseraient de se nourrir des excréments laissés ainsi dans le sol par les végétaux de la même espèce, tandis que d'autres plantes y trouveraient une alimentation convenable à leur nature.

Cette hypothèse séduisante, par ce semblant d'analogie qu'elle suppose entre les animaux et les végétaux, et surtout par la haute réputation de l'illustre botaniste qui l'a proposée, est néanmoins environnée de difficultés qui nous paraissent insurmontables.

Par exemple : pourrait-on dire à quelle époque le froment, qui vit pendant huit mois, rejette ces déjections si malfaisantes pour lui? Si c'est pendant tout le temps de son existence, pourquoi n'observe-t-on dans aucun moment de sa vie la manifestation de cette répugnance? Pourquoi, au contraire, le voit-on parcourir avec vigueur toutes les phases de sa végétation? Il serait assez singulier qu'une plante vivant au milieu des matières excrémentielles, qu'elle rend journellement, et qui lui sont contraires, conservât pendant toute la durée de sa

vie une santé robuste; et qu'après son enlèvement
du sol, ces mêmes matières fussent devenues nuisibles
à la production d'une nouvelle plante de même espèce.

On sait d'ailleurs que tous les terrains n'exigent pas
le même assolement. Les uns, c'est une rare exception,
peuvent recevoir du froment tous les deux ans; d'autres
tous les trois ans; d'autres enfin n'en peuvent recevoir
qu'après cinq ans et plus, à moins d'avoir été modifiés
par des amendements minéraux, chaux ou marne. D'a-
près cela, il faudrait supposer que dans quelques terrains
la vertu malfaisante des excréments végétaux ne se conserve qu'un an, et que dans d'autres elle se continue
pendant deux ans, trois ans, cinq ans et plus, ce qui serait
une nouvelle difficulté.

Il nous paraît bien plus facile d'admettre que le froment, ainsi que le prouvent un grand nombre d'expériences, enlève à tous les terrains la même somme de
matière minérale appropriée à sa nature, et en majeure
partie composée de phosphate de chaux. Comme tous les
sols ne sont pas riches de ce principe au même degré,
ceux qui n'en renferment, d'élaboré, que la quantité
indispensablement nécessaire à une récolte, sont épuisés
dès la première année, et ne redeviennent fertiles, pour
le froment, qu'après que les influences atmosphériques
dont nous avons parlé en ont préparé une nouvelle dose.
Le temps nécessaire pour arriver à ce résultat doit être
d'autant plus long, que la quantité de cette substance
renfermée dans le sol est moins considérable, et que les
pierres dont elle fait partie ont une plus grande dureté.
Quant aux terrains assez fertiles pour produire du froment tous les deux ou trois ans, ils doivent contenir,
d'après notre système, du phosphate de chaux en quantité considérable et dans un état de désagrégation qui

lui permette d'être attaqué directement par l'eau imprégnée d'acide carbonique.

Si les matières excrémentielles existent réellement, ne pourrait-on pas en constater directement la présence dans le terrain? Or, c'est ce que n'a pu faire M. Macaire; c'est pour cela que les expériences de ce savant sont pour nous d'une moindre valeur, et que nous ne saurions admettre comme rigoureuses les conclusions qu'il en a tirées. A notre avis, si l'on force à végéter dans l'eau une plante destinée à croître sur la terre, cet être, n'étant plus dans les conditions normales de son existence, souffre et dépérit. Est-il étonnant alors qu'il abandonne quelques-uns de ses principes à l'eau, ce grand dissolvant de la nature? Si l'on eût mis dans l'eau cette plante morte, au lieu de l'y mettre vivante, sait-on si elle n'aurait pas cédé les mêmes principes? et alors, que deviendrait la théorie des excrétions?

Mais l'objection la plus forte vient des essais tentés par des chimistes habiles, dans l'intention d'éclairer ce point scientifique. En 1839, M. Braconnot (1) a recherché la matière excrémentielle qui aurait dû être produite par un laurier rose cultivé pendant plus de trois ans dans un vase dont l'ouverture inférieure avait été bouchée, et il n'a rien trouvé qui puisse être attribué à une excrétion végétale. Des expériences faites sur le *carduus arvensis,* l'*inula helenium,* le *scabiosa arvensis,* plusieurs espèces d'euphorbe, plusieurs chicoracées et un *asclepias incarnata,* plantes que M. Braconnot a fait végéter soit en terre, dans des pots, soit dans l'eau, pour se conformer aux expériences de M. Macaire, n'ont donné aucun résultat favorable à l'opinion des déjections des plantes. Enfin, l'examen chimique de deux kilogrammes de terre

(1) Braconnot, *Annales de chimie et physique,* t. LXXII, p. 27.

enlevés au pied d'un pavot cultivé dans une plate-bande du jardin botanique de Nancy, au moment où la plante mûrissait ses capsules, n'a pas été plus heureux; et pourtant il y avait plus de dix ans que les pavots se ressemaient et croissaient dans le même sol.

Les travaux de M. Boussingault l'ont amené au même point; voici comment s'exprimait, en 1841, ce savant agronome (1) : « Il ne m'a pas été possible de trouver de traces sensibles de matières organiques dans du sable qui avait servi de sol pendant plusieurs mois à du froment et à du trèfle, résultats qui peuvent faire douter du fait de l'excrétion des racines. »

Il nous semble donc démontré que si la terre refuse de produire deux années de suite la même récolte, ce n'est pas parce que la première y dépose des matières excrémentielles, puisque les recherches les plus habiles n'en ont pu découvrir.

VINGT-TROISIÈME LEÇON.

Suite de l'analyse des terrains, et des propriétés agronomiques de chacun des matériaux qui les constituent. — Du phosphate de chaux comme amendement. — Des cendres. — Du noir animal; — Moyen de reconnaître sa pureté; — Son mode d'emploi. — Des os. — Quantité d'acide phosphorique contenue dans différentes récoltes. — De la soude et de la potasse dans leurs rapports avec l'agriculture.

D'après ce qui précède, nous croyons que le phosphate de chaux joue un rôle très important dans la nécessité des alternances, et que les amendements phosphatés peuvent, sous ce rapport, modifier les terrains d'une manière avantageuse; c'est ce qui nous reste à examiner.

(1) Boussingault, *Annales de chimie et physique*, 3e série, t. I, p. 217.

Du phosphate de chaux comme amendement. — Le phosphate de chaux ne s'emploie pas directement pour amender les terres, mais la chaux et la marne qui servent à cet usage en sont le plus souvent abondamment pourvues. Nous ne reviendrons pas sur ce que nous avons dit au sujet de ces précieux amendements; mais nous profitons de cette occasion pour insister sur la nécessité de rechercher le phosphate de chaux, quand on s'occupe de leur analyse. Il arrive quelquefois, en effet, qu'une espèce de chaux est plus fertilisante qu'une autre, et nous croyons qu'on en trouverait souvent la raison dans les proportions de phosphate de chaux qu'elle renferme; nous en dirons autant de la marne.

Des cendres. — Une autre source de phosphate de chaux pour les récoltes, c'est l'emploi en agriculture de la cendre de bois lessivée ou non lessivée; cette matière, outre les substances alcalines qu'elle fournit au sol, lui donne encore une grande quantité de phosphate de chaux qui se trouve dans des conditions très favorables à son assimilation. L'emploi de cet amendement est si simple et si connu que nous ne nous y arrêterons pas autrement que pour insister sur son utilité.

Nous indiquons, seulement à titre de renseignement, les proportions d'acide phosphorique combiné qui, d'après M. Berthier, se rencontrent dans les essences de bois le plus communément employées pour les besoins domestiques. On remarquera, dans ces proportions, des différences énormes que nous croyons pouvoir attribuer à l'état de santé ou de souffrance des arbres pendant leur croissance, suivant qu'ils végétaient sur un sol nuisible ou favorable. Néanmoins, malgré toute la confiance que mérite le talent si distingué de M. Berthier, on pourrait peut-être aussi attribuer quelques-unes de ces différences à des erreurs d'analyse, si faciles à com-

mettre quand il s'agit de rechercher l'acide phosphorique
dans les cendres des végétaux. Depuis le travail de ce savant chimiste, M. Mitscherlich, qui s'est livré avec succès
à ce genre d'expérimentation, s'est convaincu que, pendant la combustion des plantes, il arrive quelquefois que
l'acide phosphorique des phosphates se réduit à l'état de
phosphore et s'échappe. Alors, les cendres qui résultent
de ces combustions ne représentent plus la somme totale des phosphates qui sont contenus dans les plantes (1).
Ces réserves étant faites, voici les chiffres obtenus par
M. Berthier :

Cendres de	Acide phosphorique dans 1,000 parties.
Charme.	de 88 à 100 parties.
Hêtre.	de 54 à 57
Tilleul.	28
Chêne.	de 8 à 70
Ecorce de chêne. *(Mottes à brûler)*.	00 00
Coudrier.	de 48 à 55
Chêne vert.	28
Bouleau.	43
Cytise ou faux ébénier. . . .	184
Châtaignier.	19
Aulne.	de 77 à 110
Sapin du nord.	de 18 à 44
Pin.	de 10 à 50
Vigne (sarment).	de 78 à 432 (2)

Du noir animal. — Enfin, un autre amendement,
presque entièrement composé de phosphate de chaux,
s'est introduit en agriculture depuis environ une trentaine d'années; nous voulons parler du noir animal.
C'est à Nantes que cette heureuse découverte a pris
naissance. Nous habitions alors cette ville, et nous avons
presque été témoin des premiers essais qui ont été faits

(1) Berzélius, *Rapport annuel sur les progrès de la chimie*, 7ᵉ année,
p. 153.

(2) Berthier, *Traité des essais par la voie sèche*, t. I, p. 263-264.

à ce sujet. Nous ne les avons pas suivis par nous-même; mais M. Lelong, qui logeait dans la même maison que nous, nous a entretenu plusieurs fois de ces expériences dirigées avec beaucoup de soin par M. Jolin-Dubois, son associé, et qui produisaient entre ses mains les résultats les plus encourageants. L'usage du noir animal se répandit bientôt autour de Nantes, et de là dans la Bretagne et dans la Vendée. Des intérêts divers aidaient à cette propagation. Les raffineurs se voyaient débarrassés avec profit de masses de résidus, qui non seulement les encombraient, mais encore qui étaient contre eux un sujet de plaintes continuelles, en raison de l'odeur infecte que ces dépôts répandaient dans le voisinage. Les agriculteurs, de leur côté, voyant les effets prodigieux du noir animal, recherchèrent avec empressement ce nouvel engrais. Les demandes furent tellement multipliées que le prix de la barrique, contenant 230 litres, s'éleva promptement de 1 fr. à 32 fr., et que le tout fut rapidement enlevé.

La réputation du noir animal s'étendit peu à peu sur toute la France; les théoriciens et les praticiens s'emparèrent avec intérêt de ce nouvel agent. Les uns, trop exclusivement préoccupés de l'influence de l'azote, ouvrirent par leurs explications la porte aux fraudeurs. Ces derniers ne tardèrent pas à être signalés, et, pour se soustraire aux poursuites, ils imaginèrent de vendre leurs mélanges frauduleux sous le nom de *noir animalisé* et de les faire doser par l'azote. Il en résulta une grande confusion et une grande méfiance qui fut tout entière au détriment de l'agriculture.

Les praticiens, de leur côté, multiplièrent les essais et arrivèrent à ce résultat important : que le noir animal, le véritable, le seul qui nous occupe en ce moment, n'agissait pas d'une manière uniforme sur tous les terrains;

que son effet fertilisant, très développé sur certaines contrées, était tout-à-fait nul sur d'autres. Ces remarques n'étaient pas d'accord avec la théorie qui attribuait à l'azote la vertu fécondante; car les conditions de fumure étant les mêmes, l'azote ajouté par le noir animal ne pouvait pas avoir sur les récoltes de même espèce, ici une action fécondante et là une action négative.

En attribuant le rôle principal au phosphate de chaux, on arrive à une explication bien plus satisfaisante. Nous avons vu en effet que, d'après la formation géologique des terrains, le sol renferme des quantités de phosphate de chaux plus ou moins considérables; que même dans les terrains les plus anciens la dose en est à peu près nulle, du moins dans les cas ordinaires; or, que nous dit l'expérience, celle au moins que nous avons été à même de suivre dans les départements de la Sarthe et de la Mayenne? Elle nous apprend que ce sont précisément ces terrains anciens qui profitent exclusivement de la vertu fécondante du noir animal. Cette démarcation est tellement tranchée que, si les choses se passent de la même manière dans les autres départements, ce qui nous semble probable, nous pourrions indiquer sur une carte de géologie les points où le noir animal doit réussir et ceux où sa présence sera inutile. L'aspect extérieur des roches est encore pour nous un guide assuré dans cette matière; ainsi, dans les départements que nous avons cités, partout où l'on trouve une grande abondance de fossiles, l'action du noir animal a été nulle; et elle s'est fait sentir au contraire d'une manière avantageuse dans les localités où l'on ne rencontre plus de traces de cette création primitive. Il y a néanmoins des exceptions, mais elles fortifient la règle; ce sont les cas où le terrain aurait été amendé par de la chaux ou de la marne renfermant des phosphates.

Puisque nous avons parlé des fraudeurs, nous devons indiquer les moyens chimiques qui sont propres à nous en garantir. Mais nous insisterons d'abord pour que l'on n'oublie pas combien il importe de distinguer entre le noir animal et le *noir animalisé*. Ce sont deux corps essentiellement différents par leur composition, et qui n'ont guère ensemble d'autres rapports que la couleur et la conformité de noms habilement choisis.

Moyen de reconnaître la pureté du noir animal. — Le noir animal n'est autre chose que du charbon préparé avec des os, et imprégné ensuite de matières organiques pendant la clarification du sucre dans les raffineries. Tout le monde sait que les os sont composés d'une matière solide, le phosphate de chaux, et d'une matière organique molle, la gélatine. En faisant brûler des os dans des vases fermés, le phosphate de chaux n'éprouve aucune altération, mais la matière organique se décompose sous l'influence du calorique; les substances volatiles qui la constituaient s'échappent sous forme gazeuse, et le charbon seul demeure. Le noir animal, en cet état, est donc une masse de phosphate de chaux imprégnée de charbon. Sa texture très poreuse lui donne la propriété singulière de décolorer les liquides, et c'est pour cela que, par les soins de M. Desrone, l'usage de cette matière s'est introduit dans les raffineries pour décolorer les sucres, c'est-à-dire pour transformer les cassonades brunes en sucre blanc. La composition du charbon animal pur doit donc être représentée par :

Phosphate de chaux, *mêlé de quelques carbonates terreux.*
Charbon.
Matières organiques, enlevées pendant le raffinage du sucre.

Des expériences nombreuses établissent que le noir animal pur renferme 80 pour 0/0 de matières minérales, composées de 75 à 76 de phosphate de chaux et 4 à 5 de carbonate de la même base. Ces données nous tracent la marche que nous avons à suivre; il nous suffira de brûler à l'air libre le charbon et les matières organiques pour obtenir en dernier résultat le phosphate de chaux mêlé au carbonate dont nous avons fait mention. Voici de quelle manière il conviendra d'opérer :

On dessèche le noir animal au bain-marie, en suivant les indications que nous avons données page 114; lorsque, après une exposition assez prolongée à cette température, le poids ne varie plus, on en pèse exactement 100 grammes. Cette quantité, mise dans un vase capable de supporter un feu vif, est exposée à la chaleur rouge jusqu'à ce que tout le charbon soit brûlé, ce qu'on reconnaît quand la matière est devenue toute blanche. Cette opération dure assez long-temps, parce que les dernières portions de charbon sont difficiles à brûler; on peut l'accélérer en remuant doucement la matière pour renouveler les surfaces, et présenter à l'action comburante de l'air les points qui en étaient préservés; mais il faut apporter la plus grande attention pour qu'aucune parcelle ne soit perdue. Quand on a obtenu la blancheur qu'on recherche, on retire le vase du feu, et après le refroidissement, on pèse le résidu. Si le poids est égal à 80 grammes, cette indication sera déjà favorable au noir animal examiné; mais elle ne sera pas suffisante pour en constater la pureté; il faudra encore rechercher de la manière suivante la nature de ce résidu.

Afin de ne pas traiter toute la masse par les réactifs, ce qui serait trop dispendieux, on en prendra seulement la dixième partie ou 8 grammes, après avoir bien mélangé le tout. Cette fraction sera pulvérisée très finement et mise dans une fiole pouvant contenir environ 250 grammes d'eau; on versera dessus, par portions, 30 grammes d'acide chlorhydrique pur, mélangé auparavant de 60 grammes d'eau pure, et on laissera agir pendant environ douze heures, en ayant la précaution de remuer la fiole de temps en temps. On peut accélérer cette partie de l'opération au moyen de la chaleur. L'acide chlorhydrique aura pour effet de dissoudre le phosphate de chaux et les carbonates terreux.

Ce qui reste dans la fiole d'inattaqué peut être considéré comme de la terre ou du sable ajoutés au noir animal, soit par inadvertance, soit frauduleusement, suivant que la quantité en est notable ou insignifiante. On séparera donc ce résidu par le filtre pour en prendre le poids, après l'avoir lavé sur le filtre même, en y versant de l'eau pure à plusieurs reprises.

Le liquide filtré, réuni aux eaux de lavage, sera additionné d'ammoniaque liquide, jusqu'à ce qu'il cesse de se troubler par ce réactif. L'ammoniaque, dans cette circonstance, s'empare de l'acide chlorhydrique à la faveur duquel le phosphate de chaux était dissous, et ce phosphate se sépare sous forme d'une masse gélatineuse qu'on recueille sur un filtre, qu'on lave et qu'on dessèche au bain-marie, jusqu'à ce qu'il ne se perde plus rien par la chaleur. En supposant le noir animal pur, et la précipitation par l'ammoniaque complète, la balance devra trouver ce produit égal à 7 grammes 50 ou 7 grammes 60.

Nous croyons devoir ajouter ici que les chiffres de 80 grammes pour le résidu de la combustion, et 7 grammes 50 à 7 grammes 60 pour le phosphate de chaux obtenu du dixième de ce résidu, ne sont pas tellement rigoureux dans un composé aussi complexe que l'est le noir animal après avoir servi au raffinage du sucre, qu'il ne soit permis d'accepter de légères différences, surtout si l'opération a été faite par un manipulateur peu exercé. D'après ces considérations, nous ne regarderions pas comme

frelaté un noir qui ne donnerait pour résidu de la combustion que 74 à 75 grammes, et dont le précipité par
l'ammoniaque ne s'élèverait pas au-delà de 7 grammes;
mais il ne faudrait pas s'éloigner beaucoup de cette to-
lérance.

Nous avons eu l'occasion d'examiner des noirs qui ne
blanchissaient pas par la calcination; ils étaient mélangés
de schistes noirs et de débris de houille; d'autres ne nous
ont fourni aucune trace de phosphate de chaux; c'étaient
des noirs animalisés. Nous faisons cette remarque pour
bien faire comprendre l'énorme différence qui existe
dans la composition chimique, et qui, par conséquent,
doit exister dans l'action agronomique entre ces deux
amendements : le noir animal et le noir animalisé. L'un
agit surtout par la matière minérale alimentaire qu'il
renferme en si grande proportion, tandis que l'autre ne
doit sa vertu fécondante qu'aux principes organiques
dont il est imprégné; c'est pour cela que nous ne nous
occuperons de ce dernier produit que dans la partie de
notre ouvrage qui traitera spécialement des engrais.

Le mode d'emploi du noir animal est des plus simples :
il suffit de le répandre sur le terrain, au moment de la
semence, dans la proportion de cinq à six hectolitres par
hectare.

Des os. — Ce que nous avons dit de la vertu fécondante
du noir animal peut s'appliquer naturellement à l'emploi
des os de toute espèce qui font partie du déchet des ménages; mais l'expérience a appris que non seulement il
faut les employer dans le plus grand état de division possible, mais encore qu'on ne doit en faire usage qu'après
leur avoir fait subir pendant quelque temps une ébullition
dans l'eau. Sans cette opération préliminaire, la graisse
dont ils sont imprégnés les défend contre les influences
atmosphériques, et ils restent dans le sol sans que l'eau

puisse les attaquer. Il est vrai que l'eau bouillante leur fait perdre la gélatine considérée par quelques agronomes comme un engrais avantageux ; et encore on peut utiliser cette matière animale en laissant refroidir la décoction, mettant à part la graisse qui s'est figée à la surface et répandant le liquide gélatineux sur le terrain qu'on veut amender.

Les agriculteurs anglais, qui tirent un très grand parti de cet amendement, ont imaginé des machines puissantes pour diviser les os et les réduire en poussière ; c'est à cet état qu'ils les enfouissent dans la proportion de 15 à 40 hectolitres par hectare. L'effet de cet engrais dure de dix à vingt ans.

Un moyen bien plus simple de retirer avec peu d'embarras tous les avantages du phosphate de chaux contenu dans les os, c'est de les brûler dans le foyer ; ils se laissent alors pulvériser facilement, et la cendre, épandue sur le sol, y produit tous les bons effets qu'on en peut espérer. Dans ce cas, la perte de la gélatine se trouve compensée par la plus grande simplicité du travail.

Certains agronomes recommandent d'attaquer les os au moyen de l'acide chlorhydrique qui dissout tout le phosphate de chaux, et de répandre cet engrais liquide sur le sol à amender. Ce procédé, très rationnel du reste, ne nous semble pas généralement applicable par la raison que d'ici à long-temps les cultivateurs ne seront suffisamment familiarisés avec les produits chimiques, pour qu'il ne résulte pas plus d'inconvénient que de profit de l'emploi de ces agents corrosifs. Ce moyen d'utiliser le phosphate de chaux ne nous semble recommandable, quant à présent, que dans les fabriques de colle, où l'on traite les os par l'acide chlorhydrique pour en isoler la gélatine, et où la solution du phosphate de chaux n'est autre chose qu'un résidu sans valeur.

Nous avons insisté sur l'indispensable nécessité du phosphate de chaux en agriculture, quoique ce ne soit pas exclusivement à cet état que les végétaux s'assimilent l'acide phosphorique; cet acide est aussi très souvent combiné à la magnésie; mais c'est dans tous les cas le phosphate de chaux qui est la source principale où les plantes viennent puiser cet élément indispensable à leur développement. Nous devons ajouter néanmoins que tous les phosphates ne sont pas exclusivement cédés par le terrain; les fumiers et les engrais animaux de toute espèce en apportent leur contingent, seulement la somme fournie par ces différentes matières serait insuffisante, si le sol ne venait en céder la plus large part.

Nous devrions indiquer ici, pour être fidèle au plan que nous nous sommes tracé, la manière de reconnaître dans le sol la présence du phosphate de chaux et d'estimer les proportions qui y sont contenues; nous rappellerons à ce sujet que ces explications ont été données par anticipation pages 215-216. Seulement nous ajouterons que pour connaître la richesse d'un champ en phosphate, il ne suffit pas d'examiner chimiquement le terrain, mais qu'il faut encore faire subir les mêmes opérations aux matières pierreuses qui y sont répandues; ce sera là, souvent, que se rencontrera la plus grande quantité de phosphate. Nous aurions bien voulu indiquer un procédé d'une exactitude plus rigoureuse, et nous l'aurions fait si nous n'avions pas été arrêté par la pensée, que le plus grand nombre de nos lecteurs en eussent trouvé la manipulation trop délicate.

Nous indiquons dans le tableau suivant, emprunté à M. Boussingault, la quantité d'acide phosphorique combiné qui existe dans la cendre d'un assez grand nombre de récoltes, et celle que ces cultures enlèvent annuellement à un hectare de terrain.

NATURE DES RÉCOLTES.	Quantité d'acide phosphorique par 100 de cendres.	Quantité d'acide phosphorique enlevé d'un hectare.
		kil.
Pommes de terre. . .	. . 11,3 . .	. . 13,9
Betteraves champêtres.	. . 6,0 . .	. . 12,0
Navets.	. . 6,1 . .	. . 3,3
Topinambours.. . .	. . 10,8 . .	. . 35,6
Grains de froment. .	. . 47,0 . .	. 12,9
Paille de froment.. .	. . 3,1 . .	. . 6,0
Grains d'avoine. . .	. . 14,9 . .	. . 6,4
Paille d'avoine.. . .	. . 3,0 . .	. . 1,9
Trèfle.	. . 6,3 . .	. . 19,5
Pois..	. . 30,1 . .	. . 9,3
Haricots.	. . 26,8 . .	. . 14,8
Fèves.	. . 34,2 . .	. . 21,8

DE LA POTASSE ET DE LA SOUDE DANS LEURS RAPPORTS AVEC L'AGRICULTURE.

Nous avons réuni l'étude de ces deux substances, d'abord parce qu'elles ont entre elles un grand nombre de propriétés communes, et ensuite parce qu'il paraît que dans l'alimentation végétale elles peuvent quelquefois se remplacer l'une par l'autre.

La potasse et la soude sont deux substances alcalines que l'on rencontre dans la cendre de tous les végétaux. La première surtout y est abondamment et généralement répandue, tandis que l'autre ne se trouve guère, en quantité notable, que parmi les végétaux qui croissent dans le voisinage de la mer, des lacs salés ou des dépôts de sel gemme. Cette présence constante de la potasse ou de la soude dans l'économie végétale indique assez son indispensable nécessité pour le développement et la nutrition des plantes; et comme l'acte de la végétation ne saurait former une substance minérale, ainsi que nous l'avons déjà fait remarquer plusieurs fois, il en résulte que le sol, pour être fertile, doit renfermer au moins l'un ou l'autre de ces deux alcalis.

Autrefois on ne connaissait la potasse et la soude que dans les roches appartenant aux terrains anciens; aujourd'hui nous savons, grâce à des recherches plus minutieuses, que ces corps existent dans presque toutes les terres. M. Fuchs (1) en indique la présence dans les argiles marneuses; M. Frick (2) dans les schistes argileux de transition; M. Sauvage (3) dans les schistes de la même époque; M. Ebelmen (4) dans les grains verts des terrains néocomien, crétacé et tertiaire inférieur, ainsi que dans toutes les argiles; M. Vogel de Munich (5) dans les pierres calcaires; M. Kuhlman dans les pierres à chaux hydraulique.

Il est donc à peu près certain, d'après ces différentes autorités, que tous les terrains en contiennent; et d'ailleurs le simple raisonnement devait conduire à ce résultat. En effet, une fois la science en possession de cette vérité : que les roches anciennes renferment de la potasse, il devait en découler naturellement que les terrains plus récents en renferment aussi, puisqu'ils sont formés de leurs débris.

La potasse et la soude, considérées comme substances minérales alimentaires, sont d'un grand intérêt en agriculture, et les proportions dans lesquelles elles se trouvent contenues dans un terrain, doivent être comptées au nombre des causes qui en expliquent le degré de fertilité. Il ne faudrait pas croire cependant que ces proportions soient ordinairement égales à un chiffre élevé, elles

(1) Fuchs, *Annales des mines*, 3ᵉ série, t. IX, p. 461.
(2) Frick, *Annales des mines*, 3ᵉ série, t. IX, p. 505.
(3) Sauvage, *Annales des mines*, 4ᵉ série, t. VII, p. 411.
(4) Ebelmen, *Annales des mines*, 4ᵉ série, t. VII, p. 6.
(5) Vogel, *Journal de pharmacie*, t. XXVII, p. 611.

n'atteignent jamais au-delà de quelques centièmes; et pourtant cette faible quantité suffit à tous les besoins de la végétation, puisque M. Liébig est arrivé par le calcul à trouver que la couche remuée d'un hectare de terre, labouré à 10 centimètres de profondeur, contient 75,000 kilogrammes de potasse, en supposant cet alcali seulement dans les proportions de 2 pour cent.

Malgré ce total considérable, la somme de potasse et de soude que les récoltes prélèvent chaque année aurait bientôt appauvri le sol, si l'on n'avait pas le soin d'en apporter du dehors. La chaux, la marne, les cendres, les engrais de toute espèce concourent à ce résultat, tout en livrant à la terre les autres matériaux qui lui sont nécessaires.

Nous ferons remarquer à cette occasion, en rappelant les expériences plus ou moins heureuses faites avec le chlorure de sodium et le nitrate de potasse, que ces matières salines ne fournissent pas seulement, l'une du chlore et l'autre de l'azote, en supposant que dans ce dernier cas l'azote soit séparé, mais encore qu'elles doivent aussi céder de la soude et de la potasse dont il faudra tenir compte dans l'appréciation de leurs effets.

De la potasse et de la soude comme amendement. — Jusqu'à présent le prix élevé de la potasse et de la soude n'a pas permis d'employer ces alcalis d'une manière directe comme amendement. D'un autre côté, l'ignorance du rôle important que remplissent ces deux substances, en agriculture, est sans doute la cause qui fait si généralement négliger la recherche des résidus des arts et des ménages où abondent ces deux substances. Ainsi, dans le voisinage des villes, les lessives, les eaux de savon, si riches en potasse et en soude, se perdent journellement, tandis qu'elles pourraient être utilisées avec tant d'avantage. Les blanchisseries fournissent des résidus bien plus abondants encore, et ils ne sont pas toujours employés au profit de la production végétale.

Le règne minéral nous offre une autre source d'alcalis aussi abondante et tout aussi négligée que celles dont nous venons de parler : c'est le kaolin ou feldspath en décomposition. Cet amendement, à peu près sans valeur vénale dans les localités où il existe naturellement, renferme la potasse et la soude sous un assez petit volume pour qu'on puisse l'exporter à peu près partout pour les besoins de l'agriculture, sans que les frais de transport deviennent trop onéreux. M. Liebig estime qu'un seul pied cube peut pourvoir de potasse, pendant cinq ans, une forêt de chênes de 2,500 mètres de superficie (1). Les cours d'eau qui lavent ces terrains deviennent par cela même chargés d'alcali, et doivent particulièrement être recherchés pour les irrigations. Nous citerons comme exemple les eaux de la Sarthe, prises au-dessus du Mans, dans lesquelles nous avons trouvé 0 grammes 12 c. de potasse par dix litres.

Il est donc regrettable de voir que, tandis qu'il serait possible d'introduire à peu de frais la soude et la potasse dans les cultures, les seuls amendements alcalins se bornent aujourd'hui à l'usage de la cendre et de la charrée.

Or, comme toutes les cendres ne possèdent pas la même richesse alcaline, nous indiquons les proportions trouvées par M. Berthier dans celles fournies par les bois à brûler le plus généralement employés.

Quantité de sels alcalins contenus dans 1,000 parties de cendres :

Pin.	0,136	Sapin de Pontgib.	0,167
Châtaignier	0,146	Sapin de Norwége.	0,500
Chêne de Paris.	0,150	Aulne.	0,188
Chêne de Pontgib.	0,200	Vigne de Nemours	0,210
Hêtre de Paris.	0,160	Charme.	0,180
Hêtre de Pontgib.	0,239	Bruyère.	0,134

(1) Liébig, *Traité de chimie organique, introduction,* p. cxxxv.

VINGT-QUATRIÈME LEÇON.

Suite de l'analyse des terrains et de l'étude des propriétés agronomiques de chacun des matériaux qui les constituent : — De la potasse et de la soude (suite). — Moyens d'en reconnaître la présence dans les terrains ; — Premier moyen ; — Deuxième moyen ; — Troisième moyen. — Quantité de soude et de potasse contenue dans différentes récoltes. — De l'humus ; — Nature de ses effets dans la fécondité du sol ; il rend la terre plus légère, etc. — Procédé pour distinguer si l'humus est d'origine animale ou d'origine végétale. — Des engrais ; — De l'azote ; — Théorie proposée pour expliquer son efficacité.

Moyens de reconnaître la soude et la potasse dans les terrains. — La soude et la potasse existent dans les terrains sous des états différents. Quand ils sont combinés avec le chlore ou les acides carbonique, sulfurique, nitrique, ces alcalis sont solubles et faciles à constater. Unis d'une manière plus puissante avec la silice, ils sont devenus non seulement insolubles dans l'eau, mais inattaquables par les acides les plus puissants; dans ce cas, les moyens de recherches sont plus compliqués. Nous serons donc obligé de modifier nos procédés suivant que nous aurons affaire à l'une ou à l'autre nature de ces combinaisons.

Premier moyen. — Pour rechercher la présence de la potasse ou de la soude à l'état de combinaison soluble, on fera bouillir pendant une demi-heure, dans de l'*eau pure*, 500 grammes de terrain après l'avoir complètement desséché au bain-marie, ainsi que nous l'avons déjà expliqué plusieurs fois.

Le mélange, refroidi, est passé au travers d'un linge avec expression, afin d'obtenir la plus grande quantité possible de liquide. Il faut que le linge dont on se sert

24

pour cette expérience ait été auparavant rincé à l'eau pure;
sans cette précaution il aurait pu conserver, après la lessive ou la savonnerie, des traces d'alcali qui se trouveraient ainsi introduites dans l'opération, et en altèreraient
la vérité.

Le liquide exprimé et filtré au papier, est ensuite évaporé jusqu'à siccité sur un feu doux, dans un vase en
porcelaine. Si une légère portion de ce résidu, placée sur
un papier teint en bleu par le froissement de quelques
pétales de violettes ou d'une autre fleur, en fait passer la
nuance au vert, on peut déjà conclure avec certitude que
la terre examinée contient de la soude ou de la potasse à
l'état de carbonate.

Après ce premier essai, on humecte, avec de l'acide
sulfurique pur, le résidu qui existe dans la capsule de
porcelaine, on l'expose ensuite sur le feu pour le faire
dessécher, jusqu'à ce qu'il ne répande plus de vapeurs.
Cette opération a pour but de rechercher la soude et la
potasse qui peuvent être combinées à des acides assez
puissants pour neutraliser leur action sur les couleurs
bleues végétales; l'acide sulfurique déplace ceux-ci, et la
chaleur les vaporise.

La masse restante est alors composée de sulfates, dont
les uns sont solubles dans l'eau et les autres insolubles.
Au nombre des premiers se trouvent ceux à base de soude
et de potasse qui font l'objet de nos recherches. On les
isole des seconds en traitant par l'eau pure le mélange,
qui se trouve ainsi séparé en deux : d'une part, les sels
solubles qui se dissolvent dans ce liquide; d'autre part,
les sels insolubles qui restent au fond, et qu'on néglige.
S'il n'y avait de soluble dans cette opération que les sulfates de soude ou de potasse, le travail serait achevé, il
suffirait de filtrer la solution et d'en faire évaporer l'eau
pour obtenir le résultat cherché; mais les choses ne se

passent pas ordinairement d'une manière aussi simple.
Dans cette partie de l'expérience, les sulfates de soude et
de potasse sont, le plus souvent, accompagnés d'autres
sulfates solubles, notamment de sulfate de magnésie, que
l'on sépare de la manière suivante.

La solution qui renferme les sulfates solubles, est additionnée d'acétate de baryte qui précipite tout l'acide
sulfurique des sulfates et les transforme en acétates, ainsi
que l'indique la formule suivante, dans laquelle nous indiquons par $x. x. x.$ les bases d'abord combinées à l'acide
sulfurique et qui se transportent à l'acide acétique, par
l'effet d'un double échange :

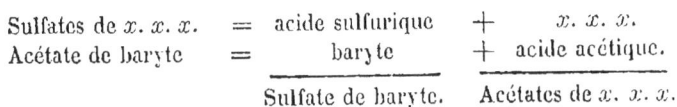

$$
\begin{array}{ll}
\text{Sulfates de } x.x.x. \quad = \quad \text{acide sulfurique} \quad + \quad x.x.x. \\
\text{Acétate de baryte} \quad = \quad \text{baryte} \quad + \quad \text{acide acétique.} \\
\hline
\quad\quad\quad\quad\quad \text{Sulfate de baryte.} \quad \text{Acétates de } x.x.x.
\end{array}
$$

Le sulfate de baryte, étant insoluble, se dépose; les acétates, au contraire, étant solubles, restent dans le liquide.
On sépare le dépôt par le filtre; on fait évaporer la liqueur qui contient les acétates solubles, et quand l'évaporation est complète, on brûle le résidu qui en provient
dans une petite capsule de platine ou de porcelaine. Par
la chaleur, l'acide acétique se détruit, et les bases qui y
étaient unies se trouvent alors combinées à l'acide carbonique qui s'est formé pendant la combustion de l'acide
acétique. Dans ce dernier produit, comme il n'y a plus
que les carbonates alcalins qui soient solubles dans l'eau,
on les dégage aisément en délayant le résidu dans ce liquide, filtrant la solution pour la séparer des corps non
dissous, et la faisant évaporer sur le feu. L'évaporation
étant achevée, on reconnaît les carbonates de soude et
de potasse aux caractères suivants : leur saveur est âcre
et rappelle celle de la lessive; leur solution est onctueuse
au toucher; elle verdit fortement les couleurs bleues vé-

gétales; elle précipite tous les sels métalliques et n'est précipitée par aucun d'eux.

Si ces deux alcalis possèdent les propriétés communes
que nous venons d'indiquer, ils ont aussi des propriétés
particulières qui servent à les distinguer entre eux. Ainsi
la potasse dissoute dans l'eau cristallise très difficilement;
amenée par l'évaporation à l'état de dessiccation parfaite,
elle ne tarde pas à attirer l'humidité de l'air et à s'y
résoudre en liqueur; elle est précipitée sous forme cristalline par un excès d'acide tartrique; le chlorure de platine,
et surtout l'acide perchlorique la précipitent de ses dissolutions.

La soude, au contraire, cristallise aisément; ses cristaux
exposés à l'air, au lieu de se résoudre en liqueur, se dessèchent de plus en plus, ils perdent leur transparence en
laissant échapper leur eau de cristallisation, ils *s'effleuris-
sent*; l'acide tartrique, le chlorure de platine et l'acide
perchlorique ne la précipitent pas.

Deuxième moyen. — Quand la soude ou la potasse se
trouvent renfermées dans les pierres ou dans les graviers
calcaires qui font partie du sol, ces deux alcalis y sont retenus avec plus de force, et alors un simple lavage ne suffit
pas pour les en séparer entièrement; dans ce cas, il est
indispensable de réduire ces calcaires à l'état de chaux.
Mais comme chacun n'a pas sous la main des fourneaux
acpables de produire la chaleur nécessaire à la calcination,
le mieux sera de s'adresser au four à chaux le plus voisin.
Les pierres doivent être marquées pour être reconnues;
quant aux graviers, on peut les mettre dans un creuset
dont le couvercle sera maintenu avec des fils de fer.

La chaux une fois obtenue, on la traite de la manière
suivante : après l'avoir éteinte, soit en l'arrosant avec
de petites quantités d'eau, soit en la plongeant et la laissant séjourner pendant quelques secondes dans ce liquide,

on la délaie dans une quantité d'eau suffisante pour en faire une bouillie très claire; cette bouillie est déposée sur un linge lavé à l'eau pure, ainsi qu'il a été dit plus haut, et tendu au-dessus d'un vase destiné à recevoir le liquide qui s'écoule. Le linge retient la chaux non dissoute, tandis que l'eau s'est emparée de la potasse et de la quantité de chaux que son affinité lui a permis de prendre. On recueille avec soin tout le liquide, on le décante pour le séparer du dépôt, et on le fait traverser pendant un quart d'heure par un courant d'acide carbonique, dont l'effet est de former avec la chaux un carbonate insoluble qu'on enlève aisément par le moyen d'un filtre de papier, ou plus simplement en le laissant déposer. A la page 158, nous avons indiqué le moyen de produire le courant d'acide carbonique et de le faire passer dans un liquide.

La solution ainsi privée de chaux est évaporée jusqu'à siccité; le résidu, repris par un peu d'eau distillée et filtré, ne contient plus que la soude où la potasse, qui se reconnaissent aux caractères indiqués ci-dessus.

C'est à MM. Kuhlmann et Vogel que nous devons cette remarque importante: que les pierres à chaux ne cèdent à l'eau toute la potasse et la soude qu'elles renferment qu'après avoir subi la calcination. Déjà, il est vrai, M. Decroizilles avait observé depuis long-temps que dans la préparation de l'eau de chaux, la première dose obtenue contenait de la potasse; mais il avait attribué cet alcali à la cendre du bois qui avait servi à cuire la chaux. Aujourd'hui il est certain qu'on trouve de la potasse et de la soude dans de la chaux cuite dans un creuset, sans aucun contact avec la cendre du combustible.

Il n'est pas besoin d'ajouter que ce procédé que nous venons de décrire, pour rechercher la soude et la potasse contenues dans les pierres ou les graviers calcaires qui font partie du sol, pourra s'employer utilement pour trouver les mêmes alcalis dans les marnes et dans la chaux destinées à amender la terre.

Troisième moyen. — Lorsque la soude ou la potasse existent dans les pierres siliceuses, leur séparation devient plus compliquée; mais comme en agriculture on n'a besoin que de trouver les substances que l'on recherche, et non d'en apprécier rigoureusement les quantités, les difficultés en sont de beaucoup amoindries. Cependant, nous ne serions pas entré dans les détails de ce troisième moyen si nous ne regardions pas la présence des alcalis dans les pierres siliceuses comme un fait important pour la physiologie végétale. Il s'est trouvé des naturalistes qui ont prétendu que les plantes font elles-mêmes la potasse dont elles ont besoin; si ces expérimentateurs avaient analysé le sable siliceux dans lequel ils ont fait croître les plantes destinées à leurs recherches, ils y auraient sans doute trouvé la source des alcalis qu'ils ont retirés de la cendre de ces plantes (1). D'ailleurs, il est probable que parmi nos lecteurs il s'en trouvera quelques-uns qui voudront se livrer à ce genre de recherches, c'est pour

(1) Cette opinion, qui attribue aux plantes la faculté de composer des alcalis ou des matières terreuses, a été appuyée par M. Schrœder et depuis par M. Bracoimot. Ces deux savants expérimentateurs ont fait germer des semences de froment, de seigle, d'orge dans de la fleur de soufre; les vases qui renfermaient ces cultures d'essai ont été tenus à l'abri de la poussière et des pluies, et les plantes qui en sont provenues ont fourni un poids plus considérable de cendre, qu'une quantité de semence égale à celle qui avait été mise en expérience.

M. Lassaigne a repris ces travaux, mais en choisissant une autre espèce de plante. Il a semé, à deux reprises différentes, dans de la fleur de soufre, 10 grammes de sarrasin, après s'être assuré que cette quantité de graine fournissait 0 gr. 220 de cendres. Toutes les précautions ont été prises pour écarter l'accès des matières étrangères à l'air ou à l'eau dont la présence était nécessaire au développement des jeunes plantes. Au bout de quinze jours, les tiges, qui avaient poussé plusieurs feuilles, ont

eux que nous traçons la marche suivante, après l'avoir simplifiée le plus qu'il nous a été possible.

On prend dans le terrain les pierres siliceuses, c'est-à-dire celles qui ne font pas effervescence avec les acides ; on les casse en très petits morceaux au moyen d'un marteau ; on les pulvérise ensuite très finement dans un mortier d'acier. Cette pulvérisation doit être très long-temps continuée, car c'est du degré de finesse de la poudre que dépend en partie la réussite de l'opération. On pèse un ou deux grammes de cette poudre qu'on mélange bien exactement avec quatre à cinq fois son poids de nitrate de baryte, qu'on aura eu soin de pulvériser aussi très finement, après l'avoir fait dessécher pendant long-temps. Cette dernière précaution empêche, quand on fait chauffer le mélange, qu'il ne se fasse des pétillements qui lancent la matière au-dehors.

Les choses étant ainsi préparées, on met la poudre composée dans un creuset d'argent dont la capacité doit être comparativement assez grande, pour que la masse qui se boursouffle sur le feu ne déborde pas ; on commence d'abord à chauffer doucement pour modérer l'effervescence ; quand celle-ci s'apaise on augmente le feu, mais il faut prendre garde d'arriver jusqu'à la fusion du creuset ; après une demi-heure d'exposition à cette haute température, on retire le creuset, on le laisse refroidir,

---

été cueillies avec soin, on a ramassé de même la graine qui n'avait pas germé, et le tout a été incinéré. La cendre analysée a fourni :

Phosphate de chaux	0 gr. 190
Carbonate de chaux. . . .	0 025
Silice.	0 005
Chlorure de potassium. . . .	traces.
TOTAL. . . .	0 220

d'où il suit rigoureusement que le sarrasin n'avait formé ni alcali ni matière terreuse.

puis on ramollit la masse avec de l'eau, on l'enlève du
creuset pour la mettre dans un verre où on la sursature
avec de l'acide chlorhydrique.

On évapore le liquide jusqu'à siccité dans une capsule
de porcelaine, on imbibe le résidu desséché avec de l'acide
chlorhydrique, et on laisse le tout en repos pendant un
quart d'heure; ce temps écoulé, on verse dessus de l'eau
pure qui dissout les matières salines et laisse sans l'attaquer la silice qu'on sépare au moyen d'un filtre de papier. La liqueur transparente contient, à l'état de chlorhydrates, la baryte dont on s'est servi pour attaquer la pierre
siliceuse et les corps qui faisaient partie de cette pierre,
y compris la potasse et la soude si ces deux alcalis y
existaient. On ajoute du carbonate d'ammoniaque qui
précipite en même temps la baryte et les oxides métalliques autres que la potasse et la soude; on filtre de nouveau pour séparer les matières dissoutes d'avec celles qui
sont précipitées.

La liqueur filtrée ne contient plus alors que l'ammoniaque, qui s'est uni à l'acide chlorhydrique en écartant,
sous forme de précipité, la baryte et les autres oxides métalliques; plus un excès de carbonate d'ammoniaque qui a
servi à la précipitation; plus enfin la potasse et la soude,
en supposant toujours leur présence. On fait évaporer
sur le feu dans une capsule de porcelaine, et, quand l'é-
vaporation est achevée, ou pousse la chaleur jusqu'à faire
rougir le mélange. Le chlorhydrate et le carbonate d'ammoniaque ayant la propriété de se vaporiser par la chaleur, s'échappent à cette température, et, si elle a été
maintenue assez long-temps, il ne reste plus dans la
capsule que la potasse ou la soude combinées à l'acide
chlorhydrique, salies de quelques précipités qui n'ont
pas été séparés par les filtrations précédentes. On traite
par une petite quantité d'eau le peu de matière qui

reste dans la capsule, on filtre une dernière fois, on fait évaporer et l'on examine les caractères du résidu. Le chlorhydrate de potasse se reconnaîtra à la propriété qu'il possède de précipiter par le chlorure de platine et par les acides tartrique et perchlorique ; le chlorydrate de soude à sa saveur franchement salée et à sa cristallisation en forme de cubes.

Les difficultés qui se sont rencontrées, quand nous avons cherché à isoler la potasse et la soude contenues dans les calcaires et surtout dans les pierres siliceuses, prouvent encore la nécessité de faire succéder à des récoltes épuisantes d'autres moins avides de sels alcalins. Ce sont les mêmes motifs d'alternance que ceux que nous avons signalés à l'occasion du phosphate de chaux ; ce sont les mêmes forces et les mêmes agents qui, agissant sur le sol, faiblement mais d'une manière incessante, en isolent lentement ces principes et finissent par les rassembler en quantité suffisante pour pouvoir suffire à une nouvelle culture. Ces forces et ces agents sont les gelées et les alternatives de sécheresse et d'humidité qui divisent, et l'acide carbonique qui dissout. M. Polstorff a eu la constance de faire circuler pendant un mois de l'acide carbonique dans un mélange d'eau et de sable siliceux pur ; au bout de ce temps l'eau renfermait de la potasse ainsi que quelques matières terreuses (1). Cette expérience prouve, une fois de plus, les services immenses que l'acide carbonique rend à l'agriculture. Aussi remarquons-nous que sa pesanteur le retient sur la terre et l'empêche de s'élever dans les couches supérieures de l'atmosphère.

Le tableau suivant indique, d'après M. Boussingault, les proportions de soude et de potasse contenues dans la cendre des récoltes les plus ordinaires, ainsi que la quan-

(1) De Gasparin, *Cours d'agriculture*, t. 1. p. 109.

tité de ces alcalis enlevés par ces mêmes récoltes, d'un hectare de terrain pendant le cours d'une année.

NATURE DES RÉCOLTES.	Pour 100 parties de cendres. QUANTITÉ		QUANTITÉ de potasse et de soude enlevée d'un hectare.
	de potasse.	de soude.	
			kil.
Pommes de terre. . .	51,5	traces.	. . 63,5
Betteraves champêtres.	39,0	6,0	. . 89,9
Navets.	33,7	4,1	. . 20,6
Topinambours. . .	44,5	traces.	. . 146,8
Froment.	29,5	traces.	. . 8,1
Paille de froment. .	9,2	0,3	. . 18,6
Avoine.	12,9	0,0	. . 5,5
Paille d'avoine. . .	24,5	4,4	. . 18,9
Trèfle.	26,6	0,5	. . 84,1
Pois.	35,3	2,5	. . 11,7
Haricots.	49,1	0,0	. . 27,1
Fèves.	45,2	0,0	. . 28,7

DE L'HUMUS.

Nous terminons, par quelques mots sur l'humus, ce que nous avons à dire de l'analyse des terrains et des propriétés agronomiques des principes qui les constituent. Ce sera comme un passage qui nous conduira de l'étude des matières minérales utiles au développement des végétaux, à celle des substances nutritives d'origine organique.

L'humus, dans les forêts et dans les terrains incultes, est produit par les feuilles et les tiges des plantes qui périssent chaque année et se décomposent sur place; dans les terres cultivées, les engrais apportent leur part à la production de cette matière. L'humus peut donc être considéré comme le résultat de la décomposition spontanée des matières organiques abandonnées sur le sol; mais il diffère suivant qu'il doit son origine aux matières végétales ou aux matières animales.

Tous les agronomes ne sont pas d'accord sur la qualité nutritive de l'humus. M. Hartig, après avoir fait végéter des plants de fèves dans une eau saturée d'humus, n'a pas trouvé que cette substance ait sensiblement diminué de quantité (1); M. Théodore de Saussure, en répétant les mêmes expériences, est arrivé à un résultat contraire; les travaux de MM. Wiegman et Trinchinetti confirment ceux de M. de Saussure (2). Nous ne pouvons descendre dans ces discussions de pure physiologie végétale; nous nous bornerons à constater, en nous appuyant sur les auteurs les plus recommandables que, si les plantes ne s'approprient pas directement l'humus, la présence de celui-ci dans les terrains cultivés n'en est pas moins indispensable, et qu'une terre est d'autant plus fertile qu'elle en renferme une proportion plus considérable. Nous n'avons pas besoin de prévenir que nous ne voulons parler que des terres franches et non des terres tourbeuses, qui font exception à la règle générale.

Les proportions d'humus qui se rencontrent dans les terrains varient dans des limites assez étendues; suivant Thaër, les bonnes terres argileuses doivent en contenir au moins de 5 à 6 pour cent (3); le même auteur en a rencontré jusqu'à 11 1/2 pour cent dans des terres excessivement fertiles. Les sables en exigent davantage que l'argile.

L'humus peut se rencontrer à deux états différents : à l'état neutre et à l'état acide. Le premier se désigne sous le nom d'humus doux, il fertilise directement; le second, au contraire, produit des effets nuisibles tant que son

(1) Liébig, *Traité de chimie organique, introduction*, CLXVII.
(2) De Gasparin, *Cours d'agriculture*, t. I, p. 110-112.
(3) Thaër, *Principes raisonnés d'agriculture*, t. II, p. 202.

acidité n'est pas neutralisée; on le reconnaît à la propriété qu'il possède de rougir les couleurs bleues végétales. Les propriétés malfaisantes qu'il communique au sol qui le renferme peuvent être corrigées par l'emploi de la chaux ou de la marne, dont le principe calcaire sert à neutraliser l'acide.

Si la vertu nutritive de l'humus est contestée, nous allons signaler les propriétés précieuses pour l'agriculture, que tous les agronomes s'accordent à lui reconnaître. Sa présence divise le sol et lui communique la faculté de soutirer de l'air une plus grande quantité de vapeur d'eau, d'absorber une plus grande quantité d'eau pluviale et de la refuser avec plus de force à l'action desséchante de l'air. Comme l'eau est le seul fluide qui puisse transmettre les aliments dans les vaisseaux de la plante, il en résulte que cette propriété hygrométrique de l'humus le rend très favorable au développement de la végétation. L'humus, par sa consistance spongieuse, possède encore la puissance d'absorber les matières gazeuses dont les plantes se nourrissent. Peu conducteur du calorique, il s'échauffe lentement; mais aussi il ne perd que graduellement la chaleur qu'il a absorbée; cette propriété préserve les racines des plantes des passages brusques d'une température à une autre.

L'humus, premier terme de la décomposition organique, se réduit incessamment en des éléments plus simples encore, au nombre desquels se trouve l'acide carbonique; celui-ci, se trouvant immédiatement en contact avec le sol, y rend solubles peu à peu le phosphate de chaux et les alcalis retenus fortement dans des combinaisons siliceuses. Les autres produits de sa décomposition sont des matières gazeuses d'une autre nature, et dont la majeure partie peut être absorbée au profit de la végétation.

En somme, supposé que l'humus ne soit pas directement une substance alimentaire pour les plantes, ce qui n'est pas prouvé; il lui resterait encore, au point de vue physique, le rôle très important de diviser le sol d'une manière utile et de lui communiquer des propriétés très avantageuses; et, au point de vue chimique, celui non moins profitable de simplifier ses éléments dont les uns serviront de nourriture aux plantes, tandis que les autres extrairont du sol la matière minérale nécessaire à la végétation.

Nous avons donné plus haut les moyens de reconnaître l'humus contenu dans le sol, de l'isoler et d'en reconnaître les proportions. Il est vrai que, pour ce qui concerne l'appréciation des quantités, les procédés indiqués laissent à désirer une plus grande exactitude; mais il faudrait, pour faire disparaître les défauts que nous avons signalés, une habitude de manipulation chimique peu commune chez les personnes qui se livrent aux opérations de chimie agricole; c'est pour ce motif que nous n'entrerons pas, à ce sujet, dans des détails plus étendus; il suffira de tenir compte approximativement des causes d'erreur pour arriver à une appréciation suffisante.

Mais il est un autre point que nous n'avons touché que d'une manière empirique, et sur lequel nous croyons devoir donner des indications plus précises; c'est celui qui a rapport à la distinction de l'humus d'origine végétale, d'avec l'humus qui provient de matières animales. Les caractères que nous avons indiqués se bornent à remarquer si, au moment de la combustion, la matière produit de la flamme, ou si elle dégage seulement une fumée dont l'odeur est analogue à la corne qui brûle. Ces phénomènes sont fugaces et quelquefois assez peu tranchés; le procédé suivant laissera un produit permanent et plus facile à apprécier.

On se procurera un tube de verre de dix centimètres de longueur environ, et de la grosseur d'une plume ordinaire; ce tube sera fermé à la lampe par une de ses extrémités; on déposera au fond une petite quantité de l'humus qu'on veut essayer; on placera dans l'ouverture une petite lanière de papier de tournesol rougi au moyen d'un acide, cette lanière pénétrera d'un à deux centimètres dans l'intérieur du tube. Le tout étant disposé ainsi, on chauffera l'humus à la flamme d'une lampe à esprit de vin, ou tout simplement sur des charbons ardents. Cette matière ne tardera pas à se décomposer et à donner des vapeurs abondantes. Si l'humus a une origine animale, les vapeurs dégagées renfermeront de l'ammoniaque, et la partie du papier rouge introduite dans le tube passera au bleu et s'y maintiendra; dans le cas contraire, la nuance du papier ne sera pas changée.

DES ENGRAIS.

CONSIDÉRATIONS PRÉLIMINAIRES.

Nous avons remarqué dans les leçons précédentes, en étudiant la nature des terres, quelles sont les substances minérales qui servent à l'alimentation végétale. Il nous reste à voir à quelle source les plantes puisent les matériaux qui constituent leur nature organique, c'est-à-dire la presque totalité de leur substance.

Le tissu des végétaux est composé de carbone, d'hydrogène, d'oxigène et d'azote, cette dernière substance ne représentant le plus ordinairement qu'une faible fraction

de la somme totale; c'est même ce qui distingue les matières végétales des matières animales, dans lesquelles
l'azote domine toujours. Il est donc nécessaire, pour que
les plantes prospèrent, qu'elles trouvent à leur portée du
carbone, de l'hydrogène, de l'oxigène et de l'azote. Ce
sont les fumiers et les engrais de différentes espèces qui
sont chargés de leur fournir la plus grande partie de ces
éléments, dont l'atmosphère apporte aussi sa part. Comment se fait cette répartition et cette assimilation? Jusqu'à présent toutes les recherches et toutes les explications
des physiologistes n'ont pu soulever le voile qui nous ca-
che ce mystère. Tout ce que nous savons bien, c'est que
ce sont les terres les mieux fumées qui, toutes choses
égales d'ailleurs, donnent les récoltes les plus belles et
les plus abondantes. Nous n'entrerons donc, à l'occasion
des engrais, dans aucun détail de physiologie végétale;
et d'ailleurs le cadre et la nature de ce livre ne nous l'eût
pas permis. Néanmoins, nous saisirons cette occasion
pour dire notre pensée tout entière à l'égard de l'azote.

Peut-être que déjà plusieurs fois nous aurons indis-
posé contre nous par les quelques paroles légères que
nous avons laissé échapper sur la théorie du jour.
C'est pour cela que nous nous hâtons de déclarer que
nous croyons que l'azote joue un rôle essentiel dans la
nutrition des plantes; mais nous croyons aussi qu'on en
exagère l'importance; et nous craignons surtout que cette
préoccupation ne fasse négliger l'appréciation des autres
éléments plus abondamment nécessaires.

Nous considérons l'azote sous deux formes bien différentes : comme faisant partie de la substance même
des fumiers, et comme étant un des éléments de l'ammoniaque dont les fumiers sont imprégnés. Notre
opinion sur la première forme est que les fumiers, pour
devenir matière alimentaire, ont besoin de se transfor-

mer en éléments plus simples. Or, précisément un des
caractères qui distinguent les matières azotées est de se
décomposer avec une plus grande facilité que celles qui
ne contiennent pas ce corps gazeux à l'état de combinaison. En chimie on désigne ces substances sous le
nom de composés quaternaires pour indiquer le nombre
des éléments qu'elles renferment; et, règle générale, plus
la composition des matières organiques mortes est compliquée, plus ces matières tendent à se dissocier pour former des combinaisons plus simples. Il suit de là que les
fumiers qui sont des composés quaternaires se décomposant aisément, cèdent aussi leurs principes nutritifs
avec une facilité plus grande. A notre avis, dans cette circonstance, ce n'est pas l'azote qui nourrit la plante, c'est
seulement sa présence qui, déterminant la dissociation
des éléments avec lesquels il était en combinaison, livre
ces mêmes éléments à l'appétit des végétaux en plus
grande abondance; il remplit dans ce cas l'office du feu
dans l'opération de l'écobuage. Tout l'azote, cependant,
n'est pas perdu; la majeure partie se convertit en ammoniaque qui s'ajoute à celle que renfermait déjà le fumier; c'est sous cette seconde forme que nous allons
l'examiner.

L'ammoniaque dans les fumiers est ordinairement à
l'état de carbonate. Nous avons long-temps médité pour
nous rendre compte de ses effets; car, d'un côté, il
est prouvé par des expériences précises que l'ammoniaque excite et développe la végétation; d'un autre côté,
l'analyse est loin de retrouver dans la plante la somme
d'azote qui devrait s'y rencontrer, en supposant que toute
l'ammoniaque absorbée ait été employée à la formation du
végétal, surtout si l'on ajoute à celle fournie par les engrais la quantité cédée par l'atmosphère et celle contenue
dans la partie argileuse du terrain.

Voici la théorie qui nous a semblé la plus probable : le carbonate d'ammoniaque serait décomposé, par la force vitale de la plante, en carbone, eau et azote, d'après la formule suivante :

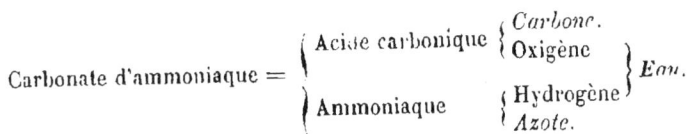

$$\text{Carbonate d'ammoniaque} = \begin{cases} \text{Acide carbonique} \begin{cases} \textit{Carbone.} \\ \text{Oxigène} \end{cases} \\ \text{Ammoniaque} \begin{cases} \text{Hydrogène} \\ \textit{Azote.} \end{cases} \end{cases} \left.\right\} \textit{Eau.}$$

Le carbone serait assimilé à la plante, ainsi que l'eau et l'azote dont l'excès serait rejeté par la transpiration. Cette hypothèse servirait à expliquer l'appropriation d'une quantité notable de carbone, et l'on sait que ce point de physiologie végétale est encore assez obscur. Les carbonates de chaux, de potasse et de soude apportent bien aussi leur part de carbone; mais leurs bases, étant fixes, encombreraient bientôt les vaisseaux des plantes si elles étaient seules chargées de cette fonction. Le carbonate d'ammoniaque n'offre pas le même inconvénient; il peut transmettre le carbone qu'il renferme, puis ses éléments revêtir la forme de gaz ou de vapeur, et s'échapper par la transpiration, si la plante ne peut pas les faire servir à sa nutrition. D'après cette supposition, l'azote, sous forme de carbonate d'ammoniaque, remplirait les deux rôles : celui d'intermédiaire et celui de matière véritablement nutritive.

Il est vrai que pour soutenir cette opinion, il faudrait prouver que les plantes, ayant leurs racines dans un sol imprégné de carbonate d'ammoniaque, expirent quelquefois de l'azote. Nous désirons bien vivement que les personnes habituées à ce genre de recherche entreprennent quelques expériences à ce sujet; en attendant, nous nous arrêtons à cette théorie qui nous paraît répondre aux objections les plus sérieuses.

25

Si nous sommes dans le vrai, il y aurait donc exagération aujourd'hui, ainsi que nous l'avons fait remarquer,
à doser le degré de fertilité d'un engrais uniquement par
la quantité d'azote qu'il renferme. Il importe de savoir encore si cet engrais contient des proportions avantageuses
de carbone, d'oxigène et d'hydrogène, condition sans laquelle il ne peut être considéré comme un engrais complet ;
s'il se décompose avec facilité, pour fournir, dans un plus
grand état de simplicité, ces éléments aux besoins de la
végétation. Il conviendrait en outre d'estimer la quantité
de carbonate d'ammoniaque qu'il est susceptible de
fournir pendant sa décomposition spontanée.

En résumé, nous croyons que le principal rôle de
l'azote est de fournir, sous la forme de carbonate d'ammoniaque, une fraction notable du carbone dont la
plante a besoin, sans gorger ses vaisseaux de matières
minérales qui y entraveraient la circulation ; que tout en
remplissant ces fonctions il se trouve assimilé, en partie
ou en totalité, suivant la nature et les exigences de la
plante qu'il sert à alimenter. Nous croyons également
qu'une autre partie du carbone, peut-être la plus forte,
est fournie par la portion des engrais qui se réduit à l'état
de terreau. La forme sous laquelle cet élément se trouve
alors absorbé ne nous est pas connue, et c'est précisément
ce qui nous fait regretter cette préoccupation trop absolue de l'azote, qui a pour résultat de détourner les recherches des agronomes de ce point si intéressant et si
utile à éclairer.

Un autre inconvénient qui résulte du dosage par l'azote,
c'est de faire oublier trop souvent la recherche des sels
minéraux utiles à l'alimentation végétale ; nous en avons
donné un exemple en parlant du noir animal.

Il est encore une autre pratique que nous ne saurions
approuver, du moins jusqu'à ce que l'expérience en ait

clairement démontré l'efficacité : c'est l'introduction dans les fumiers d'acides minéraux ou de sulfates ferreux et calcaires, recommandés depuis quelques années dans le but de retenir et de fixer l'ammoniaque à mesure qu'il se produit. Car, si le principal effet agricole de celle-ci doit se manifester quand elle existe sous la forme de carbonate, toute la portion qui existait à cet état, et qui par ces additions sera passée à l'état de sulfate ou de chlorure, restera à peu près sans emploi jusqu'à ce qu'elle ait trouvé l'occasion de se décomposer de nouveau pour redevenir carbonate. M. Boussingault a prouvé en effet, par des expériences très curieuses, que l'azote fixé dans les récoltes obtenues par M. Schattenmann, sous l'influence du sulfate et du chlorhydrate d'ammoniaque, n'avait pu s'introduire avec profit dans la circulation végétale qu'après être passé à l'état de carbonate d'ammoniaque. L'acide sulfurique et le chlore trouvés dans ces récoltes étaient en proportion extrêmement éloignée avec la quantité d'ammoniaque qui a dû concourir à la production de cet azote (1).

Outre qu'il arrive qu'en voulant ainsi conserver l'ammoniaque on le rend moins propre à l'alimentation végétale, il peut encore en résulter un autre inconvénient : celui d'en diminuer la production ; car il n'est pas démontré que ces agents chimiques, mélangés à des masses en fermentation, n'en entravent la décomposition en aucune manière, ni n'en modifient les produits. Quand les théories scientifiques ont pour but d'amener de graves modifications dans nos pratiques agricoles, il faudrait bien multiplier les essais, et ne recommander la nouveauté qu'après que des expériences très nombreuses et toujours favorables en auraient démontré l'utilité.

Ces explications étant données, nous allons passer en

---

(1) Boussingault, *Economie rurale*, t. II, p. 237-243.

revue les engrais les plus en usage, non pour en faire une histoire détaillée, ce qui nous jetterait dans l'agriculture générale; mais seulement pour porter dans leur composition et dans leur emploi les enseignements de la chimie, toutes les fois que nous en trouverons l'occasion.

VINGT-CINQUIÈME LEÇON.

Des fumiers de ferme. — Fumiers produits par les bêtes bovines; — Précautions à prendre pour en augmenter la qualité; — Procédé belge; — Époque la plus convenable pour épandre les fumiers; — Fumiers liquides; — Moyens de les recueillir; — De les répandre sur le terrain; — Quelles sont les récoltes auxquelles ils profitent davantage; — Quels sont les terrains qui les réclament de préférence. — Fumiers de cheval. — De basse-cour. — Autres engrais de ferme.

Le fumier de ferme est le plus souvent composé de toutes les déjections solides et liquides des bœufs, vaches, chevaux, cochons, etc., nourris dans les étables. Ces matières sont reçues sur des litières de diverses natures, dont le double effet est d'offrir aux animaux une couche moins dure et d'augmenter, en pourrissant, la quantité de l'engrais obtenu. Dans les petites exploitations, ce mélange de tous les fumiers est sans importance, dans ce sens que l'embarras de mettre à part celui de chaque animal ne compenserait pas les avantages qui pourraient en résulter; outre que dans les petites cultures les terres ne sont pas ordinairement très variées. Il n'en est pas de même dans une grande ferme. Là les animaux sont toujours séparés par espèce, et rien n'est plus simple alors, quand on nettoie les écuries et les étables, que de disposer le fumier de cheval dans un tas et celui des bêtes à cornes dans un autre. Les déjections des autres animaux étant de beaucoup inférieures en quantité pourront être mises dans l'un ou l'autre tas, mais plutôt dans celui des bêtes à cornes. L'utilité de cette séparation se fera surtout remarquer dans les localités où les terres offrent une grande variété de composition : ainsi les terres argileuses profiteront davantage du fumier de cheval, celles qui sont sablonneuses seront fécondées d'une manière plus durable par celui des bêtes bovines. Nous allons examiner successivement et brièvement la production et l'emploi de chacun de ces engrais.

Du fumier des bêtes à cornes. — La mastication continuelle des bêtes à cornes a pour effet de diviser les matières qui doivent servir à leur alimentation et de les réduire à un état de grande ténuité ; c'est pour cela que leurs déjections solides sont d'une consistance plus pâteuse et plus homogène que celles des herbivores qui n'ont pas la faculté de ruminer.

Le fumier des bêtes à cornes se compose à peu près partout des litières et des déjections solides et liquides de ces animaux ; mais la manière de l'obtenir varie suivant les usages des cultivateurs ou des localités. La méthode la plus simple consiste à mettre chaque jour une nouvelle litière sur l'ancienne et à n'enlever le fumier que quand il a acquis une épaisseur considérable ; alors les crèches sont mobiles et s'exhaussent à mesure que la couche d'engrais s'élève. Cette pratique a des avantages et des inconvénients ; par exemple, si la pente du sol ne permet pas aux liquides de s'écouler, les animaux ont constamment les pieds dans l'humidité, et il en résulte de fréquents accidents ; si, au contraire, les liquides s'échappent, il y a une perte d'engrais assez considérable. Mais, d'un autre côté, le poids et le piétinement du bétail ainsi que sa chaleur naturelle accélèrent la fermentation, et réduisent promptement l'engrais à cet état où les matières gazeuses

26

se trouvent engagées dans des combinaisons plus fixes. Les émanations animales de la transpiration viennent encore s'ajouter aux déjections et augmenter la somme des principes fertilisants.

L'agriculture belge a modifié ce procédé de manière à profiter d'une partie de ses avantages, sans en éprouver aucun des inconvénients. La dimension des étables est le double de celle qui est nécessaire pour loger les animaux; derrière ceux-ci se trouve une place dont le sol a été baissé et qui reçoit tous les liquides de l'étable; c'est dans ce lieu qu'on dépose le fumier à mesure qu'on le retire de dessous le bétail, et il y séjourne jusqu'au moment où on le transporte sur les champs. Thaër ne craint pas d'affirmer que cette méthode serait sans comparaison la meilleure, si l'on voulait consentir à faire les dépenses nécessaires pour donner aux étables les dimensions qu'elles réclameraient pour la mettre en usage. Là, la fermentation s'établit et se maintient sous une température toujours égale, sans que les pluies ou les vents emportent, chacun à sa manière, les vapeurs ou les sels qui se produisent pendant ce travail.

Mais l'usage le plus ordinaire est de déposer dehors les fumiers à mesure qu'ils sortent des étables; dans ce cas, il y a plusieurs précautions à prendre pour obtenir le résultat le plus avantageux, qui consiste à produire une fermentation suffisamment avancée, avec le moins possible de perte de matières gazeuses ou liquides.

Il faut bien se garder d'abandonner sans ordre, dans la cour de la ferme, les fumiers à mesure qu'ils sortent de l'étable. Il résulte, de cette mauvaise pratique, que les pluies lavent cet engrais et entraînent souvent assez loin dans les chemins, où elles sont perdues pour la culture, les parties solubles les plus fertilisantes. Il faut prendre aussi les précautions nécessaires pour que toutes les

déjections liquides qui s'écoulent de l'étable, soient recueillies afin qu'on puisse les utiliser au besoin. Quelques
praticiens font établir en maçonnerie des fosses assez profondes vers lesquelles ils dirigent tous ces liquides, et
dans lesquelles ils déposent en même temps tous les engrais solides. Cette disposition, toute rationnelle qu'elle
paraisse d'abord, a deux inconvénients assez graves : le
premier, c'est que, les pluies venant s'ajouter aux liquides qui proviennent des étables, la partie du fumier qui
baigne dans ces eaux ne peut pas éprouver le degré de
fermentation nécessaire ; le second, c'est que, lorsqu'on
charge le fumier pour le conduire aux champs, le liquide
qui s'est saturé de tous les sels solubles se répand le long du
trajet, et n'arrive pas en totalité jusqu'au lieu qu'il était
destiné à fertiliser.

Le procédé le plus avantageux est de creuser de quelques centimètres un sol imperméable, ou que l'on rend
ensuite imperméable avec une légère couche de béton. Le
fond de cette petite excavation doit être faiblement incliné, afin de permettre aux liquides de s'écouler dans une
fosse également imperméable que l'on a pratiquée à côté.
Tous les liquides de l'étable sont dirigés dans cette
fosse, tandis que les fumiers solides, rangés d'une manière régulière et fortement tassés, doivent avoir leur base
dans la petite excavation. Il convient de choisir, sans
trop s'écarter de l'étable, le lieu où le fumier est le plus
à l'abri du soleil, du vent et de la pluie. D'après cette
disposition, la marche de la fermentation n'est jamais en-
travée par un excédant de liquide, puisque la pente du sol
le laisse écouler, et si, dans la saison des chaleurs, la sè-
cheresse devient trop grande, on peut arroser le tas avec
le liquide contenu dans la fosse, et lui rendre ainsi l'humidité dont il aurait besoin. Cette dernière pratique procure de grands avantages pour la qualité du fumier.

Quelques praticiens, dans le voisinage de la mer, et particulièrement sur les côtes de la Normandie, ont l'habitude de répandre de l'eau de mer sur leur fumier; cette espèce de salaison ne peut avoir, suivant nous, d'autre effet que de retarder la décomposition des matières organiques, et d'empêcher les pertes qui résultent d'une fermentation trop active. Le sel répandu à petite dose sur nos fumiers doit produire les mêmes résultats.

Tous les agronomes ne sont pas d'accord sur l'époque la plus utile pour répandre le fumier; les uns prétendent qu'il est plus convenable de l'employer à la sortie de l'étable, de l'étaler sur le sol qui lui est destiné, et de l'y laisser ainsi quelque temps avant de l'enterrer; d'autres veulent que le fumier ait déjà subi un premier degré de fermentation; d'autres, enfin, préfèrent le laisser mûrir davantage. Ceux-ci conseillent de l'enterrer immédiatement, et surtout de ne pas le laisser séjourner en petits tas sur le champ à fumer. Chacun appuie son opinion sur sa propre expérience, d'où il suit que le fumier, employé de toutes ces manières, produit de bons effets, et qu'il est assez difficile de savoir dans quel cas il produit le plus grand avantage.

Fumiers liquides. — Il existe aussi plusieurs méthodes d'utiliser ces engrais, qui trop souvent sont perdus avec la plus déplorable négligence. Voici les principales parmi celles qui ont été recommandées et pratiquées avec succès par les agriculteurs qui comprennent tout l'avantage qu'on peut tirer des engrais liquides :

Les uns les absorbent dans de la terre légère ou de la marne desséchée qu'ils répandent sous le bétail en guise de litière. Ce procédé est surtout avantageux quand la paille est rare, puisqu'il permet de faire consommer en entier comme nourriture toute celle qui a été récoltée; mais il demande beaucoup de soin et de travail pour changer en temps convenable cette litière terreuse, afin que les animaux ne soient jamais dans la fange.

Le plus grand nombre se contente de recevoir les matières liquides dans des fosses imperméables qui avoisinent le fumier solide, ainsi que nous l'avons remarqué il n'y a qu'un moment. Cet engrais est transporté à mesure du besoin dans un tonneau muni d'un robinet. Une fois sur le terrain, le robinet s'ouvre, soit dans une espèce de gouttière percée de trous, qui fait l'office d'arrosoir, soit seulement sur une planche sillonnée de rigoles qui partent d'un centre commun pour s'écarter en forme d'éventail, ce qui forme autant de petits canaux par lesquels le liquide se disperse et se répand d'une manière uniforme. Pendant que le fluide s'écoule, le charriot qui porte le tonneau marche plus ou moins rapidement, suivant qu'on veut déposer sur le terrain une quantité d'engrais plus ou moins grande.

Les récoltes qui profitent davantage de la propriété fécondante des eaux de fumier sont : le colza, le chanvre, le trèfle, la luzerne, les prairies naturelles. Il convient de s'en abstenir pour les céréales, par la raison que l'activité de cet engrais les exposerait à verser, à moins qu'on n'en modérât la dose.

Quant aux espèces de terre qui tirent le plus grand bénéfice de ces arrosements, ce sont celles qui sont légères ou sablonneuses; elles acquièrent par ce moyen un peu de consistance, en même temps qu'elles en reçoivent des matières nutritives destinées à alimenter les récoltes qu'elles devront produire.

Composition chimique. — D'après les expériences de M. Boussingault (1) sur les déjections d'une vache laitière, qui rendait par jour 8 litres 25 de lait, on peut es-

(1) Boussingault, *Economie rurale*, t. II. p. 126.

timer ainsi la composition chimique de 100 parties d'engrais produit par les bêtes à cornes :

URINE OU EXCRÉMENT LIQUIDE

Eau............... 88, 30
Extrait sec......... 11, 70
                     ―――――――
                     100, 00

Cet extrait est composé pour 100 parties de :

Carbone............ 27, 2
Hydrogène. 2, 6
Oxigène 26, 4
Azote.............. 3, 8
Sels minéraux....... 40, 0
                     ―――――――
                     100, 0

Les sels consistent en :

Carbonate de potasse provenant des hippurate et lactate.
Carbonate de potasse naturel.
Carbonate de magnésie.
Carbonate de chaux.
Sulfate de potasse.
Chlorure de sodium.
Silice.

Un fait bien remarquable, c'est qu'on ne rencontre pas de phosphates dans l'urine des vaches, tandis que celle des veaux en renferme des quantités très notables.

EXCRÉMENTS SOLIDES

Eau............. 90, 60
Matières sèches.. . 9, 40
                    ―――――――
                    100, 00

Cette matière sèche est composée pour 100 parties de :

Carbone............ 42, 8
Hydrogène.. .... 5, 2
Oxigène........... 37, 7
Azote.............. 2, 3
Sels minéraux....... 12, 0
                     ―――――――
                     100, 0

Il ne faut pas croire que ces chiffres représentent exactement dans tous les cas la composition chimique du fumier solide ou liquide des bêtes à cornes; la nature de l'alimentation, le tempérament des animaux, leur sexe, l'état de gestation des femelles sont autant de causes qui doivent y apporter quelques modifications. Seulement le résultat des expériences de M. Boussingault fournit comme un type de comparaison dont les variétés ne peuvent jamais s'éloigner beaucoup.

L'engrais qui provient des bêtes à cornes convient à tous les terrains, mais il est particulièrement avantageux aux terres légères auxquelles son état pâteux communique une consistance qui leur est très favorable. Ainsi, dans cette circonstance, il agit d'abord comme matière nutritive destinée aux récoltes; mais aussi comme un lien qui réunit ensemble les particules trop meubles du sol.

Du fumier de cheval. — A la simple inspection du crotin de cheval on s'aperçoit que cette matière n'a pas reçu le même degré de division que celle qui constitue les excréments des bêtes bovines; les végétaux qui ont servi d'aliment à ces animaux y sont plutôt incisés que broyés. C'est surtout en raison de cette forme que le fumier du cheval a été recommandé de préférence pour les terrains argileux; il les divise mécaniquement comme les diviserait du foin ou de la paille finement hachés, en même temps qu'il leur fournit la matière animale nécessaire à leur fécondation.

L'état d'intégrité dans lequel se trouvent les débris végétaux du fumier de cheval réclame une attention et des soins particuliers pour en obtenir un engrais parfait. Si on l'abandonne à lui-même il s'établit dans ces matières qui ont échappé à la digestion une fermentation vive que leur état de division et d'imprégnation facilite merveilleusement. La masse ne tarde pas à s'échauffer, et ne contenant pas assez d'humidité pour parcourir avec avantage toutes les phases de cette opération, elle se dessèche bientôt dans le centre où il s'établit une végétation cryptogamique qui l'altère. Le fumier perd encore pendant ce travail spontané une partie notable de ses principes les plus utiles.

On peut parer à tous ces inconvénients en fournissant à ces matières l'élément dont elles ont besoin pour se transformer en engrais parfait, l'eau. Ce liquide modère la chaleur, empêche le contact direct avec l'air atmosphérique qui y entretenait une combustion lente, et répartit l'acte de transformation d'une manière uniforme dans tous les points à la fois. Nous indiquerons comme un bon exemple à suivre dans cette circonstance le procédé indiqué par M. Schattenmann (1), et que l'on pourra modifier pour ce qui concerne la dimension des fosses, suivant le nombre de chevaux nourris dans la ferme.

Pour une écurie de deux cents chevaux, cet habile expérimentateur a fait disposer une fosse de 400 mètres carrés de surface, dont le sol légèrement incliné à droite et à gauche permet aux liquides de se rendre au centre où se trouve creusé un réservoir. Le fumier est déposé alternativement des deux côtés et fortement tassé, précaution très importante pour s'opposer à l'accès de l'air, puis abondamment et fréquemment arrosé par des pompes qui prennent d'abord les urines qui se sont rendues dans le réservoir, et complètent par de l'eau ordinaire la quantité de liquide suffisante pour que toute la masse soit imprégnée. Les eaux qui s'écoulent après avoir pénétré la masse suivent la pente inclinée du sol et se rendent dans le réservoir du centre, d'où on les pompe

_____

(1) Schattenmann. *Annales de chimie et physique*, 3e série, t. IV. p. 117.

de nouveau pour les faire servir aux arrosages suivants.

M. Schattenmann, dans l'intention de retenir l'ammoniaque qui se forme toujours pendant la décomposition des matières animales emploie deux moyens que nous signalons, sans y attacher une très grande importance. Le premier consiste à répandre sur le fumier du plâtre en poudre, *sulfate de chaux;* le second à dissoudre dans les eaux d'arrosage de la couperose verte, *sulfate de fer;* les arrosements font pénétrer dans la masse ces matières salines, qui se trouvant en présence avec le carbonate d'ammoniaque du fumier, le transforment en sulfate d'ammoniaque et le rendent plus fixe. Nous avons dit ailleurs notre opinion sur l'action du sulfate d'ammoniaque en agriculture, c'est pourquoi nous nous abstenons de nouvelles réflexions sur cette addition de matières chimiques qui du reste ne modifient en rien la marche de la fermentation.

Ce procédé fournit au bout de deux ou trois mois, suivant la saison et les soins qu'on y a donnés, un engrais pâteux qui a toute l'apparence et la qualité de celui qui est produit par les bêtes à cornes. Dans cet état, il convient tout aussi bien aux terres légères qu'aux terres fortes. Dans les exploitations rurales où l'on peut disposer d'une grande masse d'engrais liquides, ces eaux seront employées avec plus d'avantage que l'eau ordinaire pour servir à l'arrosement du fumier de cheval.

Composition chimique. — Les recherches de M. Boussingault (1) sur la composition des excréments solides et liquides d'un cheval nourri au foin et à l'avoine, lui ont fourni les résultats suivants pour 100 parties de matières :

(1) Boussingault, *Economie rurale,* t. II, p. 124.

URINE OU EXCRÉMENT LIQUIDE.

Eau............. ..... 87, 60
Extrait sec......... 12, 40
_____
100, 00

Cet extrait est composé pour 100 parties de :

Carbone....... ... 36, 0
Hydrogène........ . 3, 8
Oxigène........... 11, 3
Azote............. 12, 5
Sels minéraux. 36, 4
_____
100, 0

Les sels minéraux sont composés de :

Carbonate de potasse provenant des hippurate et lactate.
Carbonate de potasse naturel.
Carbonate de soude provenant du lactate.
Carbonate de chaux.
Carbonate de magnésie.
Sulfate de potasse.
Chlorure de sodium.
Silice.

On n'y remarque pas de phosphates.

EXCRÉMENTS SOLIDES.

Eau.............. 75, 30
Matières sèches 24, 70
_____
100, 00

Cette matière sèche est composée pour 100 parties de :

Carbone 38, 7
Hydrogène......... 5, 1
Oxigène........... 37, 7
Azote............. 2, 2
Sels minéraux....,... 16, 3
_____
100, 0

Ces proportions, comparées à celles obtenues par l'analyse des matières excrémentielles fournies par la race
bovine, ne peuvent pas encore nous donner *toutes* les lu

mières dont nous avons besoin pour apprécier pratiquement et comparativement la puissance fertilisante de chacune; néanmoins, le petit nombre d'expériences de cette nature que nous possédons, et surtout l'exactitude si connue de l'auteur, rendent ces sortes de travaux infiniment précieux. Ce sont des données qui trouveront leur application quand une pratique éclairée et sévère se sera prononcée sur la valeur de nos théories.

Des autres fumiers de ferme. — Les excréments de porc, de mouton, de chèvre, ainsi que le fumier des basses-cours n'ont pas été soumis à des analyses chimiques aussi précises que celles que nous avons rapportées à l'occasion des races bovines et chevalines. Les recherches qui ont été faites à leur sujet ont eu pour but principal de constater les proportions d'azote qu'ils renferment; nous les consignerons ici tout en regrettant de ne pas les trouver plus complètes.

D'après MM. Payen et Boussingault, 100 parties d'excréments de porc à l'état normal renferment:

Eau. . 81,4   Matière solide. . 18,6   Azote. . 0,6

Ceux de mouton :

Eau. . 63,0   Matière solide. . 37,0   Azote. . 1,11

Ceux de chèvre :

Eau. . 46,0   Matière solide. . 54,0   Azote. . 2,16

Le fumier de basse-cour dont la composition doit varier suivant les espèces d'oiseaux qui s'y trouvent réunis, n'a pas été examiné; il doit avoir beaucoup de rapport avec la colombine, dont nous parlerons dans un instant.

Dans le plus grand nombre de cultures, toutes ces matières excrémentielles sont mêlées à la masse générale du fumier, excepté dans les exploitations qui possèdent des bergeries un peu considérables. Dans ce dernier cas, le

fumier de brebis peut être employé séparément, soit directement, soit au moyen du parcage. Si l'on emploie le
parcage, l'expérience a prouvé que chaque mouton pouvait fumer convenablement dans une nuit depuis un mètre carré jusqu'à un mètre un tiers de terrain.

Du fumier de ferme. — La masse qui résulte du mélange des excréments et des litières de tous les animaux
nourris dans la ferme est ce qui constitue l'engrais par
excellence désigné sous le nom de fumier de ferme.
Si l'analyse chimique n'a pas encore recherché dans sa
composition *tous* les éléments de nutrition indispensables
au développement des végétaux, l'expérience a prouvé
qu'il convient merveilleusement à toutes les récoltes et à
tous les terrains.

Envisagé comme matière organique nutritive, la
moyenne de sa composition chimique reconnue par
M. Boussingault à sa terre de Bechelbronn, s'est trouvée,
pour 100 parties, de :

Matière solide. . .	20,70
Eau.	79,30
	100,00

100 parties de la matière solide renferment :

Carbone.	35,8
Hydrogène.	4,2
Oxigène.	25,8
Azote.	2,0
Sels minéraux et terres.	32,2
	100,0

Les sels minéraux contenus dans le fumier de ferme
sont composés, d'après M. Braconnot, de :

Carbonate d'ammoniaque.
Carbonate de potasse libre ou combiné à des matières
    organiques.
Chlorure de potassium.
Carbonate de chaux.

Phosphate de chaux.
Sulfate de potasse.
Phosphate de potasse.
Sable et matières terreuses.

De la colombine. — On désigne sous ce nom la fiente qui provient des pigeonniers, si nombreux dans le département du Pas-de-Calais. Cet engrais, très actif, se répand sur les récoltes à l'état pulvérulent, soit seul, soit mêlé à la cendre de houille ainsi que le conseille Schwertz dans ses *Préceptes d'agriculture pratique.* Il convient de l'employer avec mesure en raison de sa grande énergie. Dans les fermes où la basse-cour est très peuplée on pourrait employer à part le fumier qui s'y accumule, on en obtiendrait à peu près le même effet que de la colombine.

La colombine de Bechelbronn analysée par MM. Payen et Boussingault renferme pour 100 parties :

Eau.   9,60
Azote.   8,30
Matières non déterminées. .   82,10
                              ———————
                              100,00

VINGT-SIXIÈME LEÇON.

Des excréments humains. — De l'engrais flamand. — Analyse chimique des excréments solides. — Analyse chimique des excréments liquides. — Du noir animalisé. — De la poudrette. — Du guano; — Ses analyses — Procédé pour reconnaître la quantité d'azote renfermée dans un engrais. — Expériences diverses pour constater l'efficacité du guano. — De l'engrais de tannerie.

Des excréments humains. — Les excréments de l'homme fournissent à l'agriculture un moyen précieux de fécondation; et sans la répugnance et le dégoût qui s'attachent naturellement à ces matières, on verrait bientôt le praticien éclairé chercher tous les moyens possibles de les réunir et de les utiliser. L'engrais humain s'emploie sous plusieurs formes; à l'état naturel, sous le nom d'engrais flamand; absorbé dans des matières charbonneuses, sous le nom de noir animalisé; desséché et réduit à l'état pulvérulent, souvent mélangé de matières terreuses, sous celui de poudrette.

L'Engrais flamand. — S'emploie à l'état liquide et se répand au moyen d'un tonneau, de la manière que nous avons indiquée pour les engrais sans consistance. Il renferme, d'après MM. Payen et Boussingault, 2 pour 100 d'azote, le fumier de ferme en contient le double.

La composition chimique des excréments humains analysés par Berzélius est exposée dans la formule suivante :

EXCRÉMENTS SOLIDES.

Détritus des aliments.	7,0 (1)
Bile.	0,9
Albumine.	0,9
Matière extractive particulière.	2,7
Matière visqueuse, résine, résidu insoluble.	14,0
Sels.	1,2
Eau	73,3
	100,0

Les sels indiqués ont été déterminés à l'aide d'une analyse à part. 90 grammes d'excrément, délayés dans l'eau, donnèrent une solution qui, après avoir été filtrée desséchée et brûlée, laissa une cendre du poids de 775 grammes dont la composition fut trouvée de :

Carbonate de soude.	0,175
Chlorure de sodium.	0,200
Sulfate de soude.	0,100
Phosphate de magnésie.	0,100
Phosphate de chaux	0,200
	0,775 grammes

_____

(1) Berzélius, *Traité de Chimie*, t. VII, p. 273.

Les excréments liquides analysés par le même chimiste ont été trouvés composés de :

Eau.	933,00 (1)
Urée.	30,10
Acide urique.	1,00
Matières animales indéterminées.	
Acide lactique et lactate d'ammoniaque.	17,14
Mucus de la vessie.	0,32
Sulfate de potasse.	3,71
Sulfate de soude.	3,16
Phosphate de soude.	2,94
Biphosphate d'ammoniaque.	1,65
Chlorure de sodium.	4,45
Chlorhydrate d'ammoniaque.	1,50
Phosphates de chaux et de magnésie.	1,00
Silice.	0,03
	1000,00

Parmi les matières organiques renfermées dans l'urine, c'est à l'urée et à l'acide urique que l'on doit attribuer les propriétés fertilisantes de cet engrais. Nous devons à Prout les analyses de ces deux substances, et nous les donnons telles que nous les trouvons indiquées dans le *Traité de Chimie* de Berzélius.

	ACIDE URIQUE.	URÉE.
Azote.	31,125	46,75
Carbone.	39,875	19,97
Hydrogène.	2,225	6,65
Oxigène.	26,775	26,63
	100,000	100,00

L'engrais flamand ne dure qu'une année. Dans la rotation de trois ans, qui est en usage aux environs de Lille, on répand en automne, sur un hectare de terre déjà fumée avec le fumier de ferme, 600 hectolitres d'engrais liquide; on laboure et on plante le colza.

(1) Berzélius, *Traité de Chimie*, t. VII, p. 392.

La seconde année, on verse sur le même terrain 120 à 150 hectolitres d'engrais liquide, et on sème le froment.

La troisième année, on emblave le terrain en avoine, après y avoir déposé 120 hectolitres du même engrais.

Du noir animalisé. — On vend sous ce nom, dans le commerce, un mélange de matières fécales et de matières charbonneuses qu'il faut bien se garder de confondre avec le noir animal, ainsi que nous l'avons déjà fait remarquer en traitant de ce dernier. Le noir animal doit sa principale vertu au phosphate de chaux qu'il cède aux terrains privés de cette matière minérale indispensable à l'alimentation de nos récoltes, et particulièrement des céréales; le noir animalisé agit plus particulièrement par la matière organique qu'il renferme.

Il est peu d'engrais qui aient produit autant de mécomptes à l'agriculture que le noir animalisé, sans parler même de ceux qui l'ont acheté pour du noir animal; c'était, en effet, ce qui devait arriver de l'emploi d'un mélange aussi arbitraire, et pour lequel le fabricant ne suit, le plus souvent, d'autre règle que celle de ses intérêts. La matière charbonneuse qui avait d'abord été adoptée était le véritable noir animal, le noir de raffinerie, auquel on mélangeait, environ par moitié, de la cendre et de la poudrette. Plus tard, on imagina de désinfecter les matières fécales avec de la poussière de charbon : c'était un service rendu à l'hygiène publique, mais dont l'agriculture n'a pas encore retiré grand profit. Bientôt, pour diminuer les frais de l'opération, on carbonisa de la tourbe et jusqu'à la boue des mares; ce nouveau charbon, imprégné de matières excrémentielles, fut aussi vendu sous le nom de noir animalisé; enfin, quelques fabricants, en se donnant moins de peine, remplacèrent le charbon par de la poussière de houille et de schistes noirs.

Puisque le noir animalisé n'est autre chose que de la matière fécale retenue par une substance étrangère qui en forme quelquefois la presque totalité, l'agriculteur qui en fait usage aura plus de profit et de sécurité à le composer lui-même; il saura au moins la nature et la quantité du charbon qui sera entré dans le mélange.

La poudrette est le résultat de la dessication des matières fécales, opérée en plein air sur une place inclinée, où on les étend et où on les remue de temps à autre, jusqu'à ce qu'elles soient réduites à l'état pulvérulent. On comprend depuis long-temps que cette opération est susceptible d'être perfectionnée au point de vue de la quantité et de la qualité du produit obtenu. Pendant la dessication naturelle, qui est fort lente, la fermentation détruit une portion notable de la masse totale, et laisse échapper des principes fort utiles. La difficulté est de trouver un moyen de vaporisation plus prompt et assez peu dispendieux pour ne pas élever la valeur vénale de la poudrette au-delà de sa valeur fécondante.

La poudrette se répand à l'époque des labours à la dose de 20 à 30 hectolitres par hectare.

Depuis quelques années, on cherche à introduire dans les villes un procédé de désinfection des fosses d'aisance, applicable particulièrement à l'enlèvement des matières. Ce procédé consiste à jeter dans la fosse un mélange d'acide sulfurique et de sulfate de fer. Il en résulte que le carbonate d'ammoniaque, que ces matières renferment toujours en quantité considérable, est converti en sulfate d'ammoniaque inodore, et le soufre des sulfhydrates est pris par le fer, avec lequel il forme un sulfure qui est également inodore (1).

La poudrette qui résultera des matières ainsi traitées

(1) Voyez ce que nous avons dit à ce sujet pages 100-101.

aura-t-elle la même vertu? Les théories qui ont cours
dans ce moment affirment qu'elle sera supérieure. Quant
à nous, nous croyons que c'est à l'expérience qu'il appartient de prononcer sur cette question. Le seul avantage
qui nous semble incontestable, c'est que ce procédé, faisant disparaître l'odeur repoussante de ces matières, di-
minuera la répugnance que l'on éprouve généralement
à les employer immédiatement et partant sans déperdition; cependant, il restera toujours cette transformation
fâcheuse du carbonate d'ammoniaque, directement propre à la nutrition des plantes, en sulfate d'ammoniaque,
qui, suivant M. Boussingault, ne devient utile qu'après
être redevenu carbonate. Quant à la présence du fer, on
peut bien la considérer comme à peu près insignifiante,
à moins que des expériences ultérieures ne viennent à
prouver que, dans cette circonstance, les phosphates solubles, si utiles à la production des céréales, passent, à la
longue, à l'état de phosphate de fer insoluble, ce qui
pourrait bien arriver.

En résumant les faits qui concernent l'engrais humain,
il résulte, de l'état de nos connaissances à ce sujet : Que
cette matière renferme, dans des conditions et en quantité avantageuses, les substances organiques et les sels
minéraux nécessaires à la nutrition des plantes généralement cultivées pour les besoins de l'homme et des animaux;

Que l'engrais flamand est la forme sous laquelle il y
aurait le moins de déperdition des principes utiles, si l'on
pouvait vaincre la répugnance qui s'attache à son emploi;

Que l'on peut faire disparaître, en partie, ce dégoût,
en employant les moyens de désinfection que nous avons
indiqués, tout en surveillant l'effet que la transformation
du carbonate d'ammoniaque en sulfate de la même base
peut produire sur la végétation;

Qu'il faut se tenir en garde contre le noir animalisé du commerce, dont la composition n'est jamais fixe, et qui ne répond pas toujours aux promesses du vendeur ;

Que la poudrette est la forme la plus commode, et qui mériterait la préférence, si, pendant sa confection, il ne se produisait une perte considérable de matières et de principes utiles.

Une remarque très importante, et qui s'applique à toutes les formes sous lesquelles on emploie les excréments humains, c'est que, parmi les récoltes qui trouvent dans cette fumure une alimentation abondante, plusieurs acquièrent une mauvaise qualité. Nous citerons particulièrement les racines, et surtout celle de la betterave, qui devient alors impropre à la fabrication du sucre ; la plupart des légumes employés à l'usage domestique en éprouvent aussi une influence très fâcheuse.

DU GUANO.

Cette matière, introduite en Europe par M. de Humbold, au commencement du siècle présent, se trouve très abondamment dans la mer du Sud, aux îles de Chinche, près de Pisco ; sur les côtes et îlots plus méridionaux, à Ilo, Iza et Arica. Les habitants de Chancay, qui font le commerce du guano, vont et viennent des îles de Chinche en vingt jours ; chaque bateau en charge 55 à 75 mètres cubes.

Le guano forme des couches de 15 à 20 mètres de puissance, que l'on exploite comme des dépôts de marne. Sans cette épaisseur si considérable, on serait porté à considérer cette matière comme produite par les excréments des nombreux oiseaux qui fréquentent ces côtes, et qui passent la nuit sur ces rivages ; c'est même l'opinion la plus accréditée.

Les échantillons apportés en France par M. de Humbold ont été analysés par MM. Fourcroy et Vauquelin, qui y trouvèrent :

De l'acide urique en partie saturé par l'ammoniaque et par la chaux, formant le quart de la masse totale ;

De l'acide oxalique saturé en partie par l'ammoniaque et par la potasse ;

De l'acide phosphorique combiné aux mêmes bases et à la chaux ;

De petites quantités de sulfate et de chlorhydrate de potasse et d'ammoniaque ;

Un peu de matière grasse ;

Du sable, en partie quartzeux et en partie ferrugineux (1).

La constatation de ces éléments qui se rencontrent, pour la plupart, dans la fiente des oiseaux, est le seul argument qu'on puisse invoquer pour attribuer à ces animaux l'origine du guano. Quoi qu'il en soit, cette matière, déjà employée depuis long-temps dans l'agriculture des indigènes, s'est répandue chez nous, où elle produit des effets remarquables.

Des analyses plus récentes ont indiqué les proportions dans lesquelles se trouvent les éléments qui composent le guano du Pérou.

ANALYSE DU GUANO DU PÉROU PAR LE DOCTEUR URE (2).

Matière organique azotée, contenant de l'urate d'ammoniaque, et pouvant donner, par une décomposition lente, 8 à 17 pour 100 d'ammoniaque.	50
Eau.	11
Phosphate de chaux..	25
Phosphate ammoniacal de magnésie, phosphate d'ammoniaque, oxalate d'ammoniaque, contenant 4 à 9 pour 100 de ces alcalis.	13
Silice.	1
	100

(1) *Annales de Chimie*, t. LVI, p. 267.

(2) Gasparin, *Cours d'Agriculture*, t. I, p. 544.

Des dépôts de guano ont été découverts sur les côtes d'Afrique, où ils sont aussi exploités pour les besoins de l'agriculture. La composition chimique de ce nouveau produit, qui diffère notablement de l'ancien, se trouve indiquée dans la formule suivante :

ANALYSE DU GUANO D'ITCHABOE PAR SIR FRANCIS (1).

Sels volatils ammoniacaux : oxalate, chlorhydrate, carbo-
nate, matières combustibles contenant 9,70 pour 100
d'ammoniaque. 42,59
Eau. 27,13
Phosphate de chaux, de magnésie. 22,39
Matières terreuses. 00,81
Sels alcalins. 7,08
                                                  ───────
                                                  100,00

D'après le docteur Ure, ce guano, qu'il a aussi analysé, ne renfermerait que 3 pour 100 d'urate d'ammoniaque, ce qui a fait penser qu'il pourrait bien ne pas avoir la même origine que celui du Pérou.

Il arrive quelquefois que le guano du commerce est altéré par des mélanges terreux; les analyses que nous venons de publier pourront nous servir de point de comparaison pour reconnaître cette fraude. On pèsera avec exactitude un échantillon d'essai, 100 grammes, par exemple; on le desséchera en le laissant exposé, dans un bain-marie, à la température de l'eau bouillante, jusqu'à ce que le poids cesse de diminuer; la perte reconnue par une nouvelle pesée indiquera la quantité d'eau.

Les sels volatils ammoniacaux : oxalate, chlorhydrate, carbonate ainsi que les matières combustibles, seront détruits ou chassés en faisant brûler le résidu desséché dans un creuset ou dans une capsule en porcelaine; à la rigueur un petit chaudron en fonte placé sur un fourneau, pourra servir à cette opération.

(1) De Gasparin, *Cours d'Agriculture*, t. i, p. 545.

La cendre qui restera après la combustion sera composée de phosphate de chaux et de magnésie, des matières terreuses et des sels alcalins; son poids ne devra pas excéder de beaucoup 30 grammes pour le guano d'Afrique, et 36 pour celui du Pérou.

En mettant ce résidu dans un verre à boire et versant dessus de l'acide chlorhydrique étendu de moitié eau, ce réactif dissoudra les phosphates de chaux et de magnésie et les sels alcalins, tandis que la matière terreuse restera au fond du liquide sans être attaquée; il conviendra de laisser agir l'acide pendant plusieurs heures, en remuant souvent le mélange avec une petite baguette. Enfin, en renversant avec précaution la liqueur acide, on séparera le dépôt qu'on recueillera pour le peser après l'avoir lavé à l'eau pure à plusieurs reprises, et desséché sur le feu. Le poids de cette matière terreuse ne devra pas excéder 1 gramme, ce qui serait en plus pourrait être considéré comme mélange frauduleux.

Cette analyse très simple peut suffire pour reconnaître les matières terreuses mélangées, surtout si l'on a eu le soin de peser la cendre qui provient de la combustion, avant de la traiter par l'acide chlorhydrique. Ce serait même à cette partie de l'opération que la fraude se découvrirait dans le cas où la terre ajoutée serait de nature calcaire, car alors l'acide chlorhydrique la dissoudrait en majeure partie, en même temps que les phosphates terreux et les sels alcalins.

Les auteurs recommandent une autre méthode d'essai qui consiste à doser l'azote; nous ne la croyons pas plus certaine que celle que nous venons de décrire, et elle a le tort d'être beaucoup plus délicate. Nous l'indiquons néanmoins pour l'usage des personnes qui la croiraient préférable; d'autant mieux qu'elle pourra servir à apprécier l'azote contenu dans toute sorte de matière organique.

Il existe plusieurs moyens de doser l'azote contenu dans les matières organiques : on peut l'isoler à l'état gazeux et en apprécier le volume; ou le transformer en ammoniaque et en prendre le poids. Le premier moyen rentre dans les opérations analytiques les plus délicates de la chimie et par conséquent ne peut être employé que par des manipulateurs exercés; le second, que nous devons à MM. Varrentrapp et Will, offre moins de difficultés, c'est à lui que nous donnerons la préférence.

Procédé de MM. Varrentrapp et Will pour doser l'azote contenu dans les matières organiques.

On commence par préparer le réactif, qui n'est autre chose qu'un mélange de soude caustique et de chaux vive, dans la proportion de deux parties de la première et d'une partie de la seconde. On délaie bien également ces deux substances dans l'eau, on les sèche ensuite rapidement sur le feu dans un vase de fonte, et on élève la température jusqu'au rouge. L'opération finie, on pulvérise promptement le produit obtenu et on le renferme dans un flacon bien sec et bien bouché, pour s'en servir au besoin.

L'appareil se compose de deux tubes en verre, dont l'un droit, long d'environ 45 centimètres, et d'un diamètre intérieur d'un peu plus d'un centimètre. Ce premier tube doit être en verre dur, fermé à la lampe par une de ses extrémités et étiré un peu dans cette partie. L'autre, d'un diamètre un peu inférieur, recourbé en U, est soufflé de trois ampoules, une à la partie inférieure de chaque branche et l'autre intermédiaire. Une des branches de ce tube est recourbée en dehors de manière à s'adapter au tube droit placé horizontalement, dans lequel il doit entrer et être assujetti au moyen d'un bouchon de liége; c'est une modification du tube Liébig.

Le réactif étant préparé, et l'appareil disposé, on pro-

cède à l'opération de la manière suivante : on mesure
dans le tube droit la quantité de réactif qui doit être employée, en l'emplissant à peu près à moitié; on pèse d'autre
part 30 à 40 centigrammes de la matière à analyser,
après l'avoir desséchée et pulvérisée avec beaucoup de
soin; on opère le mélange promptement et exactement
avec un pilon, dans un mortier de porcelaine non verni et
préalablement échauffé; on introduit de nouveau dans le
tube la matière ainsi préparée, et on achève de le remplir, jusqu'a trois ou quatre centimètres de l'orifice, avec
du réactif pur; enfin, on termine par un petit tampon d'a-
miante préalablement rougie au feu.

Ce tube étant placé horizontalement dans un fourneau,
on y adapte le tube recourbé dans lequel on a introduit
de l'acide chlorhydrique pur et de force ordinaire, de
manière à ce que les deux ampoules latérales se trouvent
remplies environ au quart de leur capacité, et l'intermédiaire environ aux trois quarts. Ce tube doit être parfaitement assujetti avec un liége et la jointure soigneusement lutée.

On a dû prendre les plus grandes précautions pour la
propreté des tubes, et pour qu'il ne s'introduise pas d'humidité dans celui qui contient la matière d'essai, pendant
le temps qui a été nécessaire pour monter l'opération.

Les choses ainsi disposées, on introduit dans le fourneau
des charbons ardents, en ayant soin de chauffer d'abord
la partie du tube qui ne contient que le réactif pur. Le
feu, une fois commencé, on le continue le plus régulièrement possible en prenant garde de porter la température
jusqu'à la fusion du tube. La matière noircit d'abord et
finit par devenir blanche; on reconnaît à ce caractère que
l'expérience est terminée. Alors, on casse l'extrémité étirée du tube horizontal, et on y fait circuler de l'air ordinaire en aspirant par l'extrémité libre du tube en U; cette

précaution a pour but de faire rendre dans les ampoules
l'ammoniaque qui serait restée dans le tube horizontal.

Voici ce qui se passe dans cette opération : la soude
caustique est toujours à l'état d'hydrate, c'est-à-dire à
l'état de combinaison avec l'eau, même après avoir été
rougie au feu; quand la soude caustique se rencontre
avec une matière organique à la température rouge, l'eau
qui s'y trouve combinée cède son oxigène pour brûler
cette matière, et l'hydrogène est mis en liberté; si la
matière organique renferme de l'azote, celui-ci se dégage,
sous forme gazeuse, l'oxigène de l'eau ne pouvant le brûler directement. Ce gaz, rencontre l'hydrogène qui s'é-
chappe en même temps que lui, s'y combine pour former
de l'ammoniaque et se rend à ce dernier état dans l'acide
chlorhydrique renfermé dans les ampoules.

La chaux ne sert qu'à s'opposer à la fusion de la soude
caustique, ce qui serait un inconvénient. C'est même
pour éviter cet accident qu'on emploie la soude de préférence à la potasse, qui produirait exactement le même
effet, mais qui est plus fusible que la soude.

Le petit tampon d'amiante n'est là que pour empêcher
une portion quelconque de la matière de se projeter dans
l'acide chlorhydrique.

Cette première partie de l'opération terminée, il reste
encore à séparer l'ammoniaque de l'acide chlorhydrique
dans lequel elle s'est rendue, et à en prendre le poids. On
y parvient en versant dans une capsule de platine le contenu des ampoules, lavant celles-ci à plusieurs reprises
avec un mélange d'alcool et d'éther, et réunissant ces lavages dans la même capsule de platine, précipitant l'ammoniaque contenu dans ce liquide par un excès de chlorure de platine, évaporant à sec sur la flamme d'une
lampe à esprit de vin ou simplement au bain-marie.
Le chlorure de platine, soluble dans l'alcool éthéré, a la

propriété de former avec l'ammoniaque un sel double insoluble dans le même liquide. Il suffira donc de laver convenablement avec de l'alcool éthéré le résidu de l'évaporation resté dans la capsule, pour séparer l'excès de chlorure employé d'avec le chlorure double de platine et d'ammoniaque formé par l'action du réactif. Ce précipité, parfaitement lavé et desséché, donnera par son poids la proportion de l'azote contenu dans la substance essayée, en prenant pour base du calcul ce fait acquis par l'expérience, que 2788 parties de chlorure de platine et d'ammoniaque égalent 177 parties d'azote.

Nous avons expliqué le plus simplement qu'il nous a été possible la théorie de cette opération; nous croyons qu'elle sera saisie de tous nos lecteurs, mais nous avons le regret de n'avoir pu faire disparaître toutes les difficultés qui s'attachent à la délicatesse de la manipulation. Néanmoins, nous avons la ferme confiance que tous ceux qui voudront fortement entreprendre ce genre de recherches arriveront bientôt à y réussir.

Le guano a été examiné par MM. Payen et Boussingault sous le rapport de sa richesse en azote; ces deux savants chimistes ont trouvé que la proportion de ce principe pouvait varier entre 13,95 et 4,98 pour 100 (1). Énorme différence, qui peut s'expliquer en partie par des mélanges frauduleux.

Usage du guano.

La composition chimique du guano étant connue, il nous reste à apprécier son action comme engrais. Ce n'est pas que nous apportions une importance mathématique aux chiffres que nous allons consigner, pas plus qu'à ceux qui sont fournis par toutes les expériences du

(1) *Annales de chimie et physique*, 3ᵉ série, t. x, p. 338.

même genre; trop de causes perturbatrices réagissent sur ces sortes d'essais pour permettre d'obtenir des résultats d'une précision rigoureuse. Néanmoins, ces données, comme points de comparaison, sont infiniment précieuses, surtout quand elles sont obtenues par des praticiens aussi distingués que le sont les auteurs des expériences que nous allons signaler.

Résultats obtenus à la ferme-modèle d'Ille-et-Vilaine par M. Bodin (1).

Cette terre, déjà riche, a produit par hectare les quantités de froment ci-dessous :

Poids du guano.	Poids du froment.
250 kil.	2720 kil.
500	2520
1000	4080
Sans guano.	2400

Résultats obtenus à la ferme-modèle des Bouches-du-Rhône, à la Montauronne, par M. de Bec, pendant une saison sèche (2).

POUR UN HECTARE DE TERRAIN.

	Récolte de froment.	Récolte de paille.
Sans fumure	872	950
25000 kil. de fumier. . . .	1404	1450
500 kil. de guano	1222	4150
600 id.	1211	4500
700 id.	1158	4000
800 id.	1239	5300
900 id.	1288	6300
1000 id.	2000	5150

Il ressort de ces expériences un fait à la fois curieux et remarquable, c'est que, par l'emploi du fumier, le rapport de la paille au grain se trouve dans des conditions plus avantageuses relativement à la production de ce dernier que par l'emploi du guano. On voit également qu'à mesure que l'on augmente les proportions de celui-ci,

(1) De Gasparin, *Cours d'agriculture*, t. I, p. 546.
(2) De Gasparin, *id.*, p. 547.

c'est particulièrement sur la paille que se produisent les améliorations; le même fait va se retrouver constamment dans les expériences qui nous restent à rapporter.

Il y a déjà long-temps que nous avons fait cette remarque que les plantes nourries par les engrais les plus azotés se développent davantage en feuilles et en rameaux qu'en fleurs et en fruits.

Résultats obtenus à Grand-Jouan, par M. Rieffel, sur une terre de bruyère brûlée (1).

POUR UN HECTARE DE TERRAIN.

	Récolte de froment.	Récolte de paille.
20000 kil. fumier de ferme. .	1054	2000
40000 *id.*	1477	3000
1080 kil. de guano.	2321	5500
2160 *id.*	2321	5800
Sans fumure.	1460	*de grain de seigle.*

Nous trouvons ici la preuve qu'une fois que la dose de fumier nécessaire pour la production d'une récolte a été atteinte, il ne saurait y avoir d'avantage à la dépasser. Ainsi 1080 kilog. de guano ont produit autant de grain que 2160, c'est-à-dire le double de la première quantité, et c'est à peine si la récolte de paille a été plus considérable.

Le même expérimentateur, avec 2160 kilog. de guano, a obtenu 2954 kilog. de grain et 5000 de paille sur un terrain non écobué à sous-sol glaiseux qui, sans engrais, n'avait pas de fertilité naturelle. C'est plus de grain et moins de paille que dans l'expérience faite avec la même quantité d'engrais, sur la terre de bruyère écobuée.

(1) De Gasparin, *Cours d'Agriculture,* t. I, p. 548.

*Résultats obtenus à la ferme de Sadroc (Corrèze), par M. Lobelliat,
sous l'inspiration de M. Oscar Lecler-Thoin* (1).

POUR UN HECTARE DE TERRAIN.

	Récolte de froment.	Récolte de paille.
Sans fumure.	1100	2900
id.	1000	2550
30900 kil. de fumier de ferme.	1300	3600
950 kil. de guano.	1400	5000
1900 kil. de guano.	1850	6900

La terre soumise à ces expériences était de nature siliceuse et argileuse, et renfermait un peu de magnésie avec des traces de chaux. Ici nous remarquons que la somme du produit obtenu tant en blé qu'en paille est bien inférieure à celle des essais précédents, pour les mêmes doses d'engrais. Est-ce à la composition chimique de ce terrain qu'il faut en attribuer la cause, ou bien doit-on suspecter la qualité du guano qui a servi aux expériences?

En nous appuyant sur les faits que nous venons d'étudier, nous croyons que le guano doit être considéré comme un auxiliaire précieux du fumier de ferme, dans les exploitations agricoles où ce dernier ne peut pas être produit en assez grande abondance. Mais nous devons rappeler dans l'intérêt des consommateurs, que cette marchandise est souvent altérée.

Il existe chez nous une propension trop grande à chercher partout des analogies; c'est cet entraînement qui a conduit quelques agronomes à publier la composition d'une poudre destinée à remplacer le guano. Nous ne saurions blâmer le motif honorable qui nous a doté de cette invention nouvelle, mais nous craignons que les fraudeurs ne s'en emparent bientôt et ne tardent pas à en abuser; c'est pour ce motif que nous n'en reproduisons pas la recette.

(1) De Gasparin, *Cours d'Agriculture*, t. I, p. 549.

Engrais de tannerie. — Dans un des cantons du département de la Sarthe où il existe une tannerie établie sur une très grande échelle, à La Suze, le propriétaire a eu l'heureuse idée de réunir tous les résidus de son usine pour être employés comme engrais. La chaux qui a servi à recevoir les peaux pour les préparer au débourrage, la raclure de ces peaux y compris la bourre, les rognures de cuir, tous les déchets et balayures de l'usine sont rassemblés et disposés par couches alternatives avec des bruyères et autres débris de végétaux sans valeur. La masse est arrosée avec les jus épuisés des cuves, et produit au bout de quelques mois une quantité considérable d'engrais en état d'être livré à l'agriculture.

Nous avons visité cette année, au mois d'avril, un champ de plusieurs hectares, emblavé en seigle, qui n'avait pas reçu d'autre fumure; la richesse de sa végétation n'était comparable à aucune autre culture du pays. Le propriétaire n'ayant pris aucune note, nous n'avons pu savoir les quantités d'engrais employées pour produire cet effet. Une partie du même champ avait reçu en arrosage les jus d'écorce épuisés de tannin par leur contact prolongé avec les peaux, le seigle ne s'y était pas développé d'une manière aussi robuste, néanmoins son état pouvait être comparé avec avantage à celui des autres cultures de la localité.

A la fin de juin, nous avons vu un autre champ, aussi de plusieurs hectares, fumé avec l'engrais de la tannerie; le seigle était mûr, la paille dépassait en hauteur les moissons voisines de 20 ou 30 centimètres; les épis que nous avons cueillis au hasard, comme points de comparaison, contenaient plus de grain que les autres, mais ce grain était plus petit. La quantité d'engrais employée avait été, par hectare, de 10 voitures à quatre bœufs et d'une quantité égale de fumier de ferme. Les places du champ où l'engrais de tannerie avait été déposé, avant d'être répandu sur tout le terrain, étaient dégarnies de végétation; c'est ce qui arrive quelquefois sur les lieux où l'on a déchargé des engrais très actifs.

La vertu fertilisante de ce nouvel engrais nous semble suffisamment constatée dès aujourd'hui, et nous permet d'espérer que l'agriculture du canton de La Suze en tirera un grand profit quand l'expérience aura appris à quelle dose et dans quelles circonstances il convient de l'employer.

Nous nous arrêterons là dans l'examen des matières organiques employées comme engrais, laissant à regret cette partie de notre ouvrage inachevée. Nous ne voulons pas perdre de vue que nous ne traitons que la partie chimique de l'agriculture, et sous ce rapport, pour nous surtout qui n'admettons pas encore exclusivement les bases sur lesquelles on s'appuie pour établir l'équivalent des engrais, nous ne trouvons plus rien de précis à signaler. D'ailleurs nous dépasserions de beaucoup les bornes que nous nous sommes tracées, si nous voulions aborder toutes les matières qui sont aujourd'hui employées à la fumure des terres ou simplement recommandées pour cet usage. Si même nous avons cru devoir donner quelques détails sur l'engrais de tannerie, c'est que l'emploi nous en a paru nouveau.

D'ailleurs, ceux qui auront besoin de détails plus étendus sur cette matière pourront voir avec beaucoup de fruit : le savant ouvrage de Thaër, les publications de M. de Dombasle, le tome deuxième de l'*Economie rurale* de M. Boussingault, le tome premier du *Cours d'agriculture* de M. de Gasparin, la brochure de M. Girardin sur *les fumiers considérés comme engrais,* etc., etc.

Cependant nous ne résisterons pas au désir de faire connaître la composition de l'engrais Jauffret; ce sera comme un passage qui nous conduira à l'examen des engrais purement chimiques.

VINGT-SEPTIÈME LEÇON.

De l'engrais Jauffret. — Des engrais minéraux ou chimiques : Phosphates, sels Nitriques et Ammoniacaux; — Expériences faites par M. Kulmann sur les plantes fourragères en 1844, 1845 et 1846; — Remarques sur ces expériences; — Expériences faites par M. Schattenmann sur les céréales et les plantes fourragères; — Remarques sur ces expériences; — Résumé des expériences du Prince de Salm-Korstmar.

De l'engrais Jauffret. — La théorie de l'engrais Jauffret repose sur cette observation que, des matières végétales herbeuses ou même légèrement ligneuses, étant mises en tas après avoir subi un certain degré de division, étant ensuite arrosées avec des liquides imprégnés de matières animales en train de décomposition, fermentent, s'échauffent et se réduisent promptement à un état de désagrégation qui les rend comparables au véritable fumier. Si l'on ajoute aux eaux d'arrosage des matières salines reconnues pour être avantageuses à la fertilisation des terres, on augmentera d'autant la puissance fécondante de ce nouvel engrais. La théorie une fois connue, il ne s'agit plus que de la mettre en pratique.

On dispose une place un peu inclinée, dont la pente se rend dans un réservoir fait exprès, ou tout simplement dans une mare ordinaire; on jette dans l'eau de cette mare ou de ce réservoir toutes les plantes inutiles dont on peut disposer, telles que morelle, pariétaire, mercuriale, ortie, bruyère, genêt etc.; quand le bassin en est à peu près rempli, on y ajoute 5 kilogrammes de chaux vive, et 160 grammes de sel ammoniaque, et on laisse le tout fermenter ensemble. Au moment de se servir de cette lessive, on y ajoute, pour 10 hectolitres, un mélange de sels dont la recette peut varier suivant la difficulté qu'on éprouve à se procurer l'un ou l'autre, ou encore suivant que l'expérience aura appris l'efficacité de tel ou tel autre ingrédient. La formule suivante est celle qui paraît la plus généralement adoptée :

Matières fécales et urines. . .	100 kilogrammes.	
Suie de cheminée.	25	
Plâtre en poudre..	200	
Chaux vive.	30	
Cendres de bois non lessivées.	10	
Sel marin..	»	500 grammes.
Salpêtre raffiné.	»	320
Liquide provenant d'une opé-		
ration précédente.	25	

Le tout étant bien mêlé, on imprègne de cette lessive les matières que l'on se propose de transformer en engrais. Si ce sont des pailles, les 10 hectolitres suffiront pour 500 kilogrammes; si ce sont des végétaux ligneux, pour 1000.

Voici la manière dont on procède : on hache le plus menu possible les pailles, bruyères, ajoncs, genêts, etc., qu'on s'est procuré; on les trempe dans le réservoir qui renferme la lessive; quand ils en sont bien saturés, on les retire et on les pose sur la place inclinée dont il a été fait mention; on les presse en marchant dessus, de manière à n'y laisser séjourner que le moins possible d'air. Cette première couche faite, on en dispose une seconde de la même manière, et ainsi jusqu'à ce qu'on ait fait passer dans la lessive toute la quantité de matière végétale qu'elle est susceptible de convertir en fumier.

Le tas, alors, doit avoir deux mètres à deux mètres et demi d'élévation. On le recouvre avec les matières solides ou boueuses qui sont dans le réservoir, et on verse dessus tout le liquide qui est resté dans le bassin ou qui s'y est rendu naturellement par l'inclinaison du sol. Les choses ainsi faites, on bat la meule avec une pelle pour en exprimer l'air et pour rendre son accès moins facile, et on la recouvre de planches, de paille, ou même d'herbes. La matière s'échauffe beaucoup.

Dès le cinquième jour, on commence à arroser avec le liquide qui s'est écoulé dans le réservoir, soit au moyen d'une pompe, soit avec des seaux; dans tous les cas, on a la précaution de découvrir la meule, afin que le liquide pénètre plus facilement.

Le septième jour, on recommence l'arrosement, après avoir pratiqué sur le haut du tas quelques trous que l'on a bien soin de boucher ensuite.

Enfin, le neuvième jour, on réitère cette opération pour la dernière fois, en augmentant le nombre des trous et leur profondeur. Cinq ou six jours après, le fumier peut être enterré dans les champs de nature argileuse. En le laissant consommer pendant un mois, il se réduit à l'état de terreau qui alors peut être répandu sur les prairies, ou servir à fumer les terres légères.

L'engrais Jauffret, susceptible de modifications nombreuses, et dans la composition de la lessive, et dans la nature des matières destinées à être converties en engrais, peut rendre d'éminents services dans les localités où il est difficile de se procurer du fumier de ferme, et particulièrement dans les défrichements, où il faut d'abord créer les fourrages avant de songer à garnir les étables. Un autre avantage qui lui est propre, c'est de pouvoir rendre utile une quantité considérable de matières généralement sans emploi; mais, il faut le dire, des calculs sévères établissent que, dans les cas ordinaires, le prix de revient, comparé à celui du fumier de bétail, ne serait pas à l'avantage de l'engrais artificiel. L'auteur n'en aura pas moins rendu un véritable service à l'agriculture en répandant sa méthode. Et si elle n'est pas entrée plus généralement dans la pratique, dans les cas où elle est applicable, il faut surtout en accuser l'exagération avec laquelle elle fut préconisée à son origine.

DES ENGRAIS MINÉRAUX OU CHIMIQUES.

Déjà, dans plusieurs de nos leçons, nous nous sommes occupés des engrais minéraux ou chimiques, particulièrement du nitrate de soude, du sulfate de chaux, du phosphate de la même base et du sel marin. Ici nous allons compléter ce que nous pouvons dire sur cette matière, en rapportant les essais qui ont été faits avec les sels nitriques et ammoniacaux.

EXPÉRIENCES DE M. KUHLMANN.

La théorie, qui attribue exclusivement à l'azote la valeur fécondante des engrais, a dû conduire naturellement les expérimentateurs à essayer sur les récoltes l'effet des nitrates ou des sels à base d'ammoniaque. Dès 1841 et 1842, M. Kuhlmann avait fait des expériences où ces agents chimiques avaient répondu à ses prévisions; cependant, il n'en publia pas les résultats, tant il les regardait comme naturels. Ce ne fut qu'après d'autres expériences négatives, dirigées par M. Bouchardat, que M. Kuhlmann reprit les siennes, en 1843, et qu'il en commença la publication dans les *Mémoires de la Société royale des Sciences, de l'Agriculture et des Arts de Lille*. Ces travaux furent continués en 1844, et consignés dans le même recueil. Ceux de 1845 et de 1846 parurent dans les *Annales de Chimie et Physique*, t. XVIII et XX, dans les *Comptes-rendus de l'Académie des Sciences*, t. XVII, et dans une brochure que l'auteur fit imprimer à part. Nos lecteurs seront à même d'apprécier la valeur de ces curieux essais, dont nous allons reproduire le résumé dans les tableaux suivants :

Essais faits en 1844 sur des parcelles de prairie naturelle amenées par le calcul à un hectare.

N°ˢ d'ordre.	NATURE DE L'ENGRAIS CHIMIQUE.	Quantité employée sur un hectare.	Excédant de récolte dû à l'engrais.	Perte occasionnée par l'engrais.
1	Eau ammoniacale des usines à gaz, saturée par le liquide d'acidification des os, et contenant : chlorhydrate d'ammoniaque.	333 kil. ▵	6086 kil.	» »
2	Sulfate d'ammoniaque . .	250 . . .	1744 . .	» »
3	Nitrate de soude. . . .	250 . . .	1870 . .	» »
4	Nitrate de chaux sec. . .	250 . . .	1577 . .	» »
5	Chlorure de calcium. . .	220 . . .	10 . .	» »
6	Phosphate de soude crystallisé.	300 . . .	506 . .	» »
7	Os incinérés.	800 . . .	»» . .	167 kil.

L'année suivante, dans l'intention d'apprécier la durée des engrais salins, il fit récolter à part le foin de chacune des parcelles de terrain qui n'avaient reçu aucune nouvelle fumure, et il obtint les résultats suivants :

Essais faits en 1845.

N°ˢ d'ordre.	NATURE DE L'ENGRAIS CHIMIQUE. employé l'année précédente.	Excédant de récolte.	Perte dans la récolte.
1	Eau ammoniacale des usines à gaz, saturée par le liquide d'acidification des os, et contenant le chlorhydrate d'ammoniaque.	» kil. .	196 kil.
2	Sulfate d'ammoniaque. . . .	» . .	316
3	Nitrate de soude.	» . .	96
4	Nitrate de chaux sec.	» . .	66
5	Chlorure de calcium . . · .	. » . .	376
6	Phosphate de soude crystallisé .	171 . .	»
7	Os incinérés	191 . .	»

Il nous paraît résulter clairement de l'étude de ces deux tableaux que, si les engrais chimiques employés par M. Kuhlmann ont amélioré la végétation en fournissant aux plantes de l'azote comme principe nutritif, ils ont indubitablement réagi sur le sol en l'appauvrissant, puisque la seconde récolte des terrains ainsi amendés a été inférieure à une récolte obtenue sans amendement.

Si les sels ammoniacaux ont la propriété de dissoudre le phosphate de chaux, sel que l'analyse chimique retrouve dans les plantes et particulièrement dans les graminées, il en doit résulter que cet élément nécessaire aux végétaux qui appartiennent à cette famille étant offert en plus grande proportion, les plantes seront mieux nourries, et alors les récoltes seront plus abondantes. Peut-être existe-t-il là un des arguments qui permettront plus tard d'expliquer l'effet des sels ammoniacaux sur la nutrition des plantes. Mais alors ces engrais chimiques n'étant plus considérés comme *stimulants* ou comme exclusivement nutritifs, mais bien comme forçant le sol à céder plus abondamment un principe qu'il ne renferme qu'en petite quantité, il devra en résulter, au bout d'un certain temps, un épuisement fâcheux du terrain sur lequel ils auront été employés. Ce qui semble fortifier cette manière de voir, c'est que les numéros 6 et 7, qui avaient reçu, l'un du phosphate de soude, l'autre du phosphate de chaux, au lieu d'avoir perdu la seconde année, ainsi que les autres, ont au contraire offert un excédant de récolte assez remarquable.

Le défaut d'amélioration observé la première année sur la parcelle de terrain amendée avec les os calcinés, s'explique très bien par l'insolubilité de ce sel terreux tant qu'il n'a pas éprouvé les influences atmosphériques, ainsi que nous l'avons remarqué en son lieu.

En 1846, les mêmes doses d'engrais ayant été renou-

velées, l'augmentation du produit se rétablit, mais dans
des proportions généralement moins considérables, à
l'exception, néanmoins, de la parcelle qui avait reçu les
os incinérés; celui-ci, qui avait éprouvé la première année
une perte de 167 kilogrammes, donna, malgré le gain
de l'année suivante, un nouvel excédant de 983 kilogrammes.

Enfin, dans la série beaucoup plus considérable d'expériences que M. Kuhlmann entreprit en 1845 et 1846, les
nitrates et les sels ammoniacaux obtinrent toujours un
avantage marqué, quoiqu'à des degrés différents, ainsi
qu'on en pourra juger par le tableau suivant.

Le champ d'expérience consistait en un pré formé
en 1844 par un semis, sur un sol argileux, de graines
d'herbes dans des fèveroles plantées en ligne. Chaque
portion de terre était de trois ares, séparée par des rigoles
et intercalée avec les parties du pré qui ne recevaient
pas d'engrais. Il est nécessaire d'ajouter, pour l'intelligence des chiffres, que l'année 1845 fut très pluvieuse, et
l'année 1846 très sèche.

Les proportions indiquées dans ce tableau ont été amenées par le calcul à un hectare de terrain.

	NATURE DE L'ENGRAIS CHIMIQUE.	Quantité de récolte obtenue.		Excédant dû à l'engrais.		Perte occasionnée par l'engrais.	
		En 1845.	En 1846.	En 1845	En 1846	En 1845	En 1846
		kil.	kil.	kil.	kil.	kil.	kil.
1	Aucun engrais.	7744	3519	»»	»»	»»	»»
2	200 chlorhydrate d'ammoniaque	9388	5576	1644	2057	»»	»»
3	200 chlorhyd. d'amm. avec 300 silicate de potasse	9216	5680	1470	3160	»»	»»
4	300 silicate de potasse.	7660	3523	»»	4	84	»»
5	200 chlorhyd. d'amm. avec 300 carb. de soude crist.	10340	5703	2596	2184	»»	»»
6	300 carb. de soude crist.	8090	3336	346	»»	»»	182
7	200 chl. d'amm. avec 150 phosph. de soude crist.	10180	5263	2436	1744	»»	»»
8	150 ph. de soude crist.	9377	3430	1633	»»	»»	89
9	200 chl. d'amm. avec 300 phosph. de chaux des os.	10214	6026	2470	2307	»»	»»
10	300 phosphate de chaux des os.	9230	3670	1486	150	»»	»»
11	200 chl. d'amm. avec 1000 cendres de tabac.	10157	5850	2413	2330	»»	»»
12	1000 cendres de tabac.	8090	3666	346	147	»»	»»
13	200 chl. d'amm. avec 4000 cendres de houille.	10130	5186	2386	1667	»»	»»
14	4000 cendres de houille	8623	2956	879	»»	»»	562
15	200 chlor d'amm. et 200 sel marin	11127	5823	3383	2304	»»	»»
16	200 sel marin.	8903	3966	1159	447	»»	»»
17	200 chlorhydrate d'amm. et 500 plâtre cuit.	9674	5053	1930	1534	»»	»»
18	500 plâtre cuit	7607	3103	»»	»»	137	445
19	200 chlor. d'amm. et 500 craie en poudre	8963	4960	1219	1440	»»	»»
20	500 craie en poudre.	7520	3186	»»	»»	224	332
21	300 chaux éteinte	8070	3350	326	»»	»»	169
22	200 nitrate de soude et 300 chaux éteinte.	9680	4583	1936	1064	»»	»»
23	200 nitrate de soude.	9543	4523	1799	1004	»»	»»

Tant que le prix d'achat des matières salines surpassera la valeur de l'excédant qu'elles produisent dans les récoltes, ces belles expériences seront plutôt spéculatives que d'application directe à l'agriculture pratique. Néanmoins, elles mettent sous les yeux du théoricien des faits extrêmement curieux. Ainsi, le sel marin, indiqué au n° 16, a produit, pendant les deux années, un excédant de récolte très remarquable, tandis que le carbonate de soude, porté au n° 6, n'a fourni, à la première, qu'un surcroît insignifiant, et occasionné, à la seconde, une perte notable.

Ce fait se trouve en contradiction avec l'explication admise par les partisans de l'emploi du sel en agriculture. Suivant eux, le sel, en contact avec le carbonate de chaux qui existe dans le terrain, se transforme en carbonate de soude, état sous lequel il agit. Dans le cas qui nous occupe, d'une part nous avons affaire à un sol argileux, et d'autre part, l'effet produit par le carbonate de soude ajouté en substance a dû être considéré comme nul.

Nous remarquons aussi, avec étonnement, que le plâtre ait produit, pendant les deux années, une perte très sensible, surtout la seconde, tandis que, d'après le mémoire de M. Kuhlmann, l'herbe de la prairie était mêlée d'un peu de trèfle.

EXPÉRIENCE DE M. SCHATTENMANN.

Les travaux de M. Schattenman, ayant pour but de constater les effets des sels ammoniacaux sur la végétation, furent présentés à l'Académie des sciences en 1842. L'accueil qu'obtint cette communication encouragea l'auteur à continuer ses expériences, et à rechercher quelles peuvent être les doses les plus avantageuses pour la culture du froment et pour celle des plantes fourragères. La pratique lui apprit bientôt qu'une solution marquant un degré à l'aréomètre de Baumé, répandue à la dose de deux litres par mètre carré, était la proportion la plus productive.

Pour obtenir cette solution marquant un degré, il faut deux kilog. du sel ammoniacal cristallisé, par 100 litres d'eau.

Les résultats obtenus pour le blé sont consignés dans le tableau ci-après :

Résumé des expériences sur le froment. Le champ où elles ont été faites appartient à l'étage géologique désigné sous le nom de lias; il est composé d'argile et de calcaire.

NATURE DE L'ENGRAIS CHIMIQUE.	PRODUIT en grains par are.	PRODUIT en paille par are.	TOTAL.
	kil.	kil.	kil.
PAS D'ENGRAIS CHIMIQUE.	29, 2	70, 8	100, 0
CHLORHYDRATE D'AMMONIAQUE; solution à 1 degré, 2 litres par mètre carré.	28, 1	79, 4	107, 5
Solution à 1 degré, 4 à 6 litres par mètre carré; — solution à 2 degrés, 2 et 4 litres par mètre carré; moyenne obtenue.	21, 7	78, 3	90, 0
PHOSPHATE D'AMMONIAQUE; solution à 1 degré, 2 litres par mètre carré.	27, 4	77, 6	105, 0
Solution à 1 degré, 4 à 6 litres par mètre carré; — solution à 2 degrés, 2 et 4 litres par mètre carré, moyenne obtenue.	24, 4	83, 1	107, 5
SULFATE D'AMMONIAQUE : solution à 1 degré, 2 litres par mètre carré.	29, 0	76, 0	105, 0
Solution à 1 degré, 4 à 6 litres par mètre carré; — solution à 2 degrés, 2 à 4 litres pas mètre carré; moyenne obtenue.	22, 3	80, 2	102, 5

On peut tirer des faits contenus dans ce tableau deux conclusions très importantes : La première, c'est que le terrain qui n'a pas reçu de sels ammoniacaux a rapporté plus de grain que les autres; la seconde, que la proportion de grain va en diminuant à mesure qu'on élève la dose d'engrais salin. Au contraire, le développement de la paille suit une marche inverse, puisque sa production augmente par l'emploi des quantités les plus élevées, excepté sous l'influence du chlorhydrate d'ammoniaque où l'on rencontre une faible diminution quand la dose en a été exagérée.

L'auteur fait remarquer que, l'année où ces expériences ont été faites ayant été pluvieuse, le blé s'est versé de bonne heure, et le produit de la récolte a dû en souffrir.

Les orges et les avoines arrosées avec la dissolution des sels ammoniacaux ont poussé avec tant de vigueur, que M. Schattenmann les a coupées en vert, n'espérant pas qu'elles pussent arriver à maturité.

Les plantes fourragères des prairies naturelles ont aussi profité de l'usage des sels ammoniacaux. M. Schattenmann a répandu le 12 mai, sur une prairie haute et sèche, plantée sur un terrain léger, deux litres par mètre carré de sa liqueur ammoniacale à un degré; l'herbe y a poussé avec tant de vigueur, qu'à la récolte la portion ainsi amendée a produit 89 kilogrammes de foin par are, tandis qu'à côté on n'a récolté que 51 kilog. par are.

Le trèfle et la luzerne, traités par les sels ammoniacaux, ne se sont pas améliorés, même en variant la dose. Ceci présente une anomalie assez remarquable, surtout si l'on considère ces agents chimiques comme fournissant à la plante l'azote dont elle a besoin pour sa constitution. Puisque le trèfle et la luzerne renferment plus d'azote que la plupart des graminées qui constituent les prairies naturelles, ces végétaux auraient dû profiter aussi davantage des engrais azotés.

Du reste, ce n'est pas le seul cas où l'on trouve les faits en désaccord avec la théorie du jour. Ainsi, pour ne pas sortir de ceux qui sont consignés dans le dernier tableau, nous ferons remarquer que, dans le froment, le grain exige, pour se constituer, plus d'azote que la paille, et pourtant c'est celle-ci qui s'est le plus développée sous l'influence des sels azotés, tandis que cette même influence a été défavorable à la production du grain.

Remarques. — Ces sortes d'expériences sont ordinairement entourées de grandes difficultés, qui, quelquefois même, sont presque insurmontables; et, bien que nous acceptions sans contrôle les résultats précieux obtenus par MM. Kuhlmann et Schattenmann, nous signalerons néanmoins les principales causes d'erreur qu'il convient d'éviter en répétant leurs essais :

Il est toujours fâcheux d'être obligé de mettre en expérience un terrain nouvellement défriché ou nouvellement transformé en prairie, par la raison que les premières années le sol en est naturellement plus productif.

La dessiccation à l'air, même au soleil, peut bien ne pas être uniforme pour toutes les plantes, surtout pour celles qui auraient absorbé, dans leur tissu, des sels hygrométriques, ainsi que nous avons eu l'occasion de le faire remarquer ailleurs; il doit en résulter une cause d'erreur dans les pesées.

L'expérience a appris que l'application de certains engrais répandus sur les prairies avait la propriété de faire disparaître telle ou telle plante, d'en faire développer quelques autres qui, auparavant, se montraient moins vigoureuses ou moins abondantes; d'après cela, il importe de constater le changement qui serait survenu dans la composition botanique de la prairie, et d'estimer si ce changement a été avantageux.

Quand on entre dans la voie des expérimentations, une condition indispensable pour arriver à des conclusions certaines, c'est de tenir un compte exact de tout ce qui est capable d'en modifier les résultats. Ainsi la qualité de l'herbe poussée sous l'influence des engrais salins a-t-elle été changée? ces plantes renferment-elles autant de matière extractive? n'ont-elles pas retenu une partie des sels dont elles se sont nourries? en un mot, pourront-elles, à poids égal, remplacer à l'étable celles qui sont venues naturellement?

Enfin une source inévitable d'erreur est, suivant nous, d'amener par le calcul à un hectare le résultat obtenu par l'observation sur une parcelle de terrain. Il est bien difficile que, dans des expériences aussi délicates, on n'ait pas commis quelque méprise dans un sens ou dans un autre; alors, en multipliant la faute, on la rend plus considérable, suivant l'importance du multiplicateur. D'ailleurs, on n'arrivera jamais à estimer le produit d'un hectare de blé ou de prairie en y récoltant un ou plusieurs ares et multipliant le produit obtenu par la surface. Il existe bien peu de terrains où il se rencontre une assez grande uniformité pour que ce moyen ne conduise pas à une erreur quelquefois considérable, puisque souvent un champ varie d'une manière très notable d'un sillon à l'autre.

Nous pourrions continuer cet exposé de l'action des engrais chimiques sur la végétation par l'analyse d'un travail récent du Prince de Salm-Horstmar. Mais ces expériences délicates dans lesquelles on fait croître les plantes sur du charbon, en leur administrant les aliments minéraux dont on veut étudier la valeur nutritive, sont trop exclusivement scientifiques pour pouvoir entrer dans nos leçons. Nous nous bornerons à rapporter, sous la responsabilité de l'auteur, quelques-unes de ses conclusions.

Cet observateur zélé et ingénieux a choisi l'avoine pour être le sujet de ses curieuses expériences; et le résultat des essais multipliés, pendant lesquels il a varié le régime alimentaire de ses jeunes plantes, l'a conduit à regarder comme indispensable à la végétation de cette graminée les matières minérales suivantes :

> La silice,
> L'acide phosphorique,
> L'acide sulfurique,
> La potasse,
> La chaux,
> La magnésie,
> Le fer,
> Le manganèse

L'utilité de la soude n'est pas démontrée à l'auteur de ces recherches, et d'après ses remarques, cette substance alcaline ne peut remplacer la potasse qu'au détriment de la végétation. Cette observation serait d'accord avec le résultat obtenu par M. Kuhlmann.

Matières minérales mixtes employées directement comme engrais ou contenues dans les fumiers.

Sous le nom de matières minérales mixtes, nous comprenons les cendres et les charrées; mais, dans le plus grand nombre de cas, leur composition chimique est tellement variable, en raison de la diversité des combustibles dont elles proviennent, et aussi en raison des soins qui ont été apportés à les recueillir, qu'il est impossible de la formuler avec exactitude. Néanmoins on peut dire, en général, qu'elles renferment des phosphates, des carbonates, des sulfates, des chlorures à base de potasse, de chaux, de magnésie et quelquefois de soude. La dose de ces substances est très inconstante, toutefois les cendres en contiennent davantage que la charrée.

La cendre de tourbe, qui est aussi employée en agriculture, est composée, d'après une analyse de M. Boussingault, de :

Silice.	65,	5
Alumine.	16,	2
Chaux	6,	0
Magnésie	0,	6
Oxide de fer.	3,	7
Potasse et soude.	2,	3
Acide sulfurique.	5,	4
Chlore.	0,	3
	100,	0

Il convient aussi de comprendre, dans les amende-ments minéraux, les matières salines et terreuses que renferment les fumiers. C'est encore dans les travaux précieux de M. Boussingault que nous puisons les ren-seignements suivants :

Le fumier de ferme, à demi consommé, contient 20,7 parties d'eau pour 100; ce chiffre est la moyenne de trois expériences. 100 parties de fumier ainsi desséché laissent, en moyenne, après la combustion, 32 parties de cendres. Pour un assolement de cinq années, la quantité de fumier répandue sur un hectare de terrain peut être évaluée à 49086 kilog., représentant 3272 kilog. de cendres composées de :

	kil.
Sable et silice.	2238
Acide phosphorique	98
— sulfurique.	62
Chlore.	20
Chaux.	281
Magnésie.	118
Potasse et soude.	255
Oxide de fer, etc.	200
Somme égale.	3272

En considérant les matières salines minérales conte-nues dans les cendres et les charrées, ainsi que dans les fumiers, on se rendra compte, d'une manière assez ap-proximative, des matières minérales alimentaires intro-duites dans l'exploitation, pour venir en aide à celles que le sol est obligé de fournir de son propre fonds.

TROISIÈME PARTIE.

CULTURES PARTICULIÈRES.

Dans cette troisième partie, où nous nous proposons de nous occuper des cultures particulières, nous nous bornerons, comme dans les leçons précédentes, aux seules applications chimiques. Le lecteur ne doit donc pas s'attendre à trouver dans ces pages toutes les indications qui ont rapport à cette branche importante de l'agronomie, désignée dans le *Cours d'Agriculture* de M. de Gasparin sous le nom de phytologie agricole. Notre but unique est de mettre en lumière, dans ce chapitre spécial, certains faits de chimie agricole, parmi lesquels quelques-uns sont inédits, et dont le plus grand nombre se trouve disséminé dans les différents ouvrages qui traitent de la chimie et de l'agriculture. Ce rapprochement pourra quelquefois nous donner l'occasion de dire notre avis sur certains points théoriques; nous serons néanmoins aussi sobre de ces appréciations que nous l'avons été par le passé.

En examinant la composition chimique de chaque plante, et considérant les principes minéraux que chacune d'elles retire du sol, nous pourrons mieux comprendre le but des assolements et l'importance de choisir les amendements qui doivent refaire le terrain des pertes qu'il a éprouvées.

Nous ne nous arrêterons pas à la plante brute, nous étudierons aussi les différents produits qu'elle fournit au cultivateur, soit pour son usage personnel, soit pour son commerce. Ainsi la farine des céréales sera envisagée sous le rapport de la qualité, de la pureté, et de ses propriétés à subir la fermentation panaire. Les connaissances chimiques nous seront encore d'un grand secours pour l'intelligence de la fabrication des liqueurs fermentées, en nous expliquant ce qui se passe pendant la transformation des matières sucrées en alcool, et en nous indiquant par là même, les moyens de favoriser cette action. Plusieurs autres produits secondaires sont aussi susceptibles de recevoir, sous l'influence des lumières de la chimie, une amélioration véritable, dans les procédés d'extraction ou de préparation.

Nous commencerons naturellement la série des cultures particulières par l'examen des céréales; nous la continuerons par celui des racines, des plantes fourragères, des plantes oléagineuses, des plantes textiles, des fruits.

VINGT-HUITIÈME LEÇON.

Du froment; — Sa composition chimique; — Du chaulage qui doit précéder la semaille; — Chaulage par le sulfate de cuivre, — Par le sel marin, — Par la chaux, — Par un mélange de chaux et de potasse, — Par un mélange de sulfate de soude et de chaux.

Quand on consulte les auteurs qui se sont occupés de l'analyse du froment, rien ne paraît plus variable que la composition chimique de cette céréale, quant aux proportions des éléments qui la constituent. C'est pourquoi, au lieu d'adopter un seul chiffre, nous présentons un assez grand nombre de résultats, pris parmi ceux qui nous ont semblé mériter le plus de confiance. Afin de procéder du simple au composé, nous établissons d'abord le rapport de quantité qui existe entre la paille et le grain; nous examinerons ensuite l'état de nos connaissances sur la composition chimique de l'un et de l'autre.

Proportions entre la paille et le grain dans la culture du froment (1).

Pour 100 de paille,	Thaër admet. .	50 de grain.
:',	Podewils . . .	35
	Burger. . . .	41
	Block. . . .	33
	Dierexen. . .	39
	Schwertz. . .	44

M. Boussingault semble s'arrêter à ce dernier chiffre (2) qui ne s'éloigne pas beaucoup de celui que nous avons obtenu nous-même en 1848 à Sainte-Croix-lès-le-Mans, dans nos expériences sur l'action du sel employé comme amendement des terres. Pour nos recherches, la dessication s'est opérée à l'air libre et les poids ont été pris sur l'aire; la balle a été comprise avec la paille.

Le blé salé nous a donné pour 100 de paille,	42,98 de grain.
Le blé non salé. ———	43,63

Quoiqu'il soit possible d'établir, d'après ces différents chiffres, une moyenne assez sûre, il est certain néanmoins que les accidents atmosphériques sont capables d'y apporter une perturbation considérable. Ainsi, à Bechelbronn, M. Boussingault a remarqué qu'à la récolte de 1840-1841 la proportion de la paille au grain était : : 100 : 24; et qu'à celle de 1841-1842 elle s'est trouvée : : 100 : 90 (3).

(1) Boussingault, *Economie rurale*, t. I, page 451. *Nota.* Ne pouvant vérifier ces chiffres à la source où ils ont été puisés, nous croyons devoir prévenir le lecteur qu'ils ne concordent pas complètement avec ceux que M. de Gasparin a indiqués dans son *Cours d'agriculture*, t. III, page 625.

(2) *Economie rurale*, t. II, page 280

(3) *Economie rurale*, t. I, page 451.

Cette différence énorme provenait de ce que la saison de la première récolte avait été très pluvieuse, et celle de la seconde très sèche.

COMPOSITION CHIMIQUE DE LA PAILLE DE FROMENT.

D'après M. Boussingault, 100 parties de paille de froment renferment 26 parties d'eau qu'on peut chasser par une dessiccation complète, opérée dans le vide à 111 degrés de température.

100 parties de paille, *ainsi desséchée,* sont composées de :

	D'après une 1re expérience.	D'après une 2e expérience.
Carbone. . .	48,48 . . .	48,38
Hydrogène. .	5,41 . . .	5,21
Oxigène. . .	38,79 . . .	39,09
Azote. . . .	0,35 . . .	0,35
Cendres. . .	6,97 . . .	6,97
	100,00	100,00

M. de Saussure avait obtenu 4,30 de cendres, ce qui se rapproche beaucoup de la quantité indiquée ci-dessus, si l'on considère que les 100 parties de la paille mise par lui en expérience ne représentaient, en réalité, que 74 parties supposées dans un état de dessiccation parfaite. M. Berthier a retiré 4,40 de cendres d'une paille de froment, récoltée à Puiselet, près Nemours, sur une terre forte et calcaire.

Les cendres obtenues par M. de Saussure, et celles obtenues par M. Berthier, se sont trouvées composées, sur 1000 parties, de :

	Observation de M. de Saussure.		Observation de M. Berthier (1).
Phosphate terreux . .	0062	. . .	0023
Phosphate de potasse. .	0050	. . .	»
Sulfate de potasse . .	0020	. . .	0004
Chlorure de potassium.	0030	. . .	0032
Carbonate de potasse. .	0125	. . .	traces.
Silicate de potasse. . .	»	. . .	0130
Carbonate terreux. . .	0010	. . .	0096
Silice	0615	. . .	0715
Oxides métalliques. . .	0010	. . .	»
Perte.	0078	. . .	»
	1000		1000

M. Sprengel (2), en s'occupant de recherches du même genre, a retiré de 100 parties en poids de paille de froment 3 parties 518 de cendres, composées de :

			Pour 100,
Potasse.	0,020	. . .	0,57
Soude	0,029	. . .	0,83
Chaux.	0,230	. . .	6,82
Magnésie	0,032	. . .	0,91
Terre siliceuse. . .	2,870	. . .	81,58
Acide phosphorique.	0,170	. . .	4,84
Acide sulfurique. .	0,137	. . .	1,04
Chlore	0,030	. . .	0,85
Fer et alumine. . .	0,090	. . .	2,56
Somme égale . .	3,518	. . .	100,00

Cette dernière analyse, que nous avons cru devoir rapporter, diffère essentiellement des précédentes, particulièrement en ce qui concerne la présence de la soude, de la magnésie et de l'alumine. Cette dernière substance surtout n'est pas admise par les chimistes modernes qui se sont occupés de l'analyse des plantes, comme devant appartenir aux cendres végétales.

(1) Berthier, *Traité des essais par la voie sèche*, t. 1, page 268.
(2) *Annales agricoles* de Roville, huitième livraison, page 199.

COMPOSITION DU GRAIN.

Le grain se trouve naturellement composé de l'écorce ou du son et de la farine. De nombreuses expériences établissent que le rapport de quantité qui existe entre ces deux matières est variable dans certaines limites; ainsi le blé contient :

	farine.	son.	
	78	22	suivant Syrington.
Pour 100 kil.	83	17	Lurzer.
	85, 50	14, 50	Dombasle.
	86, 30	13, 78 (1)	Boussingault.

Je ne fais pas mention d'autres expériences faites par M. Boussingault sur vingt-quatre variétés ou espèces de froment, dans lesquelles il a rencontré depuis 13,2 jusqu'à 38,5 de son pour 100. La raison en est que ces espèces ou variétés ne sont pas toutes du domaine de la culture ordinaire, et, qu'ayant été récoltées au Jardin des Plantes, elles se sont trouvées dans des conditions de soins et de nutrition exceptionnelles.

Du son.—M. E. Millon, qui a fait sur le son une étude chimique assez étendue, a trouvé dans cette matière provenant d'un blé tendre indigène récolté en 1848 :

Amidon, dextrine, sucre. . . .	50, 0 (2)
Sucre de réglisse. . . . . . ,. .	1, 0
Gluten	14, 9
Matière grasse.	3, 6
Ligneux.	9, 7
Cendres.	5, 7
Eau.	13, 9
Perte.	1, 2
	100, 0

_____

(1) Le blé mis en expérience par M. Boussingault avait été préalablement séché à 120 degrés, et avait perdu 0,14,5 d'eau. *Economie rurale*, t. i, p. 461.

(2) *Annales de chimie et physique*, 3e série, t. xxvi, p. 34.

La quantité d'azote obtenue par M. Millon a été, en moyenne, de 2,38 pour 100.

M. Boussingault a retiré de 100 parties de son des-séché :

Gluten et albumine.	20, 0
Gomme.	28, 8
Matières grasses.	5, 5
Ligneux.	45, 7
	100, 0

Mais nous ne trouvons pas dans cette analyse la pro-portion des cendres.

M. de Saussure en indique 5,2 pour 100, ce qui se rap-proche beaucoup de l'observation de M. Millon. Les cen-dres obtenues par M. de Saussure étaient composées, pour 1000 parties, de :

Phosphate terreux.	0465
Phosphate de potasse.	0300
Chlorure de potassium	0002
Carbonate de potasse.	0140
Silice.	0005
Oxides métalliques.	0002
Perte.	0086
	1000

De la farine. — La partie farineuse du froment, dé-pourvue complètement de son enveloppe corticale, n'a pas été isolément l'objet de recherches chimiques ayant pour but d'en faire connaître la composition élémentaire. Les travaux de ce genre se sont plutôt dirigés vers l'étude du grain dans son entier. On sait néanmoins, par les analyses de Vauquelin et celles d'autres chimistes recom-mandables, que la farine renferme du gluten, de l'albu-mine, de l'amidon, de la matière sucrée et une matière gommeuse ou dextrine, dans des proportions qui varient

suivant certaines circonstances que nous examinerons
quand nous étudierons les caractères qui permettent d'apprécier la qualité du froment. Mais on ignore, ou à peu
près, les proportions moyennes de carbone, d'oxigène,
d'hydrogène, d'azote contenues dans la farine blutée,
à moins d'avoir recours au calcul. Quant au résidu de
l'incinération, les documents sont également fort peu
nombreux. M. Donny, agrégé à l'université de Gand, a
obtenu de 1000 parties de :

Farine blutée provenant de froment blanc. . 4,4 parties de cendres (1.)
— de froment brun. . 6,6
M. Millon, de 1000 part. de fleur de froment . 10,2 (2)
J'ai retiré de la même quantité de farine blutée. 5,0

Il résulte de ces expériences que les proportions de matières minérales renfermées dans la farine sont assez variables. Dans tous les cas, c'est le phosphate de chaux
qui en compose la plus forte partie.

Du grain entier. — M. Boussingault a analysé du froment de deux provenances. L'un était le produit de la
culture ordinaire, l'autre avait été cultivé dans un jardin
fortement fumé. Ces deux lots de grain, après avoir été
desséchés à une température de 110 degrés, ont fourni,
pour 100 parties :

	Culture ordinaire.	Culture de jardin.
Carbone.	46,10	45,51
Hydrogène	5,80	5,67
Oxigène.	43,40	43,00
Azote.	2,29	3,51
Cendres.	2,41	2,31
	100,00	100,00

(1) *Annales de chimie et physique*, 3e série, t. XXI, p. 26.
(2) *Annales de chimie et physique*, 3e série, t. XXVI, p. 34, en renvoi.

La composition de la cendre de froment est, pour 1000 parties :

D'après M. de Saussure.	
Phosphate terreux. . . .	0445
Phosphate de potasse . .	0320
Sulfate de potasse. . . .	traces
Chlorure de potassium. .	0002
Carbonate de potasse. .	0150
Silice.	0005
Oxides métalliques. . .	0002
Perte.	0076
	1000

D'après M. Boussingault.	
Acide sulfurique. . . .	0010
Phosphorique.	0470
Chlore	traces
Chaux.	0029
Magnésie.	0159
Potasse.	0295
Soude.	traces
Silice.	0013
Perte.	0024
	1000

Remarques. — Si l'on jette un regard attentif sur les analyses qui précèdent, on remarquera que la paille de froment, ainsi que les différentes parties du grain, renferment des substances minérales au nombre desquelles les phosphates et les sels à base de potasse se rencontrent toujours à dose considérable. Ce fait, si simple en apparence, a cependant une haute portée, si on le considère au point de vue des alternances de culture et des amendements dont on enrichit le sol.

Sous le premier rapport, d'accord avec la pratique, il indique la nécessité de faire suivre le froment d'une culture moins avide de ces matières salines, à moins que la plante qui remplace immédiatement cette céréale ne puisse plonger ses racines au-dessous de la partie du sol qui a fourni l'aliment de la première récolte. Les recherches des hommes les plus consommés dans les travaux de chimie agricole, nous ont appris que le froment est la céréale dont les cendres possèdent la plus forte proportion de phosphates, et que les engrais sont loin de restituer au sol la quantité de sels phosphoriques qu'exige cette culture. Il y a donc une grande raison de ne pas faire deux froments de suite, et ici il faut bien le remarquer, ce n'est pas l'azote tout seul qui se trouve en jeu puisque dans un assolement de cinq années, composé de 1° betteraves fumées, 2° froment, 3° trèfle, 4° froment avec navets, 5° avoine, le premier froment qui se trouve le plus rapproché du fumier, et partant le plus approvisionné d'azote, fournit une récolte plus faible que celui qui arrive la quatrième année. Si l'on prétendait que le trèfle intercalaire a apporté son contingent d'azote, on pourrait dire, au moins avec autant de raison, que les racines de cette plante arrachées profondément et abandonnées ensuite sur le sol y ont déposé une quantité considérable de phosphate de chaux, préparé dans les conditions les plus favorables pour entrer de nouveau dans l'alimentation végétale. Ce n'est point ici une simple supposition, ou du moins si c'en est une, elle est appuyée sur un fait qui la rend extrêmement probable, c'est que les racines de trèfle contiennent véritablement une forte proportion de phosphates qu'elles ont été puiser à une assez grande profondeur.

Sous le rapport des amendements, les analyses de froment que nous avons indiquées ont encore une importance majeure; elles prouvent la nécessité de restituer au terrain les sels minéraux, et notamment les phosphates qui chaque année sont enlevés par les récoltes. Les cendres, la charrée, la marne, la chaux sont très propres à remplir cet office, et ces deux derniers amendements ont été incomplètement appréciés tant qu'on n'a pas recherché par l'analyse leur richesse en phosphates. Je suis convaincu que les prodiges opérés par la chaux, dans les départements de la Sarthe et de la Mayenne, sont dus en partie à cet engrais phosphoré trop souvent inaperçu.

Dans ces contrées privilégiées, où le combustible, la pierre à chaux et la terre à froment se trouvent placés l'un sur l'autre, non seulement la jachère a disparu, mais encore on est arrivé à un assolement triennal qui produit quelquefois au-delà de 30 hectolitres de froment par hectare, dans des terrains qui, auparavant, n'en donnaient pas la moitié tous les sept ans. Il est à ma connaissance que plusieurs cultivateurs de la Mayenne ont obtenu jusqu'à 40 hectolitres à l'hectare. La chaux employée dans ces deux départements est retirée des calcaires carbonifère et devonien très riches en fossiles. Ces débris organiques, quoique le plus souvent mal conservés pour les collections, attestent néanmoins que les animaux dont ils sont les dépouilles ont vécu là, et qu'ils ont dû abandonner, au milieu de ces dépôts, les phosphates qu'ils contenaient pendant leur vie. On remarque particulièrement, comme masse, une grande abondance de polypiers.

Je trouve aussi l'occasion de faire observer que le chlore et la soude étant représentés par des *traces*, ou à peu près, dans les analyses de MM. de Saussure, Berthier et Boussingault, on ne se rend pas compte, théoriquement, du profit que la culture du froment pourra retirer de l'usage du sel marin employé pour l'amendement des terres. Le lecteur se rappelle que nous avons déjà fait remarquer que, pratiquement, le bénéfice est au moins problématique.

DU CHAULAGE DES GRAINS.

Le froment, ainsi que l'orge et l'avoine, sont exposés à des accidents très graves, la carie et le charbon. Ces deux fléaux, qu'on désigne généralement sous le nom de maladie des blés, ont pour origine l'envahissement de deux plantes cryptogames, l'*uredo caries*, D. C. et l'*uredo carbo*, D. C., dont les sporules s'attachent aux grains, se développent dans la plante et finissent par infester l'épi. Il a été publié un grand nombre de méthodes dans le but de s'opposer à la reproduction de ces petits champignons parasites. Les meilleures recettes étant empruntées à la chimie, nous nous trouvons dans l'obligation de donner à cette question une étendue suffisante pour bien faire comprendre l'action de ces agents, ainsi que les moyens d'en obtenir la plus grande efficacité.

Quand on étudie tout ce que les agronomes du siècle dernier ont fait d'expériences précises et incontestables dans l'intention de préserver les moissons surtout de la carie, on est frappé de voir qu'après des résultats aussi satisfaisants que ceux qu'ils ont obtenus, leurs méthodes si simples et si peu dispendieuses n'aient pas été plus généralement adoptées. Cette surprise prend un autre caractère quand on envisage les expériences nouvelles qui ont été faites de nos jours pour chercher ce que nos devanciers avaient si bien trouvé, et pour arriver aux mêmes résultats. Ainsi, d'un côté apathie invincible pour un progrès, parce qu'il oblige à changer les usages, de l'autre un peu trop d'indifférence pour les auteurs qui nous ont précédés. Il est du moins résulté de ces dernières recherches la confirmation des faits annoncés par les premiers expérimentateurs, au profit des praticiens qui, de cette manière, auront deux garanties pour une. Il faut dire aussi, pour être juste, qu'à l'aide de ces travaux contemporains on a découvert à une substance saline, non encore employée jusqu'ici, une grande efficacité pour détruire la carie.

Je crois pouvoir diviser les procédés connus en deux catégories : la première comprenant les moyens par lesquels on se propose de faire périr la plante cryptogame dans ses germes; la seconde, ceux qui ont pour but de décomposer ces mêmes germes par un commencement de dissolution.

Les matières que je regarde comme capables de tuer les germes de la carie, ou du moins qui sont employées dans cette intention, sont l'arsénic, le sulfate de cuivre ou couperose bleue, le sel marin ou chlorure de sodium.

Nous ne faisons mention de la première de ces substances que pour en blâmer et en condamner l'usage. Les dangers de tous genres qui s'attachent à son emploi sont bien suffisants pour la faire rejeter de la pratique agricole. Sans parler de l'inconvénient qui existe à livrer entre les mains de tout le monde un poison aussi énergique, nous devons dire que l'histoire de la toxicologie a enregistré des faits déplorables survenus, par erreur, de l'envoi au moulin de blé préparé à l'arsénic pour la semence.

Sulfate de cuivre. — L'emploi du sulfate de cuivre ou vitriol bleu a bien aussi ses dangers; c'est pourquoi nous aimerions à le voir remplacé par des moyens incapables de produire aucun accident, et dont l'efficacité pour le but qui nous occupe est au moins aussi bien établie, ainsi que nous le verrons dans un moment. Mais l'habitude le maintiendra encore long-temps dans les contrées où il est en usage. M. Boussingault l'emploie dans ses cultures, comme le fait du reste une bonne partie de l'Alsace, et il assure que ses blés sont exempts de carie. On emploie 100 grammes de sulfate de cuivre pour un hectolitre de froment. Le sel de cuivre est dissout dans la quantité d'eau nécessaire pour que tout le blé puisse y tremper; on le laisse séjourner trois quarts d'heure, puis on le fait égoutter dans des paniers, après quoi on l'étend pour le faire sécher avant de le semer.

D'après M. de Dombasle, du blé infesté complètement et artificiellement de carie avant la semence, produisant 486 épis cariés sur 1000, n'en a donné que 9 après avoir été plongé, avant la semence, dans une solution composée, pour un hectolitre de blé, de sulfate de cuivre 300 grammes, sel marin 1 kilog. 500 grammes, eau 50 litres, et y avoir séjourné deux heures. Le même blé n'a plus donné que 8 épis cariés sur 1000, après être resté une heure dans une solution composée de sulfate de cuivre 600 grammes, eau 50 litres, pour un hectolitre de grain (1).

Sel marin. — J'ai compris le sel marin parmi les préservatifs qui détruisent la carie en faisant périr les germes, parce que l'on ne peut attribuer cette propriété à une action dissolvante que cette substance ne possède pas. D'après M. Arthur Young, ce serait au hasard que serait due la découverte de la propriété du sel marin. Des sacs de blé ayant été avariés par l'eau de mer, de manière à ne plus pouvoir servir autrement, furent destinés à la semence; il arriva que la récolte qui en provint fut intacte, tandis que les moissons voisines étaient plus ou moins attaquées de carie. Quoi qu'il en soit de l'exactitude de cette observation, des expériences faites avec soin, dans lesquelles le sel marin a été employé seul, n'ont pas eu un résultat aussi tranché. Il n'en a pas été de même quand le sel a été associé à la chaux vive, car alors on peut dire que son efficacité a été absolue.

Sel marin et chaux. — En 1787, M. Baxter, cultivateur, publiait, dans la *Bibliothèque physico-économique,* que depuis longues années il obtenait des récoltes exemptes de carie au moyen du procédé suivant : Le blé étant choisi, on fait fondre dans de l'eau assez de sel pour qu'un œuf plongé dans cette saumure se soutienne dessus sans enfoncer. On verse le blé dans la solution saline de manière à ce qu'il y trempe bien; on l'y laisse séjourner une nuit, après laquelle on le remue dans tous les sens; pendant cette opération, on enlève soigneusement tous les grains qui surnagent et on les rejette. Enfin on retire le blé, on le mêle avec de la chaux vive réduite en poussière,

(1) *Annales agricoles* de Roville, huitième livraison, page 351,

et on le remue jusqu'à ce qu'il soit assez desséché pour
que les grains ne s'attachent plus les uns autres.

En 1832, M. de Dombasle, en expérimentant un mélange de sel marin et de chaux, n'observait que 2 épis
de blé carié sur 1000 dans la récolte provenant d'une
semence complètement infestée de carie, et qui donnait
sans préparation 486 épis cariés sur 1000. Son mélange,
pour un hectolitre de semence, était ainsi composé : Eau
50 litres, chaux 5 kilog., sel marin 800 grammes; et le
blé y séjournait 24 heures.

Les procédés par lesquels le germe de la carie éprouve
un commencement de dissolution sont ceux où l'on fait
agir la chaux et les alcalis, ou même les sels qui, par un
commencement de décomposition, laissent en liberté une
certaine proportion de leur base alcaline.

Afin de bien comprendre l'action de ces agents chimiques, il eût été à souhaiter qu'une analyse un peu ré-
cente eût fait connaître la nature et les proportions des
principes immédiats qui constituent la poussière de l'*u-
redo caries*. Nous n'avons pour combler cette lacune que
les recherches de Parmentier, faites en 1784. Il résulte
de ce travail que la poussière noire de la carie contient
une matière grasse qui brûle avec flamme sur les charbons ardents, se dissout dans l'alcool et l'éther, se combine avec les alcalis pour former une matière savonneuse
susceptible de se dissoudre dans l'eau. Ces renseignements, tout imparfaits qu'ils sont au point de vue de la
science analytique, sont néanmoins très précieux pour le
sujet qui nous occupe, et rendent compte de l'avantage
des procédés qui nous restent à décrire.

La chaux isolée produit sur les semences entachées de
carie une amélioration évidente; mais elle ne paraît pas
détruire complètement le mal. Néanmoins, comme c'est
le moyen le plus généralement en usage, sans doute parce

qu'il est le plus simple, nous donnerons à son sujet quelques développements sur les manipulations les plus capables d'assurer la réussite de l'opération.

M. Bagot, médecin à Saint-Brieux, recommandait, en 1785, la méthode suivante qui lui réussissait parfaitement depuis plusieurs années (1). Il plaçait dans une cuve deux kilogrammes de chaux, quarante litres d'eau et un demi-hectolitre de froment; le tout étant bien mêlé il le laissait ensemble environ vingt-quatre heures; il étendait ensuite le grain à l'air, le remuait de temps en temps pendant quelques heures, au bout desquelles il le pouvait semer. Plusieurs praticiens de la même époque conseillent des macérations aussi prolongées; quelques autres abrègent le temps en élevant la température.

Quant au chaulage qui consiste à rouler simplement le blé dans la chaux en poudre, son action est loin d'offrir des garanties suffisantes; il est indispensable que le grain soit complètement imbibé du préservatif, ce qu'on ne peut faire que par l'intermédiaire d'un liquide qui en enveloppe exactement et immédiatement toutes les parties. La macération fournit un autre avantage, celui de permettre d'enlever les plus mauvais grains qui surnagent sur le liquide.

Voici les résultats obtenus par M. de Dombasle : Du blé complètement infesté, mêlé 24 heures avant d'être semé à de la chaux éteinte avec la quantité d'eau suffisante pour la réduire en poudre, dans la proportion de 4 kilogrammes de chaux par hectolitre de grain, a donné une récolte dans laquelle on comptait 476 épis cariés sur 1000;

(1) Les quantités ont été traduites approximativement par les poids et mesures actuellement en usage. Elles sont indiquées dans le mémoire par chaux 4 livres, eau 4 seaux, froment 2 boisseaux.

Humecté, 24 heures à l'avance, avec un lait de chaux, composé de 4 kilogrammes de chaux par hectolitre, le même grain a fourni 260 épis cariés sur 1000;

Plongé pendant 24 heures dans un mélange de 5 kilogrammes de chaux et 50 litres d'eau par hectolitre, il n'a plus donné que 21 épis cariés sur 1000.

Ces résultats, si différents les uns des autres et si progressivement avantageux, font voir combien il importe que la chaux, employée sans auxiliaire, soit étendue de la quantité d'eau nécessaire pour que le liquide mouille exactement toutes les parties de ce grain. Je signalerai encore comme précautions essentielles, la nécessité de choisir de la chaux bien vive, en pierre, et non déjà éteinte à l'air et réduite en poudre; d'éteindre cette chaux avec un peu d'eau avant de la délayer dans la totalité du liquide; enfin, de faire usage quand on le peut de chaux grasse de préférence à la chaux hydraulique qui se dissout moins bien dans l'eau, s'y dépose plus promptement, et ne tarde pas à y durcir.

La potasse, à l'état de carbonate, n'a donné à M. de Dombasle que des résultats malheureux. Le blé complètement infecté de carie, plongé pendant deux heures dans la solution de 500 grammes de potasse du commerce dans 50 litres d'eau pour un hectolitre de grain, a fourni 545 épis cariés sur 1000. La même espèce de blé, plongée pendant deux heures dans une solution renfermant le double de potasse, a donné 549 épis cariés sur 1000.

Nous remarquerons, au sujet de ces deux expériences, que la solution alcaline était bien faible, surtout si l'on considère que la potasse du commerce ne renferme souvent que 50 pour 100 d'alcali carbonaté; nous trouvons aussi bien court le temps pendant lequel on a laissé agir le mélange, c'est pourquoi nous ne regardons pas l'ac-

tion de la potasse carbonatée comme suffisamment appréciée, au point de vue qui nous occupe.

Chaux et potasse. — Si l'effet préservatif de la potasse carbonatée employée seule est au moins douteux, il
n'en est plus de même quand elle devient caustique par
son mélange avec la chaux vive, ainsi que l'a constaté
M. Tillet.

Ce savant a consacré plus de trente ans d'efforts à répandre un procédé réunissant les conditions de sûreté et
de faible dépense. Des essais publics faits à Trianon, sous
les yeux de Louis XV, et répétés à l'hôpital de la Salpétrière, ont été reproduits avec succès sur plusieurs points
de la France; les résultats en ont été publiés par la voie
de l'impression dans différents recueils, et malgré tout
cela la méthode de M. Tillet est à peine connue aujour-
d'hui, et n'est employée nulle part, à notre connaissance.
Nous la rappellerons donc avec d'autant plus de confiance
que, dans nos recherches, nous n'en avons trouvé aucune
appuyée sur des recommandations aussi nombreuses et
plus authentiques. Nous regrettons que des essais per-
sonnels ne nous donnent pas le droit d'ajouter notre
témoignage à ceux que nous avons rencontrés. Voici en
quoi consiste cette méthode :

On verse 100 litres d'eau sur 25 kilogrammes de bonnes cendres de bois, on laisse l'eau agir sur la cendre
pendant trois jours, en ayant soin de remuer de temps
en temps avec un bâton pour faciliter la solution des sels.
Au bout de ce temps, on tire la lessive au clair, on la
fait chauffer de manière à pouvoir y tenir la main. On
peut facilement atteindre cette température en faisant
bouillir une partie du liquide qu'on mêle ensuite à la totalité, ce qui peut se faire aisément avec une chaudière
d'une petite capacité. Toute l'eau saline étant élevée au
degré de chaleur convenable, on y éteint de la chaux

vive dans la proportion de 1 kilogramme par 15 litres.
Aussitôt que la chaux est parfaitement divisée et mêlée
au liquide d'une manière uniforme, on y plonge le blé à
plusieurs reprises au moyen de paniers d'osier, en ayant
soin de l'y remuer dans tous les sens et d'enlever les grains
qui surnagent. Le blé est mis ensuite à égoutter, puis on
l'étend à l'air jusqu'à ce qu'il soit suffisamment desséché pour pouvoir glisser dans la main du semeur. Cette
lessive peut servir pour la préparation de 40 doubles dé-
calitres de froment.

M. Tillet observe que l'on peut remplacer la cendre
par 4 kilogrammes de potasse du commerce ou 6 kilogrammes de cristaux de soude. Cette substitution, sans
augmenter sensiblement la dépense, simplifie beaucoup
l'opération. On peut encore faire servir au même usage
une bonne lessive de linge.

Nous rapporterons comme exemple de l'efficacité de
ce procédé, les expériences faites par M. Tillet à l'Hôpital
de la Salpétrière. Le 16 octobre 1785, on disposa dans un
terrain sec et sablonneux 16 planches de 2 mètres de largeur sur 4 mètres 66 centimètres de longueur, et 8 autres planches de 7 mètres 30 centimètres de longueur
sur 2 mètres de largeur; les premières étaient destinées
au blé d'hiver, les autres au blé de printemps. Toutes les
planches furent séparées les unes des autres par des sentiers de 1 mètre de largeur. On choisit pour semence du
blé taché de noir, et, pour augmenter l'infection, on le
satura de poussière de carie. Une partie fut semée en
cet état sur 4 planches, et une portion d'une cinquième;
le reste fut préparé à la lessive et semé sur les 11 planches 1/2 qui restaient. Vers le milieu du mois de mars
on sema le blé de printemps de la même manière; 6 planches reçurent le blé carié préparé à la lessive, et il fut
semé sur les 2 autres sans préservatif. Tous ces essais de

culture étaient intercalés de manière à rendre le contraste plus frappant.

Le 2 et 3 juillet, une visite faite sur les lieux démontra la puissance du remède, car toutes les planches où l'on avait déposé les semences passées à la lessive étaient couvertes d'une végétation saine et vigoureuse, tandis que les autres ne portaient que des tiges terminées par des épis bleuâtres et garnis de grains cariés, lesquels répandaient autour d'eux une odeur désagréable et caractéristique. Il faut avouer qu'il est difficile de rencontrer une expérience dont les résultats soient plus satisfaisants, surtout si l'on considère que celle-ci était faite au sein de la capitale, et sous les yeux des hommes les plus capables d'en apprécier la valeur.

Nous signalons les précautions suivantes recommandées par M. Tillet, pour obtenir de son procédé tous les avantages qu'il est capable de procurer. Lorsque le blé sort de la lessive, il faut bien se garder de le déposer dans un lieu où il y ait eu du blé carié, de peur que de nouvelle poussière ne s'attache au grain; il faut aussi purifier avec le plus grand soin, les sacs qui auraient servis à renfermer du blé atteint de la contagion. Enfin, si l'on peut laver le blé à l'eau pure avant de le passer à la lessive, cette première opération enlève une grande partie de la carie, et alors la dissolution alcaline n'a plus à détruire que les portions très adhérentes au grain; mais dans ce cas, il faut bien se garder de répandre sur des terres ensemencées de céréales l'eau qui a servi au lavage, car elle y porterait la contagion.

Chaux et sulfate de soude. — M. de Dombasle, après avoir signalé les embarras et les difficultés qui se rencontrent dans la pratique, quand on fait usage des procédés d'immersion, attribuant à ces causes la répugnance des cultivateurs, a cherché et trouvé après de nom-

breux essais, une méthode qui, employée par aspersion,
ne laisse rien à désirer sous le rapport de l'énergie.
Malgré la facilité et la simplicité de manipulation que
M. de Dombasle avait trouvé le moyen d'introduire dans
l'opération du chaulage, malgré les moyens de publicité
dont on dispose aujourd'hui, malgré la confiance si légi-
time qui s'attache au nom de ce célèbre agronome, son
procédé, assez bien accueilli à son origine, est bientôt
tombé dans le même oubli que celui de M. Tillet. A l'é-
poque de sa publication, il fut répété avec succès mais
plutôt comme une expérience curieuse, que comme un
moyen usuel qui devait prendre une place obligée dans
la pratique. Ce n'est donc pas aux difficultés et aux embarras qu'il faut s'en prendre, mais à une insouciance
profonde et déplorable qui résiste à toute innovation,
même à celle dont les résultats heureux sont le mieux
attestés. Si le fermier calculait la perte que lui fait éprouver la carie chaque année, en diminuant la quantité et
surtout la qualité de sa récolte, il serait moins négligent à
pratiquer un chaulage dont le succès est assuré. Voici le
procédé de M. de Dombasle publié en 1835 :

La veille du jour où l'on veut semer, on prépare le liquide
d'aspersion en mettant 1 kilogramme de sulfate de soude
dans 10 litres d'eau. Le lendemain, si l'on a eu le soin de
remuer de temps en temps, la solution est complète; on
la répand au moyen d'un arrosoir, sur le blé, pendant
qu'une personne le remue dans tous les sens, de manière à bien exactement imbiber tous les grains. La dose
de solution indiquée, peut servir environ pour un hectolitre et un quart. La règle à suivre pour apprécier la
quantité nécessaire, c'est d'atteindre le point où le blé,
étant suffisamment mouillé, ne retient plus le liquide
et le laisse échapper au dehors. On continue à remuer
le grain encore quelque temps, afin d'être bien sûr

qu'aucune portion n'a échappé au contact du sulfate de soude. Cette partie de l'opération étant achevée, et avant que le grain ne commence à sécher, on répand dessus, par hectolitre, 2 kilogrammes de chaux nouvellement et parfaitement pulvérisée, on continue à remuer fortement le blé jusqu'à ce que la chaux se trouve répartie uniformément dans toute la masse. Aussitôt après le mélange exact de la chaux le blé peut être semé, et si l'on désirait le garder quelques jours, il ne serait pas nécessaire de l'étendre à l'air pour le faire sécher, il suffirait de le remuer de temps en temps pour empêcher qu'il ne s'échauffât. Les quantités indiquées suffisent, mais elles peuvent être dépassées sans inconvénient; ce qui est essentiel, c'est que tout le grain soit bien imbibé du liquide salin, et que la chaux, choisie bien vive, en atteigne toutes les parties.

Les résultats que M. de Dombasle a obtenus en suivant cette méthode, l'ont amplement dédommagé de ses peines. Le grain saturé artificiellement de carie et semé après avoir subi l'opération que nous venons de décrire, n'a pas donné un seul épi carié sur quatre planches d'essai contenant ensemble plus de 80000 épis, tandis que les autres planches semées dans le même moment, et avec le même grain, mais sous l'influence de préservatifs différents, ont toujours donné quelques épis malades estimés dans la proportion de 2, 7 et 24 pour 1000. Le succès du procédé de M. de Dombasle s'est reproduit pendant plusieurs années sous sa direction; et nous savons que des cultivateurs de notre localité en ont obtenu de grands avantages.

Remarques. — En résumant ce qui précède, on trouve qu'il existe deux moyens généraux de détruire la carie; faire périr le germe, ou le dissoudre par un moyen chimique. Nous avons signalé les inconvénients qui se rattachent au premier, nous donnerons quelques mots de théorie pour ce qui concerne le second.

La poussière noire de l'*uredo,* qui s'est attachée au grain, particulièrement dans le pli et à l'extrémité garnie de poils, est composée, suivant Parmentier, d'une matière grasse soluble, par conséquent, à l'aide des alcalis qui possèdent la propriété de la saponifier. C'est en raison de cette vertu que l'efficacité du préservatif s'accroît avec l'énergie de la substance alcaline. Ainsi la chaux seule ne produit que lentement l'effet désirable, il faut vingt-quatre heures de contact pour que le grain soit suffisamment épuré, à moins que l'on n'ait aidé son action en élevant la température à un degré considérable. Si la chaux est ajoutée à une lessive de cendres ou à une solution de potasse rendue dans l'un et l'autre cas caustique par cette alliance, l'effet produit sera plus prompt et plus complet, parce que la propriété que possède la potasse caustique de saponifier les corps gras est beaucoup plus énergique que celle qui appartient à la chaux; et encore parce que les savons calcaires étant peu solubles, doivent empâter le grain et garantir ainsi une certaine quantité de poussière de carie des atteintes de la chaux. Le même inconvénient ne saurait se produire en faisant usage de potasse qui forme toujours, avec les matières grasses, des savons solubles. Ceci explique parfaitement les avantages du procédé de M. Tillet.

Pour ce qui concerne celui de M. de Dombasle, il n'est pas à ma connaissance qu'on ait cherché directement ce qui se passe au moment du contact de la chaux vive avec les grains imbibés de sulfate de soude; mais il est permis de croire qu'une portion de la soude se trouve mise en liberté après avoir cédé une quantité équivalente d'acide sulfurique à la chaux. Cette soude caustique rem plirait alors les mêmes fonctions que la potasse dans le procédé de M. Tillet.

Il y a encore quelques précautions indispensables pour se garantir de la carie, même en faisant usage des procédés que nous venons d'indiquer; par exemple il faut bien se garder de répandre sur les terres à blé des fumiers préparés avec de la paille infectée de carie; d'étendre le blé préparé, soit à l'aide du bain, soit à l'aide de l'aspersion, sur un plancher qui aurait supporté du blé carié, à moins qu'il n'ait été préalablement lavé à la chaux; de renfermer le blé préparé pour semence dans des sacs qui auraient contenu du blé infecté, avant que ces sacs aient été passés à la lessive. Sans toutes ces attentions on portera sur le grain de nouveaux germes de carie qui ne manqueront pas de se développer, rendant ainsi inutiles tous les soins qui avaient été pris pour nettoyer la semence.

VINGT-NEUVIÈME LEÇON.

Qualité du froment estimée par des moyens chimiques; — Du gluten. — De l'amidon. — Des fraudes auxquelles les farines sont exposées, et moyens de les découvrir. — Farines frelatées avec la craie ou le plâtre, — Avec la fécule de pomme de terre, — avec les farines légumineuses.

L'analyse chimique a démontré que la farine de froment est composée, presque en totalité, d'amidon et d'une matière poisseuse élastique, insoluble dans l'eau, que les chimistes ont désignée sous le nom de gluten. On a remarqué aussi que la farine du froment renferme une proportion beaucoup plus considérable de cette dernière matière, que la farine des autres céréales; d'où l'on a conclu avec raison, que c'est à cette plus grande abon-

dance de gluten que le froment doit sa supériorité. Le
gluten est donc la partie la plus précieuse de la farine,
et, comme ses proportions varient dans le froment lui-
même suivant les soins qui ont été donnés à sa culture,
il en résulte qu'il existe des qualités de froment bien différentes, et qu'elles peuvent être estimées par la quantité
relative du gluten. Il est donc nécessaire d'avoir un moyen
d'isoler le gluten, et c'est précisément ce dont nous allons
nous occuper.

Du gluten. — Quand on mâche avec précaution quelques grains de froment, en les humectant peu à peu avec
la salive, l'amidon se trouve entraîné et le gluten reste
entre les dents, sous forme de pâte tenace et élastique.
Beaucoup de cultivateurs ont dû faire cette observation,
que je rappelle parce qu'elle les a mis à même de connaître le gluten dans ses caractères les plus essentiels
pour en opérer la séparation, sa ténacité et son insolubilité. Quand on veut estimer la quantité de gluten contenue dans un froment, on broie celui-ci dans un mortier,
on sépare le son de la farine au moyen d'un tamis de soie;
la farine étant ainsi obtenue, on en pèse 20 grammes,
que l'on réduit avec de l'eau en une pâte assez ferme,
bien liée, que l'on malaxe entre les doigts pendant cinq
à six minutes; on la laisse reposer ensuite pendant une
heure. Après ce temps, on reprend la pâte, on la malaxe
de nouveau entre les doigts, mais cette fois on se place
sous le robinet d'une fontaine qui ne coule guère que
goutte à goutte; l'eau entraîne peu à peu l'amidon, et le
gluten reste tout entier entre les doigts. Quand l'eau de
lavage sort du gluten sans être troublée, l'opération est
finie; alors on pèse le gluten, à moins qu'on ne préfère
l'estimer à l'état sec. Il est toujours indispensable d'indiquer dans les notes, sous lequel de ces deux états le poids
en a été pris.

Une précaution essentielle pour obtenir un résultat assuré, c'est de pulvériser le grain avec beaucoup d'exactitude et de continuer la trituration tant que le son retient encore des traces de farine. L'expérience nous a appris que la farine qui passe la première renferme plus d'amidon et moins de gluten que celle qui vient ensuite.

Du froment dont la première farine ne nous avait donné que 25 pour 100 de gluten humide, nous a fourni dans la dernière, au-delà de 32 pour 100 du même produit.

Après avoir indiqué le procédé si simple à l'aide duquel on peut séparer le gluten de la farine dans l'intention d'estimer la qualité du blé dont elle provient, il nous reste à consigner, comme objets de comparaison, les résultats des différentes recherches qui ont été faites à ce sujet. C'est à l'aide de ces documents qu'il sera facile d'établir une moyenne, destinée pour ainsi dire à devenir la règle commune.

La chimie est redevable à M. Vauquelin d'une belle série d'expériences sur les farines; ne pouvant reproduire son mémoire en entier, malgré tout l'intérêt qui s'attache aux productions du savant analyste français, nous nous bornerons à en exposer les résultats. (1).

Quantité moyenne de gluten contenue dans 100 parties de farine.

	Gluten humide.	Gluten sec.
Farine brute de froment.	29,00	. . . 11,00
— de blé dur d'Odessa. . . .	35,11	. . . 14,55
— de blé tendre d'Odessa . .	30,20	. . . 12,06
— de blé tendre d'Odessa. . .	34,00	. . . 12,10
— de service, dite seconde. .	18,00	. . . 7,30
— des boulangers de Paris. .	26,40	. . . 10,20
— des hospices, 2ᵉ qualité . .	25,30	. . . 10,30
— des hospices, 3ᵉ qualité. .	21,10	. . . 9,02

(1) *Journal de Pharmacie*, t. VIII, p. 359.

Nous avons trouvé dans nos recherches personnelles, faites sur les blés du pays, 28,75 à 29,60 de gluten humide pour 100 parties de farine blutée.

L'expérience paraît avoir démontré que la température sous l'influence de laquelle le blé mûrit, modifie d'une manière notable les proportions de gluten qu'il renferme; une plus forte chaleur produirait une plus grande quantité de gluten. Mais ce n'est pas la seule cause qui modifie les proportions des principes constituants de la farine; les engrais ont sous ce rapport un effet beaucoup plus marqué, si l'on s'en rapporte aux expériences comparatives de M. Hermbstaëdt, que nous allons rapporter. Le fumier de chaque nature, destiné aux essais de cet habile agronome, fut desséché à la température de 10 degrés Réaumur, et enfoui, au mois d'octobre, en poids égal, chacun dans une bande de terre d'environ 11 mètres carrés. En mars, après un second labour, chaque parcelle de terrain reçut la même quantité de semence de froment d'été. Après la récolte, le gluten de ces différentes cultures se trouva dans les proportions suivantes pour 100 parties de blé (1) :

		gluten.
Sol fumé par l'urine d'homme.		35,10
—	par le sang de bœuf.	34,24
—	par le fumier d'homme	33,14
—	par le fumier de mouton.	32,90
—	par le fumier de chèvre.	32,88
—	par le fumier de cheval.	13,68
—	par le fumier de pigeon	12,20
—	par le fumier de vache.	11,95
—	par des détritus végétaux.	9,60
Sol non fumé		9,20

Chacun comprendra que ces expériences auraient besoin d'être répétées un grand nombre de fois pour qu'il

(1) *Annales de l'Agriculture française*, 2e série, t. XXXV, p. 356.

fût possible d'en tirer des conséquences sévères, par la raison que des circonstances nombreuses et imprévues doivent nécessairement en modifier les résultats. Il reste néanmoins acquis à la science agricole, que le blé nourri par un terrain bien fumé renferme toujours une proportion de gluten plus considérable. Le tableau qui précède nous offre une différence de 9,20 à 35,10 pour 100; M. Tessier avait déjà remarqué celle de 12 à 36; M. Boussingault, celle de 14,31 à 21,94.

En admettant, ce qui est incontestable, que le blé le plus riche en gluten fournit un pain de meilleure qualité et en produit davantage, toutes choses étant égales d'ailleurs, il devient avantageux au cultivateur de chercher à atteindre ce perfectionnement. En multipliant les essais sur le produit de ses récoltes, peut-être sera-t-il conduit à trouver d'autres causes, non encore signalées, capables d'influer sur la production de cette matière. Dans tous les cas, la connaissance du procédé que nous avons indiqué, comme le plus simple, et qui en effet est d'une exécution facile, le mettra en mesure de choisir avec certitude la qualité du froment qu'il destine à son usage.

Le gluten tel qu'on l'obtient par le procédé du lavage est un corps assez complexe renfermant de l'albumine, de la caséine, de la fibrine et une matière grasse. Dégagé de ces substances, qui n'y sont contenues qu'en assez faible quantité, il a reçu de M. Dumas le nom de *glutine*. La glutine est composée de :

Carbone.	. . . .	53,20 (2)
Hydrogène.	. . .	7,17
Azote.	. . . . .	15,94
Oxigène.	. . . .	23,69
		100,00

(1) Dumas, *Traité de Chimie appliquée aux arts*, t. VI, p. 387

De l'amidon. — Cette substance forme la majeure partie de la farine de froment. Si l'on a recueilli dans un vase l'eau qui s'est écoulée du lavage par lequel on a obtenu le gluten, on trouve au fond de ce liquide l'amidon qui s'y est déposé. L'amidon desséché constitue une poudre blanche très fine, brillante au soleil, insoluble dans l'eau froide, soluble dans l'eau bouillante avec laquelle elle forme une colle épaisse. Cette colle prend une couleur bleue par son contact avec l'iode. Vauquelin, dans les analyses que nous avons citées, a trouvé l'amidon dans les proportions suivantes, pour 100 parties de farine :

Farine brute de froment.	71,49
— de blé dur d'Odessa.	56,50
— de blé tendre d'Odessa . . .	64,00
— de blé tendre d'Odessa . . .	75,42
— de service, dite seconde. . .	72,00
— des boulangers de Paris. . .	72,80
— des hospices, 2e qualité. . .	71,20
— des hospices, 3e qualité . . .	67,78

La composition chimique de l'amidon est d'après MM.

	Gay-Lussac et Thenard.		Berzelius.		Prout.		Guérin.
De carbone. . .	43,55	. .	44,250	. .	42,8	. .	43,64
hydrogène .	6,77	. .	6,674	. .	6,3	. .	6,26
oxigène. . .	49,68	. .	49,076	. .	50,9	. .	50,10
	100,00		100,000		100,0		100,00

ALTÉRATION DES FARINES.

Il arrive quelquefois que la farine du commerce se trouve altérée, soit naturellement par vétusté ou par avarie, soit par des mélanges frauduleux de matières farineuses d'un prix moins élevé que le froment.

Le premier état se reconnaît aisément à l'aspect pelotonné, à une odeur et une saveur étrangères à la bonne farine. Quand on lave cette farine, le gluten ayant perdu de sa tenacité ne reste plus entre les doigts sous forme de pâte élastique, mais s'échappe en flocons, malgré toute l'attention que l'on met à vouloir le retenir.

Pour reconnaître un mélange de farine étrangère il faut avoir recours à des moyens plus compliqués, et qui doivent se modifier suivant la nature de la substance ajoutée frauduleusement. Pendant long-temps on s'est contenté d'estimer la dose de gluten contenue dans les farines soupçonnées; mais la différence de composition, qui se rencontre même dans les farines les plus pures, rendait ce moyen très défectueux. Depuis quelques années la chimie a répandu de grandes lumières sur cette question. Des travaux honorables concentrés sur ce point ont fourni les moyens de déjouer toute l'habileté et le raffinement des fraudeurs. Nous avons long-temps hésité à consigner dans ces pages ces procédés qui, nous en convenons, sont un peu étrangers à la chimie agricole; et pourtant nous n'avons pu résister au désir de les publier une fois de plus, désirant qu'ils soient répandus dans le monde et surtout chez les cultivateurs dont ils garantissent la pureté des produits. A l'exemple des chimistes qui se sont occupés de cette matière, nous diviserons les opérations suivant la nature des corps étrangers dont on cherche à constater la présence.

Craie et plâtre. — Il est honteux de le dire, mais la cupidité a poussé l'homme jusqu'à lui faire introduire des matières minérales dans le pain destiné à la nourriture de ses frères. Heureusement que cette fraude, la plus grossière et aussi la plus capable d'altérer la santé, est facile à découvrir. Une simple incinération suffit, le poids de la cendre qui, dans les farines pures, se trouve entre 5 et 10 pour 1000, est augmenté dans ce cas d'une manière très notable. La craie se distingue alors par son effervescence avec les acides, et le plâtre, traité par l'eau bouillante, donne une solution qui précipite *abondam-ment* par le chlorhydrate de baryte et l'oxalate d'ammoniaque.

On peut encore, sans avoir recours à l'incinération, faire agir l'eau pure directement sur la farine; en filtrant, après quelques heures de contact, la solution précipite *abondamment* par les réactifs indiqués ci-dessus, dans le cas où la farine renferme du plâtre. Si le résultat est négatif, on ajoute à l'eau une petite quantité d'acide chlorhydrique, et on la fait agir de nouveau sur la farine; s'il se produit de l'effervescence, et si le liquide filtré une seconde fois précipite *très abondamment* par l'oxalate d'ammoniaque, on est assuré de la présence de la craie. Je souligne le mot abondamment par la raison que l'eau qui a séjourné sur la farine la plus pure se trouble par les réactifs indiqués, surtout par l'oxalate d'ammoniaque qui alors constate la présence du phosphate acide de chaux. Dans les cas douteux il est donc toujours plus certain de recourir à l'incinération.

Fécule de pomme de terre. — La fraude la plus ordinaire est celle qui a lieu par l'addition de fécule de pomme de terre, aussi existe-t-il plusieurs procédés pour reconnaître ce mélange. M. Gay-Lussac conseille de broyer quelques grammes de farine dans un mortier d'agate, d'y ajouter un peu d'eau et de filtrer après avoir continué la trituration pendant quelques instants. Le liquide filtré, additionné de quelques gouttes de teinture d'iode, devient bleu dans le cas d'un mélange de fécule; si au contraire la farine est pure il ne prend qu'une couleur vineuse non permanente. La théorie de cet essai consiste dans la grosseur relative des grains de fécule de pomme de terre comparés à ceux du froment. Le volume des premiers permet au pilon de déchirer leur enveloppe, ce qui met à nu la partie intérieure que l'eau dissout à mesure;

c'est cette partie dissoute que l'iode colore en bleu. Les seconds échappent au broiement par leur ténuité plus grande.

M. Boland a perfectionné cette méthode en séparant d'abord l'amidon par le lavage ainsi que nous l'avons indiqué à l'occasion du gluten. L'amidon produit par 20 grammes de farine est recueilli, on le place dans un verre de forme conique, on l'agite avec de l'eau et on laisse reposer le tout pendant deux ou trois heures. Après ce temps on décante l'eau, on enlève avec une cuiller la couche supérieure molle et grisâtre, enfin on attend que la petite masse d'amidon qui occupe le fond du verre soit suffisamment desséchée pour pouvoir s'enlever tout d'une pièce. Ce petit cône étant sorti du verre, on en sépare quelques grammes de la partie inférieure pour pouvoir les triturer dans le mortier d'agate, ainsi que nous l'avons indiqué. Cette modification produit un résultat plus sensible parce que les grains de fécule de pomme de terre étant plus lourds, se sont déposés les premiers et se trouvent en proportion plus forte à la partie inférieure du dépôt.

M. Cavalié, pharmacien de la marine, à Toulon, indique un procédé qui consiste à attaquer la fécule de pomme de terre par une solution de potasse caustique alcoolisée, et à essayer la liqueur filtrée par l'iode. La solution alcaline doit être composée ainsi :

Solution de potasse caustique marquant
1° à l'aréomètre de Baumé. 88
Alcool à 34°. 12

La teinture d'iode se compose de :

Iode, pur. . . . . 00,5 décigrammes.
Alcool, à 34°. . . . 50 grammes.
Acide pyroligneux, à 7°. 50 grammes.

Les liqueurs étant préparées, on verse dans un flacon une petite mesure de farine équivalant à 70 centigram-

mes, on ajoute dans un flacon environ 20 grammes de solution de potasse alcoolisée, et l'on agite pendant deux minutes pour faciliter l'action. On verse alors le liquide sur
un filtre de papier, on laisse perdre les premières gouttes
qui ne sont pas limpides, on recueille les suivantes dans
une éprouvette; quand on en a obtenu un gramme on y
ajoute 5 gouttes de la teinture d'iode. Si la farine examinée est mélangée de fécule de pomme de terre, la liqueur
prend une couleur bleue; dans le cas contraire, la nuance
atteint le jaune verdâtre sale (1). Ce procédé est basé sur
la propriété que possède la liqueur alcaline alcoolisée préparée comme ci-dessus, d'attaquer la fécule de pomme
de terre sans dissoudre l'amidon du froment. L'auteur en
imaginant de faire fabriquer une mesure, un flacon et
une éprouvette gradués, ainsi qu'un petit appareil qu'il
désigne sous le nom de compte-gouttes, a donné à son
procédé l'avantage d'exécuter un assez grand nombre
d'essais en peu de temps; il doit être préféré sous ce rapport à celui de M. Boland. Mais il faut bien le dire, ces
méthodes, à moins que le résultat des expériences ne soit
parfaitement tranché, laissent dans l'esprit de l'opérateur
des doutes fâcheux, et c'est ce qui a engagé à rechercher
des procédés plus certains.

M. Donny, en réunissant deux méthodes qui, séparément, laissent souvent la question embarrassée et demandent de la part de l'expert une grande habitude de comparaison, a atteint le but si désiré d'offrir des résultats
incontestables. Plusieurs auteurs recommandables avaient
conseillé tout simplement l'emploi du microscope. Par ce
moyen, la grosseur relative des grains de fécule était
mise en évidence; M. Payen avait même signalé sur ces
globules des stries concentriques et la marque d'une es-

(1) *Bulletin de la Société d'Encouragement*, 37ᵉ année, 1838, p. 29.

pèce d'ombilic, caractères qui ne se rencontrent pas sur
l'amidon de froment; on avait été jusqu'à évaluer par
des chiffres les dimensions respectives des grains de fécule et d'amidon; la fécule provenant :

De la pomme de terre de Rohan était représentée par 185 millièmes de
    millimètres.
Celle de plusieurs autres variétés de pommes de terre. 140
L'amidon de blé blanc   50

mais il faut, pour arriver à des résultats aussi précis, avoir
une grande habitude du microscope et posséder un bon
instrument, deux conditions assez rares. D'autre part,
M. Payen avait encore remarqué que, sous l'influence
d'une faible solution de soude, les grains de fécule se gon-
flent considérablement, se dérident, puis s'affaissent en
prenant une forme irrégulière et formant plusieurs plis
allongés. Dans cet état, les dimensions de surface sont
augmentées dans la proportion de 1 à 30.

M. Donny, dans l'intention de s'emparer de ces observations diverses pour fonder sa méthode, a étudié longuement l'action des alcalis très étendus d'eau, sur la fécule de pomme de terre et sur l'amidon de froment. Il a
remarqué que l'usage de la potasse était préférable à celui
de la soude, et il est arrivé à reconnaître qu'une solution
de potasse pouvait être assez faible pour ne pas attaquer
l'amidon de froment et produire néanmoins le gonflement
des globules provenant de la pomme de terre. C'est du
reste ce qu'avait trouvé M. Cavalié; seulement, ce dernier y avait ajouté de l'alcool. Ce fait, une fois bien établi,
voici l'application heureuse que M. Donny en a faite : On
dépose sur une plaque de verre des parcelles de la farine
soupçonnée, on les délaye avec quelques gouttes d'une
solution composée de 100 grammes d'eau et de 1 gramme
75 centigrammes de potasse caustique puis on l'étend immédiatement en couche mince; ensuite, on l'examine au

moyen d'un microscope ordinaire ou même d'une forte loupe. Si la farine est pure, on n'aperçoit aucun changement; si, au contraire elle renferme de la fécule, celle-ci se gonfle, s'étend et ses globules prennent l'apparence de larges plaques transparentes qu'il suffit, dit l'auteur, d'avoir vues une fois pour ne plus les confondre avec les granules de farine Afin de rendre le phénomène plus apparent, on peut faire écouler le liquide, dessécher la matière avec précaution, puis la mouiller avec quelques gouttes d'eau iodée; par ce contact les plaques de fécule se colorent en bleu et se distinguent encore avec plus de netteté.

Cette méthode fournit des caractères tellement tranchés que les inconvénients qui s'attachent à l'emploi du microscope disparaissent, puisque, d'une part, il n'est pas nécessaire pour les apprécier d'avoir fait un long usage de cet instrument, et qu'ensuite un microscope ordinaire suffit pour les mettre en évidence. La planche qui accompagne le mémoire de M. Donny représente l'opération vue sous un grossissement linéaire de vingt fois, et les caractères sont si évidents qu'il n'est pas possible de s'y méprendre.

M. Le Canu a fait pour le procédé de M. Donny ce que M. Boland avait fait pour celui de M. Gay-Lussac : au lieu de traiter directement la farine, il conseille d'employer la partie la plus grossière de l'amidon obtenu par le moyen du lavage, et voici comment il la retire : le gluten étant séparé par les procédés que nous avons décrits, et l'amidon recueilli, on agite l'eau, au fond de laquelle celui-ci se trouve rassemblé, de manière à le mettre en suspension, et on verse aussitôt le tout sur un tamis de soie placé sur un vase destiné à recevoir l'eau et l'amidon; le tamis arrête les particules de son ou de matières étrangères; l'eau qui s'est écoulée à travers le

31

tamis est décantée, encore trouble, aussitôt que la partie
la plus lourde de l'amidon s'est déposée; on ajoute de
nouvelle eau, qu'on agite encore et qu'on décante de
même, quand le dépôt le plus pesant a gagné le fond du
vase. En répétant cette opération avec intelligence, on
parvient ainsi à isoler les particules les plus grossières de
l'amidon, et c'est là qu'on rencontre en abondance la
fécule de pommes de terre, si la farine essayée en contient. Ce dernier dépôt, traité par le procédé de M. Donny,
indique, dans les farines altérées, une grande abondance
de fécule.

Nous avons signalé cette modification, quoique nous
ne la regardions pas comme supérieure au procédé primitif. Nous croyons que dans les essais comparatifs il
est avantageux d'avoir sous les yeux, à la fois, les objets
qui doivent être comparés. Dans le procédé de M. Donny,
la fécule amplifiée se trouvant à côté des grains d'amidon
qui ont conservé leur faible volume, la différence est plus
tranchée; tandis que dans la manipulation de M. Le Canu,
les granules les plus fins étant enlevés, la comparaison
doit y perdre quelqu'avantage.

Farines de légumineuses. — On désigne sous ce nom
les farines de pois, de haricots, de vesces, de fèveroles et
des autres graines fournies par les plantes de la même
famille. Plusieurs moyens ont été indiqués pour découvrir leur mélange avec la farine de froment.

Les différentes farines de légumineuses renferment un
principe particulier étudié par M. Braconnot et connu
sous le nom de légumine. Ce principe est soluble dans
l'eau, et l'acide acétique ajouté modérément, possède la
propriété de troubler la solution.

M. le professeur Martens a basé sur ce fait, et publié
un procédé qui consiste à délayer dans deux fois son volume d'eau la farine soupçonnée, à laisser agir le liquide

à une température de 20 à 30 degrés pendant une ou deux heures, à jeter le tout sur un filtre de papier, et à recueillir le liquide aussitôt qu'il passe limpide, ayant soin de remettre sur le filtre les portions troubles qui se sont écoulées les premières. Le liquide bien transparent, additionné d'acide acétique versé goutte à goutte, devient laiteux dans le cas où la farine est frelatée par les farines de légumineuses. Ce procédé, essayé par nous dans un cas d'expertise légale, a été trouvé insuffisant. De la farine de froment que nous avions préparée nous-même, traitée de cette manière, nous a fourni un liquide que l'acide acétique a rendu laiteux. Nous sommes en cela d'accord avec MM. Donny et Mareska, qui ont observé le même fait (1).

M. Cavalié, dont nous avons déjà cité les travaux, ayant remarqué que les farines de légumineuses produisent une écume persistante quand elles sont agitées dans un liquide composé d'une partie d'acide sulfurique et de quatre parties d'eau, tandis que la pure farine de froment ne fournit dans le même cas qu'une mousse qui ne tarde pas à disparaître, a fait servir ce caractère à la recherche qui nous occupe. Une petite mesure de farine, estimée 70 centigrammes, est versée dans une éprouvette contenant déjà 10 grammes de la liqueur acide; on agite pendant deux minutes et on laisse reposer. Si la farine est pure, au bout de dix minutes l'écume a disparu, tandis que si elle contient de la farine de légumineuses, le liquide est encore surnagé d'une écume abondante.

Le même auteur conseille encore un autre procédé, mais qui ne peut s'appliquer qu'aux farines de vesces ou de lentilles. Il tamise la farine suspecte dans un tamis de soie serré, et il imbibe les parties grossières qui sont

(1) *Annales de chimie et physique*, 3ᵉ série, t. XXI, p. 17.

arrêtées par ce tissu, avec une solution composée de sulfate de fer 1 partie, eau 25 parties. Les vesces et les lentilles contenant du tannin ne tardent pas à se colorer en gris noirâtre (1). Les farines de pois et de haricots ne sont pas sensibles à ce réactif.

M. Donny arrive, au moyen de sa liqueur alcaline, à un résultat plus précis. En augmentant la force de cette liqueur, il transforme la farine en une masse gommeuse au milieu de laquelle on aperçoit, à l'aide d'une bonne loupe, de petits corps celluleux qui appartiennent aux graines de légumineuses. La farine pure n'offre rien de pareil. Il convient pourtant de s'exercer un peu avant de se prononcer d'une manière définitive; une parcelle de son pouvant occasionner une méprise qui n'aura jamais lieu quand on sera au courant de ce genre de recherche.

La liqueur alcaline doit être composée dans les proportions suivantes : 12 grammes de potasse caustique, 100 grammes d'eau; et l'on opère sur une lame de verre de la même manière que pour l'essai de la fécule.

M. Donny a aussi trouvé le moyen de distinguer chimiquement les farines de vesces ou de féveroles, en mettant en évidence une matière contenue dans ces farines, et qui est susceptible de se colorer en rouge par les différents traitements que nous allons indiquer. On fait adhérer à la surface intérieure d'une capsule de porcelaine une couche légère de farine suspecte, réservant le fond de la capsule bien net; on verse dans cette partie, et sans mouiller la farine, quelques gouttes d'acide nitrique; on chauffe ce liquide au moyen d'une lampe à esprit de vin, en évitant de le porter jusqu'à l'ébullition. Quand la couleur jaune que prend la farine, d'abord inférieurement, commence à atteindre la moitié de sa hau-

---

(1) *Bulletin de la Société d'encouragement*, 37e année, p. 52-53.

teur, on écarte la lampe, on essuie avec précaution le
reste de l'acide que l'on remplace immédiatement par
quelques gouttes d'ammoniaque liquide. Les émanations
de ce réactif ne tardent pas à se répandre dans la capsule, elles ont pour effet de foncer seulement la couleur
jaune si la farine est pure, et de la parsemer de petits
points d'un rouge très vif si elle est sophistiquée avec des
vesces ou des fèverolles. Comme ce sont les parcelles de
ces graines légumineuses qui prennent cette dernière
coloration, on estime leur proportion par le nombre des
points rouges qui se sont manifestés. C'est surtout au
moyen de la loupe que l'on peut apercevoir l'abondance
de ces points.

M. Le Canu conseille d'isoler la légumine par une suite
d'opérations que nous allons indiquer, et de rechercher
dans le dépôt le tissu celluleux et réticulé qui caractérise
les semences de légumineuses. Pour arriver à ces résultats, on réduit la farine en pâte en y ajoutant la quantité d'eau nécessaire, on enferme cette pâte dans un tissu
de linge et on la malaxe, ainsi enveloppée, sous un filet
d'eau. Pendant cette première opération on remarque,
mais seulement à titre de renseignement, si l'eau de lavage prend une odeur de pois, si elle est plus écumeuse
qu'à l'ordinaire, surtout si le gluten retenu dans le linge
est grenu et d'une ténacité peu prononcée.

La séparation du gluten étant ainsi opérée, on agite
le mélange d'eau et de fécule provenant de cette opération, on le verse sur un tamis de soie qui retient les portions de gluten qui ont pu s'échapper. Le liquide passé au
travers du tamis est reçu dans un vase, où on le laisse reposer; s'il tardait trop à s'éclaircir, on pourrait y ajouter un peu d'eau pour faciliter la séparation du dépôt,
laquelle étant effectuée, on décante le liquide surnageant,
après quoi on le filtre afin de l'obtenir limpide.

Si la farine soumise à ces recherches est mélangée de farines de légumineuses, le liquide filtré contient de la légumine dont on constate la présence par les moyens suivants. On fait évaporer doucement le liquide jusqu'à ce qu'il se forme à la surface une pellicule jaunâtre, translucide; aussitôt que ce caractère se manifeste on laisse refroidir; ensuite, après avoir filtré, on ajoute goutte à goutte et en léger excès, de l'acide acétique qui produit un dépôt blanc floconneux de légumine; on sépare cette matière au moyen d'un nouveau filtre sur lequel on la lave en y versant de l'eau pure. Ce lavage ayant pour objet d'enlever l'excès d'acide acétique, on le continue jusqu'à ce que l'eau qui s'écoule de l'entonnoir ne rougisse plus le tournesol.

La légumine ainsi obtenue se reconnaît aux caractères suivants : humide, elle est sous forme de lamelles visibles au microscope; elle est blanche, sans odeur et sans saveur; desséchée, elle prend un aspect corné; elle n'est pas colorée par l'iode; l'eau froide ou bouillante, de même que l'alcool est sans action sur elle; l'eau chargée de potasse ou d'ammoniaque la dissout avec facilité, à moins qu'elle n'ait été exposée pendant long-temps à l'action de l'eau bouillante; les acides chlorhydrique, azotique, acétique et plusieurs autres la précipitent de ses dissolutions alcalines.

Après avoir démontré la présence de la légumine on cherche le tissu celluleux et réticulé dans le dépôt d'amidon qui avait été mis à part à cette intention. On le reconnaît au moyen du microscope en suivant la méthode de M. Donny; c'est-à-dire en traitant l'amidon par une solution alcaline contenant 10 pour 100 de potasse. On peut employer pour le même objet l'acide chlorhydrique étendu de moitié eau, lequel possède aussi la propriété de dissoudre l'amidon sans altérer le tissu réticulé.

M. Le Canu conseille encore de séparer les parties les plus lourdes de l'amidon par des lavages successifs, exécutés de la manière que nous avons indiquée pour la recherche de la fécule de pomme de terre, et de soumettre de préférence aux investigations le dépôt le plus pesant qui renferme une plus grande quantité de tissu réticulé (1).

M. Louyet a été conduit, par un grand nombre d'expériences, à reconnaître que la farine pure de froment, desséchée à 100 degrés de température, fournit, par une incinération complète, depuis 6 jusqu'à 10 pour 1000 de cendres; tandis que celle qui provient des graines de légumineuses en donne pour le même nombre jusqu'à 30 et 33. Cet habile expérimentateur en a conclu, avec raison, que l'incinération pouvait donner sinon une indication précise de mélange de légumineuses, attendu qu'il peut y avoir des additions fortuites ou frauduleuses de matières minérales capables d'augmenter le poids de la cendre; du moins des soupçons légitimes dans le cas où le produit serait supérieur au maximum indiqué. Les caractères chimiques de la cendre fortifient le soupçon lorsque, lavée à l'eau pure, la solution filtrée produit une réaction alcaline très forte, et qu'elle donne par le nitrate d'argent un précipité jaunâtre qui se fonce promptement en couleur par son exposition à la lumière. La cendre de farine pure de froment, traitée de la même manière, n'est ni acide ni alcaline, et le nitrate d'argent, ajouté à sa solution, donne un précipité blanc qui ne change pas à la lumière.

Un autre avantage de l'observation de M. Louyet, c'est que toutes les fois que l'incinération n'aura pas donné plus de 10 pour 1000 de cendres, il sera inutile de chercher dans la farine examinée la présence des graines de

(1) *Journal de pharmacie et de chimie*, 3e série, t. XV, p. 251-258.

légumineuses. La quantité de farine desséchée peut être de 5 grammes pour chaque opération; mais il est essentiel que l'incinération soit bien complète.

Dans le cas où le poids de la cendre et ses propriétés chimiques indiqueraient la présence de légumineuses, il sera prudent néanmoins de recourir aux observations microscopiques indiquées par M. Donny. Quand on peut constater ainsi la vérité par deux moyens différents, la conscience de l'expert est plus tranquille et la société possède une garantie de plus (1).

En décrivant les différentes méthodes suivies par les experts pour découvrir les mélanges frauduleusement introduits dans les farines, nous avons été obligé de faire un choix assez sévère. De même, tout en nous efforçant d'être clair nous nous sommes trouvé dans la nécessité d'abréger souvent beaucoup le détail des opérations, sans pourtant rien omettre d'essentiel, ou de ce qui nous a paru tel. Nous avons craint, quelqu'intérêt qui s'attache à cette question, de lui donner trop d'étendue, la considérant seulement comme accessoire à l'objet de nos leçons. Le lecteur qui aurait besoin de renseignements plus développés pourra consulter avec fruit: le *Traité de chimie appliquée aux arts*, par M. Dumas, t. vi. p. 420 et suivantes; les *Annales de chimie et physique*, t. xxi. p. 5 et suivantes; le *Journal de pharmacie*, t. xv. p. 127 et p. 359 et suivantes; *id.*, t. xvi. p. 535 et suivantes; *Journal de pharmacie et de chimie*, 3e série, t. xi, p. 322; *id.*, t. xii. p. 98; *id.*, t. xiii. p. 139; *id.*, t. xv. p. 241; le *Bulletin de la Société d'Encouragement*, 37e année, p. 19-31 et 51-54; même recueil, 41e année, p. 194-197; même recueil, 46e année, p. 289-299, etc., etc.

Il existe encore d'autres mélanges que nous n'avons

(1) *Journal de pharmacie et de chimie*, t. xiv, p. 355-360.

pas indiqués, et qui peuvent se reconnaître par le procédé de M. Donny; ces sophistications ayant pour objet
les farines plus communes, nous nous sommes réservé
de les signaler en parlant du seigle.

TRENTIEME LEÇON.

Du froment, suite; — De la panification; — conservation du froment; —
Essais particuliers de M. Ternaux; — Suite des mêmes essais entrepris
sous la surveillance de l'administration de la réserve; — Enfouissement
des grains dans les silos; — Vérification de leur état à diverses époques;
— Extraction des blés; — Appréciation de leur état de conservation;
— Farines et pains obtenus de ces blés; — Enquête sur la qualité des
pains. — Réflexions sur les différents procédés de conservation.

DE LA PANIFICATION.

Ainsi que chacun le sait, le pain se prépare en délayant la farine avec de l'eau chauffée à 25 ou 30 degrés,
suivant la saison, et mise en quantité suffisante pour faire
une pâte bien liée, y ajoutant du levain et pétrissant le
tout de manière à rendre le mélange parfaitement homogène. La pâte ainsi préparée et divisée en pains est couverte et déposée dans un lieu dont la température est
douce et constante; là elle lève ou se gonfle; enfin on la
met au four pour la cuisson.

Voici ce qui se passe dans cette opération si simple en
apparence : la farine est composée ainsi que nous l'avons
vu, de gluten, d'amidon et d'une matière sucrée. Le
gluten, en se combinant à l'eau, acquiert une élasticité
suffisante pour envelopper l'amidon et le réduire à l'état
pâteux; la matière sucrée sous l'influence du levain et de
la chaleur se transforme en alcool en dégageant de l'acide
carbonique gazeux; comme le gaz se forme dans toutes
les parties de la masse et que la viscosité du gluten l'empêche de s'échapper, il en résulte cette multitude de pe-

tites cavités ou cellules, que l'on remarque dans le pain et que la chaleur du feu augmente de volume en dilatant le gaz carbonique qui les a produites.

D'après ces explications, il résulte que si le gluten pèche par la quantité, ou même par la qualité, la pâte sera plus *courte*, c'est-à-dire qu'elle se rompra sous la main au lieu de s'allonger; la ténacité étant moins grande ne pourra s'opposer au dégagement d'une partie de l'acide carbonique, c'est pour cela que la pâte qui avait commencé par se gonfler, s'affaisse bientôt et fournit un pain plat et lourd.

Nous trouvons donc dans cette théorie, la raison pour laquelle la proportion du gluten contenu dans les farines n'est pas indifférente pour la qualité du pain, même en écartant la question de la valeur nutritive. Nous ajoutons que cette même proportion doit être prise en grande considération pour la quantité du produit qu'on en doit retirer.

M. Robine au lieu d'isoler le gluten par le lavage pour apprécier les farines sous ce dernier rapport, a imaginé un instrument qui donne un résultat beaucoup plus prompt; il consiste en un simple aréomètre s'enfonçant plus ou moins dans les liquides suivant leur densité plus ou moins grande. D'après ce procédé on traite, au moyen de l'acide acétique d'un degré uniforme, une quantité donnée de farine, on la délaye bien exactement dans un mortier de porcelaine, de manière à écraser tous les grumeaux, on triture ainsi pendant dix minutes, puis on laisse reposer pendant une heure en prenant la précaution de couvrir d'un papier. Après ce temps, on enlève avec une cuiller l'écume qui recouvre le liquide, puis on décante doucement dans une éprouvette celui-ci qui doit être suffisamment déposé; c'est alors qu'on y plonge l'aréomètre dont l'échelle est graduée de manière à indiquer, sur le point où elle affleure, la quantité de pains de 2 kilogrammes que peut rendre un sac de la farine examinée, pesant 159 kilogrammes.

Les quantités relatives de farine et d'acide acétique, ainsi que le degré de ce dernier, sont rigoureusement indiquées; et, afin d'avoir un résultat plus exact et plus comparable, il convient de porter le liquide à la température de 15 degrés avant d'en mesurer la densité. A l'aide de cet instrument et en prenant les précautions convenables, M. Robine a estimé, en présence d'un comité désigné par la Société d'Encouragement, trois sacs de farine comme devant fournir, en pains de 2 kilogrammes, les nombres 104, 103, 104, et ils ont fourni dans la réalité 103 1/2, 104, 103 (1). Ces chiffres sont suffisamment rapprochés pour donner confiance à cette méthode. Dans une autre expérience faite sur une farine mélangée de 10 pour 100 de fécule, le même observateur avait indiqué 97 pains et la pratique en a fourni 97 1/2. Un défaut, qu'on pourrait néanmoins reprocher à ce procédé, c'est de ne pouvoir distinguer le gluten altéré qui, en se dissolvant dans l'acide acétique, communique à la solution la même densité que lui aurait donnée du gluten de bonne qualité.

Nous terminerons ce qui a rapport au rendement en indiquant, d'après Vauquelin, les quantités moyennes d'eau exigées par 100 parties de diverses farines pour former une pâte de consistance égale :

Farine brute de froment.	50,34
— de blé dur d'Odessa	51,20
— de blé tendre d'Odessa	54,80
— de blé tendre d'Odessa, 2e qualité.	37,40
— de service, dite seconde. . . .	37,20
— des boulangers de Paris.	40,60
— des hospices, 2e qualité.	37,80
— des hospices, 3e qualité.	37,80

(1) *Bulletin de la Société d'encouragement*, 41e année, p. 108-194.

M. Boussingault estime que la farine exige, pour pouvoir être pétrie, environ 55 à 70 parties d'eau pour 100.

Matières étrangères introduites dans le pain. — On a cherché à remédier à la mauvaise qualité du gluten et à obtenir avec des farines avariées du pain de belle apparence. Cet usage est d'autant plus coupable que très souvent les matières introduites sont vénéneuses, et que leur ingestion répétée peut produire des ravages profonds sur les santés délicates. Les matières le plus fréquemment employées sont le sulfate de cuivre et l'alun.

Cuivre. — L'addition du cuivre se reconnaît en incinérant 200 grammes de pain, faisant bouillir la cendre obtenue avec 8 ou 10 grammes d'acide nitrique, et continuant de chauffer ce mélange jusqu'à ce que la matière soit réduite à l'état pâteux; alors on la délaie dans 20 grammes d'eau pure et on filtre; on ajoute à la liqueur filtrée un léger excès d'ammoniaque, puis quelques gouttes de solution de sous-carbonate d'ammoniaque. Après le refroidissement, on sépare, au moyen d'un filtre, un précipité blanc abondant qui s'est formé; on concentre sur le feu la liqueur filtrée de manière à la réduire au quart de son volume, on y verse une goutte d'acide nitrique pour l'acidifier légèrement, ensuite on la sépare en deux. Dans l'une des parties, on met du ferro-cyanate de potasse; dans l'autre, du sulfhydrate d'ammoniaque. Si le pain contient du cuivre, le premier réactif donne un précipité rouge-cramoisi; le second, un précipité brun. On aurait pu séparer le liquide en trois portions au lieu de deux, et plonger dans l'une d'elles un fil de fer fin et bien poli qui se serait recouvert d'un enduit cuivreux.

Ce procédé, de même que le suivant, est dû à M. Kuhlmann (1).

(1) Dumas, *Traité de Chimie appliquée aux arts*, t. vi, p. 431-432.

Alun. — On fait incinérer 200 grammes de pain, on traite les cendres par l'acide nitrique de la manière que nous avons indiquée, on délaye le résidu pâteux dans 20 grammes d'eau pure, et l'on y ajoute avant de filtrer un excès de potasse caustique, on fait chauffer un peu et on filtre. Si le pain a été additionné d'alun, la liqueur filtrée contient de l'alumine que l'on sépare en ajoutant du chlorhydrate d'ammoniaque, et portant le tout à l'ébullition pendant quelques minutes; dans cette circonstance l'alumine se précipite et en filtrant de nouveau elle reste sur le papier.

Nous ferons deux remarques au sujet de ces expériences: la première, c'est que le blé renferme naturellement du cuivre, mais en si faible quantité qu'il est toujours facile de distinguer le cas où il a été ajouté; cependant il ne faut pas oublier ce fait. La seconde, c'est qu'il arrive quelquefois que la farine préparée avec du froment mal nettoyé renferme de la terre; or, si cette terre est alumineuse on pourrait attribuer à la fraude, ce qui en réalité, ne serait dû qu'à une négligence coupable. Nous avons eu l'occasion d'apprécier un cas de cette nature.

Un autre genre de fraude consiste à introduire dans la pâte une quantité d'eau trop forte, où à conduire la cuisson de manière à en laisser dans le pain plus qu'il n'en doit conserver. Afin de se mettre à l'abri de cette petite supercherie, nous indiquons dans le tableau suivant le poids normal d'humidité trouvé dans des pains de qualités différentes.

DÉSIGNATION DES PAINS.	POIDS des pains essayés.	TEMPS ÉCOULÉ depuis la sortie du four.	POIDS de la matière sèche contenue dans 100 parties de pain.	POIDS de l'eau qui était contenue dans 100 parties de pain.
D'après M. Dumas.	kilog.	heures.		
	1,500	6	48,50	51,50
Pain de munition.	1,500	6	48,93	51,07
	1,500	10	48,89	51,11
	1,500	18	49,14	50,86
Pain de ménage avec farine de Taugarock. . .	3 »	12	52,02	47,08
Pain de ménage avec farine de Brie	3 »	12	52,56	47,44
Pain blanc ordinaire de Paris.	2 »	12	54,58	45,42
Id.	2 »	6	55,10	44,90
D'après M. Boussingault.				
Pain blanc de Paris . . .	» »	»	64,60	35,40
Pain de ménage de Bechelbronn	» »	»	57,10	42,90
Pain de ménage de Roville.	» »	»	56,00	44,00

DE LA CONSERVATION DES GRAINS.

Tout ce qui concerne la conservation des grains se rattache à une question très importante d'agriculture, et je dirai même d'économie politique; aussi des efforts généreux et multipliés ont-ils été dirigés vers ce but; mais il serait difficile de dire au juste quel en a été le résultat. La Société d'encouragement a entendu des rapports favorables sur un grand nombre d'essais. Néanmoins, en parcourant ses *Bulletins* avec attention, on ne tarde pas à s'apercevoir que la question n'est pas encore arrivée à une solution satisfaisante, surtout au point de vue pratique, et quand il s'agit d'une conservation prolongée pendant plusieurs années. Nous regrettons que l'es-

pace nous manque pour entrer dans tous les détails de
travaux si curieux et entrepris dans des intentions aussi
louables. Nous donnerons une analyse rapide de ceux
que M. Ternaux a exécutés pendant plusieurs années,
comme nous ayant semblé les plus importants, et ensuite
une simple mention des plus remarquables.

Essais de M. Ternaux.—C'est en novembre 1819 que
M. Ternaux entreprit la série d'expériences que nous
allons rapporter. Il fit creuser à sa propriété de Saint-
Ouen, près Paris, une première fosse de quatre mètres
de profondeur et de trois mètres cinquante centimètres
de diamètre. Cette fosse, pratiquée dans le tuf calcaire,
fut couverte à sa partie supérieure d'une voûte en maçonnerie, terminée par une cheminée en brique qui s'ouvrait à vingt centimètres au-dessus du sol. Les parois
intérieures de la fosse furent tapissées de paille de seigle
maintenue par des liens d'osier; sur le sol, on déposa d'a-
bord des fascines, puis de la paille longue, enfin une
natte grossière en paille tressée.

Environ un mois après, M. Ternaux fit verser dans
cette fosse 199 hectolitres de froment de bonne qualité;
on acheva de remplir avec de la paille, puis on ferma l'ouverture avec un couvercle en bois de chêne. La cheminée fut ensuite comblée de pierres et scellée hermétique-
ment en plâtre avec une dalle de pierre. Le tout fut
recouvert avec de la terre sortie de la fosse. Cette opération avait été faite par un temps pluvieux.

Au mois d'octobre de l'année suivante, l'ouverture de
la fosse étant faite, le blé fut trouvé en bon état; néanmoins la portion qui avoisinait la maçonnerie avait contracté une faible odeur de moisissure; la quantité ainsi
altérée fut estimée à un hectolitre. Une portion du restant, envoyée au moulin, donna de très belle farine, et le
pain qui en fut fait était très blanc et de très bon goût,
au dire des personnes qui en goutèrent.

La paille qui garnissait les parois du *silo* ayant été changée, on y replaça le même blé en prenant les précautions qui avaient été prises lors du premier enfouissement.

En 1821, la fosse fut ouverte une seconde fois et le blé trouvé dans le même état de conservation. On remplit avec de la balle l'espace laissé libre par le grain qui avait été enlevé comme essai, on recouvrit avec de la paille et on ferma et scella de nouveau l'ouverture

Au mois d'avril 1822, une nouvelle ouverture eut lieu en présence d'un grand nombre de personnes. La paille et la balle qui recouvraient le blé étaient sèches, les différents échantillons pris sur tous les points de la fosse furent jugés dans un bon état de conservation.

Nous regardons comme fâcheux que dans les observations qui ont eu pour objet de constater l'état du blé, on se soit toujours borné à une simple inspection des caractères extérieurs et à la dégustation du pain. Il nous semble qu'il eût été convenable de rechercher si le poids spécifique avait varié, et surtout de s'assurer par un simple lavage, si les proportions du gluten ne se trouvaient pas modifiées, et si cette substance avait conservé ses propriétés normales. Dans tous les cas, M. Ternaux, encouragé par ces résultats, fit creuser de nouveaux *silos* et ne craignit pas de se charger, par un traité passé entre lui et l'administration de la réserve, de la conservation d'une quantité de blé assez considérable. Ces expériences, qui commencèrent en mars 1822, se sont continuées jusqu'en septembre 1826, et sont consignées dans vingt procès-verbaux. Cette nouvelle série d'essais ayant été plus sévèrement suivie, les résultats constatés en sont plus concluants. Nous regrettons néanmoins que les commissaires n'aient pas jugé à propos de faire intervenir quelquefois l'analyse chimique pour juger l'état d'altération quand il y a eu des avaries.

Le 15 mars 1822, il fut procédé à la réception de

60000 kilogrammes de grain destiné aux expériences de M. Ternaux. Ce grain, qui provenait des récoltes de Chartres, Provins, Montereau et Sens, avait été cueilli l'année précédente; il fut reconnu pour être de première qualité, exempt de poussière et de corps étrangers. Soumis à la balance du sieur Chemin, il s'est trouvé peser 73 kil. 230 gr. l'hectolitre.

Le 25 avril, même année, 42544 kil. furent enfouis dans le grand silo de M. Ternaux, en présence de MM. le maire de Saint-Ouen; Busche, directeur de l'approvisionnement de réserve de Paris; Soubeiran, inspecteur; Millot, chef de bureau, et Ternaux. MM. Andréossy, directeur général des subsistances militaires; le duc d'Albuféra, pair de France; le comte Belliard, pair de France; le duc Decazes, pair de France; le comte Mathieu de Dumas, conseiller d'Etat assistaient à cette opération. Le blé, essayé de nouveau à la balance de Chemin, s'est trouvé peser 74 kil. 60 gr. et 73 kil. 660 gr. l'hectolitre; il avait reçu trois pelletages, deux criblages et deux tararages. Le blé enfoui a été recouvert de paille comme ci-dessus et les ouvertures scellées de même. De plus, au moyen de cordes fixées au couvercle, on a apposé les cachets de la mairie de Saint-Ouen, de la réserve et de M. Ternaux.

Le même jour, on déposa 1003 kil. 500 gr. du même blé dans un silo d'où l'on avait enlevé une partie des grains qui y avaient été placés en 1819; puis la fosse fut fermée de la même manière que la précédente.

Le 11 mai, même année, 3981 kil. 900 gr. de grain ayant été étuvés et réduits, par cette opération, à 3749 kil, 450 gr., il en fut distrait 1 kil. pour servir de terme de comparaison, et le reste fut versé dans un silo voisin du premier. On fut obligé pour le remplir d'y ajouter 180 kil. 400 gr. de blé non étuvé; mais celui-ci fut séparé par des

32

nattes, ensuite le silo fut fermé à la manière ordinaire.
Un procès-verbal de chacune de ces opérations fut dressé
en triple exemplaire et déposé : une copie à la mairie de
Saint-Ouen, une autre à la réserve, la troisième fut remise
à M. Ternaux.

Le 10 octobre 1822, le maire de la commune de
Saint-Ouen, sur la réquisition de M. Busche, et accompagné de MM. Soubeiran et Millot procéda en présence
de M. Ternaux, à la visite du silo dans lequel on avait
déposé le 25 avril précédent 1003 kil, 500 gr. de
froment; ce silo sera désigné dans la suite par le n° 1.
La terre qui recouvrait la voûte était sèche; la paille déposée sur le blé était humide et moisie; le blé, à la surface, était un peu chaud, très tendre, et avait une forte
odeur; celui que la sonde amena de la profondeur de 60
centimètres était tiède, gourd, un peu humide, avec légère odeur de moisi. Tout ce blé retiré de la fosse était
gourd, un peu humide, ayant de l'odeur, mais susceptible d'être ramené par la manipulation. Le blé plus ancien qui était dessous, et qui avait été séparé par une
natte, offrait à la surface un peu d'odeur et de moiteur;
son poids spécifique était de 70 kil. 900 gr. par hectolitre. Un échantillon retiré au moyen de la sonde à
1 mètre 30 centimètres de profondeur, était en bon
état sans odeur ni humidité, il pesait 73 kil. 200 gr.
A 2 mètres 30 centimètres il ne pesait plus que 72 kil.
900 gr.

Le même jour, la commission visita le silo n° 2, renfermant les 42544 kil. de blé enfoui le 25 avril. La paille
était un peu moite et avait une légère odeur de moisi.
Le blé examiné à différentes profondeurs, offrait les caractères suivants: A 30 centimètres, peu humide, gourd,
légère odeur d'échauffé; poids spécifique 72 kil. 700 gr.
l'hectolitre; à 1 mètre, humide, moins gourd, moins

d'odeur, poids 70 kil. 600 gr.; à 2 mètres, un peu gourd, sans odeur, poids 72 kil. 600 gr.; à 3 mètres, froid, ni odeur, ni humidité, poids 74 kil.; à 4 mètres 60 centimètres, froid, très bonne odeur de grange, sans humidité, poids 73 kil 700 gr.; à 2 mètres 30 centimètres en sondant obliquement et se dirigeant vers les parois, légèrement gourd, sans odeur, poids 72 kil. 700 gr.

Le même jour, la commission visita encore le silo n° 3, renfermant le blé étuvé. La paille a été trouvée humide, chaude, ayant odeur de moisi. La partie supérieure du blé qui, comme on sait, n'avait pas été étuvée, et qui avait seulement été destinée à remplir le silo, était à une très haute température, le grain avait une forte odeur de moisi, il était humide et très mou sous la dent, son poids a été trouvé de 71 kil. 300 gr.; tout le blé non étuvé ayant été sorti, et le paillasson qui séparait les deux couches étant enlevé, le blé étuvé a offert les caractères suivants : dans le milieu de la couche superficielle, légèrement chaud, un peu humide, très légère odeur de moisi; à un mètre, froid, bonne odeur de grange, casse bien sous la dent, poids spécifique 75 kil. 500 gr.; à 2 mètres, froid, bonne odeur, casse bien sous la dent, poids spécifique 75 kil. 700 gr. Tout ce blé a été enlevé du silo n° 3 et enfoui, partie dans le silo n° 1, sur le blé de 1819, partie dans le silo n° 2. Les procès-verbaux de ces visites ont été faits en triple expédition signés et déposés comme les précédents.

Le 1er mai 1823, la même commission procéda de nouveau à l'ouverture du silo n° 1, en présence de M. Ternaux. Le blé étuvé, qui avait servi à remplir cette fosse, fut trouvé en bon état, coulant, sec, de bonne odeur, cassant bien sous la dent. Son poids spécifique, suivant la profondeur, était de : à la surface, 73 kil. 300 gr.; à

30 centimètres, 74 kil. 500 gr.; à 60 centimètres, 74 kil.
700 gr. Ce blé ayant été enlevé jusqu'à la natte qui le séparait de celui de 1819, ce dernier a présenté les caractères suivants : A 60 centimètres, assez bon état sous le
rapport de l'odeur, de la sécheresse et de la couleur; poids
spécifique 74 kil.; à 1 mètre, odeur très légère, sans mauvais goût, casse assez bien sous la dent, poids spécifique
73 kil. 800 gr.; à 1 mètre 60 centimètr., légèrement gourd,
sans odeur, casse assez bien sous la dent, poids spécifique
73 kil. 700 gr.; à la même profondeur, mais en se dirigeant vers les parois, un peu plus gourd, poids spécifique
73 kil. 600 gr.; à 2 mètres 30 centimètres, très légère
odeur, légèrement gourd, casse sous la dent, poids spécifique 74 kilog. 800 gr.; à 3 trois mètres, assez coulant, pas d'odeur, couleur primitive, poids spécifique,
74 kil. 300 gr.; à 3 mètres 80 centimètres, odeur marquée sur quelques points, un peu gourd, bon goût, ne
casse point sous la dent, poids spécifique 75 kil. 300 gr.

Après cette vérification, le blé étuvé a été enfoui de
nouveau et le silo fermé avec les précautions déjà indiquées.

Le 3 juin 1823, M. Ternaux ayant le dessein de faire
retirer le blé renfermé dans le silo n° 2, la commission
se réunit afin que cette opération se fît en sa présence.
Le premier jour les ouvriers enlevèrent les couches su-
perficielles; le lendemain ils ne purent respirer l'atmosphère de la fosse, et un ouvrier qui voulut persister perdit
connaissance; l'air était assez vicié pour éteindre une
lumière qui y fut introduite à plusieurs reprises; on as-
sainit le silo au moyen d'une ventilation convenable et
le travail fut continué jusqu'à la fin sans autres accidents
que quelques malaises éprouvés par les ouvriers pendant
la nuit qui suivit l'opération. Le grain fut déposé dans
l'orangerie de M. Ternaux pour y être pelleté et aéré.

Le 7 juin, lendemain de la dernière extraction, la commission descendit dans le silo. La paille du fond et du pourtour était sèche, à l'exception d'un espace de 2 mètres de largeur et de 2 mètres 60 centimètres de hauteur où l'humidité avait pénétré. Là, il s'était formé une croûte de blé moisi et presque pourri; il y en avait dans le silo la valeur d'un hectolitre. On en avait sorti environ 50 kil. du moins altéré, qui avait été placé au soleil dans l'intention de lui faire perdre sa mauvaise odeur.

La commission s'étant ensuite rendue dans l'orangerie afin d'examiner le blé sorti du silo, le trouva dur, cassant mal sous la dent, et annonçant par son odeur un commencement de fermentation que d'autres personnes moins exercées n'avaient pas remarqué. Les ouvriers avaient observé que ce blé rochait un peu sur tout le pourtour du silo, à une épaisseur de 30 centimètres.

Le 12 juillet, c'est-à-dire six jours après l'enlèvement du grain, M. Soubeiran, fils, pharmacien en chef des hospices civils de Paris, recueillit de l'air du silo dans l'intention de le soumettre à l'analyse et le trouva composé de :

		L'air pur étant représenté par :	
Azote.	78,125	 79	»
Oxigène.	12,500	 21	»
Acide carbonique. .	9,375	. . . . »	1/1200
	100,000		

Cette altération considérable provenait sans doute de la décomposition de la paille, occasionnée par l'humidité.

Le 16 septembre 1823 un nouvel enfouissement eut lieu dans le silo n° 2. On y versa 43974 kil. de grain de différentes provenances, et dont le poids spécifique moyen fut reconnu de 77 kil. 487 gr. l'hectolitre. Sur cette quantité 40578 kil. étaient de la récolte de 1822, et d'origine de Gonesse et Dammartin; le reste avait été récolté en 1823 sur les lieux mêmes de l'essai.

Je passe, pour abréger, les visites qui furent faites le 13 mai 1824, le 19 mai 1825, ainsi que les explications qui eurent lieu au sujet de cette dernière entre M. Ternaux et l'inspecteur de la réserve. Tous ces détails sont intéressants, mais ne sont pas indispensables pour apprécier le résultat final auquel je me hâte d'arriver.

Le 18 juin 1826, MM. Seraci Lachaume, maire de la commune de Saint-Ouen; Soubeiran, inspecteur de la réserve; Aubineau, expert désigné de la réserve; et Chabrand, expert de M. Ternaux, procédèrent à l'examen du blé provenant du silo n° 1. Ce blé, d'origine de Chartres, Montereau et Provins, avait été étuvé, en 1822, avant d'être déposé dans le silo. A cette époque il pesait, avant l'étuvage, 74 kil. 600 gr. l'hectolitre, et après cette opération 78 kil. 400 gr. Les experts, après avoir prêté le serment d'usage, déclarèrent que ce blé, retiré de la fosse depuis le 30 mai, ne pesait plus que 72 kil. 60 gr. l'hectolitre, qu'il était dur à la main, rouge par vétusté, ayant de l'odeur, mais cassant assez bien sous la dent. Les questions suivantes ayant été posées :

1°. Le grain est-il de première qualité de commerce, loyale et marchande?

2°. Est-il exempt de poussière?

3°. Est-il exempt de corps étrangers?

4°. Est-il propre à confectionner des farines premières, telles qu'on les emploie dans la boulangerie de Paris?

5°. Est-il analogue au grain provenant des marchés environnant Saint-Ouen?

Les experts, s'étant accordés, répondirent unanimement :

Sur la première question, Non;

Sur la seconde,   Non;

Sur la troisième,   Oui;

Sur la quatrième,   Non;

Sur la cinquième, ils observèrent que le blé étant d'origine supérieure à celui qui se récolte aux environs de Saint-Ouen, ne pouvait lui être comparé.

Le 2 juin 1826, les mêmes experts avaient procédé à la vérification du blé enfoui le 16 septembre 1823 dans le silo n° 2, et avaient jugé hors de conservation la partie supérieure; ce grain, qui avait été récolté à Saint-Ouen, avait seulement servi de remplissage. Au-dessous, où se trouvait le blé de Gonesse et de Dammartin, le centre du silo fut jugé par M. Aubineau en assez bon état, quoique ayant un peu d'odeur; M. Chabrand le trouva en très bon état, ayant bonne odeur de grange. A la circonférence, dans un rayon de trente centimètres, le blé était détérioré, la couleur était changée, il était humide, ramolli, et avait une forte odeur; il ne pesait que 68 kil. 700 gr. l'hectolitre, tandis qu'au centre il pesait encore 75 kil. 400 gr. A la profondeur de 3 mètres, on a remarqué des traces d'infiltration; autour de ce suintement il existait des grains agglomérés, moisis et noirs. Le reste du blé était comme ci-dessus; à mesure qu'on le retirait de la fosse, on le plaçait sur des toiles où on le pelletait, après quoi on le renfermait dans des sacs.

Le silo étant vidé à la profondeur de 5 mètres 60 centimètres, le grain placé à la circonférence a été trouvé aggloméré dans une épaisseur de 8 centimètres, et jugé par les experts hors de conservation; il en a été retiré en cet état environ 7 hectolitres et demi. L'inspection intérieure du silo a permis de reconnaître que l'infiltration dont on a parlé, s'étendait sur une largeur de 3 mètres 60 centimètres, et sur une hauteur de 2 mètres 60 centimètres. Le blé qui s'y était attaché formait une croûte de 20 centimètres d'épaisseur, le dessus était profondément détérioré, son poids spécifique était de 67 kil. 300 gr. l'hectolitre; il en a été retiré 10 hectolitres et demi; le dessous était noir et en pleine putréfaction, il s'en est trouvé 10 hectolitres et demi en ce dernier état.

Les experts ayant jugé convenable, pour mieux apprécier l'état de conservation du grain, que tout le contenu du silo, hors la partie gâtée dont il vient d'être fait mention, fût mélangé afin de n'en faire qu'une seule qualité homogène, on le transporta à Saint-Denis dans le magasin des Ursulines où il devait être pelleté.

Le 20 juin 1826, les experts se sont rendus à St-Denis, au magasin des Ursulines, où après avoir examiné le grain attentivement, ils ont déclaré être suffisamment éclairés pour émettre leur opinion. Alors on leur a posé les questions suivantes :

1°. Le grain est-il de première qualité loyale et marchande?

2°. Ce grain est-il exempt de poussière ?

3°. Ce grain est-il exempt de corps étrangers ?

4°. Ce grain est-il propre à confectionner des farines premières, telles qu'on les emploie dans la boulangerie de Paris ?

5°. Ce grain est-il analogue au grain provenant des marchés environnant Saint-Ouen?

La réponse à la première question a été négative de la part de l'expert de la réserve; l'expert de M. Ternaux a répondu que ce grain après avoir été exposé au grand air, remué avec la pelle et passé au crible deviendrait de bonne qualité, loyale et marchande.

A la seconde question, la réponse des deux experts a été négative.

A la troisième, elle a été affirmative.

A la quatrième, l'expert de la réserve a répondu néga-
tivement, celui de M. Ternaux affirmativement, avec les
conditions indiquées à la première réponse.

A la cinquième, les deux experts ont répondu que la
nature du grain était supérieure par son origine à celle
des grains environnant Saint-Ouen, ce qui s'opposait à
la comparaison.

En conséquence des réponses de l'expert de M. Ternaux, les deux experts ont conseillé de soumettre le blé à
quatorze pelletages, un tararage et un criblage au fil de
fer. Ces manœuvres ont eu lieu et ont produit un déchet
de 374 kilog., et une dépense de 80 francs. Le travail
pour extraire le blé du silo avait déjà coûté 120 francs.

2500 kilogr. de blé ainsi nettoyé furent confiés à
M. Hédouin, fabricant de farines, pour être mis au moulin. Un sac de cette farine pesant 157 kilog., fut employé
par M. Dreux, boulanger à Saint-Denis, pour confectionner des pains. Ce travail se fit en deux fois; la première fournée, au moyen de 2 kilog. de levain étranger;
la seconde avec le levain provenant de la farine d'essai.
Le produit de ces deux fournées fut de 105 pains de 2 kilog.
chacun.

Trois de ces pains ayant été coupés; M. Chabrand,
expert de M. Ternaux, invité à donner son avis sur
leur qualité, exprima son opinion de la manière suivante :

1°. Quant à la fabrication, *bonne;* la première fournée
laissant quelque chose à désirer;

2°. Nuance, *aussi blanche* qu'on peut l'attendre de blé
de 1822;

3°. Goût, *bon;*

4°. Odeur, je n'y trouve pas *d'odeur désagréable.*

M. Aubineau, expert de la réserve, étant absent, la
commission décida que plusieurs pains de la seconde

fournée seraient envoyés individuellement à certaines personnes, avec invitation d'exprimer leur avis sur la fabrication, la nuance, l'odeur et le goût de ces pains. Nous consignons ci-dessous les résultats de l'enquête.

« Fabrication bonne, nuance grise, odeur prononcée de blé échauffé, goût âcre et désagréable annonçant, ainsi que l'odeur, la présence de blé échauffé.

« Paris, 19 septembre 1826.

« *Signé* V. Thoré. »

« Fabrication bonne, nuance seconde, beau bis-blanc, odeur faible d'échauffé, goût amer et désagréable.

« Paris, 19 septembre 1826.

« *Signé* A. Goblet. »

« Fabrication bonne, nuance rouge, odeur assez prononcée de blé échauffé, goût légèrement amer.

« Saint-Denis, 21 septembre 1826.

« *Signé* Hédouin. »

« Fabrication bonne, nuance rougeâtre comparativement à celle du pain fait avec les blés de l'année, goût fade et sans saveur, sans odeur.

« Saint-Denis, 21 septembre 1826.

« *Signé* Bénoist. »

« Fabrication bonne, un peu d'odeur, goût amer, nuance gris rougeâtre.

« Saint-Denis, 21 septembre 1826.

« *Signé* Meurdefroy. »

« Fabrication bonne, couleur rougeâtre, odeur de blé échauffé, goût de pain bis-blanc.

« Saint-Denis, 21 septembre 1826.

« *Signé* Dézobri, fils. »

« Fabrication bien faite, peu d'odeur mais désagréable, nuance terne, goût amer.

« *Signé* PAIGNÉ, *des Invalides.* »

« Bien fabriqué, nuance d'un beau bis-blanc; goût, il laisse après l'avoir mangé un goût d'âcreté qui reste au palais et à la langue, et qui, joint à l'odeur, dénote l'altération des blés dont la farine est provenue.

« Paris, 22 septembre 1826.

« *Signé* CONTOUR, *syndic des boulangers de Paris.* »

« Fabrication très bonne, nuance grise, odeur presque insensible mais goût désagréable, celui de blé échauffé est très prononcé, surtout après la déglutition.

« Paris, 22 septembre 1826.

« *Signé* BARTHÉLEMY,
« *Contrôleur de la halle et de la boulangerie.* »

Ainsi qu'on l'a pu voir, les opérations de M. Ternaux ont été suivies et appréciées avec la plus scrupuleuse exactitude; il en résulte que, si l'application des silos pour la conservation des grains est possible quelquefois sous notre climat, il est des circonstances malheureuses où les essais de ce genre ne fourniraient que des produits détériorés. Comme nous trouvons des ouvrages d'agriculture très récents et très recommandables qui regardent la question des silos comme jugée favorablement, et qui conseillent ce mode de conservation, nous croyons que les rédacteurs des *Annales de l'Agriculture française*, ont sous ce rapport rendu un grand service, en publiant les procès-verbaux des expériences de M. Ternaux. Ils ont mis les industriels et les commerçants qui seraient tentés d'essayer ce genre de spéculation, à même de comprendre les difficultés de l'entreprise. C'est dans le tome XXXVII de

cet utile et savant recueil, que nous avons trouvé les matériaux dont nous nous sommes servi, en abrégeant beaucoup de détails.

Je citerai au nombre des auteurs qui se sont occupés
de la même question, MM. Decamps, de Lasteyrie, Dar-
tigues, Dejean, Lacroix, Bowler, Demarçay, etc., leurs
observations se trouvent consignées dans les *Annales de
l'Agriculture française,* dans le *bulletin de la Société d'encouragement* et dans plusieurs publications récentes d'a-
gronomie. Quant à leurs méthodes, elles consistent dans
l'emploi de grottes creusées dans le roc; de fosses revêtues
intérieurement de lames de plomb; de barriques gou-
dronnées; de glacières; d'étuves de dessication; de machines mobiles munies de ventilateurs, etc. Parmi tous
ces appareils, les uns sont trop compliqués pour entrer
dans l'usage ordinaire, les autres exigent trop de dépenses pour être employés avec profit, d'autres enfin ne présentent pas un degré de sécurité convenable.

D'après M. Boussingault, le froment récolté sous notre
climat renferme de 16 à 20 pour 100 d'humidité et c'est
la cause de sa détérioration spontanée. Tout moyen qui
s'oppose à l'évaporation de cette eau augmente encore les
chances de perdition. C'est pour cela que l'habile agronome que je viens de citer regarde chez nous l'emploi
des silos comme périlleux, tandis que leur usage est si
certain dans les parties méridionales de l'Europe; mais il
faut dire que le blé dur et corné de ces contrées ne renferme que 8 à 10 pour 100 d'humidité. D'où il suit que,
dans la majeure partie de la France, les moyens ordinaires
sont encore ceux qui nous conviennent le mieux.

Cependant je recommanderai une méthode pratiquée
à ma connaissance avec succès, et conseillée par Parmentier. Elle consiste à mettre le blé dès qu'il est sec, bien
criblé et ressuyé, dans des sacs propres et fermés, de la

contenance d'un hectolitre et demi; à ranger ces sacs dans le grenier de manière à laisser un passage entr'eux et le mur, et à les isoler les uns des autres au moyen de petits morceaux de bois fixés à la partie la plus saillante du sac. Dans cet état, le blé peut se conserver plusieurs années et ne craint plus que la dent des animaux rongeurs.

En terminant cet article, nous ferons remarquer que ces leçons étant spécialement consacrées à la chimie agricole, nous n'avons pas dû nous occuper des moyens de préservation contre les charançons.

TRENTE-UNIÈME LEÇON.

Du seigle; — Sa composition chimique; — Théorie qui en découle pour le choix du terrain propre à sa culture. — Altération des farines communes. — De l'orge; — Sa composition chimique; — Remarques à ce sujet. — De l'avoine; — Sa composition chimique; — Remarques à ce sujet. — Du maïs; — Sa composition chimique; — Remarques à ce sujet.

Le seigle, dont la culture remplace celle du froment dans les terres pauvres, a une très grande importance pour l'alimentation de l'homme. Nous continuerons, en étudiant cette céréale, la marche que nous avons suivie pour celle du froment. Mais il nous manquera un grand nombre de documents pour rendre nos indications aussi complètes.

Proportions entre la paille et le grain dans la culture du seigle

Pour 100 de paille, les Allemands admettent.   47 de grain.

MM. Thaër	50
Block	33
Boussingault. { Récolte de 1840-1841.	63
{ Récolte de 1841-1842.	25

D'après M. Boussingault, 100 parties de paille de seigle renferment 18,7 d'eau, et après la dessication, elle se trouve composée de :

Carbone.	49,88
Hydrogène.	5,58
Oxigène.	40,56
Azote	0,30
Cendres	3,68
	100,00

Nous ne connaissons pas d'autre analyse des cendres qui proviennent de la paille du seigle que celle faite par M. Sprengel, et que nous reproduisons d'après les *Annales agricoles de Roville*. Cet analyste a trouvé dans 100 parties de paille, qui probablement n'avaient pas été complètement desséchées avant la combustion, 2 part. 793 de cendres, composées de :

		Pour 100.
Potasse.	0,032	1,141
Soude	0,011	0,398
Chaux.	0,178	6,373
Magnésie.	0,012	0,430
Terre siliceuse	2,297	82,241
Acide phosphorique.	0,051	1,827
Acide sulfurique	0,170	6,087
Chlore.	0,017	0,608
Fer et alumine.	0,025	0,895
Somme égale.	2,793	100,000

Du son. — Le seigle rend depuis 24 jusqu'à 24,2 de son pour 100 parties de grain. Nous ne connaissons pas la composition chimique du son de seigle; mais l'expérience nous apprend qu'il est moins nourrissant pour les animaux que celui de froment.

De la farine. — Le seigle, dans toutes ses parties, n'a pas été l'objet de recherches chimiques aussi étendues et aussi nombreuses que le froment. Les différentes analyses de la farine ont donné les résultats suivants :

	D'après M. Dumas.	D'après M. Einhof.	D'après M. Boussingault.
Amidou.	61,0	61,07	61,0
Gluten	9,5	9,48	
Albumine.	3,3	3,28	10,5
Glucose.	3,3	3,28 (sucre incris- tallisable.)	3,0
Dextrine	11,0	11,09 (gomme)	11,0 (gomme).
Matière grasse. . .	3,0 . . .	» »	3,05
Fibre végétale. . .	6,4	6,38	
Phosphates de chaux et de magnésie. .	2,5	» »	6,0
et perte.		5,42	2,0
	100,0	100,00	100,0

M. Einhof comprend dans la perte un acide particulier dont il n'a pas déterminé la nature. M. Boussingault a opéré sur la farine desséchée à 120 degrés centigrades; les deux autres analystes ne donnent aucune indication sous ce dernier rapport. Tous les chimistes sont d'accord pour compter la présence des phosphates de chaux et de magnésie au nombre des matières minérales qui constituent la farine de seigle; mais nous ne trouvons dans aucun ouvrage les proportions de cendres renfermées dans cette espèce de grain. Nous regrettons cette lacune qui nous empêche d'apprécier, d'une manière aussi exacte, la nature et la quantité des matières minérales nécessaires à l'alimentation de cette graminée; et que ce grain fait ensuite entrer dans l'alimentation de l'homme.

Le gluten du seigle a moins de ténacité que celui du froment, c'est pour cela qu'on ne peut guère en apprécier la quantité qu'en détruisant l'amidon par des moyens chimiques; car la pâte préparée avec la farine de seigle, malaxée sous un filet d'eau, ne laisse entre les doigts aucune trace de matière élastique. Malgré cette imperfection du gluten et sa faible proportion, la farine de seigle paraît rendre autant de pain que celle de froment; M. de

Dombasle prétend que 100 kil. fournissent 145 kil. de pain. Mais ce dernier est plus lourd par la raison que le gluten étant moins visqueux et en moindre quantité ne retient pas aussi exactement tout l'acide carbonique formé pendant la fermentation panaire. Le pain de seigle a néanmoins sur celui de froment un avantage d'une autre nature, celui de se conserver frais plus long-temps; mais il a l'inconvénient de fournir moins de matière nourrissante.

Du grain entier. — La seule chose que nous ayons à dire sur le grain entier c'est que, suivant M. Boussingault, il contient 17 pour 100 d'humidité, laquelle peut être chassée complètement par une température de 120 degrés; et que, d'après l'analyse élémentaire, répétée trois fois 100 parties de grain se trouvent composées de :

Carbone.	46,35	45,72	46,38
Hydrogène.	5,88	5,70	5,74
Oxigène.	44,21	44,52	43,82
Azote.	1,69	1,69	1,69
Cendres.	2,37	2,37	2,37
	100,00	100,00	100,00

Remarques. — Les analyses que nous possédons sur le seigle, et que nous avons signalées, quoiqu'elles ne comprennent pas toutes les parties de la plante, nous permettent néanmoins d'expliquer théoriquement pourquoi cette céréale peut prospérer dans les sols légers et pauvres en phosphate calcaire; et pourquoi encore sa culture exige moins d'engrais que celle du froment.

D'abord l'analyse de sa paille ne constate que 3,68 pour 100 de cendre tandis que la paille de froment en donne 6,97. 100 parties de cette cendre ne contiennent que 1,82 d'acide phosphorique; et le même poids de celle fournie par le froment en produit 4,84.

Ces différences considérables dans les exigences de ces deux plantes pour les besoins de leur alimentation minérale, sont à nos yeux une explication bien suffisante de la manière dont elles se comportent avec les différents terrains. Le froment se plaît particulièrement dans une terre composée de dépôts géologiques au sein desquels la vie animale a abandonné des dépouilles nombreuses imprégnées de phosphate de chaux. Il ne réussit ailleurs qu'à la condition de lui fournir ce sel calcaire, soit par des engrais abondants et phosphatés, soit par l'addition de chaux ou de marnes, soit par celle de cendres ou de noir animal; tandis que le seigle prospère dans les sables presque mouvants, privés par les eaux qui les ont charriés de la plus grande partie des restes organiques qu'ils ont contenus.

Sous le rapport des besoins de fumure, nous trouvons encore quelques renseignements dans l'analyse. La paille de seigle ne renferme que 0,30 pour 100 d'azote, celle de froment en renferme 0,35; le grain de seigle ne contient que 1,69 pour 100 du même principe, celui de froment en contient depuis 2,29 jusqu'à 3,51. Il résulte de ces remarques que le seigle réussira encore très bien avec une dose d'engrais azoté qui ne pourrait suffire à la production d'une récolte de froment.

En résumé, si le seigle prospère dans les terrains pauvres sous le rapport de la composition minérale, c'est qu'il ne demande au sol qu'une bien faible quantité de sels phosphatés; et s'il donne de bonnes récoltes avec peu de fumier, c'est qu'il ne s'approprie qu'une faible quantité d'azote. Cette céréale qui, dans bien des contrées, est la principale nourriture de la classe malheureuse, semble avoir été créée par la Providence tout exprès pour ses besoins particuliers, puisqu'elle réussit dans les terres d'une très faible valeur et qu'elle n'exige pour sa culture que des dépenses peu considérables.

33

Altération de la farine. — La cupidité n'a pas eu honte
de s'attaquer aussi à la nourriture du pauvre; elle a poussé
la déloyauté jusqu'à altérer les farines communes afin
d'en retirer de coupables profits. C'est encore à M. Donny
que nous sommes redevables des premiers travaux qui
permettent de démasquer avec certitude ces sortes de
fraudes qui s'exécutent par le mélange de maïs, de sarrasin et même de tourteaux de lin.

On reconnaît la présence du maïs en lavant la farine
à plusieurs reprises, ainsi que nous l'avons déjà indiqué,
et recueillant le dépôt le plus lourd, que l'on place ensuite sur le porte-objet du microscope. L'amidon de maïs
présente des dimensions beaucoup plus fortes que celui
des autres céréales; en outre, sa forme, qui est anguleuse
au lieu d'être arrondie, le fait aisément reconnaître. Il ne
pourrait être confondu qu'avec l'amidon de riz, auquel
il ressemble beaucoup; mais le prix de ce dernier grain
empêche qu'il ne soit choisi par les fraudeurs pour être
mélangé aux farines communes.

Il existe dans la farine de maïs une matière grasse
beaucoup plus abondante que dans toute autre espèce de
farine; l'éther, qui la sépare aisément, permet d'en apprécier la quantité et d'en conclure si le maïs a été ajouté.
Cet essai, d'une moindre valeur que le premier, peut
néanmoins servir à le confirmer.

La farine de sarrasin se distingue aussi par l'examen au
microscope. Ses globules d'amidon se trouvent de même
parmi la portion de farine la plus lourde obtenue par le
moyen du lavage. Leur grosseur et leur forme ont quelque rapport avec ceux du maïs; mais avec un peu d'usage,
on arrive promptement à les distinguer.

Le sarrasin contient une matière résineuse qui ne se
rencontre pas dans les céréales. En traitant la farine par
l'alcool à 36 degrés, exprimant fortement dans un linge

bien propre, après vingt-quatre heures de macération, et faisant vaporiser l'alcool sur un feu doux, on obtient cette résine pour résidu. Dans les cas douteux, ce caractère pourra faire distinguer sûrement le sarrasin du maïs.

Les tourteaux de lin contiennent des particules colorées en rouge-brique, qui proviennent d'une pellicule extérieure de la graine. Ces petits corps, de figure rectangulaire, se distinguent bien au microscope et même à l'aide d'une simple loupe. En traitant la farine par quelques gouttes d'une solution composée de 12 grammes de potasse caustique pour 100 grammes d'eau, l'amidon se dissout, et les petits corps demeurant isolés deviennent encore beaucoup plus apparents.

On peut aussi, en traitant par l'eau une farine mélangée de tourteaux de lin, chercher dans les eaux du lavage le mucilage propre à cette semence.

DE L'ORGE.

Cette céréale est une des plantes les plus utiles de nos cultures : sa farine, mêlée à celle du froment, fournit un pain sain et substantiel; son grain sert à fabriquer la bière; sa paille est assez tendre pour être mangée avec appétit par les animaux. A ces avantages, l'orge joint encore ceux de pouvoir venir après le froment sans nouvelle fumure, et de n'occuper le sol, dans nos contrées de l'ouest, que quatre mois environ.

Les proportions qui existent entre la paille et le grain varient suivant les années; la moyenne, d'après Schwerz, peut être estimée à 100 parties de paille pour 50 parties de grain.

COMPOSITION DE LA PAILLE.

Suivant M. Boussingault, 100 parties de paille d'orge renferment 11,0 parties d'eau et 0,30 parties d'azote.

M. Sprengel y trouve 11,330 parties de matières solubles

dans l'eau, tandis que la paille de froment n'en contient
que 7,600, et celle du seigle seulement 2,800; d'où le
savant professeur de Gœttingen conclut que la paille d'orge
est la plus nourrissante. Le même auteur a trouvé que
100 parties de paille d'orge laissent après la combustion
5,144 parties de cendres composées de :

		Pour 100.
Potasse	0,180 . . .	3,500
Soude	0,048 . . .	0,933
Chaux	0,554 . . .	10,770
Magnésie.	0,076 . . .	1,477
Terre siliceuse.	3,856 . . .	74,961
Acide phosphorique	0,060 . . .	1,166
Acide sulfurique.	0,118 . . .	2,294
Chlore	0,072 . . .	1,400
Alumine.	0,146 . . .	2,838
Oxide de fer.	0,014 . . .	0,272
Oxide de manganèse	0,020 . . .	0,389
Somme égale.	5,144	100,000

M. de Saussure avait trouvé pour 100 parties de paille
desséchées 4,200 parties de cendres, composées pour
100 parties de :

Phosphate de chaux.	7,80
Sulfate de potasse.	3,50
Chlorure de potassium.	0,50
Potasse carbonatée.	16,00
Chaux carbonatée.	12,50
Silice.	57,00
Oxides métalliques.	0,50
Perte.	2,20
	100,00

Nous trouvons dans l'analyse de M. Sprengel l'occasion de deux remarques : la première, que nous avons
déjà faite en parlant de la paille de froment, a pour objet
l'alumine que les autres chimistes ne rencontrent pas
ordinairement dans les cendres végétales; la seconde se
rapporte à la présence de l'oxide de manganèse qui se

trouve dosé par un chiffre assez fort. Cette dernière remarque, si elle se généralisait, aurait un certain intérêt en ce qu'elle confirmerait l'opinion émise depuis peu, que l'oxide de manganèse est, dans une certaine mesure, utile à la végétation, et que les plantes de nos cultures, pour prospérer dans un terrain, ont besoin d'en rencontrer une certaine proportion.

COMPOSITION DU GRAIN.

Le son d'orge n'a pas été l'objet d'un examen particulier. M. Einhof, qui a étudié avec soin cette graine céréale, a trouvé que 100 parties renferment :

Eau. . . .	11,20
Son. . . .	18,75
Farine. . .	70,05
	100,00

L'examen de la farine a présenté au même chimiste la composition suivante :

Eau.	9,37 (1).
Fibre végétale	7,29
Amidon mêlé de gluten . .	67,18
Gluten séparé.	3,52
Albumine.	1,15
Sucre	5,21
Gomme. . , ...	4,62
Phosphate de chaux . .	0,24
Perte	1,42
	100,00

Il est probable qu'une partie de la perte doit être représentée par de l'acide phosphorique en excès, qui tenait en dissolution le phosphate calcaire pendant une partie de l'opération.

MM. Foucroy et Vauquelin ont trouvé dans l'orge un

(1) Berzélius, *Traité de Chimie*, t. VI, p. 322.

principe huileux coloré en jaune, qui donne à l'alcool provenant de la fermentation de l'orge l'odeur et la saveur particulières qu'on lui connaît.

M. Boussingault, en cherchant la valeur nutritive de l'orge, a rencontré dans cette céréale les doses suivantes d'azote pour 100 parties de matières essayées après dessication :

	Azote.
Orge d'Alsace récoltée en 1836.	2,02 (1).
Farine d'orge des magasins militaires de Paris.	2,46
Farine d'orge d'Alsace.	2,20

Pour ce qui concerne les matières minérales, M. de Saussure a trouvé que 100 parties de graines d'orge desséchées renferment 1,80 de cendres, qui contiennent pour 1000 parties :

Phosphate de chaux.	0325
Phosphate de potasse	0092
Sulfate de potasse	0015
Chlorure de potassium. . . .	0003
Potasse carbonatée.	0180
Silice.	0355
Oxides métalliques	0003
Perte.	0027
	1000

Remarques. — Il résulte de ces analyses que la paille d'orge, ainsi que le grain, ne s'approprie pas une aussi grande proportion d'azote que le froment, et que cette plante n'exige pas non plus autant de sels phosphatés. Il ressort de cette double remarque une explication théorique assez satisfaisante de la place que cette graminée occupe dans l'assolement de nos contrées. Venant la troisième année après la fumure, elle trouve encore dans le sol qui a nourri le froment assez de matières nutritives, organiques et minérales, pour se développer convena-

(1) Boussingault, *Economie rurale*, t. II, p. 439.

blement. Ses exigences en phosphates, quoique modé-
rées, expliquent encore pourquoi elle refuse les terrains
trop sableux; c'est que ces terrains, quoiqu'ils suffisent à
la culture du seigle, ne sont pourtant pas assez riches en
sels phosphatés pour fournir à ses besoins.

Une autre remarque, qui a rapport à l'analyse de
M. de Saussure, concerne l'énorme proportion de silice
contenue dans la graine d'orge, et qui n'a pu y parvenir
qu'au moyen de la potasse dont la quantité est également
considérable. D'après ce fait, les cendres et la charrée
doivent être considérées comme un amendement très
précieux dans la culture de l'orge, et empêcher que le sol
ne s'épuise trop en potasse par la culture de cette céréale.

L'orge sert à fabriquer la bière; mais, comme cette
boisson n'est pas préparée ordinairement dans les exploitations agricoles, nous ne croyons pas devoir entrer dans
les détails de sa fabrication. Nous nous bornerons à dire
que ce grain en germant se transforme en partie en une
matière susceptible de convertir l'amidon en sucre; et
que le sucre, une fois formé, se change en alcool sous
l'influence du ferment, en produisant de l'acide carbonique dont une partie reste dissoute dans la boisson.

DE L'AVOINE.

Cette plante, principalement cultivée pour la nourriture des chevaux, réussit encore dans des conditions de
culture et de fumure qui ne pourraient suffire aux autres
céréales; elle vient à peu près dans tous les sols.

COMPOSITION DE LA PAILLE.

La paille, dont la proportion avec le grain est encore
plus variable que celle des récoltes dont nous nous sommes occupé, est considérée comme moins nourrissante.
Cette remarque est en désaccord avec la composition chimique, puisqu'il résulte des expériences de M. Sprengel

que 100 parties de paille d'avoine renferment 20,666 parties de matière soluble; et, de celles de M. Boussingault, que la même quantité contient 0,38 d'azote, c'est-à-dire une proportion plus forte que celle du froment. Cette anomalie, si le fait est bien observé, pourrait dépendre de la faible quantité de phosphate contenue dans cette paille comparée aux autres; et mieux encore de ce que la valeur nutritive des aliments, estimée par la dose d'azote qu'ils renferment, est une loi que la chimie moderne s'est efforcée d'établir, et que les observations des physiologistes ont souvent trouvée en défaut.

La paille d'avoine perd par une dessication parfaite 28,70 pour 100 d'eau. Desséchée ainsi, son analyse élémentaire a fourni à M. Boussingault les résultats suivants :

	1re expérience.	2e expérience.
Carbone. . .	49,93 . . .	50,25
Hydrogène. .	5,32 . . .	5,48
Oxigène. . .	39,28 . . .	38,80
Azote. . . .	0,38 . . .	0,38
Cendres. . .	5,09 . . .	5,09
	100,00	100,00

Les cendres analysées par le même chimiste ont donné les résultats suivants :

Acide carbonique.	3,2
— sulfurique.	4,1
— phosphorique. . . .	3,0
Chlore	4,7
Chaux.	8,3
Magnésie.	2,8
Potasse.	24,5
Soude.	4,4
Silice.	40,0
Oxide de fer, alumine, etc. .	2,1
Charbon, humidité, perte. .	2,9
	100,0

M. Sprengel a trouvé dans la même quantité de paille d'avoine 5,734 de cendres composées de :

		Pour 100.
Potasse.	0,870	15,173
Soude, traces.	», »»»	», »»»
Chaux.	0,152	2,651
Magnésie	0,022	0,384
Alumine.	8,006	0,104
Oxide de fer, traces.	», »»»	», »»»
Oxide de manganèse, traces .	», »»»	», »»»
Terre siliceuse.	4,588	80,014
Acide sulfurique.	0,079	1,378
Acide phosphorique.	0,012	0,209
Chlore.	0,005	0,087
Somme égale.	5,734	

Ces deux analyses de cendres diffèrent dans une proportion considérable. Doit-on en attribuer la cause à une différence de terrain ou de culture? Les expériences de M. Boussingault ont été répétées deux fois avec le même résultat sur de la paille d'avoine recueillie à Bechelbroon. Celles de M. Sprengel ont été faites sur de la paille produite par un sol argileux et fertile.

Outre cette variété dans la proportion des matières minérales qui composent les cendres de la paille d'avoine, nous remarquerons encore comme un fait très intéressant, en suivant la formule de M. Boussingault, la présence du chlore et de la soude en quantité beaucoup plus forte que dans toute autre céréale. Si cette observation n'est pas particulière à la culture de Bechelbroon, on pourrait, en s'appuyant sur elle, regarder l'emploi du sel marin comme utile à la production de la paille d'avoine. Dans les expériences que nous avons entreprises cette année pour continuer nos recherches sur la valeur réelle de cet amendement si controversé, nous avons eu soin de comprendre cette graminée, et nous nous proposons de surveiller sa végétation d'une manière toute particulière.

DU GRAIN.

L'avoine renferme d'après M. Boussingault : farine 78, son 22. Le grain entier contient 20,8 pour 100 d'eau qu'on peut séparer au moyen d'une température de 120 degrés. A cet état de dessication, l'avoine est composée de :

	Suivant M. Boussingault.		Suivant M. Vogel.
Amidon	46,1	. . . . : . . .	59,0
Gluten et albumine, etc. .	13,7	Albumine.	4,30
Matières grasses	6,7	. . . .	2,0
Sucre (glucose).	6,0	Sucre et principe amer.	8,25
Gomme	3,8	. . . .	2,50
Ligneux, cendres et perte .	23,7	Perte et humidité. .	23,95
	100,0		100,00

L'analyse élémentaire du grain fournit les principes suivants :

	1re expérience.		2e expérience.
Carbone . . .	50,32	. . .	51,09
Hydrogène . .	6,32	. . .	6,44
Oxigène. . . .	37,14	. . .	36,25
Azote	2,24	. . .	2,24
Cendres. . . .	3,98	. . .	3,98
	100,00		100,00

Les cendres examinées par M. Boussingault ont été trouvées composées pour 100 parties de :

Acide carbonique	1,7
— sulfurique	1,0
— phosphorique	14,9
Chlore.	0,5
Chaux.	3,7
Magnésie.	7,7
Potasse.	12,9
Soude.	00,0
Silice	53,3
Oxide de fer et alumine.	1,3
Charbon, humidité, perte. . . .	1,3
	100,0

Remarques.—Des analyses qui précèdent il résulte que l'avoine, tant la paille que le grain, renferme une assez forte proportion d'azote, ce qui devrait rendre cette plante très avide de fumure; néanmoins dans toutes les cultures elle est placée à la fin de l'assolement, et elle y réussit bien. Il y a plus, c'est qu'elle trouve encore le moyen de se nourrir dans des terrains appauvris qui ne pourraient produire aucune autre céréale. Cette graminée si facile à vivre aurait-elle la propriété de retirer de l'air atmosphérique une partie de l'azote qui lui est nécessaire? Il nous a toujours semblé que cette supposition probable pour l'avoine pouvait s'appliquer à un grand nombre de végétaux.

Nous ne retrouvons plus dans le grain le chlore et la soude que nous avons remarqués dans la paille, d'où il suit que si le sel marin peut être nécessaire à la production de la paille il devient parfaitement inutile à celle du grain.

La faible dose d'acide phosphorique trouvée dans le grain et dans la paille prouve que cette plante n'est pas très avide de phosphate et explique pourquoi elle se développe dans les terrains épuisés de cette matière saline par les récoltes précédentes.

TRENTE-DEUXIÈME LEÇON.

Du maïs : — Composition chimique de la tige et du grain; — Remarques relatives à ces analyses. — Du sarrasin : — Composition chimique de la tige et du grain; — Remarques relatives à ces analyses. — Graines de légumineuses : — Haricots, leur composition chimique; — Pois, leur composition chimique; — Lentilles, leur composition chimique.

Le maïs est encore une de ces plantes visiblement créées par la Providence pour les besoins de l'homme. Elle réussit dans tous les terrains même les plus sableux, à la condition d'être fumée convenablement; et, quoiqu'elle exige une température assez élevée, elle mûrit néanmoins sous presque tous les climats, par la raison qu'elle accomplit sa végétation dans l'espace de quelques mois. Elle tient dans l'assolement la place d'une plante sarclée et demande les mêmes soins de culture; mais elle a l'avantage de produire beaucoup et de bien nettoyer le terrain. L'extrémité des tiges mâles de maïs, qui sont coupées après la fécondation des fleurs femelles, produit un fourrage sain et abondant.

On a fait de nombreuses tentatives pour utiliser cette plante au point de vue de la production du sucre; les résultats n'ont pas été absolument favorables, néanmoins les travaux remarquables de M. Pallas permettent de ne pas perdre toute espérance pour l'avenir.

COMPOSITION DE LA TIGE.

La récolte de maïs fournit, d'après Bürger, les proportions suivantes pour les différentes parties de la plante :

Grain.	100
Tiges	206
Spathes.	26
Epis ou rafles . . .	48

La tige de maïs, examinée chimiquement par M. Sprengel, lui a fourni pour 100 parties de paille desséchée, 17 parties de matière soluble dans l'eau, et 3,985 de cendres composées de :

		Pour 100.
Potasse	0,189	4,743 (1)
Soude.	0,004	0,100
Chaux.	0,652	19,362
Alumine.	0,006	0,150
Oxide de fer.	0,004	0,100
Oxide de manganèse	0,020	0,502
Silice.	2,708	67,955
Acide sulfurique	0,106	2,660
Acide phosphorique.	0,054	1,356
Chlore.	0,006	1,150
Magnésie.	0,236	5,922
	3,985	100,000

Nous voyons d'après cette analyse que pour ce qui concerne son alimentation minérale le maïs retire du sol une assez forte proportion de potasse et de magnésie. Particulièrement sous le premier rapport, sa culture pourrait être considérée comme épuisante, car la potasse est un principe nécessaire à toute espèce de végétation, et la terre n'en renferme naturellement que de faibles quantités. Il est donc fort utile de venir au secours de la plante, ou au moins de refaire le sol après sa culture, par des engrais riches en potasse. Par compensation, le maïs exige peu d'acide phosphorique, et laisse par conséquent pour les récoltes suivantes une abondance relative de cette matière également rare et précieuse. A l'occasion de la magnésie nous remarquerons que plusieurs analyses nous ont déjà fourni une assez forte proportion de cette substance minérale, et qu'il conviendrait par conséquent dans les analyses de terrains d'en rechercher la présence et d'en constater les proportions.

(1) C'est par erreur que M. de Gasparin, *Cours d'Agriculture*, t. III, p. 749, attribue cette composition au grain, qui n'a pas été analysé par M. Sprengel.

M. de Saussure avait trouvé dans la paille de maïs 8,40 pour 100 de cendres composées de :

Phosphate terreux. . . .	5,00
Phosphate de potasse. . .	9,70
Sulfate de potasse	1,30
Chlorure de potassium. . .	2,50
Carbonate de potasse. . .	59,00
Carbonate terreux. . . .	1,00
Silice	18,00
Oxides métalliques. . . .	0,50
Perte	3,00
	100,00

Dans cette dernière analyse, qui fournit à M. de Saussure une quantité de cendres plus que double de celle obtenue par M. Sprengel, nous devons faire remarquer la proportion considérable de potasse qui s'y trouve mentionnée.

COMPOSITION DU GRAIN.

Nous possédons quatre analyses du grain de maïs : une faite par M. John Gorham, aux États-Unis; la seconde par M. Bizio, chimiste italien; la troisième par MM. Lespès et Marcadieu; enfin, la dernière par M. Payen. Les deux premiers chimistes désignent sous le nom de zéine une matière amylacée qui leur a semblé particulière, mais dont l'existence n'est pas confirmée.

	Analyse de M. Gorham.	Analyse de M. Bizio.	Analyse de MM. Lespès et Marcadieu.
Eau. . . .	9,00	» »	12 »
Amidon. . .	77,00	80,92	75,35
Zéine. . . .	3,00	3,25	» »
Albumine . .	2,50	2,50	0,30
Gomme. . .	1,75	2,28	2,50
Sucre. . .	1,45	0,89 (Et mat.azotée.)	4,50
Extrait. . .	0,80	1,09	» »
Phosphate et sulfate de chaux.	1,50 (Et perte.)	0,36 (Et perte.)	3,10
Fibre végétale.	3	8,71	2,25
	100,00	100,00	100,00

MM. Lespès et Marcadieu ont trouvé en outre que 100 parties de grain fournissent par l'incinération 2 parties de cendres.

Dans les analyses que nous venons de rapporter on ne signale pas la présence d'une matière grasse qui pourtant est contenue abondamment dans le grain de maïs, mais dont l'existence n'a été reconnue que depuis ces recherches. Nous allons trouver les opérations de M. Payen plus complètes sous ce rapport.

Analyse de M. Payen.

Amidon.	71,2
Gluten et albumine. . .	12,3
Huile grasse.	9,0
Dextrine et glucose. . .	0,4
Ligneux.	5,9
Sels.	1,2
	100,0

L'analyse élémentaire a appris à M. Boussingault que le grain de maïs sec renferme 2 pour 100 d'azote. Cette proportion assez considérable explique l'abondante fumure que nécessite la culture de cette plante quand on veut obtenir une récolte satisfaisante.

Dans la recherche des matières minérales qui font partie constituante du maïs, M. de Saussure a trouvé que 100 parties de grain desséché renfermaient 1 partie de cendres, et que 100 parties de cette cendre étaient composées de :

Phosphate terreux. . .	36,00
Phosphate de potasse. .	47,50
Sulfate de potasse. . .	0,20
Chlorure de potassium .	0,30
Carbonate de potasse. .	14,00
Silice.	1,00
Oxides métalliques. . .	0,12
Perte.	0,88
	100,00

Remarques. — Ici, comme toujours, les sels phosphatés qui entrent dans la composition du grain se trouvent en proportion beaucoup plus considérable que dans la paille. C'est donc particulièrement pour la production du fruit que les phosphates interviennent d'une manière utile. C'est pourquoi, malgré que toutes les terres labourées et fumées convenablement soient susceptibles de fournir une riche végétation, toutes ne *grainent* pas au même degré; et il faut le plus souvent en chercher la cause dans l'abondance relative des phosphates susceptibles d'entrer dans la nutrition des récoltes.

Nous rappelons que la proportion d'azote que contient le maïs indique que la culture de cette plante exige un terrain enrichi par une bonne fumure.

DU SARRASIN.

A mesure que les progrès de l'agriculture s'étendent, que les jachères disparaissent, que les assolements deviennent plus rationnels, nous voyons diminuer la culture du sarrasin, au moins dans certaines contrées de l'Ouest. Cette plante, qui occupe cependant une place considérable en agriculture , puisqu'elle alimente encore des populations entières, joint à l'avantage précieux de se contenter d'un sol maigre et de n'occuper le terrain que quelques mois, celui de pouvoir être enfouie en vert et d'économiser ainsi une portion notable de fumure. Il paraît qu'elle retire de l'atmosphère une partie des principes nutritifs qu'elle s'assimile et qu'elle peut alors enrichir le sol dont on la recouvre, en lui rendant cet excédant.

Ce qui surtout fait abandonner la culture du sarrasin, c'est l'exigence de certaines conditions atmosphériques qui, quand elles viennent à manquer, en compromettent la récolte. C'est un des produits les plus hasardeux de notre agriculture.

COMPOSITION DE LA TIGE.

Le sarrasin n'a pas été l'objet de nombreuses expériences analytiques. Nous savons néanmoins par celles de M. Boussingault que sa paille renferme 0,48 pour 100 d'azote. Quant aux matières minérales, M. Sprengel y a trouvé 3,203 parties pour 100 de cendres, lesquelles étaient composées de :

Potasse	0,332	10,365
Soude.	0,062	1,935
Chaux.	0,704	21,979
Magnésie.	1,292	40,340
Alumine.	0,026	0,811
Oxide de fer.	0,015	0,468
Oxide de manganèse.	0,032	0,999
Silice.	0,140	4,372
Acide sulfurique	0,217	6,774
Acide phosphorique	0,288	8,992
Chlore.	0,095	2,965
	3,203	100,000

Son grain, dont la composition chimique doit être fort différente, suivant le degré de maturité auquel il est parvenu, a été analysé par Zennech, et a été trouvé composé de :

Son.	26,9341
Amidon	52,2954
Gluten.	10,4734
Albumine.	0,2272
Extractif et sucre	5,6239
Gomme et mucus.	2,8030
Résine.	0,3636
Perte.	1,2794
	100,0000

M. Boussingault y a reconnu 2,40 d'azote pour 100 de grain. Le sarrasin se rapprocherait du froment sous ce rapport; et s'il était permis d'en déduire sa valeur

34

nutritive, il tiendrait une place assez élevée parmi les matières alimentaires qui sont à l'usage de l'homme. Malheureusement le défaut de tenacité de son gluten, ou toute autre cause inconnue, empêche la pâte préparée avec sa farine de lever convenablement; il en résulte un pain lourd et peu digestible pour les personnes qui ne sont pas habituées à son usage. Il faut joindre à cet inconvénient la présence de la matière résineuse dont l'âcreté occasionne des désordres intestinaux chez ceux qui commencent à en faire leur nourriture.

Remarques. — La quantité énorme de magnésie trouvée par M. Sprengel dans l'analyse des tiges de sarrazin, si elle se généralisait par de nouvelles recherches, serait un fait digne d'attirer l'attention des physiologistes et des agronomes. Car, en indiquant les appétits de cette plante, la chimie aurait trouvé la nature des amendements minéraux dont elle a besoin pour prospérer. Ce qu'il y a de remarquable jusqu'à présent sous ce rapport, c'est que, dans nos contrées de l'Ouest, le sarrasin réussit mieux dans les schistes magnésiens de la Bretagne que partout ailleurs.

DES GRAINES DE LÉGUMINEUSES.

Nous comprenons sous ce titre les haricots, les pois et les lentilles, qui ont des caractères communs assez tranchés.

Les haricots ont produit par la culture un grand nombre de variétés que nous ne saurions distinguer dans cet ouvrage. Nous supposons qu'il existe assez d'uniformité dans leur composition chimique pour que cette distinction n'ait pas à notre point de vue un grand intérêt; néanmoins nous devons avouer que, sous ce rapport, nous sommes réduit à un trop petit nombre d'expériences pour avoir à ce sujet autre chose que des probabilités. Nous ferons la même observation à l'égard des pois, dont nous nous occuperons tout-à-l'heure.

Nous ne savons rien sur la composition chimique de la paille du haricot; si ce n'est qu'elle renferme 1 pour 100 d'azote. Son grain, au contraire, a été l'objet d'un assez grand nombre d'analyses parmi lesquelles nous citons les suivantes :

Analyse de M. Einof.		*Analyse de M. Braconnot.*	
Amidon.	35,94	Amidon.	42,34
Gluten mêlé de fibre végétale et de sur-phosphate de chaux.	20,81	Gluten (légumine)	18,20
		Mat. azotée gommoïde.	5,36
		Acide pectique.	1,50
Albumine.	1,35	Graisse jaune.	0,70
Extrait amer.	3,41	Sucre.	0,20
Gomme mêlée de phosphate et de chlorure potassiques.	19,37	Carbonate de chaux. / Phosphate de chaux. / Phosphate de potasse.	1,00
Fibre amilacée.	11,07	Fibre amilacée.	0,70
Enveloppes.	7,50	Enveloppes.	7,00
Perte.	0,55	Eau	23
	100,00		100,00

Analyse de M. Boussingault.

Légumine, etc.	22,0
Amidon.	41,0
Matière grasse.	3,0
Sucre, glucose ?	0,3
Gomme.	4,0
Ligneux, acide pectique.	8,0
Sels, phosphates, etc.	3,2
Eau et perte	18,5
	100,0

M. Einof a trouvé en outre 25 pour 100 d'eau, chiffre qui se rapproche assez de celui indiqué dans l'analyse de M. Braconnot, mais qui s'éloigne considérablement de celui trouvé par **M. Boussingault.**

M. Braconnot a terminé son analyse par l'examen des enveloppes qu'il a trouvé composées de :

Fibre végétale	4,60
Acide pectique.	1,23
Amidon, gluten et substance soluble dans l'eau.	1,17
	7,00

M. Boussingault a complété ces différents travaux par la recherche des principes minéraux; il a trouvé que les haricots renferment 3,5 de cendres pour 100, et que ces cendres sont composées de :

Acide carbonique.	2,80
Acide sulfurique	1,30
Acide phosphorique	26,80
Chlore	0,10
Chaux	5,80
Magnésie.	11,50
Potasse . . . . . , . . .	49,10
Silice.	1,00
Oxide de fer et alumine, *traces* .	»,»»
Perte, charbon, humidité. . .	1,10
	100,00

La grande quantité d'acide phosphorique que nous remarquons dans cette analyse, et celle plus considérable encore de potasse, nous indiquent suffisamment que la culture de cette plante doit être épuisante pour le sol qui la produit, puisqu'elle s'approprie plusieurs des principes les plus utiles à la production des céréales.

La graine de haricot blanc desséchée contient, d'après M. Boussingault, 4,58 pour 100 d'azote. Cette proportion considérable indique assez combien elle exige de fumure, et combien elle est épuisante aussi sous ce dernier rapport. Mais il paraît, d'après les expériences très curieuses de M. Bürger, rapportées dans le *Cours d'Agriculture* de M. Gasparin, que la plante profite davantage d'un engrais demi-consommé. Voici le résultat de ces expériences:

Produit
en hectolitres.

1re année, fumure nouvelle à 20000 kil. par hectare. . . 16
2e année, sur même terrain sans nouvelle fumure. . . 20
3e année, sur même terrain sans nouvelle fumure. . .   7

Il résulte de la comparaison de ces produits que les deux premières récoltes avaient profondément altéré la fertilité du sol; et nous regrettons que, pour compléter ces expériences, M. Bürger n'ait pas constaté si, après une nouvelle fumure, le terrain a été immédiatement rétabli dans son état primitif de fécondité.

Les pois. — La paille de pois examinée par M. Boussingault contient 11,8 pour 100 d'eau qui se volatilise à une température de 110 degrés. A cet état de dessication elle est composée de :

Carbone. 45,80
Hydrogène.   5,00
Oxigène. 35,57
Azote.   2,31
Cendres. 11,32
                       ———————
                       100,00

M. Sprengel n'a trouvé dans la même quantité de paille de pois que 4,971 de cendres composées de :

		Pour 100.
Potasse.	0,235 . . .	4,727
Soude, *quelques traces.* .	» »» . . .	» »»
Chaux	2,730 . . .	54,919
Magnésie	0,342 . . .	6,880
Alumine	0,060 . . .	1,207
Oxide de fer	0,020 . . .	0,402
Oxide de manganèse. . .	0,007 . . .	0,141
Silice.	0,996 . . .	20,036
Acide sulfurique. . . .	0,337 . . .	6,779
Acide phosphorique. . .	0,240 . . .	4,828
Chlore.	0,004 . . .	0,081
	———————	———————
	4,971	100,000

Le grain a été examiné par MM. Einof, Braconnot et Boussingault; les formules suivantes reproduisent le résultat de leurs analyses.

Analyse de M. Einof.	
Amidon.	32,45
Gluten.	14,56
Albumine.	1,72
Sucre et extractif . .	2,11
Gomme	6,37
Phosphate de chaux .	0,29
Fibre amilacée. . .	21,88
Eau.	14,06
Perte.	6,56
	100,00

Analyse de M. Braconnot.	
Amidon	42,58
Gluten (légumine). . .	18,40
Matière azotée, gommoïde.	8,00
Sucre et extractif . . .	2,00
Acide pectique mêlé d'amidon	4,00
Chlorophylle.	1,20
Fibre amilacée	1,06
Carbonate de chaux. . .	0,07
Phosphate de chaux et de potasse, et potasse unie à un acide végétal . .	1,93
Enveloppes	8,26
Eau.	12,50
	100,00

Les enveloppes, examinées par M. Braconnot, étaient composées de fibre végétale 5,36; acide pectique 1,33; matière non déterminée 1,57.

Analyse de M. Boussingault.	
Légumine	20,4
Amidon.	47,0
Matière grasse.	2,0
Sucre.	2,0
Gomme.	5,0
Ligneux, acide pectique. .	11,0
Sels phosphatés	3,0
Eau et perte	9,6
	100,0

Les principes élémentaires trouvés dans les pois par

M. Boussingault, au moyen de deux analyses, sont représentés par les formules suivantes :

	I.	II.
Carbone	46,06	46,94
Hydrogène . . .	6,09	6,24
Oxigène	40,53	39,50
Azote.	4,18	4,18
Cendres	3,14	3,14
	100,00	100,00

Les cendres que M. Einof avait trouvées dans la proportion de 3 pour 100 et composées de : carbonate et
sulfate de potasse; de chlorure de potassium; de phosphates
de potasse, de chaux et de magnésie; de carbonate de
chaux; de silice; d'alumine et d'oxide de fer, mais sans
désignation de quantité ont été analysées depuis par
M. Boussingault qui en établit ainsi la composition :

Acide carbonique.	0,5
— sulfurique.	4,7
— phosphorique. . . .	30,1
Chlore	1,1
Chaux	10,1
Magnésie.	11,9
Potasse.	35,3
Soude	2,5
Silice.	1,5
Oxide de fer, alumine, *traces*.	» »
Eau et perte	2,3
	100,00

Il résulte de l'examen de ces différentes analyses que
la culture des pois est aussi épuisante sous le rapport de
la fumure que celle des haricots, puisque ces deux plantes
prélèvent pour leur assimilation une quantité à peu près
égale d'azote. Sous le rapport de l'alimentation minérale
les pois dépensent plus de phosphates; mais, comme ils

produisent moins, ils altèrent cependant moins le sol que
les haricots.

Les lentilles sont moins généralement cultivées que les
deux plantes légumineuses dont nous venons de parler;
elles offrent cependant un assez grand intérêt, surtout
dans certaines localités, pour que nous nous en occupions
ici. La paille de lentilles contient pour 100 parties, d'a-
près M. Boussingault, 1,18 d'azote et 9,2 d'eau. D'après
M. Sprengel, elle renferme 3,899 de cendres composées
de :

		Pour 100.
Potasse.	0,420	10,772
Soude	0,033	0,846
Chaux.	2,040	52,321
Magnésie	0,119	3,052
Alumine et oxide de fer.	0,034	0,873
Oxide de manganèse (traces).	» » »	» » »
Silice	0,686	17,595
Acide sulfurique.	0,038	0,975
Acide phosphorique.	0,480	12,310
Chlore.	0,049	1,256
TOTAL.	3,899	100,«00

Le grain de lentille analysé par MM. Einof et Boussingault a fourni à ces habiles expérimentateurs la composition suivante :

Analyse de M. Einof.		*Analyse de M. Boussingault.*	
Extrait sucré.	3,12	Légumine.	22,0
Gomme.	5,99	Amidon	40,0
Amidon.	32,81	Matières grasses.	2,5
Gluten	37,32	Sucre (glucose?)	1,5
Albumine	1,15	Gomme.	7,0
Sur-phosphate de chaux.	0,57	Ligneux et acide pectique.	12,0
Enveloppes.	18,75	Sels, phosphates, etc.	2,5
Perte.	0,29	Eau et perte.	12,5
TOTAL.	100,00		100,0

Les enveloppes renferment du tannin qui possède la
propriété de noircir les sels ferrugineux; c'est à ce prin-

cipe qu'il faut attribuer la couleur noire que prennent les lentilles que l'on fait cuire dans un vase de fer.

La proportion de gluten trouvée dans cette semence y indique une forte dose d'azote, qui a été évaluée par M. Boussingault à 4,40 pour 100. Il résulte de là que la culture de cette plante exige un engrais abondant, et qu'elle a pour résultat d'altérer le sol sous le rapport de la fumure. Elle l'appauvrit également sous celui des phosphates, puisque sa paille et son grain en retirent des quantités relativement considérables.

TRENTE-TROISIÈME LEÇON.

Des plantes fourragères : — De la vesce, — Sa composition chimique; — Du trèfle, — Sa composition chimique; — De la luzerne et du sainfoin, — Leur composition chimique. — Remarques générales sur la culture des plantes légumineuses. — Des prairies naturelles, — Composition chimique du foin. — Des racines alimentaires : — Pommes de terre; — Composition chimique des fanes et des tubercules; — Moyen de reconnaître la valeur alimentaire des tubercules; — Du topinambour, du navet, de la betterave; — Composition chimique de ces racines; — Remarques au sujet de leur analyse.

Afin de ne pas couper en deux l'étude des légumineuses, nous allons nous occuper immédiatement des plantes fourragères parmi lesquelles se rencontrent les vesces, le trèfle, la luzerne et le sainfoin.

La vesce, qui dans certaines localités offre une grande importance comme fourrage, renferme une proportion d'azote bien différente, suivant qu'on la fauche en fleur ou qu'on la récolte en grain. Dans le premier cas, elle n'en contient que 1,16 pour 100, tandis que dans le second, la quantité en est portée jusqu'à 5,13. Or, comme l'azote est fourni en grande partie par les engrais, le sol ensemencé en vesces sera plus ou moins épuisé selon qu'on aura laissé grainer la plante ou qu'on l'aura cueillie en fleur.

Sa matière minérale a été estimée par M. Sprengel, qui en a retiré 5,101 pour 100 de cendres dont la composition est indiquée dans la formule suivante :

			Pour 100.
Potasse.	1,810	. . .	35,483
Soude	0,052	. . .	1,019
Chaux	1,955	. . .	38,346
Magnésie	0,324	. . .	6,352
Alumine	0,015	. . .	0,274
Oxide de fer.	0,009	. . .	0,176
Oxide de manganèse	0,008	. . .	0,157
Silice.	0,442	. . .	8,665
Acide sulfurique.	0,122	. . .	2,392
Acide phosphorique.	0,280	. . .	5,489
Chlore.	0,084	. . .	1,647
	5,101		100,000

Cette analyse nous met à même d'observer que la culture de la vesce soustrait du sol une quantité très considérable de potasse, qu'il convient de remplacer par des amendements ou des engrais qui renferment ce principe. Sans cette précaution, le retour fréquent de cette plante aurait pour résultat de diminuer la fertilité du sol, puisqu'elle en sépare en abondance un des éléments essentiels à la végétation.

Le trèfle, qui rend de si grands services à l'agriculture, perd par le fanage environ 70 pour 100 d'humidité qui se dissipe par la dessication naturelle. 100 parties de ce foin ainsi desséché renferment encore 21 pour 100 d'eau qu'on peut chasser en le soumettant à une température élevée. La composition élémentaire du trèfle amené à un

état de dessication absolue a été trouvée par M. Boussingault de :

	1re opération.	2e opération.
Carbone. . . .	47,53	47,19
Hydrogène . . .	4,69	5,33
Oxigène. . . .	37,96	37,66
Azote.	2,06	2,06
Cendres	7,76	7,76
	100,00	100,00

100 parties de cendres analysées par le même chimiste
ont donné les produits suivants :

Acide carbonique . . .	23,0
— sulfurique. . . .	2,5
— phosphorique. . .	6,3
Chlore.	2,6
Chaux.	24,6
Magnésie.	6,3
Potasse.	26,6
Soude.	0,5
Silice	5,3
Oxide de fer et alumine .	0,3
	100,0

Plusieurs opérations entreprises dans le but de comparer la composition du trèfle plâtré avec celle du trèfle
non plâtré ont donné quelques variations dans les chiffres.
La quantité de cendre a été généralement plus grande
pour les trèfles non plâtrés, et la dose des matières qui
la constituent, irrégulièrement modifiée dans l'un et l'autre cas. Nous ne croyons pas pouvoir attacher une grande
importance à ces expériences isolées.

Nous remarquons dans cette analyse, ainsi que dans
celle qui précède, une forte proportion de potasse; et c'est
probablement la cause pour laquelle certains terrains exigent une période plus longue avant le retour de cette
plante, pour pouvoir en produire une récolte abondante.
Si cette opinion était reconnue certaine, on pourrait aider

le sol en lui rendant les principes dont il a besoin, et
alors la chimie aurait fourni à l'agriculture un moyen
d'augmenter, dans ce cas, la somme des fourrages.

Nous ne reviendrons pas sur l'opération du plâtrage
que nous avons développée dans notre première partie,
pag. 103 et suivantes. Nous dirons seulement que de nouvelles recherches analytiques, entreprises sur les plantes
de la famille des légumineuses, y ont fait découvrir une
proportion de soufre plus grande que celle qui y était généralement indiquée. Ces travaux sont de nature à jeter
quelque jour sur la manière dont le plâtre agit sur ces
espèces de plantes.

La luzerne et le sainfoin ont été fort peu étudiés sous
le rapport chimique. La première de ces plantes fourragères examinée par MM. Payen et Boussingault, a fourni
les doses suivantes d'azote :

Luzerne fanée à Bechelbronn. 1,7 pour 100 (M. Boussingault.)
Jeune luzerne en fleur. . .   3,1   *id.*   (M. Payen.)
Luzerne fanée en fleur, 1841. 2,2   *id.*   (M. Boussingault.)

On remarque dans ces chiffres une variation assez
grande pour faire présumer que la composition chimique
de la luzerne varie dans des proportions assez considérables, suivant des conditions qui ne sont pas bien déterminées. On trouve dans un tableau dressé par M. Boussingault, pour estimer la valeur nutritive des fourrages, un
nombre encore plus faible que le premier de ceux que
nous venons d'indiquer, quoiqu'il s'en rapproche beaucoup. Ce nombre est 1,66 pour 100 (1).

On a aussi trouvé dans la luzerne 3,5 pour 100 de matière grasse.

M. Lassaigne a obtenu par l'incinération de la luzerne,

(1) *Economie rurale*, t. II, p. 438.

cultivée à Alfort, 7,40 pour 100 de cendres composées
de :

Sulfate de potasse	⎫
Chlorure de potassium	⎬ 1,10
Carbonate de chaux	3,30
Silice.	3,00
Sulfate de chaux et charbon, *traces*.	»,»»
TOTAL.	7,40

C'est avec surprise que nous ne voyons figurer aucun
sel phosphaté dans cette analyse dont nous empruntons
la formule au *Cours d'Agriculture* de M. de Gasparin
(t. IV, p. 427).

Nous ne connaissons la composition chimique du sainfoin que par l'analyse de ses cendres, consignée également dans le savant ouvrage de M. de Gasparin, et recueillie par cet habile agronome dans les *Annales von
physie und pharmacie*. Nous en reproduisons ci-dessous
la formule :

Potasse.	5,40
Soude.	16,27
Chaux	24,82
Magnésie	6,86
Chlorure de sodium.	1,75
Acide phosphorique.	20,06
Phosphate de fer.	2,65
Acide sulfurique.	1,34
Acide carbonique.	14,43
Silice.	0,88
Charbon.	8,22

Remarques générales sur les légumineuses.—La culture
des plantes légumineuses doit être envisagée sous deux
rapports, suivant qu'on se propose d'en obtenir le grain
ou qu'on destine la plante à être coupée en vert pour servir de fourrage. Dans le premier cas, cette culture est
épuisante sous tous les rapports, puisque, d'une part, elle

prélève de la portion d'humus contenue dans le sol une proportion d'azote considérable, et que, d'autre part, les graines s'approprient, en forte quantité, les principes minéraux utiles aux autres cultures, particulièrement la potasse et les sels phosphatés. Il en est autrement des plantes légumineuses récoltées comme fourrage; celles-ci améliorent le sol. Les unes ne l'occupant qu'une année et même moins, y laissent après la récolte une proportion de racines assez considérable pour indemniser le terrain d'une grande partie des pertes qu'il a éprouvées. Ces racines étant assez profondes ont trouvé une portion notable de leur nourriture dans les sucs que renferme le sous-sol. En se décomposant à la surface, elles y déposent des aliments qui, sans leur intermédiaire, ne seraient pas utilisés pour nos récoltes.

Quant à celles qui, comme la luzerne et le sainfoin, se conservent plusieurs années, leurs racines s'enfoncent de plus en plus dans le sol, et pendant qu'elles mettent ainsi à contribution les parties que la charrue ne saurait atteindre, le sol arable se repose et profite chaque année des détritus fournis par les feuilles qui tombent pendant l'été et les tiges qui périssent l'hiver. On peut ajouter à ces avantages celui d'étouffer les mauvaises herbes par une végétation vigoureuse.

Des prairies naturelles. — Parmi les cultures les plus compliquées se trouve celle qui concerne les prairies naturelles. La nature du sol et du sous-sol; l'irrigation ou le dessèchement; la grande variété des espèces végétales que comprend cette culture; l'action des amendements et des engrais pour aider le développement des plantes utiles et restreindre le nombre des autres, ou même les faire disparaître en entier, sont autant de questions d'un haut intérêt et trop souvent négligées. Exclusivement placé au point de vue chimique, il ne nous appartient pas de les approfondir; nous n'avons voulu, en passant, qu'en signaler l'importance.

Les services que la chimie peut rendre à la culture des prairies naturelles sont assez nombreux, et rentrent pour la plupart dans les matières que nous avons déjà traitées. C'est pourquoi nous prions le lecteur de revoir à ce sujet ce que nous avons dit de la composition chimique des terrains, des eaux propres aux irrigations et des différents engrais. Il nous reste à indiquer la composition chimique du foin, et nous ne le ferons pas sans faire observer que cette composition doit varier suivant le terrain, la culture, la composition botanique des prairies, l'âge des plantes, les conditions météorologiques, etc.

D'après les recherches de M. Boussingault, 100 parties de foin ordinaire de prairies naturelles renferment 11 parties d'eau et 1,34 d'azote. La même quantité de foin choisi de très bonne qualité contient 14 parties d'eau et 1,50 d'azote. 100 parties de foin des prairies de Bechelbronn contiennent 3,8 de matières grasses. Quant à ce qui concerne les principes minéraux de ce foin, les récoltes de 1841 et 1842 ont fourni 6,0 et 6,2 pour 100 de cendres composées pour 100 parties de :

	I.	II.
Acide carbonique.	9,0	5,5
— phosphorique.	5,3	5,3
— sulfurique.	2,4	2,9
Chlore.	2,3	2,8
Chaux .	20,4	15,4
Magnésie	6,0	8,3
Potasse	16,1	27,3
Soude.	1,2	2,3
Silice	33,7	29,2
Oxide de fer	1,5	0,6
Perte.	2,1	0,4
	100,0	100,0

Ces prairies sont irriguées par les eaux d'une rivière qui y dépose un limon abondant, et ne reçoivent aucun autre engrais. M. Boussingault fait observer que les exploitations qui disposent de semblables prairies possèdent une mine inépuisable de matières salines, qui se retrouvent ensuite dans les excréments des animaux, et vont réparer les pertes éprouvées chaque année dans les champs par le prélèvement des récoltes.

DES RACINES ALIMENTAIRES.

La pomme de terre tient le premier rang parmi les racines alimentaires. Ce tubercule, quoique frappé depuis quelques années d'une maladie qui semble contagieuse, n'en constitue pas moins généralement une des cultures les plus productives. On a essayé un grand nombre de moyens pour s'opposer à cette maladie, mais il faut le dire avec regret, les recettes proposées sont loin d'être efficaces; et le fléau est demeuré jusqu'à présent à l'état de problème quant à sa nature, quant à ses causes et quant à ses moyens curatifs. Nous n'entrerons dans aucun débat à ce sujet pour lequel la chimie est aussi demeurée impuissante, nous nous bornerons à dire que l'observation semble avoir établi d'une manière assez certaine que les récoltes les plus précoces sont généralement les mieux préservées.

Les *tiges ou fanes* de pommes de terre renferment 76 pour 100 d'eau; à l'état de dessication complète elles sont composées de:

Carbone	44,80
Hydrogène	5,10
Oxigène	30,50
Azote.	2,30
Cendres et perte. . .	17,30
	100,00

Nous connaissons peu d'expériences entreprises pour déterminer la nature des matières minérales qui se trouvent dans les tiges de pomme de terre. M. Dubuc de Rouen a constaté que 25 kilogrammes de tiges et feuilles des espèces connues sous le nom de *grosses rouges et jaunes*, cultivées dans un terrain argileux riche en humus, récoltées dans la vigueur de la végétation, se sont réduits à 3 kilogrammes par une dessication complète. Cette quantité incinérée, a laissé 432 grammes de cendres, lesquelles contenaient 229 grammes de matières salines renfermant 60 pour cent de sous-carbonate de potasse.

La *hollandaise* et la *parisienne*, cultivées dans une terre légère sèche et bien fumée, traitées de la même manière ont fourni les résultats suivants pour 25 kilogrammes de fanes mis en expériences.

Produit de la dessication. . . 3 kil. 64 grammes.
Cendres 0, 519
Contenant matières salines. . 0, 305

Cette matière saline contenait en sous-carbonate de potasse, 75 pour 100.

La pomme de terre ordinaire, récoltée dans un sol sableux mais bien cultivé, a donné les produits suivants :

Cendres . . . . 550 grammes.
Contenant matières salines. . . 180

Cette matière saline ne renfermait que 25 pour 100 de potasse.

Ces chiffres obtenus par M. Dubuc, dans des recherches dirigées pour retirer de la potasse comme produit manufacturier, indiquent que la richesse en matière saline varie dans les fanes de pommes de terre suivant les espèces et suivant le terrain. M. Mollerat a trouvé, en se livrant à des travaux du même genre, que la quantité de potasse diminuait à partir du moment de la floraison

dans les proportions suivantes : 100 parties de fanes sèches de la *patraque jaune* ont produit en potasse les nombres ci-après :

Immédiatement avant la floraison. .	0,0511
Immédiatement après la floraison. .	0,0456
Un mois plus tard.	0,0172
Desséchées sur pied	0,0144

Conclurons-nous de cette dernière remarque que la
matière saline puisée dans le sol par les racines de la
plante, est mise en réserve dans les tiges pour être ensuite resorbée au profit des tubercules? Cette question de
physiologie végétale nous semble intéressante à étudier.
Mais ce qui ressort évidemment des recherches de MM. Dubuc et Mollerat c'est que la pomme de terre retire du sol
des quantités de potasse assez fortes, et que sa culture est
épuisante sous ce rapport, surtout dans les terrains qui
ne sont pas abondamment pourvus de cette matière.

Le tubercule a été l'objet de nombreuses recherches
dont le résultat a été de constater que sa composition
chimique varie avec les différentes espèces que nous possédons, par les proportions des matières utiles. Ainsi, tandis que l'agriculture constate par sa pratique quelles sont
les variétés les plus productives au point de vue de la
masse, de son côté la chimie indique celles qui, sous un
même volume, renferment le plus de matières alimentaires. Nous démontrerons par les exemples que nous avons
à rapporter combien cette dernière observation intéresse
le producteur et combien il lui importe de connaître la
valeur des espèces de sa culture.

Les pommes de terre sont composées d'eau et de matières solides; celles-ci se divisent en parenchyme, fécule
et matières dissoutes dans le suc propre du turbercule.
Vauquelin a trouvé ce suc composé des matières suivantes: 1. Albumine colorée; 2. Citrate de chaux; 3. As-

paragine; 4. Résine amère; 5. Phosphate de potasse et Phosphate de chaux; 6. Citrate de potasse et Acide citrique libre; 7. Matière animale particulière.

Toutes les matières solides sont utiles à la nutrition; ce serait donc à tort que l'on chercherait à séparer la fécule dans le but d'estimer la valeur nutritive d'une variété de pommes de terre. Cette opération n'a d'utilité véritable que dans le cas où cette variété serait destinée à la fabrication de la fécule ou de l'alcool, mais quand elle doit être consommée à l'étable, il importe de connaître la masse totale de la matière alimentaire. L'opération par laquelle on parvient à ce résultat est des plus simples : il suffit de peser avec exactitude un poids quelconque du tubercule à examiner, 500 grammes par exemple, de le couper en tranches minces, de l'exposer au soleil pour commencer la dessication que l'on termine au bain-marie, à la température de l'eau bouillante prolongée jusqu'au moment où la matière, pesée de temps en temps, ne perd plus de poids. En comparant les deux pesées on obtient, par une simple soustraction, le poids de l'eau qui s'est vaporisée et celui de la matière solide restée dans le bain marie. Il est vrai qu'à cette température toute l'eau n'est pas chassée, et qu'il faudrait pour obtenir une dessication absolue élever la chaleur jusqu'à 110°; mais du moment où tous les essais se font de la même manière, ils sont suffisamment comparatifs, et il nous semble parfaitement inutile de rendre l'opération plus difficile à exécuter.

Nous allons donner les résultats obtenus par différents chimistes au moyen de cette méthode qui, suivant nous, est bien suffisante et que nous préférons à cause de sa simplicité. Nous indiquerons à la suite quelques détails un peu plus compliqués sur cette matière, afin que ceux qui voudront entrer plus avant dans la question trouvent le chemin déjà tracé.

Matière solide contenue dans 1000 grammes de pommes de terre.

EXPÉRIENCES DE VAUQUELIN.

Nom de la pomme de terre.	Quantité d'eau.	Matière solide.
La lebugin	670	330
La calicuger.	676	324
La villefranche	680	320
L'imbriquée.	680	320
La kidney.	686	314
La bleue-des-fonts.	686	314
La grosse zélandaise	690	310
La beaulieue.	776	224

EXPÉRIENCES DE MM. PAYEN ET CHEVALLIER.

La mayençaise	750	250
La divergente	742	258
La patraque rouge.	730	270
La schaw.	721	275
La jersey.	720	280
La patraque blanche	690	310
La patraque jaune.	690	310
La philadelphie.	690	310
La bloc.	680	320
La fruit-pain.	675	325
La turlusienne.	642	358
La new-yorck.	642	358

Je joindrai à ces expériences celles que j'ai entreprises au mois de mars 1840 sur des espèces récoltées par MM. Ch. Drouet, agronome distingué de notre pays, à sa terre de Castel-Joli.

	Quantité d'eau	Matière solide.
La sommelier	804	196
La segoussac.	786	217
La violette de Lanilis	774	226
La mayençaise	772	228
La marjolain.	770	230
L'yam.	766	234
La quimper	762	238
La blanche à fleurs violettes.	761	239
La rouge pâle hâtive	755	245
La tardive d'Islande	747	253
La brugeoise.	747	253
La cornichon.	744	256
La mousson	742	258
La schaw.	739	261
La truffe d'août.	735	265
La champion.	732	268

Les mêmes pommes de terre ne renferment pas dans toutes les saisons de l'année les mêmes proportions d'eau et de matières solides. La maturité, la dessication naturelle suivie peut-être d'un commencement de décomposition amènent quelques variations dans le rapport de ces principes. Des expériences faites par MM. Payen et Chevallier, établissent qu'il peut y avoir depuis 1 jusqu'à 2 pour 100 d'eau en plus dans les pommes de terre prises immédiatement après la récolte.

L'état d'humidité ou de sécheresse du sol influe de même sur la proportion d'eau. Suivant les mêmes auteurs, il peut exister un excédant de 12 pour 100 d'eau dans les pommes de terre cultivées dans un terrain humide, comparées aux mêmes espèces récoltées dans un sol sablonneux. Les nombreuses expériences faites en 1840 par MM. Dubreuil et Girardin de Rouen, présentent des variations de même nature pour des terrains qui diffèrent par leur composition chimique. Il est donc essentiel dans les recherches de ce genre, quand on se propose d'estimer la valeur d'une espèce de pomme de terre, de tenir compte de la date de l'essai et de la nature du terrain où la plante a vécu.

Si l'on veut pénétrer un peu plus avant dans la connaissance de la composition chimique de la pomme de terre, et apprécier sa richesse en fécule, en parenchyme et en matière extractive, on peut prendre 1 kilogramme de tubercules dont 500 grammes seront traités comme nous venons de le dire, et le reste finement et exactement divisé au moyen d'une râpe en ferblanc. La pulpe qui résulte de cette opération est placée sur un tamis de crin serré, et lavée sous le robinet d'une fontaine jusqu'à ce que l'eau sorte claire. Les eaux de lavage, qui ont entraîné la fécule, sont reçues dans une terrine où on les laisse reposer. Quand l'eau est éclaircie, on la décante doucement, on recueille la fécule, on la fait sécher d'abord à l'air, ensuite au bain-marie; et quand la dessication est complète on prend le poids du produit. La matière restée sur le tamis constitue le parenchyme que l'on

fait sécher de la même manière pour le peser. La quantité d'eau se trouve par la perte de poids qu'ont éprouvés
les 500 grammes soumis à la simple dessication; quant à la
matière extractive on l'apprécie par la différence qui existe
entre les poids réunis de fécule, de parenchyme et d'eau,
et celui de la pomme de terre mise en expérience. Ainsi,
par exemple, si 500 grammes de tubercules donnent 68
fécule, 34 parenchyme, 382 eau, ces trois sommes addi-
tionnées produisent un total de 484, lequel déduit de 500
laisse 16 pour le chiffre de la matière extractive. On peut
encore chercher directement le poids de la matière extractive en faisant évaporer le suc de la pomme de terre;
mais cette opération présente des difficultés plus grandes
aux personnes peu habituées aux manipulations.

L'analyse élémentaire des tubercules de pomme de
terre a fourni à M. Boussingault :

	1re expérience.	2e expérience.
Carbone . . .	43,72 . . .	43,40
Hydrogène . .	6,00 . . .	5,60
Oxigène. . . .	44,88 . . .	45,60
Azote	1,50 . . .	1,50
Cendres. . . .	3,90 . . .	3,90
	100,00	100,00

Les cendres examinées par le même chimiste lui ont
donné pour 100 parties :

Acide carbonique	13,4
— sulfurique	7,1
— phosphorique	11,3
Chlore.	2,7
Chaux.	1,8
Magnésie.	5,4
Potasse.	51,5
Soude, traces.	» »
Silice	5,6
Oxide de fer et alumine.	0,5
Charbon, et perte	0,7
	100,0

Remarques. — La pomme de terre, outre les principes organiques qu'elle puise dans les engrais pour sa nourriture, prélève encore du sol une assez forte proportion de potasse et de sels phosphatés, tant par ses fanes que par ses tubercules. Ce serait peut-être dans ce fait que l'on trouverait le moyen d'accorder deux opinions contraires, professées l'une et l'autre par des agronomes praticiens également distingués : à savoir s'il y a dommage ou non à faire précéder la culture du froment d'une récolte de pommes de terre. Dans un sol très riche en potasse et en sels phosphatés le froment qui suit trouvera encore assez de ces deux éléments pour suffire à ses besoins; mais dans un terrain où ces matières salines sont plus rares, le froment pourra souffrir par la disette des substances minérales nécessaires à son alimentation. C'est ainsi que quelquefois des opinions contradictoires sont également fondées, et que l'on ne s'entend pas faute de faire intervenir dans la discussion tous les éléments de la question.

Le topinambour, par les caractères extérieurs de sa racine, a les plus grands rapports avec la pomme de terre, mais il en diffère essentiellement par sa composition chimique et surtout par l'absence complète de fécule amilacée. Ces deux plantes s'éloignent également l'une de l'autre par leurs caractères botaniques.

La culture du topinambour est peut-être trop négligée dans nos champs; la facilité avec laquelle il s'accommode de tous les terrains, le peu de soins qu'il exige et surtout l'abondance de ses produits auraient dû fixer davantage l'attention des cultivateurs. Il nous semble qu'on a trop exagéré ses défauts, qui du reste se trouvent grandement compensés par ses qualités. Nous ne développerons pas ces réflexions que nous abandonnons au lecteur, afin de nous occuper exclusivement de la composition chimique de la plante.

Les tiges de topinambour sont peu susceptibles de servir comme fourrage, à moins qu'on ne les coupe jeunes, et alors leur récolte cause peut-être plus de tort aux tubercules que de profit à l'étable. Quand elles ont acquis leur développement normal, et qu'elles sont bien desséchées, elles peuvent servir à chauffer le four, et ensuite les cendres sont utilisées dans l'exploitation. La composition chimique de ces tiges est d'après M. Boussingault, de:

Carbone	45,66
Hydrogène	5,43
Oxigène	45,72
Azote	0,43
Cendres	2,76
	100,00

Nous ne connaissons aucune analyse de ces cendres, ce qui est regrettable; il eût été curieux de savoir si les tiges renferment plus de principes salins dans leur jeune âge que dans l'état adulte, ainsi que nous avons été à même de le vérifier dans la pomme de terre.

Le tubercule a été l'objet de recherches plus nombreuses. MM. Payen, Braconnot, Boussingault en ont fait à différentes époques le sujet de leurs travaux. En 1849, M. Payen s'en est occupé de nouveau avec MM. Poinsot et Fery. Le résultat de ces dernières observations communes a été présenté, dans la même année, à la Société nationale et centrale d'Agriculture.

Le tubercule du topinambour contient pour 100 parties 21 de matière solide composée, suivant M. Boussingault de :

	1re expérience.	2e expérience.
Carbone . . .	43,02	43,62
Hydrogène . .	5,91	5,80
Oxigène . . .	43,56	43,07
Azote	1,57	1,57
Cendres . . .	5,94	5,94
	100,00	100,00

L'analyse de 100 parties de cendres a donné à M. Boussingault la composition indiquée dans la formule suivante :

Acide carbonique.	11,0
— sulfurique	2,2
— phosphorique	10,8
Chlore.	1,6
Chaux.	2,3
Magnésie	1,8
Potasse	44,5
Soude, *traces*.	» »
Silice.	13,0
Oxide de fer et alumine	5,2
Charbon et perte.	7,6

La racine fraîche du topinambour analysée par M. Braconnot a fourni les produits suivants, que nous mettons
en regard de ceux obtenus par MM. Payen, Poinsot et
Fery.

	Analyse de M. Braconnot.		Analyse de MM. Payen, Poinsot et Fery.
Eau.	77,20	. . . .	76,04
Matière sucrée . . .	14,80	. . . .	14,70
Albumine modifiée. .	0,99	Alb. et mat. azotées.	3,12
Cellulose.	1,08	. . . .	1,50
Inuline.	3,00	. . . .	1,86
Gomme.	1,22	. . . .	» »
Acide pectique . . .	»	. . . .	0,92
Pectine.	»	. . . .	0,37
Matière grasse. . . .	0,09	Et huile essentielle.	0,20
Citrate de potasse . .	1,07	. . . .	
Phosphate de chaux. .	0,14	Et de magnésie . .	
Sulfate de potasse . .	0,12	. . . .	
Citrate de chaux. . .	0,08	. . . .	
Chlorure de potassium.	0,08	. . . .	1,29
Phosphate de potasse .	0,06	. . . .	
Malate de potasse . .	0,03	Et de chaux . . .	
Tartrate de chaux . .	0,015	. . . .	
Silice	0,025	. . . .	
Soude.	»	. . . . *traces*.	» »
	100,00		100,00

Ces deux analyses diffèrent chimiquement par la présence de la gomme signalée dans celle de M. Braconnot et non indiquée dans le travail de MM. Payen, Poinsot et Fery; par celle de l'acide pectique et de la pectine qui font partie de la dernière analyse sans se trouver dans la première. Il existe également quelques différences dans le nombre et la nature des matières salines indiquées; mais on peut en attribuer la cause, au moins en partie, à des circonstances de culture particulières. Ce qui nous confirme dans cette appréciation, surtout pour ce qui concerne les matières salines, ce sont les modifications que l'on observe dans les cendres obtenues de tubercules fumés avec le phosphate ammoniaco-magnésien. Les formules suivantes indiquent les résultats obtenus dans cette circonstance par MM. Payen, Poinsot et Fery.

	Analyse des cendres de topinambour fumé avec le phosphate ammoniaco-magnésien.	Analyse des cendres de topinambour acheté à la halle de Paris.
Silice.	2,06	 6,95
Carbonate de chaux	4,12 ⎱	*Ensemble.* 10,23
Carbonate de magnésie.	1,94 ⎰	
Phosphate de chaux et de magnésie. . .	33,59 ⎱	*Ensemble.* 16,62
Alumine.	1,44 ⎰	
Chlorure de potassium	8,36	 10,75
Sulfate de potasse.	11,16	 10,66
Phosphate de potasse.	28,40	 8,45
Carbonate de potasse et traces de soude.	8,93	 36,34
	100,00	100,00

Nous observons, en étudiant ces deux analyses, que le phosphate ammoniaco-magnésien, employé comme engrais, a profondément modifié la proportion relative des sels phosphatés, ainsi qu'on devait s'y attendre. Mais ce qui manque à cette observation c'est l'appréciation de la quantité relative de tubercules obtenus sous l'influence et hors de l'influence de cet agent chimique. La proportion des cendres obtenues dans l'un et l'autre cas aurait aussi été utile à connaître; or, les auteurs de ce travail intéressant ne signalent que celle fournie par les racines de la plante amendée, qui représente 4, 24 pour 100 du tubercule sec.

Remarques. — Il résulte de l'ensemble des analyses que nous avons rapportées que le topinambour, dans des conditions de culture ordinaire, retire du sol des quantités de potasse et de sels phosphatés assez considérables. D'après les expériences de M. Boussingault ce serait même la culture la plus épuisante sous ce rapport, en raison de l'abondance de ses produits; elle enlèverait annuellement au sol, par hectare de terrain, 35 kilogammes 600 grammes d'acide phosphorique, et 146 kilogrammes 800 grammes de potasse, y compris des traces de soude. Malgré cette exigence, la culture continue de cette plante sur le même terrain ne paraît pas diminuer la somme du produit avec le nombre des années. On cite un carré de topinambours, placé dans un jardin depuis trente-trois ans et donnant une récolte aussi abondante que s'il était planté nouvellement. Ces observations semblent être en contradiction avec les résultats analytiques, car les terrains les plus riches en sels alcalins et phosphatés ne sauraient résister long-temps à une soustraction semblable. A moins que ces matières salines ne soient pas indispensables à la prospérité de la plante qui serait alors douée de la faculté d'en absorber beaucoup dans les terrains où il s'en rencontre en abondance, et de se contenter de peu dans les terrains plus pauvres. L'analyse comparative de MM. Payen, Poinsot et Fery semblerait autoriser cette opinion; néanmoins de nouvelles recherches du même genre seraient nécessaires pour la confirmer.

La proportion élevée de la matière sucrée qui se trouve dans la racine de topinambour peut être utilisée pour la fabrication de l'alcool, et avec d'autant plus d'avantage que ce tubercule fournit du ferment en quantité très notable.

Le navet est la racine la plus aqueuse de nos cultures puisqu'elle renferme pour 100 parties :

Matière solide	7,5
Eau.	92,5
	100,0

100 parties de matière solide desséchée ont offert à M. Boussingault la composition suivante :

	1re expérience.	2e expérience.
Carbone . . .	42,80 . . .	42,93
Hydrogène. . .	5,54 . . .	5,61
Oxigène. . . .	42,40 . . .	42,20
Azote. . . .	1,68 . . .	1,68
Cendres . . .	7,58 . . .	7,58
	100,0	100,00

Les cendres étaient composées, pour 100 parties, de :

Acide carbonique	14,0
— sulfurique.	10,9
— phosphorique.	6,1
Chlore.	2,9
Chaux.	10,9
Magnésie. . . :	4,3
Potasse.	33,7
Soude.	4,1
Silice	6,4
Oxide de fer et alumine . . .	1,2
Charbon et perte.	5,5
	100,0

Remarques. — On peut conclure de ces analyses que la dose d'azote renfermée dans le navet est une indication de l'exigence de cette plante pour une bonne fumure ; que la proportion de sels alcalins et phosphatés qui se trouvent dans les cendres indique aussi que cette culture réussira mieux dans un terrain abondamment pourvu de ces matières. On trouve encore dans la quantité énorme

d'eau que contient cette racine la raison pour laquelle
les pluies d'automne sont si nécesssaires à son développement. Dans l'usage alimentaire il convient de tenir
compte de cette proportion d'eau, précaution sans laquelle
la ration estimée au volume deviendrait insuffisante.

La betterave a été l'objet de recherches chimiques très
nombreuses à l'occasion de son emploi dans la fabrication
du sucre. C'est la chimie qui a donné naissance à cette
industrie devenue aujourd'hui si importante; c'est elle
encore qui vient de lui apporter un nouveau perfectionnement, en permettant de retirer de cette racine une proportion de sucre beaucoup plus grande. Nous n'entrerons
pas dans le détail de ces procédés dus à MM. Melsens et
Kuhlmann. Nous dirons seulement que le premier de
ces deux chimistes, en arrosant la pulpe avec une solution
très étendue du bisulfite de chaux, empêche en grande
partie l'altération que subit une portion du sucre depuis
le râpage jusqu'à la défécation; que le second, en faisant
intervenir, dans le même temps de l'opération, le lait de
chaux qu'il précipite ensuite par un courant d'acide carbonique, arrive de même à entraver partiellement la perte
qu'on éprouve par les moyens ordinaires. L'avenir ju-
gera la valeur de ces innovations qui dans ce moment
promettent de grands avantages à l'industrie sucrière,
et qui permettront peut-être un jour de faire descendre
la fabrication du sucre au rang des occupations du ménage.

Quant à présent, et afin de ne pas nous étendre sur
des questions purement industrielles, nous devons nous
borner à considérer la composition chimique de la betterave au point de vue de la production agricole.

La betterave champêtre contient 87, 8 pour 100 d'eau
que l'on peut chasser par une dessication complète opérée

à la température de 110 dégrés. Cette racine ainsi desséchée est composée d'après M. Boussingault de :

	1re expérience.	2e expérience.
Carbone . . .	42,75 . . .	42,93
Hydrogène. . .	5,77 . . .	5,94
Oxigène . . .	43,58 . . .	43,23
Azote . . .	1,66 . . .	1,66
Cendres. . . .	6,24 . . .	6,24
	100,00	100,00

100 parties de cendres ont donné les produits suivants :

Acide carbonique	16,1
— sulfurique.	1,6
— phosphorique.	6,0
Chlore.	5,2
Chaux.	7,0
Magnésie.	4,4
Potasse.	39,0
Soude.	6,0
Silice	8,0
Oxide de fer et alumine	2,5
Charbon et perte	4,2
	100,0

Les *remarques* que nous avons faites à l'occasion de la
culture du navet peuvent s'appliquer à la betterave : ces
deux racines demandent une terre riche en fumure, et en
sels alcalins et phosphatés.

TRENTE-QUATRIÈME LEÇON.

Du colza, — De la caméline et du pavot, — Du *madia sativa*,— Leur composition chimique. — *Cyperus esculentus*. — Remarques sur les plantes oléagineuses. — Epuration des huiles. — Des plantes textiles; — Du chanvre et du lin; — Leur composition chimique; — Du rouissage. — Appendice. — Considérations sur la fabrication du vin et sur celle du cidre.

Du colza. — La paille du colza renferme, suivant M. de Gasparin (1), environ 0, 50 pour 100 d'azote; elle fournit pour la même quantité 3,872 de cendres composées selon M. Springel de :

Potasse	0,883
Soude.	0,550
Chaux.	0,810
Magnésie.	0,120
Fer, manganèse et alumine. . .	0,090
Acide phosphorique	0,382
— sulfurique	0,517
Chlore. . . . . : . .	0,440
Silice.	0,080
Somme égale.	3,872

Les graines contiennent pour 100 parties, 10 d'eau, 30 d'huile et 60 de tourteau renfermant 5,50 pour 100 d'azote. Nous ne connaissons pas leur composition minérale.

La *caméline* et le *pavot* laissent après l'extraction de l'huile un tourteau qui contient pour 100 parties, le premier 5,93 d'azote, le second 5,70.

Le *madia sativa,* si recommandé il y a quelques années, n'a pu justifier sa réputation. Les nombreux essais

(1) *Cours d'Agriculture*, t. IV, p. 142.

de culture qui en ont été faits n'ont pas été à son avantage, malgré sa croissance rapide qui eût permis, dans
certaines localités, d'en faire une récolte dérobée. Sa
graine fournit à la fabrication 28 pour 100 d'huile, son
tourteau renferme 5,70 pour 100 d'azote; ses fanes sèches
en contiennent 0,66.

Nous n'entrerons pas dans les détails de culture des
plantes oléagineuses, nous en passons même sous silence
un assez grand nombre. Notre intention a été de constater, au moyen des analyses que nous connaissons, leur
avidité à s'emparer des engrais qu'elles rencontrent dans
le sol. Toutes renferment des proportions d'azote très
considérables; et c'est pour cela que ces cultures si avantageuses pour leur produit, exigent de grandes dépenses
et influent d'une manière désavantageuse sur la récolte
qui les suit immédiatement.

Nous ne terminerons pas néanmoins cet article sans
faire mention d'une racine oléifère qui, à notre avis, mériterait quelque attention; nous voulons parler du *cyperus esculentus*. Cette racine tuberculeuse, examinée par
M. Lesant, de Nantes, a fourni à ce chimiste distingué
16 pour 100 d'huile d'un goût fort agréable; une assez
forte proportion de fécule amylacée; une matière sucrée;
de l'albumine; de la gomme; de l'acide malique; des ma-
late, phosphate et sulfate de chaux; de l'acétate de potasse;
une matière azotée; de l'acide gallique; une huile volatile; du ligneux.

Remarques. — La proportion d'azote renfermée dans
les tourteaux de graines oléagineuses a fait imaginer
d'employer ces derniers comme engrais pulvérulents; on
restitue au sol, par ce moyen, un principe utile, et les
praticiens paraissent généralement y trouver de l'avantage. Néanmoins nous ne saurions passer sous silence des
résultats malheureux obtenus par M. Vilmorin en 1824.

Ce praticien habile, au nombre des engrais pulvérulents qu'il avait l'intention d'essayer, employa du tourteau de colza. La poudre, répandue sans mélange, à la dose de 1000 kilogrammes par hectare, sur du trèfle incarnat immédiatement après la semence, ainsi que sur de la vesce et des pois gris d'hiver, agit d'une manière si malheureuse que la terre demeura nue dans tous les endroits fumés par le tourteau, tandis que les autres places, qui avaient reçu des engrais différents, montraient une belle végétation. D'après cela il paraît utile de mélanger les tourteaux qu'on se propose d'employer comme engrais, à des terreaux qui rendent moins immédiat leur contact avec la semence.

Épuration des huiles. — Les huiles obtenues par la simple pression renferment une matière mucilagineuse qui leur donne une mauvaise qualité pour l'éclairage. La flamme des huiles non épurées donne moins de lumière, répand beaucoup de fumée et abandonne un dépôt de charbon sur la mèche des lampes. C'est au mucilage que sont dus tous ces inconvénients; il importe donc beaucoup de séparer ce corps étranger, et l'on y parvient de la manière suivante : On met l'huile dans un tonneau et on l'agite avec de l'acide sulfurique concentré que l'on ajoute dans la proportion de 2 pour 100 d'huile; quand, par l'agitation le mélange est devenu bien exact, on laisse agir l'acide pendant quelque temps, après quoi on le sature avec du carbonate de chaux jusqu'à ce que le mélange cesse de rougir le papier de tournesol; on laisse reposer, puis on filtre au travers d'un lit de coton. On peut encore, au lieu de filtrer, délayer dans l'huile, après la saturation par le carbonate de chaux, du tourteau pulvérisé et très sec; cette poudre entraîne en se déposant tous les corps étrangers qui troublaient la transparence de l'huile.

Dans cette opération, l'acide sulfurique concentré, qui

36

est sans action sur l'huile, agit sur le mucilage, le décompose et le rend incapable de demeurer combiné avec l'huile; il ne reste plus qu'à enlever l'excès d'acide et le mucilage altéré. On y parvient, ainsi que nous l'avons dit, en saturant l'acide par le carbonate de chaux, et en séparant tous les corps solides par la filtration dans du coton, ou par la précipitation au moyen du tourteau sec et pulvérisé.

DES PLANTES TEXTILES.

Les plantes textiles cultivées dans nos contrées de l'Ouest se réduisent à deux espèces : le chanvre et le lin. Toutes les deux exigent, pour donner une bonne récolte, des soins tout spéciaux, particulièrement pour diviser le terrain profondément, et lui donner une riche fumure; elles demandent aussi pendant les premières semaines de leur germination certaines conditions météorologiques qui ne se rencontrent pas toujours. Il n'entre pas dans notre plan d'examiner en détail tout ce qui se rapporte à ces récoltes si lucratives; la nature de cet ouvrage nous permet seulement d'examiner la composition chimique de ces végétaux et d'en tirer des conséquences pour leur culture. Le rouissage étant aussi du ressort de la chimie, nous en dirons un mot, afin de faire comprendre ce qui se passe dans cette opération.

Nous devons à M. Kane les deux analyses que nous allons rapporter, et que nous empruntons au *Cours d'Agriculture* de M. de Gasparin (tom. IV, pag. 324 et 339).

	Analyse du chanvre.	Analyse du lin.
Carbone.	39,94	38,72
Hydrogène. . . .	5,04	7,33
Oxigène.	48,72	48,39
Azote	1,74	0,56
Acide carbonique. .	1,45	0,85
— sulfurique. .	0,05	0,13
— phosphorique.	0,15	0,54

	Analyse du chanvre.	Analyse du lin.
Chlore.	0,07	0,12
Chaux	1,90	0,61
Magnésie	0,22	0,39
Potasse. . . .	0,34	0,49
Soude	0,03	0,49
Silice.	0,30	1,07
Fer et alumine . .	0,04	0,30

La quantité d'azote qui se trouve indiquée dans l'analyse de M. Kane justifie, ainsi qu'on devait s'y attendre, l'exigence du chanvre pour un terrain abondamment fumé. Mais ce qui confirme davantage peut-être l'utilité de l'analyse chimique, c'est que, dans cette circonstance, elle nous fait connaître que, sous le rapport de sa composition minérale, cette plante est peu avide de sels alcalins et phosphatés si utiles au froment; elle explique par là comment cette céréale réussit bien après une récolte de chanvre.

Le lin qui, d'après l'analyse de M. Kane, renferme moins d'azote et plus de sels alcalins et phosphatés que le chanvre, n'exige pas une fumure aussi riche, mais sa culture doit être considérée comme plus épuisante sous le rapport des matières minérales alimentaires.

Le rouissage est une opération que l'on cherche depuis bien des années à remplacer par des moyens chimiques. Un grand nombre de sociétés savantes, parmi lesquelles on distingue la Société d'Encouragement, ont fait de cette question un sujet de concours. Il en est résulté un grand nombre d'efforts, quelques-uns même ont été généreusement encouragés, mais aucun d'eux n'a résolu le problème d'une manière pratique.

Les fibres corticales des plantes textiles sont agglutinées par une matière gommo-résineuse qui les empêche de se séparer; il faut que cette matière soit enlevée pour que le chanvre et le lin puissent servir aux usages auxquels ils sont destinés. Dans le rouissage, cette soustraction a lieu par la fermentation putride qui décompose naturellement cette substance. C'est bien le procédé le plus simple, mais il a le grave inconvénient de gâter les eaux au sein desquelles cette décomposition s'opère, et de répandre dans l'atmosphère des miasmes délétères, ou au moins considérés comme tels, et dans tous les cas fort incommodes pour ceux qui habitent ou fréquentent le bord des routoirs. En outre, dans les rivières dont le courant est peu rapide, ou se trouve modifié par des barrages, le rouissage fait périr un grand nombre de poissons, qui, se corrompant à leur tour, augmentent encore l'infection. Un moyen de diminuer tous ces accidents serait de séparer du chanvre, avant le rouissage, les feuilles et les sommités; l'agriculture profiterait de ces déchets en les employant comme engrais, et ils ne viendraient plus grossir la masse de la matière putrescible.

Quand on considère la quantité énorme de chanvre récoltée dans les contrées où cette culture est en usage et le peu de frais occasionné par le rouissage, il n'est vraiment plus possible de songer à remplacer la décomposition naturelle de la matière gommo-résineuse par un dissolvant chimique. Ce n'est pas que la chimie soit impuissante à fournir un agent capable d'arriver à ce résultat; elle pourrait aisément indiquer des moyens; mais il restera toujours la question économique, qui se trouve compliquée et de l'établissement des appareils et du prix de la matière employée qui, quelle que soit sa faible valeur, n'en entraînerait pas moins une dépense considérable en raison de la quantité exigée. Car il ne faut pas songer à élever le prix de revient, sans quoi cette culture déjà si dispendieuse par les travaux et la fumure abondante qu'elle exige serait bientôt abandonnée, au grand détriment de l'industrie agricole et manufacturière.

Pour ce qui concerne le lin, on peut suppléer au rouissage par immersion en exposant simplement la plante à l'action alternative du soleil et de la rosée; ce moyen détruit à la longue la matière glutineuse, mais la filasse obtenue conserve une couleur grise très tenace.

APPENDICE.

Nous avions espéré pouvoir comprendre dans ce volume la culture des arbres; les recherches nombreuses que nous avons faites à ce sujet nous ont convaincu que les travaux chimiques dirigés vers ce but, n'étaient pas encore assez nombreux pour nous permettre d'aborder cette question avec un peu d'ensemble. En attendant que nous puissions traiter cette matière, nous consignons ici sous forme d'appendice quelques observations sur la préparation du vin et sur celle du cidre.

DU VIN.

Le vin est le résultat de la fermentatien alcoolique du jus de raisin; la fermentation alcoolique est la transformation naturelle de la matière sucrée en alcool et en acide carbonique, sous l'influence d'une substance qu'on désigne sous le nom de ferment, et qui s'opère d'après la formule suivante:

Une molécule de sucre de de raisin composée de	Carbone 24,	hydrogène 24,	Oxigène 12
Se transforme en quatre molécules d'acide carbonique composées de	Carbone 8,		Oxigène 8
Et deux molécules d'alcool composées de	Carbone 16,	hydrogène 24,	Oxigène 4
Somme égale.	24	24	12

L'acide carbonique étant gazeux s'échappe sous forme de bulles, c'est ce qui occasionne le mouvement d'ébullition qu'on remarque dans le mout; et c'est aussi ce qui rend le vin mousseux quand il a été mis en bouteille avant la complète transformation du sucre en alcool. Dans ce cas, l'acide carbonique, formé pendant le séjour du vin dans la bouteille, n'ayant pu s'échapper se trouve refoulé dans le liquide d'où il se dégage aussitôt qu'on ouvre le vase dans lequel il était comprimé. La grande quantité d'acide carbonique qui se forme pendant la fermentation alcoolique peut entraîner des dangers, si l'on n'a pas le soin d'aérer le caveau dans lequel on met le vin cuver. Ce gaz, par sa pesanteur spécifique, s'accumule dans la partie la plus basse de l'atmosphère, mais son niveau ne tarderait pas à s'élever à mesure que sa quantité augmente, si l'air n'avait pas la facilité de se renouveler.

Ce point une fois établi, que c'est le sucre qui forme l'alcool, il en ressort que plus le raisin sera sucré et plus le vin sera généreux, c'est aussi ce que confirme la pratique; tout le monde sait en effet combien le degré de maturité du raisin, qui n'est autre chose que son degré de saccarification, influe sur la qualité du vin. Quelques personnes, pour suppléer à ce qui peut manquer au raisin sous ce rapport dans les années où il n'a pu mûrir, ajoutent au mout, du sucre de canne ou même du sucre de fécule. Ce procédé, très rationnel, doit avoir pour résultat d'assurer au produit une meilleure conservation en augmentant la proportion d'alcool; mais les vins qui ont subi cette addition n'ont jamais le moëlleux et la saveur franche de ceux dont tout l'alcool a été fourni par le sucre de raisin; le sucre de fécule surtout donne un goût qui n'est pas agréable.

Le vin rouge diffère du vin blanc non seulement par la couleur, mais aussi par un principe particulier, le tanin, qu'il doit au mode de préparation qu'il a subi. La couleur rouge du raisin réside dans l'écorce; pour que le vin en soit teint, il faut que le jus du raisin demeure en contact avec la pellicule assez long-temps pour dissoudre la matière colorante; l'alcool qui se forme pendant cette macération facilite la solution; mais en même temps le vin s'empare du tanin contenu dans la grappe et le conserve. La présence de ce corps a l'avantage de rendre le vin moins capiteux et d'aider à sa conservation, parce que, d'une part, en précipitant le ferment, il clarifie la liqueur, et d'autre part, le ferment étant séparé, la fermentation s'arrête plus vîte, et il se forme une moindre proportion d'alcool. Le soin qu'apportent quelques vignerons dans la préparation du vin rouge, en séparant la grappe pour ne faire cuver que les grains écrasés, n'est donc pas un perfectionnement, puisque c'est surtout dans la grappe qu'existe le tanin. Cette méthode, poussée à l'excès, rapprocherait tellement le vin rouge du vin blanc qu'il n'y aurait plus guère entre ces deux boissons d'autre différence que celle de la couleur.

Le vin est sujet à être frelaté, soit par des matières colorantes étrangères, soit par des mélanges de boissons plus communes, soit par addition d'eau. Quand il est passé à l'aigre, on cherche à l'adoucir en saturant l'acide par la chaux où les alcalis, il y en a même qui sont assez imprudents pour y ajouter de l'oxide de plomb ou *litarge*. La chimie possède des moyens pour découvrir toutes ces fraudes, nous invitons le lecteur qui voudrait en prendre connaissance à consulter les différents recueils où ils se trouvent consignés, et particulièrement le *Journal de Chimie médicale*. Nous dirons un mot, cependant sur les procédés capables de faire reconnaître la présence du plomb, à cause du danger qui existe à faire usage d'une boisson renfermant ce métal.

On prend environ un demi-verre du vin qu'on veut examiner, on le met dans un verre à pied et l'on y fait passer un courant d'acide sulfhydrique, en employant l'appareil et la formule que nous avons indiqués pages 128 et 129. Si le vin renferme du plomb, il se forme un précipité noir qui se dépose et que l'on recueille pour le calciner dans un petit creuset de porcelaine, après l'avoir mélangé avec un peu de potasse pure et de charbon pulvérisé; le résidu de la calcination se trouve parsemé de petits globules brillants de plomb métallique.

Un autre moyen plus simple consiste à plonger dans le vin un fil de zinc ou une lame de même métal bien décapé, de manière à ce qu'une partie notable du fil ou de la lame métallique se trouve hors du liquide; et à laisser en repos pendant quarante-huit heures. Au bout de ce temps, si le vin contient la moindre proportion de plomb, ce métal sera déposé sur la partie du zinc qui se trouve immergée, et on le reconnaîtra à une couleur noirâtre qui tranche avec la portion blanche restée hors du liquide. On peut détacher le plomb par le frottement sur une lame de verre, mouiller les taches produites, par quelques gouttes d'acide nitrique qu'on fait ensuite évaporer en exposant la lame de verre au-dessus du feu, mouiller la nouvelle tache avec une goutte d'eau dans laquelle on ajoutera ensuite une très faible parcelle d'iodure de potassium au moyen d'une fine paille trempée dans la solution de ce réactif; le plomb sera découvert par la couleur jaune qui se produira dans la goutte d'eau. Il est bien essentiel dans cette petite expérience que l'iodure de potassium ne soit pas en excès, sans cette précaution la couleur jaune disparaîtrait sur-le-champ, ou pourrait même ne pas se produire du tout.

Il existe plusieurs moyens de reconnaître la richesse alcoolique des vins.

1°. Le procédé de M. Gay-Lussac, qui consiste à décolorer le vin en l'agitant avec un peu de litarge, à le mettre ensuite dans un tube de verre avec un excès de souscarbonate de potasse. Ce sel s'empare de l'eau pour laquelle il a une grande avidité, et après un repos de quelques heures, l'alcool vient surnager la solution potassique; on peut comparer alors le volume de l'alcool ainsi séparé avec celui du vin mis en expérience.

2°. La distillation qui sépare directement l'alcool des parties aqueuses, et dont on estime ensuite le degré par le moyen de l'alcoomètre centésimal.

3°. En 1848, M. Despretz fit à l'Institut un rapport assez favorable sur deux instruments, l'un présenté par M. Brossard Vidal, l'autre par M. Conaty. Ces deux auteurs fondent leurs observations sur la température de l'ébullition des liqueurs vineuses, après s'être assurés que cette température est toujours la même quand la proportion d'alcool contenue est identique. La commission de l'Institut, dont M. Despretz était le rapporteur, a vérifié l'exactitude de cette observation, et n'a trouvé les instruments en défaut que d'environ un centième dans leur appréciation alcoolique. Le plus simple de ces appareils, celui de M. Conaty, est entré dans la pratique et se trouve chez MM. Le Rebours et Secretan, à Paris.

DU CIDRE.

Il nous manque un traité spécial sur cette boisson si utile, et dont l'usage est si répandu dans nos départements de l'Ouest. Nous ne pouvons dans cet ouvrage toucher que quelques-unes des questions qui s'y rattachent, et exprimer le désir, qu'en signalant plusieurs des perfectionnements dont sa préparation est susceptible, nous excitions sur ce point l'attention des hommes pratiques et éclairés.

Notre principale observation a rapport à la quantité de jus que l'on obtient aujourd'hui des pommes, comparée à celle qui se trouve contenue dans le fruit.

Les pommes en général contiennent chimiquement, sur 100 parties, 96 de jus et 4 de marc ou matière fibreuse insoluble; dans la préparation du cidre on obtient au plus 45 de jus, le reste demeure dans le marc en pure perte. Il y a dans cet état de choses un abus déplorable qu'il est urgent de faire disparaître, et l'on y parviendra en portant plus d'attention sur les moyens employés pour diviser les fruits, et sur la force de pression à laquelle la matière pulpeuse est soumise.

Plusieurs procédés sont en usage pour opérer la division des pommes: l'écrasement par des pilons à bras ou sous une meule verticale mise en mouvement par un manége; le déchirement opéré par des cylindres canelés, surmontés d'une trémie. Ces moyens sont très imparfaits en ce qu'ils se bornent à diviser les pommes en morceaux, au lieu d'ouvrir toutes les cellules dans lesquelles le suc de ce fruit se trouve renfermé. Des râpes analogues à celles qui servent à retirer le jus de la betterave nous sembleraient bien plus en rapport avec le résultat qu'on cherche à obtenir. Nous rappellerons à ce sujet que la fabrication du sucre indigène n'a commencé à devenir profitable que du moment où l'on a cherché à rapprocher le plus possible, par un râpage perfectionné, la proportion du jus obtenu avec celle du jus contenu dans la racine. Il convient de profiter de l'expérience acquise dans cette industrie et de chercher à faire jouir la classe laborieuse de cet excédant de boisson perdu annuellement, en adoptant des procédés capables de fournir un tiers en sus du produit ordinaire, ce qui permettrait de diminuer en proportion le prix de vente.

Le pressurage aurait aussi besoin d'être modifié, non

pas tant pour la force des machines actuellement en usage,
que pour la lenteur avec laquelle elles opèrent. Les grands
pressoirs surtout conservent quelquefois la motte plusieurs
jours avant qu'elle soit épuisée. Le commencement de
fermentation qui s'établit en présence du marc, et au milieu de l'air atmosphérique, doit être au détriment de la
conservation ultérieure de la boisson. Au nombre des petits pressoirs, ceux qui contiennent le marc dans une cage
en bois portant au centre une vis en fer verticale et un
écrou mobile, fonctionnent avec assez de célérité s'ils sont
servis par des ouvriers actifs et intelligents. Leur force de
pression est bien suffisante, mais ils ont un défaut inhé-
rent à leur construction, c'est la présence de la vis en fer
qui, se trouvant baignée par le jus de pomme, forme un
sel ferrugineux qui s'y dissout. C'est la raison pour laquelle le cidre préparé dans ces espèces de pressoirs noircit à l'air. Les pressoirs à percussion construits d'après le
système de M. Reveillon seraient, avec les presses hydrauliques, les meilleures machines si leur prix et les attentions multipliées que demandent leur service ne les rendaient impossibles dans la plupart de nos exploitations
rurales. Nous n'espérons guère le progrès sous les rapports
que nous venons de signaler tant que la fabrication du
cidre restera entre les mains du cultivateur, c'est pourquoi nous faisons des vœux pour que l'industrie s'en empare et nous pensons qu'elle le peut faire avec profit pour
elle et pour la société.

La densité du jus exprimé doit varier dans des limites
qui n'ont pas encore été appréciées, suivant les espèces
de pommes, suivant le climat ou suivant une saison plus
ou moins chaude sous le même climat. Nous avons pendant plusieurs années, aux environs du Mans, apprécié
cette densité au moyen du pèse-acide de Baumé, et nous
l'avons trouvée entre 4 et 5 degrés à la sortie du pressoir

lorsque les pommes n'avaient reçu aucune addition d'eau, et sous une température moyenne de 10 degrés.

La fermentation du cidre demande plus de ménagement que celle du vin, elle exige un premier soutirage aussitôt que la matière écumeuse est montée, ce qui a lieu tout au plus huit jours après la sortie du pressoir. Sans cette précaution, la matière écumeuse retombe et la clarification de la liqueur devient très difficile. Un mois après ce premier soutirage il faut en opérer un second, et ainsi le mois suivant. Si l'on veut avoir le cidre dans toute sa perfection, on peut mettre alors en bouteille, mais avec la précaution de tenir les bouteilles debout pendant un mois ou deux. On peut aussi attendre le mois de mars ou même celui d'avril; dans ce cas il convient d'opérer encore un soutirage. Au moyen de ces soutirages multipliés et des soins apportés pour empêcher que le cidre ne se trouve en vidange, cette boisson se conserve dans les tonneaux en bon état pendant une année et même davantage.

La lie qui provient de tous ces transvasements, est mise à part et distillée pour en obtenir de l'alcool; elle fournit environ huit litres à l'hectolitre, d'eau-de-vie imprégnée d'une huile essentielle qui lui donne une saveur particulière. L'opération se fait par des distillateurs ambulants dont les procédés rappellent tout-à-fait l'enfance de l'art. Cette production d'alcool obtenu des résidus de la fabrication du cidre deviendrait, je n'en doute pas, une des sources de prospérité pour les usines, si, comme j'en exprimais la pensée il n'y a qu'un moment, l'industrie venait à s'emparer de la préparation de cette boisson.

FIN.

ADDITIONS.

Dans le cours de la publication de ce volume j'ai fait de nouveaux essais sur l'efficacité du sel employé comme amendement des terres, je les consigne ici pour servir, suivant leur valeur, à la solution d'une question si controversée aujourd'hui.

J'offre aussi aux lecteurs de ces *Leçons* un nouveau moyen de reconnaître la valeur calcaire des marnes employées comme amendement. Je désire que la simplicité des manipulations que j'indique fasse disparaître quelques-unes des difficultés que rencontrent, dans ces sortes d'opérations, les personnes peu familiarisées aux expériences de la chimie.

EXPÉRIENCES

Sur la valeur du sel employé comme amendement des terres.

1ʳᵉ *Expérience.* — Le 3 mars 1849, sur la terre de Champ-Garreau, commune de Ste-Croix, j'ai marqué avec des piquets deux ares de terrain dans un champ ensemencé en froment d'hiver; sur la moitié de cet espace, j'ai semé 4 kilogrammes de sel commun.

2ᵉ *Expérience.* — Dans la même localité, j'ai semé 2 kilogrammes de sel sur 50 centiares de trèfle.

3ᵉ *Expérience.* — Dans la même localité, j'ai semé 1 kilogramme de sel sur 25 centiares pris sur une planche d'asperges.

4ᵉ *Expérience.* — Dans la même localité, j'ai semé 1 kilogramme de sel sur 25 centiares pris sur une planche de pois ronds.

5° *Expérience.* — Le 8 mars même année, sur la terre des Martrais, commune de Spay, *terrain sablonneux*, j'ai marqué comme ci-dessus un are de terrain ensemencé en froment d'hiver; sur la moitié de cet espace, j'ai semé 2 kilogrammes de sel.

6° *Expérience.* — Dans la même localité, j'ai semé 2 kilogrammes de sel sur 50 centiares de trèfle.

7° *Expérience.* — Dans la même localité, j'ai semé 2 kilogrammes de sel sur 50 centiares de prairie naturelle fumée.

8° *Expérience.* — Dans la même localité, j'ai semé 2 kilogrammes de sel sur 50 centiares de prairie naturelle non fumée.

9°, 10° et 11° *Expériences.* — Le 8 mai même année, sur la terre de Champ-Garreau, j'ai semé 1 kilogramme de sel sur 25 centiares pris dans une planche plantée d'oignons de semis; 1 kilogramme de sel sur 25 centiares d'une autre planche plantée en oignons dits de Niort; 2 kilogrammes de sel sur 50 centiares de terrain ensemencé en pommes de terre.

Ces onze expériences suivies avec soin ne m'ont offert pendant tout le temps de la végétation aucun avantage appréciable à l'œil. Les pois ronds et les oignons ont d'abord souffert, mais après des pluies qui sont survenues et qui ont lavé le terrain, ces légumes ont repris l'apparence de ceux qui n'avaient pas reçu de sel. Les asperges n'ont présenté aucun caractère particulier tant pour le nombre que pour la grosseur des tiges.

Le rendement des prairies naturelles n'a pas été modifié; il en a été de même du trèfle.

Les pommes de terre récoltées le 20 août, n'ont pas produit davantage, et les sillons salés ont donné un plus grand nombre de tubercules malades que les autres.

Le blé n'a pas versé quoique l'année ait été très favorable à cet accident. Avant de pouvoir en mesurer comparativement la quantité, désirant avoir quelques bases de comparaison, j'ai coupé dix épis pris au hasard sur le blé salé et le même nombre sur le blé non salé. Les épis du blé salé ont rendu plus en nombre que les autres; cette expérience répétée trois fois a toujours été favorable au blé salé; mais la qualité de ce dernier a été trouvée inférieure par plusieurs cultivateurs qui l'ont vu sans être au courant de nos expériences. Les grains en sont généralement moins bien nourris et quelques-uns se sont partiellement desséchés avant d'avoir acquis tout leur développement. 100 grains de blé salé pèsent moins que le même nombre de grains non salés. En somme, en supposant qu'après le battage, le rendement du blé salé soit plus considérable, ce qui alors n'était pas encore évalué, le défaut de qualité compenserait la légère augmentation de produit. Quant à la paille, elle n'a jamais été plus longue dans un cas que dans l'autre.

Estimation faite après la récolte.

Il résulte de l'estimation faite après la récolte que l'are salé a fourni 7 gerbes pesant ensemble. .	81 kil.	500
Elles ont donné en grain brut sortant de l'aire ;	24	500
Ce blé récolté le 4 août, nettoyé et criblé, pesait au mois de novembre suivant, le double décalitre.	15	072
L'are non salé a produit 8 gerbes, poids total. .	98	750
Qui ont fourni en grain;	30	
Ce blé, récolté le même jour que le précédent, après avoir été nettoyé et criblé, pesait au mois de novembre suivant, le double décalitre. . ;	15	700

La balance en faveur du froment non salé a été, pour un are de terrain, de 17 kil. 250 gr. de paille; et 5 kil. 500 de blé d'une pesanteur spécifique plus grande que celui qui s'est développé sous l'influence du sel.

, La qualité supérieure du blé non salé est très appréciable à la main, et a été jugée ainsi par des cultivateurs expérimentés.

Ce froment, résultat de l'expérience n° 1, a été cultivé à Sainte-Croix; le sol qui l'a nourri appartient à la partie du terrain crétacé connue des géologues sous le nom de grès-vert; elle est fort peu calcaire. La culture de Spay n'a été appréciée que par approximation, et son résultat n'a pas semblé plus favorable à l'emploi du sel.

Je crois pouvoir conclure de ces essais que l'agriculture de notre contrée ne profitera pas beaucoup de l'usage du sel considéré comme amendement des terres. Cependant j'observerai que dans ce genre de recherches, il ne faut pas toujours s'en rapporter au coup d'œil et qu'il est indispensable avant de se prononcer pour ou contre, d'employer rigoureusement les mesures et la balance, quand ce ne serait qu'au point de vue purement scientifique, ce qui, je crois est le seul qui ait chez nous à gagner à ce genre d'expérimentation.

A l'appui de ces expériences, et pour en fortifier les conclusions, je pourrais citer des essais entrepris par cinq de mes collègues de la Société d'Agriculture de la Sarthe, dont les résultats ont été tout aussi négatifs.

MÉTHODE D'ANALYSE SIMPLIFIÉE
Pour reconnaître la quantité de carbonate de chaux contenue dans les amendements calcaires employés en agriculture.

En agriculture, les analyses chimiques sont indispensables pour reconnaître la proportion de chaux carbonatée contenue dans les amendements calcaires. Et pourtant, il faut bien l'avouer, rien n'est plus rare que de rencontrer des cultivateurs qui connaissent la composition chimique de la marne ou de la chaux qu'ils emploient. Quoique l'opération analytique pour obtenir ce résultat soit des plus simples, il paraît néanmoins qu'elle se trouve encore

trop compliquée pour les habitudes des personnes qui
ont besoin d'en faire usage. Il est vrai qu'on pourrait recourir aux chimistes de la localité, mais on craint les
déplacements et la dépense.

J'ai long-temps réfléchi à cet état de choses et cherché
les moyens de diminuer encore les embarras du travail.
Ce qui m'a toujours paru le plus difficile dans ce genre
de manipulation, mis entre des mains peu exercées, ce
sont les soins nécessaires pour recueillir la portion non
attaquée par les acides, pour la laver convenablement et
l'amener à un degré de dessication uniforme afin d'en
prendre le poids. C'est donc pour simplifier ce point que
je propose la méthode suivante:

Je pèse 20 grammes d'acide chlorhydrique du commerce, j'y ajoute 40 grammes d'eau ordinaire, et je sépare le mélange en deux portions bien égales de 30 grammes chacune, que je verse dans deux verres à boire. Dans
le premier verre je mets 5 grammes de la marne à analyser, desséchée convenablement; dans le second un petit
morceau de marbre blanc saccharoïde, dont le poids a été
pris bien exactement après avoir été chauffé sur une pelle
à feu ou en le passant pendant quelques instants dans la
flamme d'une lampe à esprit de vin, ce poids doit être
au moins de 10 grammes.

Quand l'effervescence est *entièrement passée* dans les
deux verres, je retire le morceau de marbre, je le lave
sous le robinet d'une fontaine à laver; je l'essuie de nouveau et le sèche sur la pelle à feu ou dans la flamme d'alcool. Je fais une seconde pesée pour trouver le poids de
la portion dissoute, ensuite je plonge ce marbre dans le
verre qui contient la marne. L'effervescence recommence, et, quand elle a cessé *entièrement,* je retire le
marbre, je le lave et le dessèche comme la première fois
pour en prendre le poids.

37

Si le marbre a perdu dans le premier verre 5 $^{gr.}$, 10 et dans le second 1,70, je trouve que l'acide chlorhydrique de l'essai pouvant dissoudre 5,10 de carbonate de chaux, et ayant exigé après avoir agi sur la marne 1,70 du même carbonate pour compléter sa saturation, l'équivalent de la marne doit être représenté par cette formule :

5,10 — 1,70 = 3,40 pour les 5 grammes de marne mis en expérience; ou pour 100, par cette autre formule, en multipliant par 20 les deux premiers termes de la proposition, 102 — 34 = 68, d'où il résulte que la marne essayée contient 68 pour 100 de chaux carbonatée.

Le marbre blanc saccharoïde se trouve aisément comme déchet sans valeur dans les ateliers où l'on travaille cette pierre. On peut encore employer au même usage le spath calcaire, souvent si abondant dans les roches de transition. Ces deux variétés minérales peuvent être considérées comme suffisamment pures pour l'usage que je propose.

Le plus grand avantage de cette méthode, c'est qu'elle dispense de recueillir, laver et dessécher le résidu pulvérulent inattaqué par les acides. Elle supprime les entonnoirs et les filtres, et ménage beaucoup de temps, puisqu'une opération peut être complétée en deux heures. Elle n'exige pour tout appareil que deux verres et un petit trébuchet, objets qui se rencontrent partout.

J'avoue que cette méthode n'est propre qu'à indiquer les proportions de chaux carbonatée et qu'elle n'apprécie pas les phosphates, ce qui pourtant est de la plus grande utilité; mais je crois que malgré cette imperfection, qu'elle partage du reste avec les procédés le plus généralement en usage, elle peut rendre quelques services. Il vaut toujours mieux dans l'amendement des terres connaître la valeur calcaire de la marne employée que d'être réduit à ce sujet à des appréciations empiriques de couleur ou de tact.

Le résidu inattaqué par l'acide chlorhydrique étant resté au fond du verre, on peut estimer ensuite s'il est composé de sable ou d'argile, ou du mélange de ces deux corps.

Si la marne contenait de la magnésie, il en pourrait résulter une cause d'erreur, mais ce cas est assez rare, et les calcaires magnésiens ayant un aspect particulier qui les fait aisément reconnaître, on se gardera bien alors d'employer ce moyen pour leur analyse.

La méthode qui consiste à estimer la chaux à la balance, par la perte de poids qui résulte de l'acide carbonique dégagé pendant la dissolution de la marne dans un acide, présente le même avantage que celui que je viens de signaler, et dispense de recueillir le précipité; mais il a l'inconvénient d'exiger des balances assez fortes et d'une grande sensibilité; il est aussi plus délicat.

J'aurais pu, en indiquant une liqueur *normale*, supprimer la moitié du travail; je ne l'ai pas fait, parce que je crois qu'il sera toujours plus sûr et plus exact d'estimer chaque fois la valeur de l'acide, d'autant plus que l'opération est fort simple et d'une bien faible dépense. Seulement, si l'on faisait à la fois plusieurs analyses, l'épreuve de l'acide pourrait servir pour toutes, et l'on pourrait alors économiser du temps.

FAUTE ESSENTIELLE A CORRIGER.

Page 372, *ligne* 19 :

On indique les pages 215 et 216 comme renfermant le moyen d'estimer les proportions de phosphate de chaux contenues dans le sol;

C'est **241** *et suivantes* qu'il faut lire.

TABLE DES MATIÈRES.

38

FIN DE LA TABLE DES MATIÈRES.

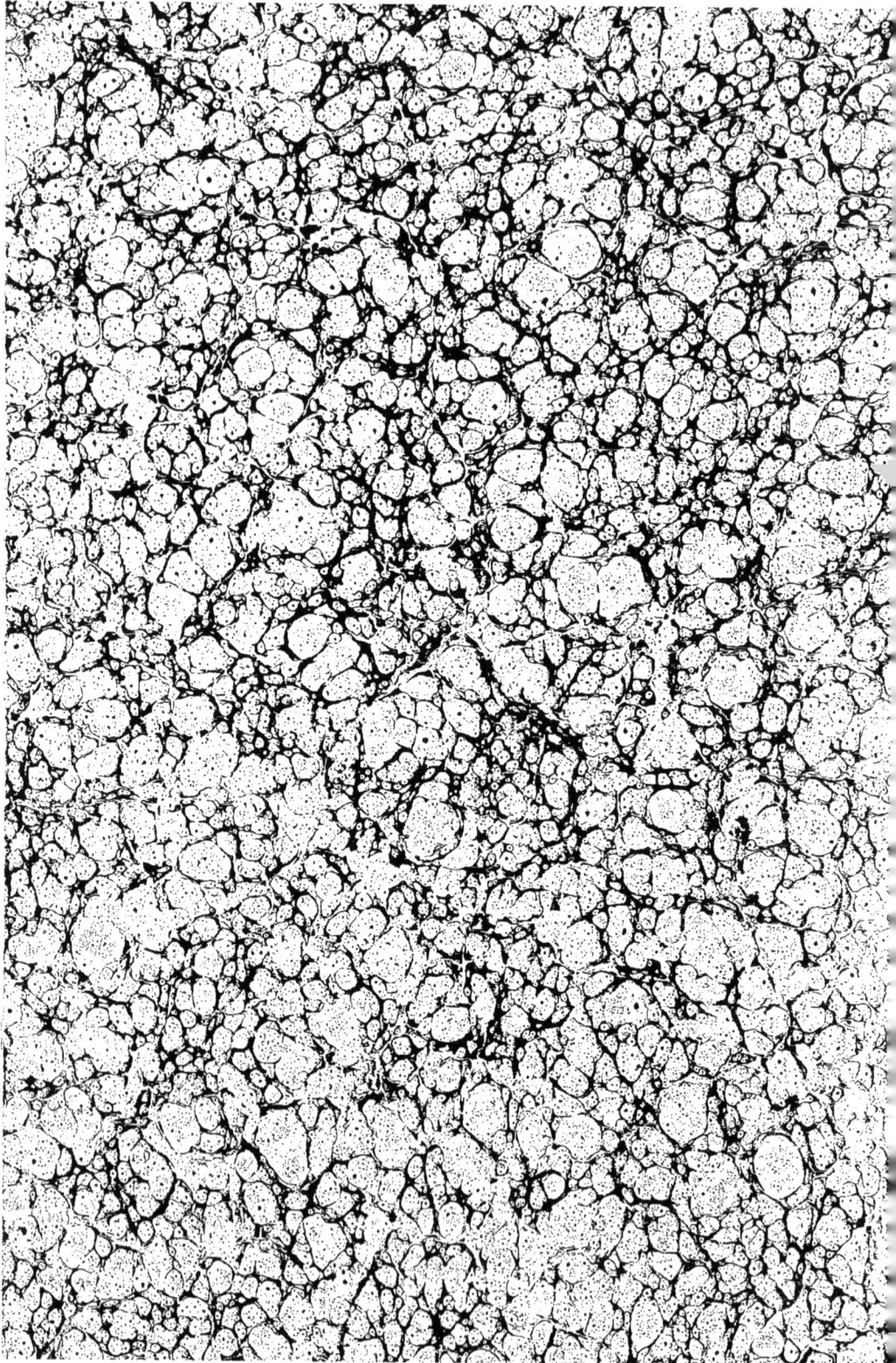

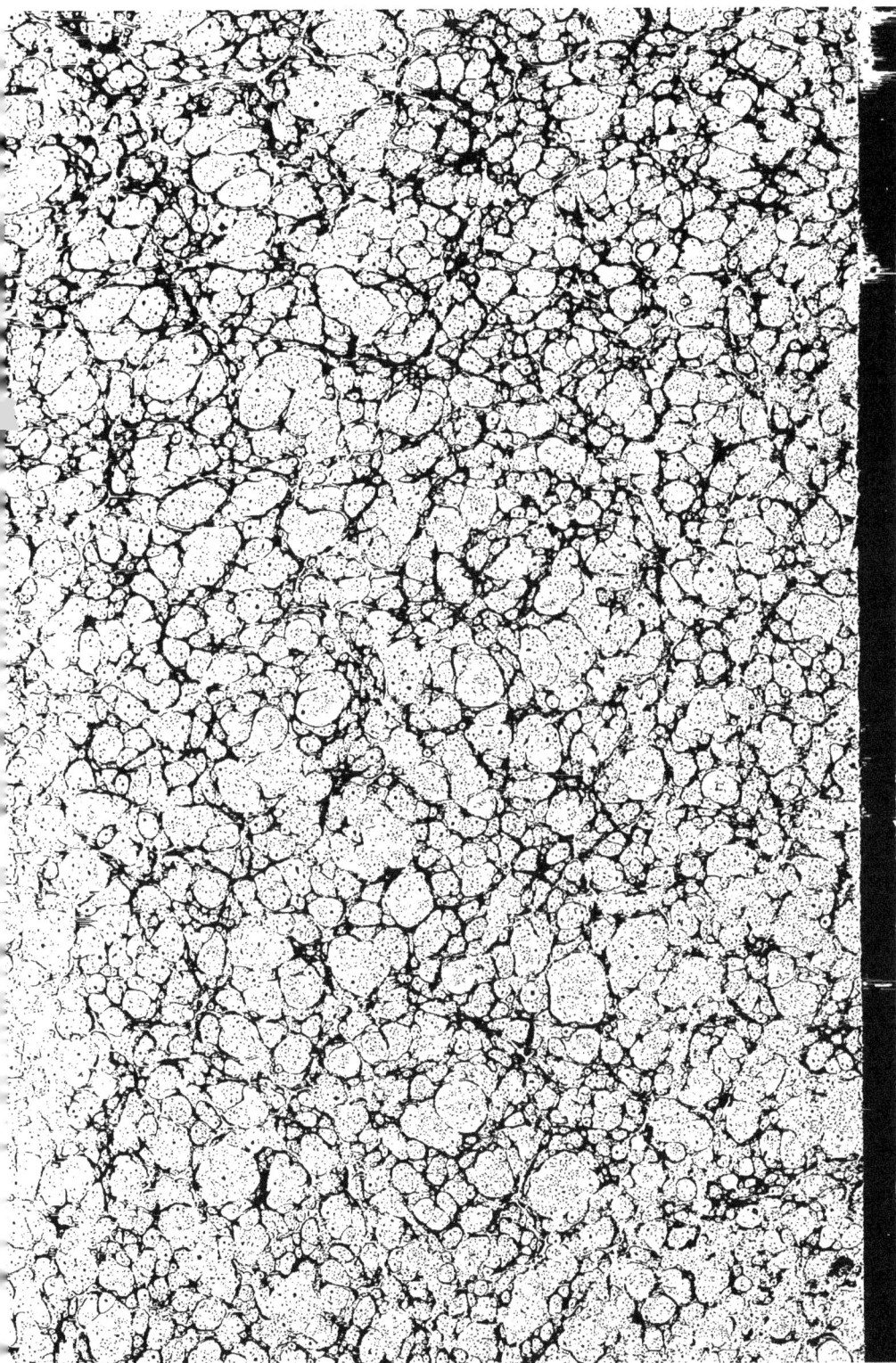

www.ingramcontent.com/pod-product-compliance
Lightning Source LLC
Chambersburg PA
CBHW031723210326
41599CB00018B/2490